풍경과 다스림

조선시대 감영 원림의 역사와 미학

풍경과 다스림

조선시대 감영 원림의 역사와 미학

제15회 심원건축학술상 수상작

심원문화사업회(이사장 이태규)는 건축의 인문적 토양을 배양하기 위해 만든 후원회로서 지난 2008년 이래 건축역사와 이론, 미학과 비평 제 분야의 전도유망한 신진 학자 및 예비 저술가를 지원하는 프로그램인 〈심원건축학술상〉을 제정하여 시행해오고 있습니다.

풍경과 다스림

조선시대 감영 원림의 역사와 미학

임 한 솔 지음

일러두기

1. 이 책은 저자의 박사학위논문 「조선시대 감영 원림 연구」를 수정 보완한 것이다. 학위논문을 작성하고 단행본으로 발전시키는 과정에서 저자가 집필한 아래의 연구 성과가 내용 일부에 수록되어 있다.

   · 1–3장 육조거리 중앙관아의 후원 → 역사건축기술연구소, 『의정부(議政府) 터 정비 및 활용 방안 마련 종합학술연구』, 서울특별시, 2016, 148~163쪽; 역사건축기술연구소, 『광화문 일대 역사콘텐츠 구상 및 문화재발굴(시굴)조사: 역사콘텐츠 구상 분야』, 서울특별시, 2019, 246~271쪽.

   · 2–1장 관찰사의 순행과 원림 조성 → 임한솔, 「『미암일기』와 『재영남일기』에 드러난 조선 전기 전라도·경상도 관찰사 일행의 누정 활용」, 『건축역사연구』 32(6), 한국건축역사학회, 2023, 7~21쪽.

2. 이 책은 4개의 부와 10개의 장으로 이루어져 있다. 본문에서 특정 장을 지시하는 경우, 예컨대 3부의 두 번째 장을 지시한다면 '3-2장'과 같이 표기하였다

3. 연도는 서기를 썼으며, 시대상의 이해를 돕기 위해 왕의 재위 연대를 드러내는 연호를 괄호 안에 덧붙였다. 연호가 반복되거나 맥락상 필요 없을 때는 생략했다.

4. 서지사항에서 문헌자료는 낫표, 시각자료는 화살괄호를 썼다. 논문, 기사, 기문, 그림, 도면처럼 집합적 자료의 부분을 이루거나 단독 자료로서의 성격이 강한 경우 홑낫표(「」)와 홑화살괄호(〈〉)를 썼고 단행본, 문집, 화첩처럼 집합적 자료이거나 비교적 단위가 클 경우 겹낫표(『』)와 겹화살괄호(《》)를 썼다.

5. 각주에 제시한 문헌자료의 서지사항은 조선왕조실록 등 왕실 편년체 사료, 그리고 머리말에서 문헌 목록을 제시하고 뒤에서 반복적으로 등장하는 일기, 지리지의 경우 한자 원문 없이 국문으로 썼다. 문집 등 나머지 문헌자료의 서지사항은 한자 원문으로 제시하되 반복되는 경우에는 국문으로 제시하였다.

6. 고문헌의 번역문을 쓸 때 국역 단행본에서 발췌한 경우에는 출처를 밝혔다. 출처를 따로 밝히지 않은 경우에는 직접 번역하거나 조선왕조실록, 한국고전종합DB 등 온라인 데이터베이스에서 발췌하였다. 번역문을 발췌할 때 원문을 재해석해 내용을 수정하거나 가독성을 고려해 글을 다듬은 경우가 있다. 수정으로 인해 내용에 대한 이해가 달라지거나 글의 매무새가 달라져 언급이 필요하다고 생각되는 경우에 간략히 밝혔다.

7. 이 책에는 특정 공간의 내력과 감상, 인식이 담겨 있는 중요 문헌 사료인 기문(記文)이 길게 인용된 경우가 많다. 기문은 공간에 관한 당시의 시각을 이해하는 데 결정적인 자료이며 기문을 읽으면 글쓴이의 고유한 표현과 생각의 흐름을 따라가는 묘미를 느낄 수 있다. 이러한 판단에서 본문의 여러 곳에 기문의 번역문을 싣고 중요 지점을 갈무리하는 형식을 취하였으며, 갈무리할 때 '가·나·다' 또는 '㉠·㉡·㉢'과 같은 기호로 문장이나 단락을 지시하는 방법을 썼다.

책을 내며

고층 건물이 즐비한 대도시에 살다가 단층 건물이 흩어져 있는 교외로 나가면 기분이 좋다. 그 기분을 해방감이라 표현할 수 있을까. 나를 줄곧 둘러싸던 콘크리트 벽으로부터 벗어난다는 점에서는 해방감이 맞다. 가려져 있던 자연과 한껏 마주한다는 점에서는 해방감이라는 말로 부족하다. 나는 이 책을 준비하면서 고층 건물이 들어서기 전 오래된 도시의 풍경을 눈에 담았고, 그로 인해 도시와 자연이 반목한다는 선입견을 깰 수 있었다. 기록으로 만난 조선시대 도시의 모습은 빌딩이 숲을 대체한 지금의 도시로부터 벗어나 건물과 자연이 어우러진 과거의 도시로 다가서는 경이로움을 느끼게 했다.

넓게 펼쳐진 들판, 너머로 굽이치는 산, 사이로 흐르는 강과 끝을 알 수 없는 바다. 생각이 시선을 따라 멀어질 듯하니 가까이 들리는 사람들의 목소리와 부산한 움직임이 정신을 붙잡는다. 먼 자연과 가까운 사람들 사이에 물고기 비늘처럼 촘촘히 민가의 지붕들이 늘어서 있고 밥 짓는 연기가 곳곳에서 피어오른다. 바다와 하늘의 경계를 안개가 지워내듯, 언덕을 닮은 지붕들이 도시와 자연의 사이를 흐린다. 감영 원림에서 바라보던 풍경이다.

이런 풍경을 보려면 스스로도 풍경이 되어야 했다. 감영 원림은 조선의 지방도시에서 가장 큰 건축물이었던 객사, 성곽, 감영 본청에서도 가장 높은 곳에 높은 형식으로 지어졌다. 단층 건물이 늘어선 전통 도시에서 단연 눈에 띄는 상징물이었다. 게다가 감영 원림의 주인은 현재의 도지사에 해당하는 종2품 관찰사였다. 감영 원림은 도시의 최고 권력자의 눈과 다름없었다. 우리는 눈으로 사람을 보고, 사람을 볼 때 눈을 보지 않는가. 그곳에서 바라보고 바라보이는 풍경은 학문과 정치, 예술과 사회를 가르지 않고 함께 생각하도록 했다. 그 풍경 앞에 서면 자기를 다스리는 일과 세상을 다스리는 일이 다르지 않았다.

감영 원림은 흥미롭지만 좀처럼 다루어지지 않았던 주제다. 남아 있는 실체가 드물기 때문이다. 건축과 조경의 역사를 연구할 때 몸소 가볼 수 없는 곳을 대상으로 삼는 것은 그리 선호되지 않는다. 그럼에도 연구자로서 이 주제를 선택한 것은 그 존재감과 중요성에 따라 자료가 많고, 자료에 기록된 모습에서 도시 풍경을 새롭게 그리게 하는 해방감과 경이로움을 느꼈기 때문이다. 호기심에 열어본 감영 원림이라는 상자에서 나는 의도치 않게 여러 구멍에 맞는 열쇠를 발견할 수 있었다. 나는 그 열쇠를 들고 건축, 도시, 조경에서부터 문학과 미술에 이르기까지 여러 분야의 문 앞에 섰다. 상자의 가치를 제대로 알아내려면 점선으로 연결된 바깥의 세계를 여기저기 기웃거려야 했다.

그렇게 환상과 실상 사이를, 선부름과 망설임 사이를 오가며 나는 연구자로서 첫발을 뗄 수 있었다. 이 책은 박사학위논문인 「조선시대 감영 원림 연구」를 보완해낸 결과물이다. 학위논문 작성은 한국연구재단의 글로벌박사양성사업의 지원을 받았고, 단행본 출판은 심원문화사업회의 제15회 심원건축학술상을 수상해 준비했다. 그 과정에서 여러분께 많은 도움을 받았다. 늘 자상한 마음으로 제자의 길을 밝혀주시는 지도교수님, 부족한 원고의 가능성을 살펴주시고 힘을 실어주신 논문심사위원회와 연구재단, 학술상의 심사위원께 감사드린다. 고심 끝에 내려주신 결정에 값할 수 있도록 꾸준하고 마땅하게 공부해나갈 것을 약속드린다. 연구자의 길을 열어주시고 세상 보는 눈을 밝혀주신 역사건축기술연구소와 환경조형연구소 그륀바우의 선생님들께 감사드린다. 연구를 진행하는 데 조언을 아끼지 않고 독려해주신 동료 선후배, 귀중한 자료를 제공해주신 소장처, 원고가 책으로 탈바꿈할 수 있도록 꼼꼼히 살펴주시고 함께 고민해주신 총서 편집팀의 선생님들, 필자에게 생기와 지혜를 불어넣어 주는 자연이자 기초인 가족에게 깊이 감사드린다.

2024년 겨울, 임한솔

머리말

조선 원림의 특수성

조선의 원림은 문화적 전통을 공유했던 동아시아 타국의 원림과 상당히 다르다. 중국의 명·청대 원림은 화려한 구성과 과감하고 직접적인 자연 모방술로 널리 알려져 있다. 무로마치 시대에서 에도 시대에 이르는 일본의 원림도 중국 못지않게 다채로운 지형과 경물 배치, 가레산스이(枯山水)라는 추상화된 양식으로 유명하다. 그에 반해 조선의 원림은 단순하고 자연을 조작하는 데 소극적인 모습을 보인다. 식민지시기의 미학자 고유섭은 원림을 대하는 조선 사람의 마음가짐을 두고 다음과 같은 평을 남겼다. "동양인의 공통성에 벗지 아니하여 자연을 사랑할 줄 안다. 그러나 그들은 중화인과 같이 자연을 요리하지 않는다. 일본인 모양으로 자연을 다듬지 않는다."[1]

조선의 원림은 한반도에 있었던 이전 왕조의 원림과도 다르다. 신라 동궁의 월지는 조선보다 중국, 일본 원림과 비슷한 면이 있고 백제의 익산 왕궁리 유적에서는 구불구불한 수로가 대규모로 발굴되었다. 이러한 사례는 조선 원림의 특징을 국토의 자연환경이나 고대 이래의 민족성에서 끌어오려는 논리적 시도를 어렵게 한다. 방지(方池)와 화계(花階)로 대변되는 단순한 지형 조작과 누정(樓亭) 중심의 외향적이고 해석적인 조경 문화는 역대 동아시아 국가 중에서도 특히 조선에서 지배적으로 발달한 형식이다. 결국 이러한 특징은 조선이라는 국가의 고유한 정신 문화적 특성에 주목해야 설득력 있게 해석할 수 있다.

조선의 원림에서 인위 자연을 조성할 때 복잡한 곡선으로 원시 자연을 모방하기보다 직선을 활용한 단순명료한 형태를 쓴 까닭은 무엇인가. 바라보이는 대상으로서 자연을 조작하기보다 있는 그대로의 자연을 바라보는 방식에 집중한 까닭은 무엇인가. 자연에 대한 관조와 추상의 공존은 어떻게 설명되며, 조선에서 그러한 양상이 자리 잡은 원인과 과정은 무엇인가. 조선시대 조경 전반을 다룬 기존의 한국조경사 서술은 시대를 관통하는 사상적 면모나 특징 해석보다는 유형별 현상에 주목하거나[2] 동아시아 문화권이 공유하는 다수의 사상을 종합적으로 제시하는 경향을 보인다.[3] 이러한 경향은 동아시아 문화권 내에서 조선 혹은 한국 원림을 특수성보다는 보편성의 관점에서 읽도록 안내한다.

조선 원림의 특수성에 주목하여 그 특징과 원형의 문제를 다룬 기존 성과로 정동오[4]와 유병림·황기원·박종화[5]의 저서를 꼽을 수 있다. 정동오는 저서의 말미에 "韓國庭園의 특징"[6]이라는 장을 두고 "직선적인 윤곽선 처리", "園池의 형태와 구성의 단조로움" 등 여섯 가지 항목을 제시하였으며,[7] 형태적 단순성과 경계의 외향성을 그 특징으로 보았다.[8] 유병림·황기원·박종화의 연구는 사대부 주택 원림의 사례를 상세히 살피고 채와 마당의 배치를 중심으로 유교적 가치관과 주택 원림의 관계를 해석하였다. 두 연구는 개별적 사례로부터 보편적 현상을 포착해냈다는 점에서 연구사적 의의가 있다. 이후 조선의 지배적 사상인 유학(儒學)에 초점을 맞추어 조선시대 조경의 특성을 조명한 학술 논문들이 제출되기 시작하였다.[9] 해당 연구들은 천인합일(天人合一)이라는 자연 인식, 수양(修養)이라는 조성 목적과 활용 방식, 예(禮)에 기반한 구성 원리 등을 조명하였으나 조선 특유의 원림 형식이 자리 잡은 원인과 과정에 착목하지는 않았다. 말하자면 지금까지의 조선 조경사 연구는 사상이라는 배경(背景)과 사례라는 전경(前景) 사이에 상당한 거리를 둔 채 진행되어 왔다.

왜 감영 원림인가

이 책은 조선시대 조경의 전모를 보다 입체적으로 파악하기 위하여 관주도의 원림, 그중에서도 감영 원림에 주목한다. 감영 원림이 형성된 사상적 배경은 신유학(新儒學)으로, 조선 전기의 도성 원림은 신유학의 이념과 습성을 구체화한 실천적 전사(前史)로 볼 수 있다. 조선의 지방제도 개편으로 인해 그러한 원림관과 실천이 지방도시로 전파되었으며 감영 원림은 그 실천 중에서 가장 영향력 있는 사례이다. 이 책을 통해 관 주도 원림의 형성 과정을 살피고 조선 원림 특유의 미적 성취를 규명할 수 있으리라 기대한다.

조선의 공간 문화에서 관(官)이 차지하는 위상은 특별하다. 고려 전기에는 국가 자원이 지방 주요 가문의 세습적 통제 아래 있었고 지방행정 체계가 복잡했던 반면, 조선 전기에는 자원에 대한 국가의 통제력이 커졌으며 보다 중앙집권적인 지방행정 체계를 갖추었다.[10] 이러한 체제 변화는 공간적 변화를 동반했다. 한양 천도 이후 궁궐, 종묘, 사직이 건립됐고, 군현제 통폐합과 함께 모든 지방도시에 수령이 파견되며 객사, 동헌, 향교 등의 관아가 지어졌다. 마을이나 주택, 서원, 사찰 건축이 사회상의 변화에 사후적으로 대응한 결과물이라면 관영 건축은 사회상의 변화를 선도하기 위해 과시적이고 의도적으로 행해진 정책성 건축 기획이었다.

이러한 관 주도의 공간 변화를 이끌어간 주체는 신유학 소양을 갖춘 문인 관료였다.[11] 지방 권력의 세습보다는 과거 제도를 바탕으로 권력장에 진입한 지식인 관료들은 제한된 기간 동안 지방관을 역임하며 지방 행정을 경영하고 인문 환경을 개선해 나갔다. 이들은 중앙집권 구현이라는 책무에 충실하였으며, 주어진 여건에 따라 기성의 관영 건축을 실현하는 데 힘을 쏟았다. 이러한 노력은 '지방도시의 획일화' 현상으로 이어졌다. 도시별 상황에 따라 다르게 건립되어 있던 관아들이 하나의 체계 아래 정립되면서 유사한 형식과 배치로 자리 잡았던 것이다.[12]

관영 원림은 제도를 구현하기 위해 정형화되었던 건축과 달리 제도화되지도 정형화되지도 않았다. 원림은 필수 시설이라기에는 쓰임에 자유로움이 있었고, 입지와 주변 자연 환경에 민감하게 반응하여 지역마다 다른 모습을 띠었다. 중앙집권의 구현 그 자체이던 관영 건축의 존재와 달리 관영 원림은 지방도시에 따라 모습이 달랐고, 다르더라도 문제가 없었다. 관영 건축이 제도를 직접 반영하는 동안 원림은 실행 주체의 내면과 호응하며 이루어졌다. 말하자면 관영 원림은 제도와 개인 사이에서, 정형화된 건축과 다채로운 자연 사이에서 조성되었던 것이다. 지방관들은 신유학 소양에 따른 미적 취향을 만족시키고 관료로서의 소임과 도리에 어긋나지 않는 원림의 전범을 필요로 했다. 그러한 맥락에서 조선 전기의 도성 원림은 관영 원림의 원형으로 기능했다고 볼 수 있다.

감영(監營)은 현재의 도청(道廳)에 해당하는 관청으로 최고위 관료인 종2품 관찰사가 지휘한 조선시대 지방행정의 총괄 기관이다. 감영 제도는 여말선초에 확립된 이래로 조선시대 전 기간에 걸쳐 운영되었다. 감영은 조선 전기에 지방도시를 돌아다니는 이동형 관청으로서[순영(巡營)], 조선 후기에 중심 도시에 정착하여 운영되는 고정형 관청으로서[유영(留營)][13] 지방의 정치·행정·문화를 주도하였다. 감영 원림의 조성을 주도한 관찰사는 약 500년간 총 4341명, 도별 평균 542명에 이른다.[14] 왕과 직접 대면할 권한이 있는 최상급 관리가 왕조 내내 대략 1년씩 돌아가며 감영을 지휘했던 것이다.

감영 원림은 관찰사의 주도로 조성되고 관리되었으며 관찰사와 예하 관원, 그들의 손님이 주로 활용하였다. 감영은 고위 관원이 현직으로 근무하며 지방행정을 총괄하는 기관이었기 때문에 많은 사람이 공과 사로 방문하였다. 감영 원림은 관찰사가 일상을 보내는 업무·휴식 공간인 동시에 접객과 연회, 백일장과 시사(試射) 등을 통해 관찰사와 사람들이 교류하는 장소로써 폭넓게 쓰였다.

감영 원림은 이러한 특성을 갖추었음에도 불구하고 그동안 한국조경사에서 별다른 주목을 받지 못했다.[15] 조경사학에서 궁궐, 주택 원림 연구가 비교적 활발히 이루어진 것에 비해 감영 원림 연구가 부족한 이유는 ㉠ 남아 있는 사례가 드물고, ㉡ 건축과 긴밀하게 결착되어 있으며, ㉢ 조성 주체의 개성이 돋보이는 유형이 아니기 때문으로 판단된다. 그러나 이는 감영 원림의 조경사적 연구를 저해하는 근본적인 문제는 아니다. 이 책은 위에서 제시한 사안으로 인해 발생한 연구의 공백을 다음과 같은 시각에서 재고하고자 한다.

㉠ 감영은 여느 관영 건축물과 마찬가지로 식민지시기를 거치는 과정에서 도청, 학교 등 근대 시설로 전용되며 실체를 알 수 없게 해체되었다. 선화당 등의 중심 건물 일부를 제외하면 객사와 성곽을 포함하더라도 당시의 시설이 온전히 남아있는 사례는 드물다. 그러나 공공기관이자 도시의 랜드마크였기 때문에 조선시대의 시설 관련 기록과 근대 초기의 사진 자료가 다수 남아 있으며, 전용 과정에서 생산된 도면 자료도 일부 남아 있다. 실체가 사라진 사례이지만 조선 당시에서 식민지시기에 이르기까지 비교적 풍부한 사료가 남아 있는 것이다. 게다가 최근 지자체와 지역 사학계에서 문화 자원으로서 감영에 주목하고 발굴 조사와 복원을 통해 실체를 드러내고 있다. 관련 연구와 기획이 동인을 얻은 상황이라 할 수 있다.

㉡ 이 책에서 다루는 감영 원림은 감영 본청 건물을 비롯해 객사와 성곽을 바탕삼아 입지해 있다. 감영, 객사, 성곽은 건축사 분야에서 각각의 성과를 가지고 있는 유형이며 해당 연구에서 원림의 존재 또한 부속 누정으로서 다루어진 바 있다. 감영 원림이라는 연구 주제는 기존의 건축사 연구 성과와 연계하는 한편, 기관으로서 감영이 읍치 시설을 활용한 양상을 원림 중심으로 재조명할 기회를 제공한다. 나아가 건축과 조경이 긴밀한 관계를 맺었던 조선시대 공간 문화의 특징을 논할 만한 중요한 계기를 마련해준다.

㉢ 감영 원림은 특정 인물이나 가문의 소유물이 아니었다. 따라서 주체의 예술적 개성 발현이라는 측면에서는 궁궐이나 주택 원림에 비해 논할 여지가 적다. 그러나 대도시 한가운데 입지하여 많은 사람들에게 노출된 시설이었던 까닭에 형식과 미학 측면에서 당시 사대부의 원림 취향을 순도 높게 반영했을 것으로 보인다. 또한 원림을 다녀간 수많은 문인들에게 시문과 기문을 쓰고 그림을 그리게 함으로써 궁궐이나 주택 원림 이상으로 많은 예술 창작을 발생시켰다.

실체가 남아있지 않으나 관련 자료가 풍부하고 현장의 재조명이 이루어지는 상황, 여러 유형의 관영 건축과 연계되는 입지 특성, 특정 가문에 종속되지 않고 장기간에 걸쳐 다양한 인물이 조성하고 감상·활용했다는 점은 연구 대상으로서 차별화된 감영 원림의 특징을 드러낸다. 이에 더하여 상당수의 관련 기록이 국내 기관에 소장되어 있어 남한과 북한의 감영 원림을 비교적 고르게 고찰할 수 있다는 점도 중요하다. 이 책이 감영 원림을 통해 조선 원림의 시기적, 지역적 전개 양상을 살필 근거를 마련할 수 있다고 기대하는 까닭이다.

기존의 시선들

기존 연구에서 관 주도의 원림은 관영 원림(官營園林), 관아 원림(官衙園林), 관아 정원(官衙庭園) 등의 범주로 다루어졌다. 이러한 연구 중 시기가 앞선 것으로 이은창의 연구를 들 수 있다.[16] 이은창은 한국의 원림을 궁중의 궁원(宮苑), 관아의 원림, 민간의 원림, 사찰의 원림, 서원의 원림, 사묘의 원림, 능묘의 원림 등으로 구분함으로써 관아 원림을 하나의 유형으로 제시하였다. 이 연구는 영남과 호남의 6개 유적 조사 결과를 토대로 관아 원림의 특징을 입지, 조성 요소, 사상의 측면으로 정리하였다. 이 연구는 다른 유형과 구분되는 관아 원림 고유의 특징에 집중하기보다는 관아 원림을 통해 조선시대 조경의 전반적 특성을 겨냥하였다는 점에 그 한계와 의의가 있다.

관 주도 원림에 대한 조경학 분야의 연구는 전영옥에 의해 시작되었다.[17] 전영옥은 석사학위논문에서 『신증동국여지승람』의 관영 원림 기록을 통계적으로 분석하였다.[18] 이 연구는 조선 후기에 비해 사료가 부족한 임란 이전 관영 원림의 전국적 상황을 파악했다는 점에서 사료를 효과적으로 활용한 기초 연구라 할 수 있다. 전영옥과 같이 특정 사료에 주목한 근래의 관영 원림 연구로 조선 후기 화첩인 《숙천제아도(宿踐諸衙圖)》를 다룬 논문 두 편이 제출되었다.[19] 각 논문은 화첩에 그려진 관아의 모습을 중앙관아와 읍치의 관아로 나누어 살폈으며, 관영 원림의 실체를 당대의 인식이 담긴 회화 자료를 통해 조명했다는 점에서 의의가 있다. 최근에는 평양성도류 회화 자료에 기록된 경관에 주목한 연구가 발표되었는데, 이 연구들에서 평양성 내외의 원림이 다루어진 바 있다.[20]

특정 사료로 범위를 제한하지 않고 다수의 사례를 폭넓게 다룬 시도로 황상돈의 연구가 있다.[21] 황상돈은 중앙과 지방으로 관아 정원을 크게 분류하고 지방관아의 원림을 객사, 동헌, 문루, 기타 공공시설의 원림으로 재분류하였다. 이 연구는 원림 조성의 전제가 된 관아 건축에 기반하여 유형을 나누고, 다수의 유형을 종합적으로 다루어 관 주도 원림의 상황 전반을 제시하였다.

관영 원림의 특정 유형에 대한 고찰은 객사 원림을 다룬 성재만의 연구로 시도되었다.[22] 성재만은 벽제관, 전주객사, 밀양객사, 여수객사를 사례로 삼아 입지와 배치를 검토하고 누정, 지당, 수목 등의 조경 구성 요소를 분석하였다. 이 연구는 현장과 자료 수집이 용이한 네 곳의 사례를 중심으로 하되 구성 요소의 분석에서는 사례의 확장을 통해 자료를 보완하여 객사 원림의 실체를 구체화하였다.

최근에는 감영 본청 터의 발굴 조사가 진행되면서 원림 유구의 발굴과 정비 계획과 연계한 연구가 발표되었다. 이상균의 강원감영 후원 연구는 각종 사료와 발굴 조사 결과에 근거해 후원의 연혁과 시설별 특징, 상징 체계를 분석함으로써 강원감영 후원이 '신선세계'의 상징을 중심으로 이루어졌음을 규명하였다.[23] 강원감영은 남한에 위치한 다섯 감영 중에서 원림으로서의 성격이 가장 뚜렷하고 규모가 큰 후원을 갖추고 있었다. 강원감영 후원은 조선시대 그림과 문헌, 일제강점기 사진, 최근의 발굴조사 결과를 바탕으로 2018년 복원되었다.

관아 연못의 발굴조사 결과를 종합한 오창희의 연구도 연장선상에서 주목할 만하다.[24] 오창희의 연구는 10개 관아의 지당(池塘) 발굴조사 결과를 모아 분석하였으며 연구 대상에 경기감영과 강원감영이 포함되어 있다. 이 연구는 문헌 기반의 의미 해석보다 실물 유구에 주목하여 그 형태와 조영 기술을 분석하였다.

이상으로 살핀 연구들은 관영 원림 연구가 진입해 있고 앞으로 시도할 수 있는 연구의 스펙트럼을 잘 보여준다. 관영 원림은 전영옥과 황상돈의 연구에서 볼 수 있듯 조선시대 전국 각지에 폭넓게 분포해 있었으나 현존하는 실물 사례가 많지 않은 한편, 최근에 현장의 발굴과 재조명이 이어지고 있다. 관영 원림 연구에는 『신증동국여지승람』이나 『숙천제아도』와 같이 연구 가치가 높은 문헌·도상 자료가 다수 존재한다. 따라서 그 전모를 살피기 위해서는 연구 대상과 자료의 범위를 전략적으로 결정할 필요가 있다. 관영 원림이 조선시대 전 시기에 걸쳐 전국 각지에 분포했음에도 불구하고 기존 연구에서는 주로 특정 사료나 사례, 유형에 주목한 반면 시대성이나 지역성의 해석을 시도한 연구는 드물다. 이러한 양상은 연구 소재가 많고 흩어져 있는 관영 원림 연구의 난관을 방증하는 동시에 나아갈 방향을 가리킨다.

원림에 국한하지 않고 시야를 넓혀보면 관영 건축, 특히 감영과 객사 건축에 관한 연구가 이 책의 주제와 밀접하다. 관영 건축에 대한 연구는 1991년 지방자치제도 시행으로 촉발되어 2000년대 이후 비약적으로 발전했다.[25] 관영 건축 연구는 터의 발굴과 복원 정비를 비롯하여 유산 지정이나 활용 프로그램과 연계된 현실 수요와 연계되어 진행되었기 때문에 그 성과가 학술 논문[26] 외에도 발굴보고서, 실측조사보고서, 종합정비계획 보고서, 각종 학술자료집 등으로 발표되어 있다.

이 책과 관련하여 가장 직접적인 연구 성과로는 감영과 객사를 종합적으로 다룬 두 편의 논문을 꼽을 수 있다. 먼저 최영철의 논문은 조선시대 감영을 종합적으로 다룬 연구 성과이다.[27] 이 연구는 '직제(職制)와 건축적 구성의 상관성'이라는 측면에서 감영의 공간 구성과 그 변화를 고찰하였다. 가령 관찰사를 비롯한 관원이 어떠한 품계와 인원수로 구성되었는지, 그 구성원의 질적 양적 변화는 어떠했는지를 매개로 하여 감영의 변화 양상을 해석한 것이다. 이 연구는 조선 후기 감영의 영향력 확대가 시설의 확충과 밀접하며, 그 중요한 양상의 하나로 관찰사가 전유하는 누정의 건립을 들고 있다. 또한 감영의 중심 건물인 선화당 뒤편에 후원의 배치를 전형화함으로써 후원을 감영의 구성 요소로 언급하였다[그림 0-1].

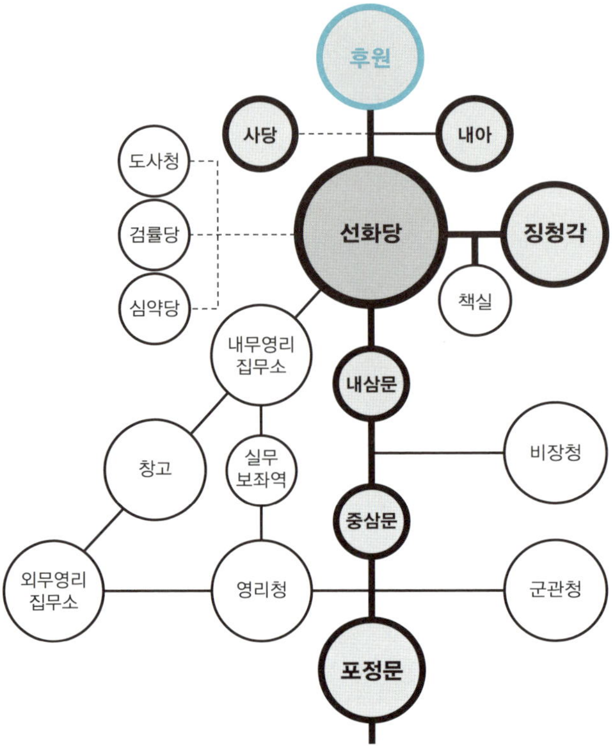

그림 0-1. 최영철의 연구에서 제시한 감영의 배치구성 개념도
(다음 논문의 개념도를 필자 재작도. 최영철, 「朝鮮時代 監營의 職制와 建築的 構成의 相關性에 관한 硏究」, 홍익대학교 박사학위논문, 1994, 142쪽)

객사를 다룬 여상진의 연구[28]는 조선시대 사회 제도와 정세의 변화에 따라 달라졌던 객사 건축의 의미와 구체적 양상을 폭넓게 다루고 있을 뿐 아니라 조선 전기 객사의 특징으로 "樓亭 및 別館의 발달"을 들고 있다. 지방도시 객사의 영건을 추동했던 수령 및 관찰사 제도를 심도 있게 다루고 있을 뿐 아니라, 감영 원림의 일부인 객사 원림의 조성 배경과 건립 양상을 짚고 있어 이 책에 중요한 선행 연구라 할 수 있다. 또한 지리지와 문집 내 기문을 적극 활용하고 한말에 객사가 소실된 과정을 근대 자료를 통해 검토하고 있어 연구 자료의 측면에서도 참고가

된다. 여상진은 이후에 다수의 후속 연구를 통해 일기 자료에 드러난 관찰사의 관영 시설 이용 양상을 고찰하였다.[29]

실상 감영에 주목한 연구는 앞에서 언급한 조경사학이나 건축사학 분야보다 지방 제도나 문화를 다룬 사학 분야에서 본격적으로 전개되었다. 지방 제도 전반을 다룬 연구서[30]에서 감영은 빠짐없이 중요한 위상을 차지하며, 이 외에도 다수의 학술 연구가 비교적 오랜 기간에 걸쳐 축적되어 왔다. 감영 원림의 전개와 밀접한 사안인 순영에서 유영으로의 체제 변화도 전라감영을 사례로 그 재정적 바탕을 고찰한 김태웅의 연구[31]나 관찰사의 임기를 두고 벌어진 논의와 그 적용을 검토한 설현지의 연구[32]를 참고할 수 있다.

일기 자료를 바탕으로 관찰사의 일상을 조명한 연구도 이 책의 중요한 참고 대상이다. 가령 임란 이전의 일기 자료인 『미암일기』의 전라도 관찰사 순행을 다룬 김경숙의 연구[33]와 『재영남일기』의 경상도 도사의 순행을 다룬 이수환의 연구[34]는 조선 전기 감영 원림의 활용 양상을 분석하기 위한 단초를 제공한다. 이 외에도 감영의 유영화로 인해 촉발되거나 활성화된 각종 문화에 대한 연구들이 지역별 수요와 맞물려 제출된 바 있다.[35]

책의 서술 대상

이 책의 서술 대상인 감영 원림은 조선시대 여덟 개 도[36]의 감영이 머물렀던 도시에서 조성·운영했던 관영 원림을 뜻한다. 용어의 정의에서 자세히 언급하겠지만 이 책에서 감영 원림은 선화당 중심의 감영 본청 시설에 입지한 원림뿐 아니라 감영 소재지 내 객사와 성곽 등에 입지하여 관찰사가 일상적으로 활용했던 원림을 포괄한다.

이 책은 감영 제도가 운영되었던 조선시대 전 시기를 시간적 범위로 삼되, 감영 제도의 변화에 따라 시기별로 초점을 달리한다. 양계 지방을 제외한 감영이 이동형 관청으로 운영되던 조선 전기에는 관찰사가 순행 일정에서 이용했던 여러 읍치의 원림을 연구 대상으로 포함하는 한편,[37] 그중에서 감영의 본거지[본영(本營)]로 인식되었던 읍치와 훗날 감영

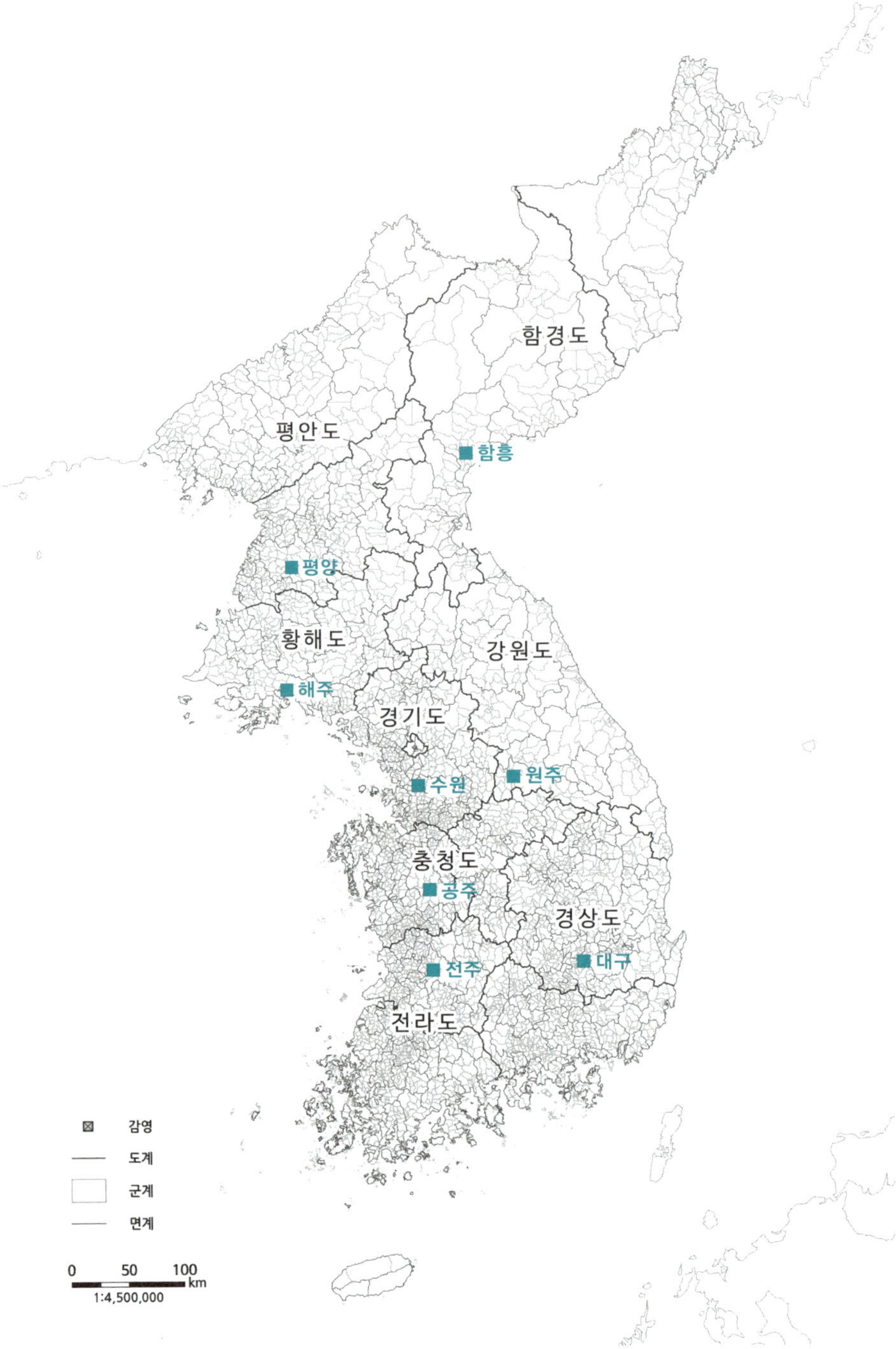

그림 0-2. 1896년 전국 행정구역 지도와 감영 소재지의 위치
(한국학중앙연구원, 한국학진흥사업 성과포털, 조선시대 수륙교통로)

소재지로 지정되는 읍치의 원림은 보다 상세히 검토한다.[38] 모든 감영이 고정형 관청으로 운영되던 조선 후기에는 감영이 정착한 읍치인 감영 소재지에 집중하여 해당 도시의 관영 원림을 집중적으로 검토한다.

여덟 개의 조선시대 감영 소재지는 현재 기준으로 남한에 5곳[39], 북한에 3곳[40] 위치한다[그림 0-2]. 남북한을 막론하고 감영 본청과 객사, 성곽의 터는 식민지시기에 근대 시설로 전용되며 대부분 원형을 잃어버렸

표 0-1. 감영 관련 시설의 유산 지정 현황

지역	등록명	등급	지정년	비고
평안	평양성(平壤城)	북한 국보유적(제1호)	–	
	대동문(大同門)	북한 국보유적(제4호)	–	
	칠성문(七星門)	북한 국보유적(제18호)	–	
	보통문(普通門)	북한 국보유적(제3호)	–	
	부벽루(浮碧樓)	북한 국보유적(제17호)	–	
	연광정(練光亭)	북한 국보유적(제16호)	–	
	을밀대(乙密臺)	북한 국보유적(제19호)	–	
	최승대(最勝臺)	북한 국보유적(제21호)	–	
함경	함흥 선화당(咸興 宣化堂)	북한 국보유적(제109호)	–	해제에 징청각이 남아 있다고 기록됨
	함흥성(咸興城)	북한 보존유적(제368호)	–	
	구천각(九天閣)	북한 국보유적(제108호)	–	해방 이후 복원
황해	**부용당(芙蓉堂)**	북한 국보유적(제68호)	–	한국전쟁시 소실, 2003년 복원
강원	**원주 강원감영(原州 江原監營)**	사적	2002	2011년 '원주강원감영지'에서 명칭 변경
	원주 강원감영 선화당 (原州 江原監營 宣化堂)	보물	2021	1971년 '포정루및선화당'으로 유형문화재 지정, 2021년 선화당이 보물로 승격
	원주 강원감영 포정루 (原州 江原監營 布政樓)	강원특별자치도 유형문화유산	1971	1971년 '포정루및선화당'으로 유형문화재 지정, 선화당 승격으로 단독 지정
충청	선화당(宣化堂)	충청남도 유형문화유산	1980	1932년 위치 이전
	포정사문루(布政司門樓)	충청남도 유형문화유산	1980	2004년 '포정사 및 삼문'에서 명칭 변경
	공주 공산성(公州 公山城)	사적	1963	유네스코 세계문화유산인 '백제역사유적지구'의 일부
	공북루(拱北樓)	충청남도 유형문화유산	1976	
	공산성쌍수정(公山城雙樹亭)	충청남도 문화유산자료	1984	1970년 해체복원
	공산성진남루(公山城鎭南樓)	충청남도 문화유산자료	1984	1971년 해체복원
전라	전라감영지(全羅監營址)	전북특별자치도 기념물	2000	
	전주 풍남문(全州豐南門)	보물	1963	
	전주 풍패지관(全州 豊沛之館)	보물	1975	
경상	대구 경상감영지(大邱 慶尙監營址)	사적	2017	
	대구 경상감영 선화당 (大邱 慶尙監營 宣化堂)	보물	2021	1982년 대구광역시 유형문화재 제1호로 지정되었다가 2021년 보물로 승격
	징청각(澄淸閣)	대구광역시 유형문화유산	1982	
	관풍루(觀風樓)	대구광역시 문화유산자료	1982	1906년 대구읍성을 허물며 위치 이전

* **진한 글씨**로 표시한 것은 감영 원림 유적으로 볼 수 있는 건축물.
* 북한의 문화재 등록 현황은 국립문화유산연구소에서 2021년 발간한 『북한의 문화자연유산과 남북교류협력 이해하기』에 수록된 목록에서 확인.
* 북한의 감영 관련 시설 중에서 함경감영 선화당 곁에 남아 있다고 알려진 징청각은 목록에서 확인할 수 없고, 평안감영 오순정은 1984년 통일부 국토통일원의 조사 내용에 보물급(제3호)으로 기록되어 있으나 등급 체계가 달라진 최근 목록에는 보이지 않음.

다. 다만 선화당이나 성문과 같은 읍치의 중심 건물이 일부 남아 있고, 평양의 연광정이나 함흥의 구천각, 해주의 부용당, 공주의 쌍수정처럼 이름난 감영 원림 유적이 남아 있거나 복원되어 유산으로 지정되어 있다[표 0-1].

2000년대 이후 감영은 국내에서 역사 연구의 대상이자 지역의 유력한 문화콘텐츠로 주목받고 있다. 이러한 상황은 감영 본청 시설 자리에 있던 시설을 다른 곳으로 이전하며 발굴과 복원이 활발하게 이루어지고 있는 현실과 밀접하다. 문헌 자료나 일부 잔존 건축물을 통해 알려져 있던 감영이 터의 복원 정비와 함께 역사의 현장이자 전통 문화의 전승처로 주목받고 있는 것이다.

가장 대표적인 사례로 강원감영을 들 수 있다. 강원감영은 2000년과 2012년에 발굴조사가 진행되었으며,[41] 2018년에 후원을 포함하여 복원이 완료되었다. 전라감영은 발굴조사 결과를 토대로[42] 선화당 일대의 중심 영역에 대한 1차 복원이 완료되었으며, 선화당 뒤편이자 내아의 곁에 위치하여 원림의 역할을 수행했다고 볼 수 있는 별당인 연신당도 복원되었다. 충청감영의 경우 감영 터에 공주사대부고가 위치하여 발굴 조사는 어려운 상황이나, 선화당과 포정문 건물이 다른 위치에 이전되어 있고 포정문의 경우 2018년 원위치에 복원되었다. 이 외에도 경기감영은 2017년에 발굴조사가 진행되어[43] 못을 포함한 원림 영역이 확인된 바 있으며,[44] 경상감영 또한 발굴이 진행 중이고[45] 지자체에서 복원을 고려한 장기계획을 수립하고 있다고 알려져 있다. 이 외에도 감영은 아니지만 1-3장에서 다룬 육조거리 중앙관아 후원이 세종로의 의정부 터에서 발굴되어 많은 주목을 받았다.[46]

전국적으로 감영의 역사·문화와 현장에 대한 관심이 높아지고 있지만 감영이 경영했던 원림은 상대적으로 주목받지 않는 상황이다. 감영 터의 복원 정비에 있어서도 조경의 시각에서 원형을 추정하고 특성을 해석하는 시도는 보기 어렵다. 감영 원림에 해당하는 다수의 사례를 검토하고 교차 해석한 종합 연구의 필요성이 대두되는 상황이다.

자료의 접근 방법

이 책은 감영 원림의 현상 파악을 1차 목표로 설정하되, 현상의 해석을 위해 신유학 이론을 동원하거나 감영 외 사례인 도성 원림을 끌어오는 시도를 하였다. 이러한 확장적 시도의 문제 의식이나 관점에 대해서는 서론의 다른 항목에서 설명되었다고 보고, 여기서는 감영 원림의 현상 파악, 즉 역사 자료를 기반으로 한 고증 연구의 방법을 설명하고자 한다.

감영 원림 연구는 검토할 자료가 많고 흩어져 있으며 유형 또한 다양하다. 이 책은 체계적 검토를 위해 자료를 세 종류로 구조화하여 접근하였다. 첫째는 감영 원림의 목록과 기초연혁을 작성하기 위한 것으로서 지리지에 해당한다. 둘째는 감영 원림에 대한 인식·활용과 보다 상세한 연혁을 살피기 위한 것으로서 문집·잡록류 문헌과 회화·지도 그리고 일기류 문헌에 해당한다. 앞선 두 가지 유형이 조선시대에 생산된 자료라면 마지막 유형은 근현대에 생산된 자료이다. 셋째는 감영 원림의 실제 형상을 전하는 것으로서 대한제국과 식민지시기에 기록된 사진과 실측 도면, 그리고 현대에 출판된 발굴조사보고서이다. 다음 쪽부터는 자료 유형별 접근 방법과 주안점을 소개하겠다.

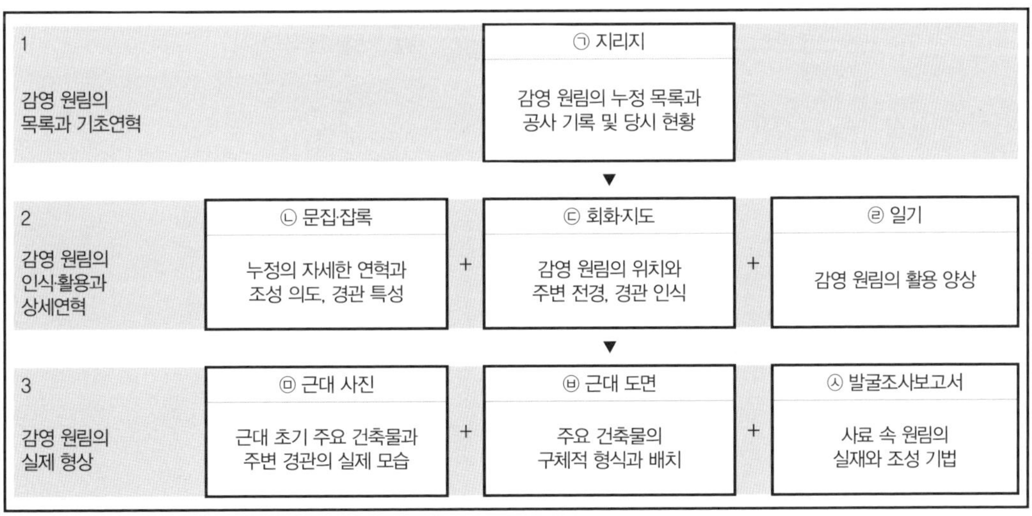

그림 0-3. 자료의 유형과 검토 구조

㉠ **지리지:** 감영 원림의 고증 작업에서 최우선으로 검토한 자료는 지리지이다. 조선시대 지리지는 대개 일정한 조목 아래 해당하는 정보를 담는 체제로 편집되어 있다. 감영 원림의 고증에서 중요한 조목은 성지(城池), 공해(公廨), 누정(樓亭)이다. 성지 조목은 성곽, 성문, 장대 등 성의 주요 시설에 관한 정보를 담고 있으며 공해 조목은 객사와 감영 본청 등 관아 건물에 대한 정보를, 누정 조목은 누정 건축물에 대한 정보를 담고 있다. 감영 원림은 누정 조목에 주로 기록되어 있으나 다른 조목에 포함되거나 중복되기도 한다. 이 책은 기본적으로 누정 조목에 기록된 공간을 감영 원림으로 보되, 다른 조목에 기록된 공간 중에서 원림의 성격이 확연한 경우 감영 원림에 포함시켰다.[47] 각 조목에 기록된 정보의 내용은 위치, 공사 시기와 주체, 특징 등이다. 지리지에는 기문이나 시문이 실린 경우도 있어 상세 연혁과 미적 특성을 살피는 데도 중요한 자료이다.

지리지는 편찬 주체와 대상 지역 등에 따라 분류된다. 이 책은 전국 관찬지리지인 『신증동국여지승람』(1530)과 『여지도서』(1760 추정)를 먼저 살폈

표 0-2. **연구에서 활용한 조선시대 지리지 목록**

도	분류	서명	편찬년	수량	소장처	청구기호	번역본
전국	전국지	新增東國輿地勝覽	1530(1611복간)	55권 25책	규장각	奎貴1932	O
	전국지	輿地圖書	(1760)	55책	교회	000.2 여79	O
평안	읍지	平壤志	1590	2책 265장	규장각	古4790-2	O
	읍지	平壤續志	1730	2책 211장	규장각	古4790-1	O
	읍지	平壤續志	1837	5권 4책	규장각	奎1601-v.1-4	–
	읍지	平壤續志	1892	3권 3책	숭실대	915.1 윤22705평임	–
함경	영지	咸鏡監營誌	1787	1책 74장	규장각	想白古 915.19-H179	–
	읍지	咸山誌通紀	1859	6권 3책	장서각	K2-4333	O
황해	도지	海西邑誌	1871	7책 754장	규장각	奎12171-V.1-7	–
	읍지	海州誌	1899	1책 85장	규장각	奎10892-v.1-2	–
강원	도지	關東誌	(1830)	15책	중도	古2780-1	O
충청	읍지	公州監營邑誌	1790	1책	장서각	K2-4213	–
	읍지	公山誌	1859	2책 156장	규장각	經古915.132-Imlg	O
전라	읍지	全州府邑誌	(1760)	1책 12장	규장각	奎17397	–
	읍지	完山誌	(1905)	1책 92장	규장각	奎12271	O
경상	읍지	大邱邑誌	1768	1책	계명대	귀167	O
	읍지	大邱府邑誌	1899	1책 134장	규장각	奎10838	O

* 소장처에서 '규장각'은 서울대학교 규장각한국학연구원, '교회'는 한국교회사연구소, '중도'는 국립중앙도서관, '숭실대'는 숭실대학교 도서관, '계명대'는 계명대학교 도서관.
* 편찬년에서 괄호친 숫자는 해제에서 제시한 추정연도를 간략히 적은 것.

다. 후대의 지리지는 감영 소재지를 다룬 읍지 중에서 비교적 완전성이 있는 관찬 사료 위주로 선정하였다[표 0-2].

㉡ **문집·잡록:** 지리지를 통해 감영 원림의 목록을 작성하고 기초 연혁을 파악한 다음에는 지리지에서 추출한 누정명과 인명 등을 데이터베이스에 입력해 문집과 잡록류 문헌 자료를 검색하였다.[48] 이를 통해 관련 기문과 시문 등을 찾아내 감영 원림의 자세한 연혁과 조성 의도, 경관 특성 등 보다 풍부한 정보를 수집했다.

㉢ **회화·지도:** 조선시대 회화 자료는 감영 원림의 당시 모습을 이미지로 확인하게 함으로써 문자 자료의 한계를 보완할 수 있는 중요 자료이다. 회화를 통해 건축물의 형식이나 못과 식재의 배치 등을 가늠할 수 있다. 또한 경계 바깥의 조망을 중시했던 조선시대 원림의 특성을 고려할 때 주변 전경을 그려내는 방식에 주목하면 감영 원림에서 바라보던 경관의 방향과 범위, 주요 감상점을 포착할 수 있다. 회화식 지도는 읍치 내 주요 공간의 지칭어, 상대 위치, 형상, 자료 제작 당시의 존재 유무 등의 지리 정보를 전한다. 실측 기반의 근대 지도와 비교할 때 정확도는 떨어지지만 인식 혹은 심상이 반영된다는 면에서 실측 지도와 다른 해석의 여지가 있다. 감영 원림은 감영 도시의 대표 경관이자 명소로 인식되었기 때문에 회화식 지도에 빠짐없이 기록된 편이다. 이러한 유형의 자료는 주요 소장처인 규장각의 원문 데이터베이스나 국립중앙박물관에서 지원하는 전국박물관 소장품 검색 웹사이트인 e뮤지엄 등을 통해 탐색하고 관련 연구와 해제를 활용해 목록을 보완하고 소재를 파악하며 기본 정보를 확인하였다.

㉣ **일기:** 감영에 근무했던 관찰사나 그 보좌관에 해당하는 도사가 작성한 일기류 문헌은 감영 원림을 비롯한 시설의 활용 양상을 살필 수 있는 자료이다. 지방관 일기의 자료 현황을 고찰한 여상진의 연구[49]를 바탕으로 일기를 선별하여 검토하였다[표 0-3]. 관원의 공무 일기에 해

표 0-3. **연구에서 활용한 조선시대 일기 목록**

도	직책	서명	유형	작성자	해당 시기	소장처	번역본
평안	관찰사	關西日記	개별사환	이제(李濟, 1654~1714)	1710.12~1712.11	중도	–
황해	관찰사	海西日記	개별사환	이제(李濟, 1654~1714)	1709. 9~1710. 7	중도	–
충청	관찰사	湖西監營日記	개별사환	이제(李濟, 1654~1714)	1704. 6~1705. 2	중도	–
	관찰사	錦營日記	개별사환	심이지(沈履之, 1720~1780)	1780. 4~10	장서각	O
전라	관찰사	**眉巖日記**	종합생활	유희춘(柳希春, 1513~1577)	1571. 3~10	개인소장	O
	관찰사	湖南日記	개별사환	이상황(李相璜, 1763~1841)	1810. 7~1812. 3	중도	–
경상	도사	**在嶺南日記**	종합사환	황사우(黃士祐, 1486~1536)	1518.11 ~1520. 2	규장각	O
	관찰사	嶺營日記	개별사환	조재호(趙載浩, 1702~1762)	1751. 6~1752. 7	교토대	O

* 여상진의 연구에서 감영 관련 일기를 발췌한 후, 자료 접근성과 도별 분로를 고려해 목록 선정.
* **굵은 글씨**로 표시한 문헌은 임란 이전의 일기.
* 유형에서 '개별사환': 한가지 관직에 재임할 당시의 일기 / '종합사환': 여러 관직에 재임할 당시의 일기 / '종합생활': 관직에 재임하지 않을 때를 포함해 전반적인 생활을 기록한 일기.

당하는 사환(仕宦)일기류 문헌은 작성자마다 기록의 양상이 다르고, 조선 후기의 일기에서 관원이 집무처를 매번 기록하는 경우는 드물다. 그러나 어떤 사건이나 행사가 벌어졌을 때 장소를 기록한 경우는 많다. 이를 통해 선화당, 관풍각, 내아, 원림 등 주요 시설의 기능이나 인식을 파악하는 것이 가능하다. 감영 원림의 경우 일기를 통해 접객이나 연회, 행사의 장소로 쓰이는 양상을 확인할 수 있다.

ⓜ **근대 사진:** 감영 원림이 훼손되기 전인 19세기 말에서 20세기 초의 사진 자료는 감영 원림의 외관과 안에서 바라본 바깥 경관을 가장 직접적으로 전하는 자료이다. 사진 도록과 e뮤지엄 등의 데이터베이스를 활용해 사진 자료를 수집한 후 논지 전개에 적합한 자료를 선정하여 제시하고 분석하였다.

ⓑ **근대 도면:** 식민지시기에 감영 관련 시설의 터가 도청과 학교 등으로 전용되거나 유산으로 등록돼 조사·수리되며 감영 원림과 관련된 실측 도면 자료가 생산되었다. 전자의 경우는 근대 건물의 신축 과정에서 남아 있거나 철거될 예정인 건물로서 간략히 그려진 편이며, 후자의 경우 비교적 상세한 도면이 작성되었다. 예컨대 평양 대동문과 부벽루, 연광정, 해주 부용당의 경우 북한에 소재하여 현황 자료를 구하기 어려운

데 국립중앙박물관에 소장된 근대 도면을 통해 구체적인 건축 형태를 확인할 수 있다. 다만 식재나 지형 등 조경의 관점에서 주목할 만한 요소를 상세히 기록한 도면은 드물다. 이러한 자료는 국립중앙박물관 소장 조선총독부박물관 문서나 국가기록원 일제시기 건축도면 아카이브를 통해 수집하여 검토하였다.

ⓢ **발굴조사보고서:** 2000년대 이후 국내에서 진행된 감영 본청 터의 발굴조사 결과를 수집하여 활용하였다. 발굴 유구는 사료에 드러난 감영 원림의 존재를 실재했던 현상으로 확정하고 구체적 형태를 알 수 있게 하며, 사료에 기록되지 않은 부분들을 보완할 수 있는 실물 자료이다.

책에서 쓰는 용어

본론에 앞서 책에서 사용하는 주요 용어 몇 가지를 정의하고자 한다.

첫째, 감영(監營)이다. 감영은 "조선시대 각 도의 관찰사가 거처하는 관청"[50] 또는 "조선 시대 각도 관찰사가 집무하던 관청"[51]으로 사전에 정의되어 있다. 이 책에서는 조선이라는 시대, 관찰사라는 주체, 관청이라는 공간으로 이루어진 해당 정의를 준용하되 이를 "조선시대 관찰사가 지휘하던 행정 기관 또는 그 관청 시설"로 수정하고 몇 가지 주의 사항을 짚고자 한다. 조선왕조실록에서 관찰사의 집무처라는 의미로 '감영(監營)'이라는 용어가 처음 등장하는 시기는 1593년(선조 26)[52]이다.[53] 그 전까지 관찰사가 머무는 곳, 즉 영(營)에 해당하는 곳은 본영(本營), 유영(留營), 순영(巡營) 등으로 가리켰으며 특정한 시설이라기보다 평양, 전주와 같은 읍치를 가리키는 용어에 가까웠다. 조선 전기 지리지인 윤두수의 『평양지』(1590)에도 관찰사의 관청은 감영이 아닌 '감사본아(監司本衙)'로 표현되었다. 사전의 정의처럼 감영이라는 용어가 관찰사의 거처 혹은 집무처로 정착한 시기는 양계 지방 외 여섯 개 도에도 감영 시설이 자리 잡아가던 17세기라고 볼 수 있다. 이러한 양상은 전국지리지나 법전에서도 동일하게 확인된다.[54] 말하자면 감영이라는 용어는 전국 감영의 유영화(留營化)에 따른 시설 구축과 밀접한 관계가 있다.

이러한 상황에서 감영이라는 용어를 사용할 때 주의해야 할 점은 두 가지이다. 하나는 시기의 문제이다. 감영이라는 용어가 존재하지 않았던 임란 이전에도 감영이라는 용어를 쓸 것인지 결정해야 한다. 다른 하나는 범주의 문제이다. 감영이라는 용어가 행정 기관, 관청 시설, 관청이 위치한 관할 읍치라는 세 가지 범주로 모두 쓰였기 때문에 서술상 혼선이 발생할 수 있다. 이 두 가지 문제는 감영의 체제 변화와 맞물려 서로 밀접하게 엮여 있다. 이 책에서 감영의 기본 범주는 '행정 기관'으로 설정한다. 관찰사를 중심으로 한 일련의 지방 최고위 관직 체제는 조선시대 전반에 걸쳐 유지되었기 때문에, 행정 기관의 의미에서 시기를 나누지 않고 모두 감영이라는 용어를 쓴다. 그리고 조선 후기를 다루는 서술에서 혼선이 없다고 판단될 때는 감영을 '관청 시설'의 의미로 제한적으로 사용한다. 끝으로 '관청이 위치한 읍치'의 의미는 단독으로서 사용하지 않되 '감영 원림'이라는 용어와 관련해 짚을 부분이 있다. 이는 조금 후에 다시 설명하겠다.

둘째, 원림(園林)이다. 이 책에서 다루는 일련의 조경된 공간 유형을 가리키는 용어에는 몇 가지 후보군이 있다. 영문으로 garden 혹은 landscape garden에 해당하는 이 용어는 일본에서 널리 쓰는 정원(庭園)과 중국에서 널리 쓰는 원림(園林)이 대표적이다. 국내에서 한때 제기되었던 정원(庭苑)[55]이나 경원(景園)[56]이라는 말도 참고할 수 있으며 두 개의 한자를 붙이지 않고 원(園)과 같이 하나씩 떼어 쓰는 경우도 고려 대상이다. 말뜻을 꼼꼼하게 따지고 제각기 차이를 부각해 경우에 따라 달리 쓸 수도 있겠지만, 책에서 혼선을 없애고 통일성을 주기 위해 원림(園林)을 통칭어로 사용하기로 한다. 그 의미는 "대상지 안팎의 경관을 의도적으로 조정함으로써 감상 행위를 유발하는 인위 환경"으로 정의한다.

이 책에서 원림을 사용한 이유를 소거의 방식으로 설명하면 다음과 같다. 먼저, 정원(庭園, 庭苑, 庭院)은 건축물이나 담장으로 둘러싸인 마당에 해당하는 정(庭)이라는 배경을 전제하기 때문에 제외하였다. 이 책의 서술 대상인 감영 원림은 구조물로 둘러싸인 여지에 조성되어 경계 내부의 조경에 집중하는 경향보다, 조망점 역할을 수행하는 건축물을 세우고 경계 바깥의 경관에 방점을 둠으로써 경계를 확장하는 경향이 강하기 때문이다.[57] 정(庭) 자를 제외하고 남는 유력한 한자는 원(苑)과 원(園)이다. 원(苑)은 '나라동산'이라는 뜻에서 보듯 궁궐과 관련이 깊고 짐승을 사냥하는 공간인 유(囿)와 접붙는 것에서 알 수 있듯 너른 들판을 상기시키므로 적절치 않다. 따라서 건축 구조물로 특정되지 않는 한정된 영역에 경관 요소를 배치한 형상으로 이루어진 원(園) 자를 쓰는 것이 비교적 적절하다고 판단한다. 남은 문제는 원(園) 뒤에 림(林) 자를 붙이는 것이다. 원림(園林)에서 림(林)은 인위 환경이라 볼 수 있는 원(園) 자를 상대하여 대체로 '자연'으로 해석된다. 그런데 그 자연성에 대한 해석은 두 가지로 나뉜다. 하나는 명나라 조원가인 계성(計成)의 『원야(園冶)』에 등장하는 "사람이 만들었지만 하늘이 만든 것처럼 한다[雖有人作自作天開]"라는 문구가 대변하는 자연의 철저한 모방에 해당한다.[58] 다른 하나는 대상지에 이미 존재해온 자연 조건에 해당한다.[59] 후자에 의거하여 원(園)과 림(林)이 같이 쓰일 때 림(林) 자가 원(園)의 인위성을 보완하거나 자연성을 강조한다고 보면 "원림(園林)은 원(園)과 동일한 개념 내지 조금 더 확장된 개념으로 이해할 수 있다."[60] 이 책에서 다루는 감영 원림은 경계 내부의 인위 자연보다 입지를 바탕으로 거리를 둔 관찰적 감상에 집중하는 경향이 있으므로 후자의 관점에 따라 원림이라는 용어를 선택하였다.

셋째, 감영 원림이다. 연구 대상을 가장 간명하게 함축하는 단어인 감영 원림에서 감영은 첫째 항목에서 언급한 행정 기관의 의미와 관할 읍치의 뜻을 함께 가지고 있다. 조선 후기에 감영이 하나의 읍치에 정착하고 시설이 생기면서 관찰사는 해당 읍치의 수령 역할을 겸하게 된다. 조선 전기의 순영 체제에서 관찰사는 관아 원림의 조성에 대해 수령의 제안을 결재하는 결정권자의 역할을 수행했으나 조선 후기 유영 체제에서는 적극적으로 계획에 개입하는 기획자의 입장으로 변모한다. 읍치에서 관찰사가 주도적으로 개입한 누정 건립은 선화당 중심의 감영 본청 시설 외에도 객사와 성곽 등에 분포했는데, 모두 관찰사의 일상 활동 반경 안에 있었다고 볼 수 있다. 따라서 이 책에서 감영 원림은 '감영이 감영 소재지인 읍치 내에서 관할하는 원림'을 통칭하는 것으로 정의한다.

넷째, 신유학이다. 피터 볼에 따르면 신유학자(Neo-Confucian)는 "스스로 11세기 정호·정이 형제의 철학적 가르침에서 기원하는 지적 흐름에 참여하고 있다고 생각하는 사람들"을 가리키며 신유학(Neo-Confucianism)은 "인간의 도덕이나 인간의 본성 혹은 그러한 토대로부터 발전해온 우주에 대한 교설들을 지칭하고, 또 그러한 견해들의 신봉자들을 함께 묶어 주면서 그들로 하여금 자신들의 생각을 실천에 옮기게끔 만들어 주는 사회적 활동"을 말한다.[61] 이 책에서 신유학은 이상의 정의를 따른다. 국내에서 조선시대 이래의 유학은 일반적으로 성리학(性理學)으로 표현됨에도 불구하고 신유학이라는 현대적 용어를 선택한 것은 유사 범주를 가리키는 도학(道學), 리학(理學), 심학(心學), 성리학(性理學), 성학(聖學)이라는 말들이 각각 "신유학의 철학적 논의의 어느 한 부분을 강조하면서 여타 부분을 희생한 것인데, '신유학'이라는 말을 쓰면 어느 부분을 특히 강조하지 않고 모든 부분을 다 지칭할 수 있다는 장점이 있다"라는 피터 볼의 견해를 수용하기 때문이다. 성리학이라는 말이 양명학(陽明學) 혹은 심학을 배제하는 경향이 관찰되는 조선 신유학의 특성을 어느 정도 반영한다고도 볼 수 있지만, 이 책이 다루는 자연관과 원림론에서 다른 신유학 개념에 비해 성(性)과 리(理) 개념을 특별히 부각하지는 않기 때문에 보다 폭넓은 범주의 용어를 사용하기로 한다.

다섯째, 도시, 군현(郡縣), 읍치(邑治)이다. 도시는 인구가 밀집되고 정치, 경제, 문화가 발달한 중심지를 가리키는 말로, 도시라는 용어 자체는 식민지시기에 도입되었다고 알려져 있다.[62] 이 책에서는 도시라는 용어의 넓은 쓰임과 조선시대 도시와 현대 도시 간의 역사적 연속성 혹은 보편성을 담지하고자 도시라는 용어를 그대로 사용하기로 한다. 다만 조선시대의 고어(古語)와 관련하여 도시와 밀접한 두 가지 용례를 특기하고자 한다. 조선시대에 도시를 가리키는 단어는 읍(邑)이 대표적이며 우리말로는 고을에 해당한다. 그런데 이 말은 경우에 따라 넓은 범위의 행정 지역을 가리키기도 하고, 행정의 중심지를 가리키기도 한다.[63] 이 책은 읍과 고을이라는 단어를 쓰지 않되 전자의 의미가 강조될 경우 군현(郡縣), 후자의 의미가 강조될 경우 읍치(邑治)라는 말을 사용한다. 즉 사람이 모이고 문화가 발달한 중심지라는 의미일 경우 '도시', 비교적 넓은 범위로서 행정 지역의 의미일 경우 '군현', 행정 기관이 위치한 도시라는 의미일 경우 '읍치'라는 용어를 사용한다.

01

감영 원림의 성립 배경

신유학과 조선의 원림관

신유학의 자연관

조선 원림의 해석 기반

인간이 자연을 대상화하고 도구화하였다고 비판받는 서구의 근대적 자연관과 달리, 동아시아의 전통적 자연관은 자연과 인간을 동질적이고 연속적인 존재로 설정한다. 펑유란은 중국에서는 주관과 객관, 또는 주체와 대상이 하나여서 서구와 달리 인식론적 문제가 제기되지 않았다고 말하며, 중국 문화가 자연에 대한 직관과 순응을 중시하는 농업에 기반한다는 점을 그 이유로 제시한다.[1]

서구의 자연관보다 동아시아의 자연관에서 자연/인간 사이의 빗금이 흐리다는 것은 멀리서 볼 때 대체로 수긍이 가지만 가까이서 보면 다양한 갈래가 있다. '자연을 직접 다루는 예술'이라 할 수 있는 원림은 그 갈래의 다양성을 잘 보여준다. 서로 다른 형식을 지닌 중국 각지의 역대 원림, 마찬가지로 침전조, 서원조, 고산수식 등 시대에 따라 다르게 전개된 일본의 원림, 고대에는 구불구불한 선과 지형 조작을 즐겨 쓰다 조선에 이르러 누정과 못을 중심으로 간결하게 이루어진 한국의 원림은 '자연과 인간의 조화를 이룬 동아시아 원림'으로 통칭하기에 너무나 다른 모습을 띤다.

즉 동아시아 내에서도 자연관은 시대와 지역에 따라 달랐으며 유사한 자연관이라도 사회적, 환경적 현실에 따라 다른 형식의 원림을 낳았던 것이다. 여기서는 조선 원림을 바라보는 사상적 배경으로서 개국과 함께 국가 이념으로 자리했던 신유학의 자연관을 살펴본다. 조선은 신유학의 본고장인 중국보다도 신유학이 이루려던 문명의 모습을 총체적으로 구현하고자 노력했고 실현한 문명으로,[2] 주희의 주석을 바탕으로 경전 속 고대 중국의 제도를 재창조하기 위해 동아시아 어느 곳보다 노력했던 국가로 평가받는다.[3] 신유학에서 설정한 자연과 인간의 범주와 관계를 검토함으로써 동아시아 자연관에 내재한 양자 간의 동질성과 연속성이 조선식 원림과 연결되는 접점들을 밝히고자 한다.

자연과 인간의 동질성과 차이

신유학을 집대성한 인물인 주희(朱熹, 1130~1200)에게 물리적인 것과 물질적인 것, 자연적인 영역과 자연적이지 않은 영역 사이의 명확한 구분은 없었다.[4] 그럴 수 있었던 까닭은 신유학의 대표적 개념으로 꼽히는 '리(理)'와 '기(氣)'에서 유래한다. '리'가 모든 사물이 존재하는 형이상학적 존재 원리, 사물의 본질과 규칙을 의미한다면, '기'는 모든 사물을 구성하는 재료로서 사물이 존재하게 되는 현상적 질료를 의미한다.[5]

먼저, '리' 또는 '태극(太極)'은 세계를 관장하는 근본 원리로서 자연과 인간 모두에 반영되어 있다. 플라톤 철학의 이데아와 아리스토텔레스 철학의 신(神, 순수형상)에 해당한다고 볼 수 있는데, 특별한 점은 개개의 사물에도 리 또는 태극이 내재한다는 점이다.[6]

> 본래 단지 하나의 태극이지만 만물이 각각 내려받은 것이 있고, 또 스스로 각각 하나의 태극을 온전히 갖추고 있을 뿐이다. 예를 들면 달은 하늘에서는 단지 하나일 뿐이지만, 강과 호수에 흩어져 있을 때는 곳곳에서 볼 수 있으니 달이 이미 나뉘었다고 할 수 없는 것과 같다.[7]

주희의 위 언급에서 하늘에 떠 있는 하나의 달은 강과 호수에 '달들'의 모습으로 흩어져 보일 뿐, 다르거나 분리된 달이라고 볼 수는 없다. 이렇듯 주희의 자연관에서 '리'는 물질이 아닌 원리로서, 자연과 인간을 가리지 않고 모든 존재에 동일하게 내재해 있다.

원리만으로는 현실이 이루어지지 않는다. 원리를 형상화하는 실체는

'기'이다. 주자에 따르면 "리는 형이상, 기는 형이하"[8]이다. 신유학 자연관에서 기는 눈에 보이든 안 보이든 세상에 가득하다. 말하자면 기는 물질과 에너지의 성질을 함께 지니며 연속적이고 흐르는 개념인데, 기가 모여서 짙어지면 눈에 보이는 형상을 갖고 흩어지면 보이지 않게 된다.[9] 기의 관점에서 인간과 자연은 리에서와 마찬가지로 동질성의 논리로 설명되기도 한다. 가령 하나의 기[一氣]라는 개념하에 모든 형이학의 존재는 같은 연속적인 기로 구성되어 있으며, 이러한 동질성과 연속성은 송대나 명대의 사상가들이 말하던 "만물이 모두 한덩어리[萬物一體]"라는 사상의 근거이자 장횡거의 「서명(西銘)」에서 "하늘과 땅에 가득 찬 것은 모두 나의 몸[天地之塞, 吾其體]"이라는 말로 드러난다.[10]

리와 기의 관계에 대해서는 주희 외에도 많은 견해가 있었으나[11] 주희가 제시한 기본 전제는 서로 섞일 수 없으면서도 떨어지지 않고 꼭 붙어있다는 것이다. 또한 주희에 따르면 리가 기에 우선, 즉 리의 지배에 의해 기가 사물을 구성하는데, 어떠한 사물이라도 일반과 개별, 추상과 구체, 절대와 상대, 무형과 유형인 리와 기로 통일되어 있다.[12]

기 개념은 사물 간의 차이를 설명하는 논리를 제공하기도 했다. 주희는 인간과 자연은 리의 측면에서 같지만 기의 측면에서 차이나기 때문에 다르다고 보았다. 기의 측면에서 바르고 시원한 것을 얻으면 인간이 되고, 치우치고 막힌 것을 얻으면 사물이 되는 것이다.[13] 이러한 관점에서 존재는 ㉠ 혈기(血氣)와 지각을 지닌 인간과 동물, ㉡ 혈기와 지각은 없지만 생기(生氣)를 지닌 식물, ㉢ 생기조차 없이 형질과 냄새와 맛만을 지닌 무생물로 나뉜다. ㉠에서도 사람은 인의예지신(仁義禮智信)의 성품을 갖추어 동물과 구분된다.[14]

인간, 동물, 식물, 무생물, 즉 인간과 자연이 똑같이 리를 가지고 있고 기라는 물질-에너지로 이루어져 있지만 구성의 차이에 따라 특성과 우열이 발생한다는 것이다. 이러한 차이는 존재 간 경계를 구분짓는 것을 넘어 각각의 사물이나 개체를 바라보는 관점에도 적용되었다. 가령 주희는 기에서 가볍고 맑은 부분이 하늘이 되고 무겁고 흐린 부분이 땅이 되며 땅 위의 산과 강을 기의 찌꺼기라고 말하기도 했으며[15]

사람의 체력, 수명, 마음, 지적 능력 등을 타고난 기의 차이로 설명하기도 하였다.[16]

비유로서의 자연

리와 기로 설명되는 자연과 인간의 동질성과 차이로 인해, 신유학 세계관에서 인간이 자연을 바라보는 관점은 독특한 면모를 갖게 된다. 먼저, 인간은 자연을 탐구함으로써 인간사회를 비롯한 세상의 원리를 파헤칠 수 있다. "사물의 이치를 파고들어 앎에 이른다"라고 풀이할 수 있는 '격물치지(格物致知)'의 관점이 이를 대변한다. 격물은 자연세계의 밑바탕에 도덕적 질서가 존재하고 그 질서가 도덕에 대한 일종의 '우주적 기초(cosmic basis)'를 부여해주고 있다는 관념과 연결된다.[17] 말하자면 동물, 식물, 무생물 등 자연은 스스로는 모르지만 자기 안에 세계의 도덕적 질서를 간직하고 있고, 고도의 지각과 성품을 지니고 있는 인간이 자연을 통해 그 질서를 알아내는 것이 신유학에서 기본이 되는 철학 실천이었던 것이다.

격물치지의 끝이 자연이 아니라 형이상학적 도덕 원리를 가리키는 것은 격물치지가 실질적으로 자연에 대한 지식을 확장하고 심화하는 공부가 아니었음을 단적으로 나타낸다.[18] 주희가 자연세계에 존재하는 '도덕의 우주적 기초'로서 중요하게 여겼던 것은 '천도(天道)'나 '천지만물(天地萬物)'과 같은 커다란 관념들이었지 구체적인 자연의 물체나 현상이 아니었다.[19] 주희가 설명하는 격물의 방법은 독서나 이론적 탐구, 인물 비평 등을 포함하며, 한 가지 사물에만 몰두하기보다 경험의 확대를 추구했다.[20] 결과적으로 격물치지의 자연 탐구는 인간 내면의 탐구와 다름 아니었다.

주희는 자연의 사물이나 현상을 더 이상의 설명이나 논의가 필요 없는 당연한 것으로 여겼으며, 어렵고 복잡한 도덕적·사회적 문제를 설명하기 위해 쉽고 명백해 보이는 자연 현상을 이용했다.[21] 『주역』과 같이 인간과 자연의 유비적 설명이 견지되었던 셈이다.[22] 예컨대 주희의 제자 진순(陳淳, 1159~1223)이 성리학 개론서인 『성리자의(性理字義)』에 쓴 글을 보자.

물이란 맑아서 사물을 비춰볼 수 있기에 지혜와 같으며, 또한 조화의 근본이기도 하다. 천지의 만물은 모두 물을 얻어야만 살아갈 수 있다. 지하의 물줄기에 의해 만물이 윤택해지는 것을 본다면, 어느 물건이든 물에 의해서 살아감을 알 수 있다. 이는 모든 일에 지혜가 아니고서는 이룰 수 없는 것과 같으니 확실하게 알았을 때 비로소 이룰 수 있다. 물은 만물의 처음과 끝을 이뤄 주며, 지혜 또한 모든 일의 처음과 끝을 이뤄 주는 것이다.[23]

이 글에서 물의 성질은 빛의 반사와 생장의 요소로 파악된다. 두 성질은 지혜와 조화를 설명하기 위해 동원된다. 이 글을 통해 독자가 얻을 수 있는 지식은 물에 대한 것이 아니라, 지혜와 조화의 자연스러움에 관한 것이다. 물론 이러한 사고 방식은 주희 이하의 송대 유학자들에게만 그치지 않으며, 같은 사물이라도 성찰하기에 따라서 결이 다른 덕성을 포착하기도 한다. 다음은 조선의 문인 김일손(金馹孫, 1464~1498)이 쓴 「함허정기(涵虛亭記)」의 일부이다.

물의 본성은 두루 흘러서 머무르지 않지만 체(體)는 본래 허(虛)하다. 허한 까닭에 능히 물건의 그림자를 머금는다. 그러나 고인 물의 탁한 흐름에 마른 풀과 나무토막 따위가 떠서, 흐르면서도 그 본성을 흐리면, 어찌 능히 저같이 비치게 할 수 있으랴. 대개 사람의 마음도 용(用)은 움직여서 다함이 없고, 체는 고요하여 본래 허하다. 허한 까닭에 오덕(五德)과 만물을 구비하여, 천지와 일월이 모두 내 마음속의 물건이다. 한 번이라도 간사한 생각이 마음을 범하면 본체의 허함을 잃어서 만사의 용에 어긋나니, 마음에 응하고 정사(政事)에 통하여 오하(汚下)하지 않는 것이 없다. 공무의 여가에 아전들이 물러가고, 뭇 소란이 잠잠해졌을 때 두건을 높이 쓰고 정자에 오르면 바람과 달이 함께 맑으니, 물이 하늘을 머금어 비치는 것인가, 하늘이 물을 머금어 비치는 것인가.[24]

이 글에 따르면 물의 본성은 계속 흐르는 것이며 그 형상은 비어 있는 것이다. 물은 비어있기 때문에 그림자와 하늘이 비칠 수 있으며, 만약 제대로 흐르지 않아 불순물이 끼면 비어 있지 않아 다른 사물이 비칠 수 없다. 김일손이 말하길 사람의 마음도 이와 같아서 "천지와 일월이 모두 내 마음 속의 물건이다."

신유학적 실천으로서 원림

문이재도의 원림론

신유학자들은 예술을 예술 자체로 즐기기보다 도를 추구하는 수단으로 여기는 성향이 강했다. 주희에 앞서 송대 신유학의 기초를 닦았던 주돈이(周敦頤, 1017~1073)의 '문이재도(文以載道)'론, 즉 '문(文)이 도(道)를 실어 나른다'라는 주장은 문학, 음악, 회화, 서예를 막론하고 문화적 행위 모두에 적용되었다. 원림도 마찬가지다. 중국의 미학자 장파(張法)에 따르면 송나라 원림에서 가장 중요한 것은 사람이 그 속에서 깨달음을 얻을 수 있는가였다. 성리학자들은 "꽃을 보아도 일반인과는 달라 스스로 조화의 오묘함을 볼 수 있었다(『이정집(二程集)』)." 창문 앞 섬돌 위에 돋아난 여린 풀에서도 "만물의 생동하는 의지를 보려 했고", 작은 연못의 물고기에서도 "만물이 저절로 득의하는 모습을 보려 했다(『횡포문집(橫浦文集)』)."[25] 이처럼 마음을 중시한 경향은 중당 이후의 '호중천지(壺中天地)'라는 원림 경계가 송나라로 접어들면서 다른 길을 가게 된 현상으로 평가받기도 한다.[26]

조선에서도 이러한 경향은 유사하게 나타났다. 다만 상업과 도시 문화가 성행한 송대에서 신유학의 부흥과 함께 산수와 관련된 각종 예술이 성행했던 것과 달리, 조선에서는 신유학 이념의 도입과 함께 물질문화가 다소 침체했다는 차이가 있다. 조선의 예술사에서 이러한 경향은 '퇴행'이나 '부정적'이라는 단어와 함께 아쉬움을 동반하기도 하지만[27], 나름의 전개 양상이 기존 연구에서 제시된 바 있다. 예컨대 홍선표는 조선 사대부들의 회화관을 도(道)를 근본적이고 궁극적인 것으로 보는 계서(階序)적 관점에 의한 말기론(末技論), 인도를 나타내고 전파하면서 치인(治人)과 치도(治道)를 보조하는 매개물로 보는 공리적 가치관, 천지의 도를 체득하고 심성을 기르거나 드러내는 도구로 보는 수기(修己)적 가치관 셋으로 구분하여 논하였다.[28] 신유학 관념에서 모든 예술은 문화권을 막론하고 예술이 도를 실어 나르는, 문이재도의 자장 안에 있다고 볼 수 있다.

조선 원림에 대한 연구에서 이러한 양상은 주로 자연과의 일체감이나 자연 숭배라는 관점에서 다루어져 왔고, 원림을 '수심양성의 장'[29]으로 보는 견해도 이와 관련이 있다. 다만 전자의 견해는 도가나 토템 신앙과 밀접한 반면 (신)유학적 관점의 격물론과 연계되지 않으며, 후자의 견해는 은일이나 안빈낙도에 무게를 두고 있다. 이 책에서는 조선시대 문인들이 보다 적극적인 관점에서 원림을 구도의 수단으로 여겼다는 점을 부각해 보고자 한다. 이를 위해 조선 전기의 문장 몇 가지를 살펴보자.

먼저, 율곡 이이가 쓴 해주의 탁열정(濯熱亭) 기문이다. 이이는 건축 제도의 적절함과 자연경관의 수려함을 서술한 후 다음과 같은 구절을 덧붙인다.

산과 물은 사람의 정(情)을 변화시킬 수 있으므로 이 정자에 오르는 사람이 산의 높은 것과 물의 맑은 것을 보고 착한 본성을 자라게 하고 물욕을 씻어 버린다면 인(仁)이 더욱 두터워지고 지(知)가 더욱 두루 미칠 것이다. 그러니 목사가 이 정자를 지은 것이 어찌 경치를 바라보는 즐거움만을 위한 것이겠는가?[30]

이이의 관점에서 누정을 짓는 목적은 경치를 감상하는 데서 끝나지 않는다. 경치의 감상을 통해 본성을 가꾸고 물욕을 씻는 것이 누정의 궁극적 목적인 것이다. 다음은 김일손의 이요루(二樂樓) 기문이다.

오직 어진 자인 연후에야 능히 산을 좋아하고, 지혜로운 자인 연후에야 능히 물을 좋아하나니, 석 달 동안을 어긋나지 않는 자라야 거의 인(仁)이 된 것이요, 백 세를 알 수 있어야 지(智)라고 할 수 있다. 그 지경에 미치지 못하고 한갓 정을 산수에 달리면 스스로 속이는 것에 가깝지 않은가. 대개 사람이 인과 지의 품성을 갖추지 않은 이가 없으나 능히 그 인과 지의 발단을 확충하는 이는 적다. 능히 그 인과 지를 확충할 수 있음이 나의 분수를 넘는 일은 아니다. 산의 고요하여 옮기지 않는 것을 본받고 물의 흘러서 막히지 않는 것을 본받아서 한 마음의 덕을 안정시키고 만물의 변함을 두루한다면 두 가지의 참다운 즐거움을 내가 얻어 겸할 수 있을 것이다.[31]

김일손의 관점도 이이와 유사하다. 그에 따르면 자연경관을 감성적으로 즐기기만 하는 것은 "스스로를 속이는 것"에 가깝다. 그 즐거움을 가지고 인과 지를 넓히는 것은 지나친 일이 아닐뿐더러 참다운 즐거움이라 할 수 있다.

퇴계 이황의 글에서도 위와 같이 감상의 층위를 나누는 사유 방식을 찾을 수 있다. 다음은 「도산잡영(陶山雜詠) 병기(并記)」의 일부이다.

옛날 산림을 즐기는 사람들을 보면 거기에는 두 종류가 있다. 첫째는, 현허(玄虛)를 사모하여 고상(高尙)을 일삼아 즐기는 사람이요, 둘째는 도의(道義)를 즐기어 심성(心性) 기르기를 즐기는 사람이다. 전자의 주장에 의하면, 몸을 더럽힐까 두려워하여 세상과 인연을 끊고, 심한 경우 새나 짐승과 같이 살면서 그것을 그르다고 생각하지 않는다. 후자의 주장에 의하면, 즐기는 것이 조박(糟粕)뿐이어서 전할 수 없는 묘한 이치에 이르러서는 구할수록 더욱 얻지 못하게 되니, 즐거움이 어디에 있겠는가. 그러나 차라리 후자를 위하여 힘쓸지언정 전자를 위하여 스스로 속이지는 말아야 할 것이니, 어느 여가에 이른바 세속의 명리(名利)를 좇는 것이 내 마음에 들어오는지 알겠는가.[32]

도산서원 일대에서 건축과 조경을 직접 진행했던 이황은 산림을 즐기는 사람을 두 가지로 구분했다. 첫째는 고상한 것을 즐기는 사람이고 둘째는 심성 기르기를 즐기는 사람이다. 문제는 전자의 경우 도리에 어긋나기 쉽고 후자의 경우 새로운 경지로 나아가기 어렵다는 것이다. 이황은 둘 중에서는 후자가 낫지만 치우치는 것은 좋지 않다고 결론 내렸다. 이황의 생각을 원림론으로 끌어와 재구성하면, 원림을 조성하고 경영하는 데 있어 도의 추구를 우선하되 성취를 위해서는 어느 정도 미적 취미를 즐길 필요도 있는 것이다.

시선을 인위적 행위로 조금 더 옮겨보면, 신유학의 관점에서 원예론을 전개한 강희안의 문장을 참고할 수 있다. 다음은 『양화소록(養花小錄)』 서문의 일부이다.

화훼는 식물이다. 지식도 없고 움직이지도 못하지만 기르고 보관하는 이치를 알지 못하여, 습하게 하여야 할 것을 건조하게 하고 차게 해야 할 것을 따뜻하게 하여 그 천성과 본성을 다르게 한다면 반드시 말라 죽고 말 것이다. 다시 무성해져 싹이 트고 꽃이 피어 본래의 자태를 드러내게 할 수 있겠는가? 식물도 그러한데 하물며 만물 중의 영장인 사람이 그 마음을 졸이고 몸을 피로하게 하여 천성을 어기고 본성을 해쳐서야 되겠는가? 내가 이를 통하여 생물을 기르는 기술을 알게 되었다. 이를 통하여 확충시켜 나간다면 어딜 가더라도 옳게 되지 않을 것이 없을 것이다.[33]

누정의 건축은 감상 대상인 자연을 직접 건드리지 않지만, 원림의 영역에서는 자연을 직접 건드리는 일이 적지 않다. 강희안의 원예론은 식물을 기르는 행위가 본성을 기르는 행위와 관계 맺는 지점을 짚는다. 원예는 꽃을 원하는 장소에 원하는 형태로 키워내는 인위적 행위이다. 꽃이라는 식물의 생육 환경을 이해하지 않으면 해낼 수 없는 일이다. 강희안은 꽃의 천성과 본성을 이해함으로써, 그의 말을 빌면 '마음을 졸이지 않고 몸을 피로하지 않게 함'으로써 본래의 자태를 드러내게 하는 데 성공했고 이를 통해 인간으로서의 도리도 알게 되었다고 말한다.

문이재도의 예술론은 이황이 경계했듯이 새로운 경지를 개척하는데 어려움을 빚기도 한다. 보다 정확히 말하자면 새로운 경지를 개척하더라도 예술 창작보다는 도덕 함양에 몰두하기 때문에 성과가 가시화되지 못할 가능성이 높다. 강희안과 같이 사물을 직접 조작하는 행위를 본성의 함양으로 연결시키는 경우도 있지만, 전반적으로 봤을 때 문이재도의 관념은 그러한 조작 행위를 장려하기보다는 위축시키는 방식으로 작동했다고 생각된다. 가령 이색은 상주객사의 풍영루라는 누정의 기문을 지으며 '풍영(風詠)'에 담긴 뜻을 길게 설명한 끝에 "담을 둘러서 동산을 만들고 물을 끌어서 못을 만들며 씨를 심고 나무를 심어서 둘러보고 바라보는데 탁 트이고, 여러 봉우리가 둘러 호위한 것 같은 따위는 이 정자의 부분적인 사안이니 생략하여도 좋을 것이다."[34]라고 말한다.

그렇다면 문이재도를 중시하는 신유학적 원림론은 단지 원림 창작의 의지를 저해하기만 했던 것일까. 기존의 원림 문화를 위축시켰다기보다, 기존과 다른 어떤 방향으로 이끌어나갔던 것은 아닐까.

격물치지의 원림술

문이재도의 원림론은 원예의 수준을 넘어서 원림을 조성하고 경영하는 방법에도 반영되었다. 물론 증명하기 어려운 문제이지만, 주희가 자연을 바라보던 관점, 즉 자연이 세계의 당연한 본성을 내재하고 있고 이를 정밀하게 파악해 인간 사회를 이해한다는 관점을 전제하면 다음과 같은 설명이 가능하다.

첫째, 자연을 가능하면 조작하지 않고 있는 그대로 본다. 원림이 다른 예술과 본질적으로 다른 점은 자연을 직접 다룬다는 것이다. 문학은 글자, 회화는 먹과 물, 음악은 소리로 자연을 재현한다. 때문에 쓰기와 그리기 같은 행위는 자연에 대한 해석을 보여줄 뿐 실물 자연에 변화를 일으키지 않는다.

신유학은 기본적으로 정(靜)적인 학문이다. 주돈이는 '정(靜)을 위주로 한다'는 주정(主靜)의 수양론을 전개하였는데, 이는 고요하여 텅 비어서 감성적 욕망을 제거하고 청명한 상태와 움직임이 곧아서 주체의 정신이 고요하게 세상을 대하는 태도를 뜻한다.[35]

이런 관점으로 본다면 지형을 다채롭게 조작하고 식물을 옮겨 심거나 걸음에 따라 바뀌는 풍경을 즐기는 것은 학문적 수양보다는 감성적 욕망을 채우는 일에 가깝다. 강희안처럼 식물의 생육 환경을 몸소 조절함으로써 그 본성을 탐구하는 시도는 가능하지만, 원예가 아닌 원림으로 단위를 끌어올려서 거주 환경이나 미기후를 실험하는 것은 과도한 측면이 있다. 가까운 곳에서 산수를 즐길 수 있는 상황이라면, 단순히 자연을 탐구하기 위해 뜰에 인위 자연을 만들기보다 느린 걸음으로 찾아가서 있는 그대로의 자연을 꼼꼼하고 차분하게 들여다보는 것이 신유학적 수양에 보다 부합한다.[36]

조선에서 이름짓기의 조경 문화가 성행하고 원(園)보다는 누정을 중심으로 조경 실천이 전개되었던 것이 이러한 성향과 밀접하다. 팔경과 구곡으로 대변되는 문자 경관, 즉 관찰과 해석 위주의 조경술은 자연을 직접 건드리기보다 바라보는 방법을 개발하고 확산시킴으로써 장소성을 만들어 낸다.[37] 누정 건축은 자연을 감상하기 좋은 입지를 선택하고 건물의 방향과 높이, 난간과 마루와 같은 구성 요소를 조정함으로써 객체를 건드리지 않고 경관을 조성한다.

둘째, 도의 추구와 관련된 유비적 자연 현상을 인위로 구현한다. 이 경우, 경전이 모습을 갖추었던 공자와 맹자 시대의 원시유학부터 북송오자를 비롯한 신유학 시대에 이르기까지 문헌 속에 많은 사례가 기록되어 있다.

조선의 원림에서 일명 '비유로서의 자연'을 구현하는 대표적 양식은 못이다. 못을 거울처럼 맑은 마음에 비유하는 생각은 주희의 시 「관서유감(觀書有感)」이 원전과 같이 인식되었다. 다음은 「관서유감」의 첫 수이다.

반묘(半畝)의 방당(方塘)에 하나의 거울이 열렸으니,	半畝方塘一鑑開
하늘빛 구름 그림자가 함께 떠도네.	天光雲影共徘徊
묻노라, 어떻게 이리 맑을 수가 있는가?	問渠那得如許清
수원(水源)이 있어 흐르는 물이 나오기 때문이라네.	爲有源頭活水來[38]

조선 유학의 대표 문인인 이황은 주희의 「관서유감」에 대해 일찍부터 많은 관심을 갖고 그에 관한 시를 지었으며 제자들과의 대화를 나누기도 하였다. 또한 광영당(光影塘)과 천운대(天雲臺) 등에서 실제 공간으로 옮기기도 하였다. 이러한 시도들은 이황 이후의 문인들에게 방당이 정원의 일부에 그치지 않고 마음의 문제로 인식되게 하였다.[39] 못 외에 가장 보편적으로 쓰인 비유로서의 자연은 연꽃이다. 다음은 주돈이의 「애련설」이다.

수륙 초목의 꽃 가운데 사랑할 만한 것은 매우 많다. 진의 도연명은 홀로 국화를 사랑했고, 당 이후로 세상 사람들은 모란을 매우 사랑했다. 나는 홀로 연꽃을 사랑한다. 연꽃은 더러운 진흙 속에서 나왔지만 더러움에 물들지 않고, 맑고 깨끗하면서 요염하지 않으며, 가운데는 비었고 외양은 곧다. 군더더기 없이 간결하니 아름다우며, 꼿꼿하니 깨끗하게 뿌리내리고 있다. 멀리서 바라볼 수는 있지만 무람없이 희롱해서는 안 되는 꽃이다. 그래서 나는 이렇게 평가한다. 국화는 꽃 중의 은자요, 모란은 꽃 중의 부귀한 자이며, 연꽃은 꽃 중의 군자라고. 아아! 국화에 대한 사랑은 도연명 이후 거의 없어졌고, 연꽃에 대한 사랑이 나와 같은 자는 그 누구인가? 모란을 사랑하는 것이 뭇 사람들에겐 꼭 맞으리라.[40]

주돈이는 이 글에서 은자를 상징하는 국화, 부귀를 상징하는 모란에 이어 군자의 경지를 상징하는 연꽃을 말했다. 연꽃은 성인이면서 동시에 평범한 자의 정신세계를 말한다.[41] 연꽃은 주희의 방당과 짝을 이루어 조선시대 문인들의 원림과 글 모두에서 가장 빈번하게 등장하는 소재로 자리 잡는다.

방당(혹은 방지)과 연꽃을 예로 들긴 했지만, 당대인 모두가 알고 있는 알레고리를 가지고 있든 그렇지 않든 간에 조선시대 문인의 사유 방식에서 자연은 인간이 깨우쳐야 하는 도를 간직한 존재로서 전제되었다. 그렇기 때문에 원림을 조성할 때 도입하는 조경 요소는 도덕적 자연으로서 그 상징적 의미를 반드시 가지고 있어야 했다. 때문에 누정과 원림의 조성과 감상에서 해석이 차지하는 비중이 높아지고, 그 목적이 창작에 있기보다는 치지(致知)에 있었기 때문에 '새로운 형식'이 차지하는 비중은 낮아졌던 것이다.

수기치인의 원림 활용

격물치지의 원림술은 문화적 다양성 측면에서 아쉬운 측면이 있다고 볼 수 있지만, 신유학을 배우고 익혔던 당대인의 시각을 상상하면 당연하고 실천적인 태도라고 할 수 있다. 신유학은 앎과 삶을 일치시키며, 그 올바름이 자신의 몸에 그치지 않고 세상으로 나아가는 방법을 공부하는 학문이었다. 도달해야 할 경지가 이미 경전에 전해지는 바, 개성을 추구하기보다는 보편적 가치를 익히고 발휘하는 데 힘썼던 것이다.

주희에 의해 경전 중에서 중요도가 급상승한 『대학』의 핵심인 8조목은 '격물치지(格物致知)'로 시작하여 '성의정심(誠意正心)'을 거쳐 '수신제가치국평천하(修身齊家治國平天下)'로 이어진다. 이를 짧게 수기치인(修己治人)이라고 한다. 말하자면 사물 단위에서 얻어낸 깨달음을 사적 성취로부터 공적 성취로 발돋움시킨다는 논리이다. 이러한 생각은 사실상 앎과 삶의 전체 영역을 관장했는데, 원림의 활용으로 생각을 끌어와 그 실현 양상을 몇가지 단계로 제시해보면 다음과 같다.

첫째, 원림 주인의 덕성을 함양함으로써 사회에 긍정적 영향을 미치도록 한다. 자연 감상과 휴식을 통한 정신의 환기는 원림의 가장 기초적인 기능이다. 예컨대 「이섭정기(利涉亭記)」에 따르면 누정은 군자에게 번거로운 것을 간단하게 하고, 산만한 것을 안정되게 하며, 호연지기를 기르고 이를 사람들과 즐길 수 있도록 하므로 공공 기관인 관청에서도 그 쓰임을 논할 수 있다.[42] 조선 전기의 문인인 성현(成俔, 1439~1504)이 벗인 홍귀달(洪貴達, 1438~1504)이 한양의 남산에 지은 누정에 부친 「허백정기(虛白亭記)」에는 수려한 자연경관과 비어 있는 누정의 형태가 휴양에 머물지 않고 수기치인으로 이어지는 경로를 보다 요약적이고 직접적인 방식으로 제시한다.

예전에 비침(裨諶)은 야외에서 내는 계책은 훌륭하였지만 성읍에서 내는 계책은 그렇지 못하였습니다. 그에 비해 지금 이 정자에 있는 그대는 육착(六鑿)에 마음이 흔들리지 않고 기사(機事)에 골머리를 앓지 않고서, 마음의 방향을 정하고[能定] 마음의 동요가 없고[能靜] 마음이 편안하고[能安] 일에 대처하는 것이 정밀하고 자상하여[能慮] 마음이 머물러야 할 목표를 분명히 알고 있으며[知所止], 그 마음을 바르게 하고[正其心] 그 몸을 닦아서[修其身] 집안을 질서 있게 하고[齊家] 나라를 다스리고[治國] 천하를 태평하게 하는[平天下] 궁극적인 목표를 실천할 수 있으니, 그 밝은 덕과 길상이 어찌 크지 않겠습니까. 그렇다면 이 정자가 어찌 한낱 술 단지를 가져다 놓고 소담(笑談)이나 하는 곳이라고 말할 수 있겠습니까. 또한 어찌 뜻도 모른 채 글이나 외고 시가나 음영하는 곳이라 말할 수 있겠습니까. 능히 허백을 지켜서 끝내 천지자연의 위대한 경지에 이르는 것도 멀지 않을 것입니다.[43]

고사 속 인물인 비침(裨諶)은 환경이 정신에 영향을 미친다는 점을 증거하지만 도시가 아닌 곳이어야 좋은 계책을 낸다는 한계가 있었다. 그러나 성현의 기문 속 인물은 경관을 감상하되 주도권을 넘기지 않으며, 마음을 다잡는 계기로 삼은 후 대학의 8조목을 인용하며 그 다스림의 대상을 사회와 세계로 확장하고자 한다.

둘째, 여러 사람이 원림에 와서 감상을 통해 덕성을 함양하거나 감상을 매개로 서로를 교화한다. 원림은 접객과 연회의 공간이다. 원림의 경치와 경물은 도덕을 내재한 자연으로서 대화의 소재가 되며, 글이나 그림과 달리 그 자체에 주목하지 않는 경우에도 배경으로서 영향을 미친다. 정약용은 『부용당기』에서 사람의 속마음을 아는 데에는 좋은 경치와 화기애애한 연회가 도움이 된다고 썼다.[44] 원림의 감상이 늘 덕성을 깨우치는 방향으로 작동하지는 않았겠지만, 정(情)을 건드림으로써 정제된 일상과는 다른, 마음에 어떤 소통의 계기를 만들어 냈던 것이다.

셋째, 그 자체로 상징화하여 도시·대중과 메시지를 주고 받는다. 원림은 세속과 단절하기 위해 만들었다고 알려진 경우도 있지만, 반대로 세속과 소통하기 위해 만든 경우도 많았다. 예컨대 동아시아 문헌에서 가장 이른 시기의 원림 기록으로서 『시경(詩經)』「대아(大雅)」 편에는 주나라 문왕의 대규모 원림인 영대(靈臺)·영소(靈沼)가 등장한다. 이 원림은 백성들이 문왕의 통치를 기념하기 위해 자진해서 만든 것이다. 규모가 크거나 고지대에 위치한 원림은 내부에서 바라보는 시야도 좋지만, 외부에서 바라보이는 정도도 컸다. 원림이 공적 시설의 성격을 띨 경우 적절하게 관리된 원림의 모습은 제대로된 정치를 뜻하기도 했으며, 정치가 제대로 이루어질 경우 적절하게 활용된다고 여겨지기도 했다. 원림 내부에서 멀리 도시를 내다보는 경관은 정치적이고 도덕적인 심상으로 작용하였는데, 이럴 경우 원림과 도시는 불가분의 관계로 서로에게 지속적으로 영향을 미치고 있었다.

이상으로 살폈듯, 신유학자에게 원림은 속세로부터의 도피나 개인적 수양에 그치지 않고 보다 나은 세계를 만들기 위한 수단으로 인식될 만한 연결고리가 있었다. 원림은 수기(修己)의 공간인 동시에 치인(治人)의 공간으로서 사람들이 만나고, 대화하고, 배우고, 깨닫는 공간이었던 것이다. 그리고 수기치인의 원림 활용이 가장 직접적으로 드러나는 사례가 바로 이 책의 관심사인 관영 원림이라 할 수 있다.

통치자의 원림에 대한 전거

주 문왕의 영대·영소

앞에서 언급한 최고(最古)의 원림인 주나라 문왕의 영대·영소는 문헌으로 전하는 관영 원림의 시초이자 원형이라고 볼 수 있다. 영대·영소가 등장하는 시는 공자가 편집한 경전의 하나인 『시경(詩經)』의 「대아(大雅)」편에 실려 있다. 사실상 조선을 비롯한 동아시아의 모든 유학자가 글로 접한 원림이라 할 수 있다. 또한 영대·영소는 신유학에서 고대의 이상국가로 설정하는 주나라의 성인(聖人)인 문왕의 원림이다. 시기와 인지의 측면을 넘어 전범(典範)으로서의 성격을 띤다고 볼 수 있다. 다음은 시 「영대(靈臺)」에서 원림의 조성과 형상에 관한 내용이 담긴 전반부의 두 수이다.

영대 계획하여　　經始靈臺
터 잡고 설계하니　　經之營之
백성들 달려와 일하여　　庶民攻之
하루도 못되어 완성하네　　不日成之
서두르지 말라 하시나　　經始勿亟
백성들 부모일 돕듯 하였네　　庶民子來

왕께서 영유에 계시니　　王在靈囿
암사슴 엎드려 있네　　麀鹿攸伏
암사슴은 살쪄 윤기 나는데　　麀鹿濯濯
백조는 깨끗하여 빛이 나네　　白鳥翯翯
왕께서 영소에 계시니　　王在靈沼
아, 물고기들 가득 뛰어노네　　於牣魚躍[45]

시 「영대」에 드러난 원림의 특징을 구성 형식과 조성 과정으로 나누어 살피면 다음과 같다. 첫째, 영대·영소 원림은 높이와 전망을 갖춘 대(臺)

와 면적 수공간인 소(沼)가 대응하는 단순한 구성을 띤다. 주희는 『시경집전』에서 인용문 첫 수의 아래에 "영유(靈囿)는 대(臺)의 아래에 유(囿)가 있으니, 짐승을 기르는 구역이다."라고 하였다. 또한 같은 주에서 "영소(靈沼)는 유(囿) 가운데 소(沼)가 있는 것이다."[46]라고 하였다. 즉 주희는 영대와 영소가 영유(靈囿)를 매개로 배치되었다고 인식했다. 그런데 『맹자』의 제선왕 편을 보면 "문왕의 유(囿)가 사방 70리[文王之囿 方七十里]"였다는 구절이 있다. 영유의 범위는 영대, 영소와 달리 광역적 성격을 띠었던 것이다. 짐승을 기르고 사냥할 정도의 너른 들판에 해당하는 영유의 범위를 영대와 영소를 아우르는 배경으로 본다면[47] 『시경』「영대」에 나타난 원림의 형식은 대(臺)와 소(沼)로 이루어진 단순한 구성으로 요약된다. 나아가 대(臺)의 형식이 높이와 전망을 동반한다는 점은 통치자의 원림으로서 영대·영소의 특성을 나타낸다. 주자는 『시경』의 주에서 "나라에 대(臺)를 두는 것은 나쁜 기운과 좋은 기운을 바라보아 재앙과 상서를 살피고, 때로 구경하고 놀아 수고로움을 조절하기 위해서이다."[48]라고 썼다. 대(臺)의 건립 목적에 천문의 관측과 휴식이 복합되어 있었다고 이해한 것이다.

둘째, 영대·영소 원림의 조성은 민심에 기반한 것이다. 이 원림의 특별함은 신령스럽다는 뜻의 '영(靈)'자에 반영되어 있다. 주희는 "영(靈)이라 말한 것은 순식간에 완성되어 마치 신령이 만든 것과 같음을 말한 것이다."[49]라고 했다. 맹자가 영대·영소를 언급하며 강조했던 백성의 '자발성'과 왕-백성이 '함께하는 즐거움[與民偕樂]'은 문왕의 원림이 민본의 개념에 기반하고 있음을 말해준다. 좋은 정치와 민심이 상응할 경우 원림의 규모나 공역의 어려움은 문제가 되지 않는다. 영대의 건설에 반영된 민심의 교화는 조선을 비롯한 후대 문인들이 『시경』의 「영대」를 인용하는 근거로 작용하여 관 주도의 공사와 관련된 기록에서 이와 밀접한 인식을 쉽게 확인할 수 있다.

요컨대 『시경』에 기록된 영대·영소 원림은 고대 이상국가의 가장 훌륭한 왕의 원림이었음에도 불구하고 수공간을 갖춘 전망대라는 단순한 형식 외에 별다른 양식적 특징이 없는 반면 선정(善政), 공역, 민심이 강조되는 전거이다. 문왕은 사치와 향락을 경계했던 모범적 통치자로 인식되었다. 『서경(書經)』「무일(無逸)」편에 따르면 문왕은 "관찰과 안일과 유람과 사냥을 지나치게 하지 않으신 것"[50]으로 후대 왕에게 본보기가 되었다. 문왕은 다른 왕들처럼 원림을 가졌고 유람과 사냥을 했지만 결코 지나치지 않았을뿐더러 백성의 인정과 지지를 받았던 것이다.

이러한 인식은 조선시대 궁궐 원림에 관한 논의에서도 등장한다. 가령 서거정(徐居正, 1420~1488)은 성종이 창경궁에 신축한 환취정(環翠亭) 기문에서 왕이 대정지사(臺亭池榭)와 원유(苑囿)를 경영하는 것을 비판하고 영대(靈臺)의 건립 목적이 시절을 점치고 재변을 살핌으로써 백성을 위하는 것에 있었음을 역설했다.[51] 태종은 문왕의 유(囿)를 언급하며 백성을 위해 강무(講武)하는 곳을 없애고 사적인 사냥의 허가를 명했다.[52] 문종은 경연에서 『맹자』의 「양혜왕」을 읽던 중 강무장을 제외한 원유(苑囿)를 줄이자는 박팽년의 간언에 미온적으로 답하기도 하였다.[53] 성종연간에는 아차산의 벌목 금지와 사냥터 조성을 대신들이 토론하는 과정에서 문왕의 유(囿)가 언급되고, 왕이 백성의 원유(苑囿) 이용을 원안대로 금하겠다고 명하는 것으로 끝난다.[54] 경전에 등장하는 고대 왕의 원림 기록이 후대 왕의 원림 조성을 뒷받침하기보다 경계하는 근거로 작용했던 것이다.

범중엄의 「악양루기」

영대·영소가 왕의 원림에 관해 가장 유력한 전거였다면, 북송의 문인이자 정치가인 범중엄(范仲淹, 989~1052)의 「악양루기(岳陽樓記)」는 관리의 원림에 관한 가장 영향력 있는 전거라고 할 수 있다. 범중엄은 주희에게 높은 평가를 받은 인물이며[55] 「악양루기」는 송말원초에 편집된 명문 선집인 『고문진보(古文眞寶)』에 수록되어 경전 못지않게 널리 읽혔다.[56] 범중엄은 문장으로도 이름이 났지만 「악양루기」에서 풍경의 감상을 매개로 이끌어낸 '선우후락(先憂後樂)', 즉 '(사람들보다) 먼저 근심하고 늦게 즐거워한다'라는 정치사상적 태도로 널리 알려져 있다. 다음은 『고문진보』에 실린 「악양루기」 전문이다.

㉠ 경력(慶曆) 사년(四年) 봄에 등자경(子京)[등종량(宗諒)]이 좌천되어 파릉군(巴陵郡)을 맡았는데, 명년(明年)에 정사가 소통되고 인민이 화하여 온갖 폐지되었던 것이 모두 일어났다. 이에 악양루(岳陽樓)를 중수하여 옛 제도보다 더 크게 만들고 당나라의 현인(賢人)과 지금 사람들의 시부(詩賦)를 그 위에 새기고는 나에게 부탁하여 기문(記文)을 지어 기록하게 하였다.

㉡ 내가 보니, 파릉의 훌륭한 경치는 한 동정호(洞庭湖)에 있었다. 먼 산을 머금고 긴 강을 삼켜 호호탕탕(浩浩蕩蕩)하여 비껴 끝이 없어 아침 햇볕과 저녁 황혼에 기상이 만 가지, 천 가지이니, 이는 악양루(岳陽樓)의 큰 구경거리로 옛사람의 기술(記述)에 구비되어 있다. 그렇다면 북으로 무협(巫峽)을 통하고 남으로 소상(瀟湘)을 다하여 좌천된 나그네와 소인(騷人)들이 이 곳에 많이 모이니, 그들이 경물(景物)을 보는 심정이 다르지 않겠는가?

㉢ 장마비가 계속되어 여러 달 동안 개이지 않는다. 음산한 바람이 성내어 부르짖는 듯하여 탁한 물결이 공중을 치며 해와 별이 빛을 숨기고 산악이 형체를 감추며, 장사꾼과 나그네들이 다니지 않아 돛대가 기울고 노가 부러지며, 박모(薄暮)에 날이 어루어짐에 범이 휘파람불고 원숭이가 우니, 이러한 때에 이 누대(樓臺)에 오르면 서울을 떠나 고향을 그리워하개 되고, 참소하는 말을 근심하고 비난하는 말을 두려워하게 되어 온갖 눈에 가득한 것들이 쓸쓸해져 감회가 지극함에 슬퍼짐이 있을 것이다.

㉣ 봄날이 화창하여 경치가 선명하며 파도가 일지 않아 상하(上下)의 하늘 빛이 한결같이 푸름으로 만경(萬頃)이나 된다. 모래벌의 백구(白鷗)들은 날아와 모이고 비단 같은 물고기들은 헤엄치며 강안(江岸)의 지초와 물가의 난초는 향기롭고[郁郁] 무성하며[靑靑], 혹은 긴 물안개가 한번 개이고 밝은 달이 천리를 비춘다. 〈호수 위에〉 떠있는 달빛은 금빛처럼 출렁이고 고요한 달그림자는 구슬이 잠긴 듯한데 어가(漁歌)를 서로 화답하니, 이 즐거움이 어찌 다할까. 이러한 때에 이 누대에 오르면 마음이 넓어지고 정신이 화하여 영광과 욕됨을 모두 잊고는 술잔을 잡고 풍광을 임하여 그 기쁨이 양양(洋洋)함이 있을 것이다.

㉤ 슬프다! 내 일찍이 옛 인인(仁人)의 마음을 찾아보니, 혹 이 두 가지의 행위와 다름은 어째서인가? 남의 일로 기뻐하지 않으며 자기의 일로 슬퍼하지 않아, 묘당(廟堂)의 높은 곳에 처하면 백성들을 걱정하고 강호(江湖)에 먼 곳에 처하면 그 군주를 근심하니, 이는 나가도 또한 근심하고 물러나도 또한 근심하는 것이다. 그렇다면 어느 때에나 즐거워할 수 있는가? 그 반드시 천하 사람들이 근심하기에 앞서 근심하고 천하 사람들이 즐거워 한 뒤에 즐거워 할 것이다. 아! 이러한 사람이 아니면 내 누구와 더불어 돌아가겠는가?[57]

이 기문은 개혁을 지휘하다 보수 세력에 의해 지방으로 밀려난 만년의 범중엄이 악양루의 중수를 기념하기 위해 의뢰받아 쓴 글이다[㉠]. 악양루는 동정호라는 호수가에 위치하며 산과 강의 경치로 오래전부터 유명해서 많은 사람들이 찾아오고 글을 남겨온 명소였다[㉡]. 범중엄이 보기에 악양루의 경치를 감상하는 사람들은 날씨가 흐리면 음산한 풍경을 보며 그리움, 두려움, 쓸쓸함, 슬픔과 같은 감정을 느끼고[㉢] 날씨가 좋으면 아름다운 풍경을 보며 통쾌하고 기쁜 감정을 느낀다[㉣]. 그러나 범중엄은 상황에 얽매이는 감상에 이의를 제기한다. 그에 따르면 조정에 복무하는 관리는 올곧은 마음가짐을 갖추어야 하며, 개인사에 일희일비하지 않되 현재의 위치에 따라 올곧음이 발현되는 양상이 달라질 뿐이다[㉤].

문왕의 영대·영소와 범중엄의 악양루는 고전 속에 존재하는 원림의 여러 전거 중에서도 유학, 그 중에서도 통치와 관련된 원림이 갖는 특수성을 읽어내는 중요한 단서를 제공한다. 두 원림은 감상과 휴식을 바탕삼는 원림의 기본 기능에 대해 이의를 제기하지 않는다. 그러나 감상과 휴식을 잉여 행위로 설정할 때 발생하는 원림의 규모 확장이나 의장 발달을 억제하는 근거를 내재하고 있다. 두 전거에서 통치자의 원림은 감상과 휴식을 동반하되, 이를 아우르는 상위 기능으로서 도덕의 함양과 선정의 추구를 담고 있다. 즉 통치자에게 원림은 목적이 아닌 수단이고[文以載道], 감상이라는 수단을 통해 다른 차원의 깨달음에 이르게 되며[格物致知] 깨달음을 바탕으로 세상을 이롭게 하는[修己治人] 신유학의 교리를 실현하는 장치였던 것이다.

조선 초기 도성의 원림

도성 구조의 확립과 원림 조성

조선이 개국하고 수도를 한양으로 옮긴 이후, 도성의 도시 구조는 태조와 태종을 거치며 기본 틀을 갖추었다. 당시 이루어진 도성 시설로는 태조연간의 경우 종묘, 사직, 궁궐, 관청, 성곽, 도로가 꼽히고 태종연간의 경우 창덕궁, 문묘, 경회루, 개천, 행랑이 꼽힌다. 말하자면 태조는 국가의 정통성과 기본 기능을 담아내기 위한 최소한의 필수 공간을 마련했고, 태종은 수도의 생활 환경과 일상 경관, 문화 상징의 수준을 높이고자 각종 공사를 일으켰던 것이다.
기존 연구에서 주목받지 못했으나 태종이 전개했던 일련의 건설 공사에는 중국 사신의 접객을 주목적으로 한 세 곳의 대규모 누각 원림 공사가 포함되어 있다. 건립 순서대로 나열하면 창덕궁 광연루, 돈의문 밖 모화루, 경복궁 경회루 원림이다. 두 곳은 법궁과 이궁 안에, 한 곳은 도성문 밖 가까이에 위치했으며[그림 1-1] 세 곳 모두에서 사신을 위한 연회가 열렸다. 이들 누각 원림은 동일 인물이 유사한 시기에 유사한 의도를 가지고 만들었으며, 비교적 이른 시기에 조성되었음에도 형식을 추적할 단서가 있다는 점에서 중요한 연구 대상이다. 국가의 통치 제도를 확립했다고 평가받는 왕이 주도해 만들었으며, 후대 왕들이 많은 관료들을 불러 원림을 함께 이용했다는 점도 영향력과 파급력의 측면에서 중요한 지점이다.

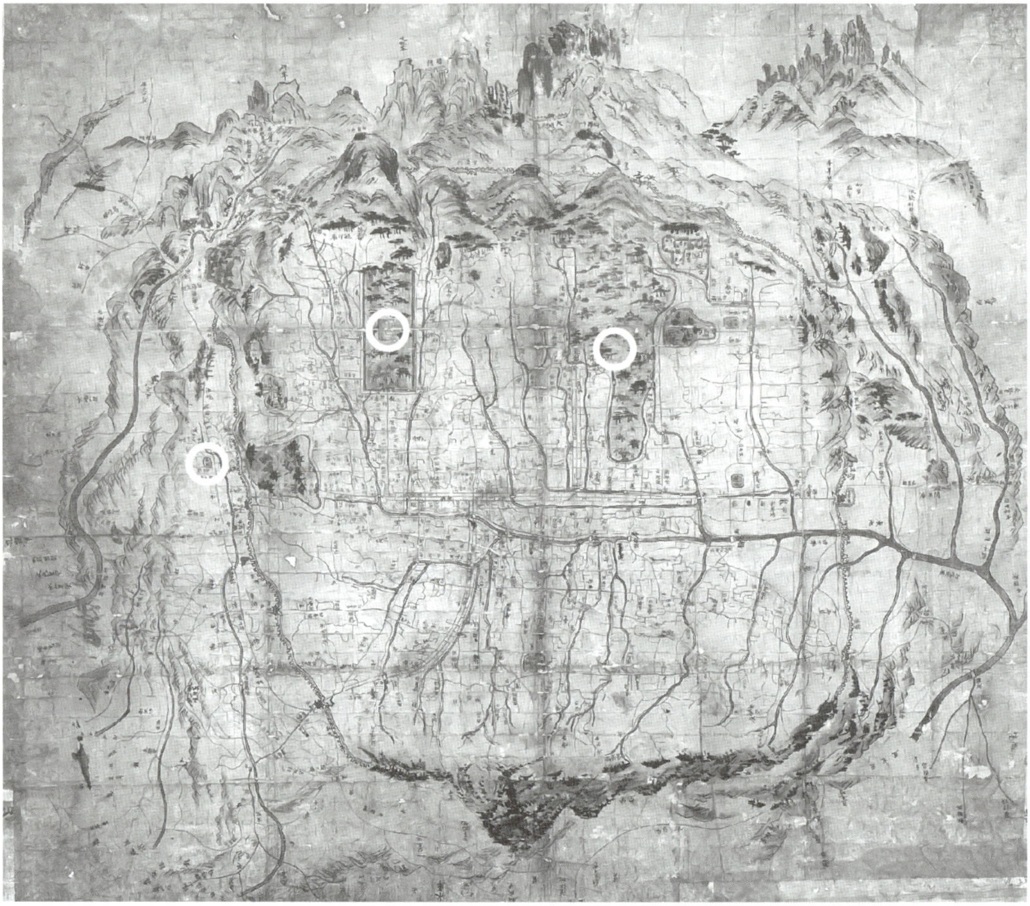

그림 1-1. 〈도성도(都城圖)〉에 표시한 세 누각 원림의 위치. 왼쪽부터 모화루, 경회루, 광연루. (국립중앙박물관 소장)

정종이 1399년 개성으로 옮긴 수도를 태종이 한양으로 다시 옮긴 1405년부터 도성에서는 다양한 건설 공사가 지속되었다. 천도하기 한 해 전부터 밑작업을 시작한 창덕궁은 1405년 10월에 완공되었고[58] 태상왕인 태조를 위한 덕수궁도 1406년 4월에 완공하였다.[59] 관청 수리도 이루어졌으며[60] 성균관 문묘는 1407년 3월에 완공되었다.[61]

보다 가시적인 도시 구조의 변화는 개천(開川)과 장랑(長廊) 공사를 통해 이루어졌다. 태종은 개천이라 불렸던 현재의 청계천 공사를 진행하였다. 1406년에 한 차례 진행하였고[62], 1411년에 백성 5만 2천여 명을 동원하여 본격화하였다.[63] 1412년부터는 개천도감을 행랑조성도감으로 바꾸어 시장이 들어설 긴 행랑을 건설하기 시작했다.[64] 3차례에 걸친 공사는 1413년에 완공되어 모두 1360칸으로 집계되었다.[65]

도시의 인프라라 할 만한 기본 시설이 자리를 잡는 와중에 도성 안팎의 세 곳에서 대규모 누각과 못으로 이루어진 원림 공사가 진행되었다. 창덕궁 광연루(廣延樓)는 1406년 4월,[66] 그 앞의 못은 1409년 3월에 완공되었다.[67] 돈의문 밖 모화루(慕華樓)는 1407년 8월,[68] 모화루 앞 못은 1408년 5월에 완공되었다.[69] 경복궁 경회루(慶會樓)와 경회루를 둘러싼 못은 1412년에 함께 완공되었다.

세 곳의 누각 원림은 형태상으로 단순했지만 규모가 컸다. 예컨대 단일 건축물로서 경회루의 규모는 근정전을 넘어서며, 못의 면적은 근정전을 둘러싼 뜰과 비슷하다. 도성 안팎에 동시다발적으로 공사가 진행되어 많은 인력과 재원이 동원되는 상황에서 대규모 원림 공사를 진행하는 것은 여러모로 부담이었을 것이다.

원림은 휴식과 감상을 전제하는, 말하자면 필수적이지 않은 위락 시설이다. 공역의 압박과 예상되는 비판에도 불구하고 일련의 공사를 진행한 데에는 어떤 목적의식이 작용했을 것이다. 태종에게는 자신이 태조에 이어 도성의 틀을 갖추었다는 자의식이 있었다.[70] 그러한 의식 속에는 흥미롭게도 기능적 측면 외에도 이미지의 측면을 고려했다는 점이 엿보인다. 가령 행랑을 "지어 놓고 보니 국가에 모양(模樣)이 있어 볼 만하다."[71]라고 한 바 있다.

이미지의 측면으로 도성 공사를 고려한 부분이 있다면 그 수용자로 떠올린 대상이 있었을 것이다. 도성의 경관은 기대와 우려 속에서 새로운 국가를 바라보던 백성부터 신하이자 경영진의 입장으로 국가의 위엄과 체면을 생각했을 사대부에 이르기까지 다양한 사람들에게 감상되었다. 그런데 시야를 넓혀 국가의 주인인 왕의 입장을 상상해볼 때, 가장 신경 쓰였을 대상은 자신을 받들어 모시지 않는 자이면서 다른 국가의 대변인에 해당하는 사신이었을 것으로 생각된다.

사신 중에서도 중국 사신은 황제의 대리자로서 높은 대우를 받았을 뿐 아니라 실질적 영향력도 막강하였다. 사신의 마음에 따라 외교 관계가 흔들리는 것은 충분히 있음직한 일이었다. 고려 때부터 사대하는 나라의 사신이 도성에 접근하면 왕은 신하들을 이끌고 몸소 나가 그들과 그들이 가지고 온 황제의 서찰을 맞이하였다. 사신 일행은 도성의 정문, 궁성의 정문을 잇달아 통과해 궁궐의 정전에 도착한 후 황명을 전달하는 의례를 벌였다. 의례가 끝나면 사신은 궁문을 나가 숙소로 향하고, 연향과 유람을 즐기다 본국으로 돌아갔다.

도성 공사를 전개하기에 앞서 태종은 사신과 관련해 두 가지 강렬한 체험을 했다. 첫째는 본인이 제후국 사신으로서 명나라 남경에 다녀온 것이다. 태종은 고려 말인 1388년(창왕 1)과 개국 직후인 1394년(태조 3)에 두 차례 사행을 다녀왔다. 전자는 목은 이색(李穡, 1328~1396)을 보좌하는 서장관, 후자는 명과의 관계를 완화하려는 왕의 아들 자격이었다. 두 사행에서 태종의 위상과 신분은 달랐지만 일촉즉발의 외교 문제를 해결하기 위해 사대하는 나라에 방문했다는 점은 같았다. 특히 후자에서는 명나라를 세운 태조인 주원장(朱元璋)과 직접 만나기도 하였다.

둘째는 태종이 즉위한 직후 첫 중국 사신이 가져온 황명을 궁궐이 아닌 관청에서 받았던 것이다. 정종에 의해 개성으로 옮겨진 수도에서 지낼 당시인 1401년 2월, 궁궐로 쓰던 수창궁(壽昌宮)에 화재가 난 탓에 황제의 조서(詔書)가 의정부에서 전달되었다.[72] 신하의 공관에서 사신과 조서를 맞이한 것은 왕자의 난 이후에 막 즉위식을 올려 왕의 자리에 오른 태종에게 유쾌하지 않은 사건이었을 것이다. 태종은 사신이 돌아간 직후 자신이 살았던 잠저인 경덕궁의 정전을 넓혀 짓고 이름을 무일전(無逸殿)으로 하였으며 북쪽에 청화정(淸和亭)이라는 정자를 지었다.[73] 태종이 개성에 있던 시절 중국 사신을 위한 연회는 전용 숙소인 태평관에서 주로 열렸지만 무일전이나 청화정에서도 자주 열렸다.[74]

불가피한 상황이긴 했지만 망국의 수도에 위치한 신하의 집무실에서 낮은 자세로 황제의 명을 받아야만 했던 첫 조서의 경험은 명나라에서 사신의 입장으로 겪었던 체험을 상기시키는 동시에 새로운 수도에서의 미래를 그리게 했을 것이다. 제후국의 예를 지키는 한에서, 사대 외교를 하더라도 왕으로서 권위를 세울 만한 환경을 마련하려 했을 것이다. 이상으로 살핀 경험과 의지가 직접적으로 반영된 태종의 공간 실천이 바로 세 곳의 누각 원림이라 할 수 있다.

태종은 누각 원림의 조성 의도로 사신 영접을 전면에 내세웠다. 가령 모화루의 못에 대해 "내가 못을 파게 한 까닭은 조수(鳥獸)나 어별(魚鼈)의 구경을 위한 것이 아니라, 오직 상국(上國)의 사명(使命)을 위해서 한 것이다."[75]라고 하거나 경회루에 대해 "내가 이 누각을 지은 것은 중국 사신에게 잔치하거나 위로하는 장소를 삼고자 한 것이요, 내가 놀거나 편안히 하자는 곳이 아니다. 실로 모화루와 더불어 뜻이 같다."[76]라고 한 바 있다. 태종연간에는 중국 사신이 한양에 자주 오갔는데 본 연구에서 누각 원림이라 가리키는 광연루, 모화루, 경회루 세 원림에 사신이 다녀간 기록이 다수 확인된다.

사신 영접이 전면적 이유였다는 것은 분명하지만 누각 원림을 종친과 신하들이 이용하고 감상했다는 점도 중요하다. 조선의 원림사라는 측면에서는 타국 사신보다 본국 신하들의 경관 체험으로 인한 파급력이 더 컸을 것으로 예상되기 때문이다. 태종은 모화루가 '국가의 체면'과 '사대의 성의'를 보이기 위한 사신의 영접 공간이라면, 창덕궁의 못과 정자는 휴식하기 위한 곳이라 언급했다.[77] 또한 앞서 언급한 개성의 경덕궁과 한양의 창덕궁은 거처하는 곳이지만 모화루와 경회루는 사신을 위한 곳이라고 구분 지어 말하기도 했다.[78] 이러한 언급들은 세 누각 원림의 조성 의도에 관한 태종의 생각을 드러낸다. 도성 밖 모화루는 전적으로 사신 접객을 위해 지었고, 경복궁 경회루는 궁궐 안에 있되 마찬가지로 사신 접객을 주목적으로 지었으며, 창덕궁 광연루는 태종 본인의 휴식이 비교적 많은 비중을 차지했던 것이다.

실제로 태종연간의 실록 기사를 보면 모화루, 광연루, 경회루 모두에서 사신의 연회가 벌어졌고 광연루와 경회루에서는 태종과 함께 사신이나 종친, 신하가 등장하는 일도 비일비재했다. 말하자면 누각 원림의 조성 명분에서 사신 접객이 우위를 차지하되 그 명분의 비중은 원림 간에 약간의 차이가 있었으며, 실질적 활용 양상은 태종의 의중을 반영해 다

변화되었던 것이다. 누각 원림은 사신을 접객하는 곳이라 해서 신하를 배제하는 공간이 아니었다. 오히려 태종이 몸과 마음의 상태나 정치적 의도에 따라 마음껏 활용할 수 있는 감각적 도구였다고 볼 수 있다.

누각 원림별 내력과 형식

창덕궁 광연루

1405년(태종 5) 10월, 창덕궁이 처음 완성될 때까지만 해도 궁내에 누각으로 볼 만한 건축물은 따로 기록되지 않았다.[79] 그러던 중 1406년(태종 6) 4월이 되어 먼저 광연루(廣延樓)가 지어졌고,[80] 다음으로 해온정(解慍亭)이 지어졌다.[81] 같은 달 태종은 중국 사신을 창덕궁으로 불러 해온정을 둘러보고 나와 광연루에서 술을 베풀었는데,[82] 정(亭)과 루(樓)라는 이름과 이용 양상을 고려하면 두 건물 중에 광연루의 규모가 더 크고 대표성을 띠었던 것으로 생각된다.

3년 후인 1409년(태종 9) 3월에는 그 앞에 못이 조성되었다.[83] 『태종실록』의 광연루 공사 관련 기사는 이 외에 1414년(태종 14) 장막을 마음대로 고친 하급 신하를 내치는 기사[84]와 1417년(태종 17) 단청을 다시 칠했다는 기사[85]가 보일 뿐이다. 세종연간에는 태종연간보다는 적지만 실록에 틈틈이 광연루 관련 기사가 보이다가 1434년(세종 16)을 끝으로 보이지 않는다. 단종연간인 1453년(단종 1) 광연루 옛터에 별실을 세웠다는 기록으로 볼 때, 세종 즉위 후반기부터 단종이 별실을 세우기 전까지는 광연루가 쓰이지 않았거나 무너졌던 것으로 판단된다.[86]

세조가 왕위를 찬탈한 후 단종은 상왕이 되어 한동안 궁궐에 머물렀다. 이 시기 『세조실록』을 보면 노산군(魯山君)이라 지칭되는 단종이 광연정(廣延亭)이란 곳에서 누군가를 만나거나[87] 세조와 연회를 하는 기록이 있다.[88] 광연정은 단종이 광연루 터에 세웠던 별실을 가리켰을 가능성이 높다.[89]

기존 연구에서는 광연루의 위치를 대략 창덕궁의 동쪽 치우친 곳으로 보고 있다.[90] 『신증동국여지승람』, 『궁궐지』, 『한경지략』 등의 문헌에서 광연루나 광연정, 광연전을 언급하며 해당 위치에 저승전(儲承殿)과 같은 세자의 생활공간인 동궁이 지어졌다고 전하기 때문이다. 〈동궐도(東闕圖)〉의 중앙 하단을 보면 따로 이름이 남겨져 있지 않은 네모난 못이 하나 있는데, 동궁을 건립하며 못을 조성했다는 기록이 따로 확인되지 않는 것으로 볼 때 이 못이 광연루 당시 못의 흔적일 가능성이 있다.

태종이 짓고 썼던 광연루는 아래층에 실내공간이 있는 중층 누각이었다. 광연루를 배경으로 한 실록 기사에서 위치 표현은 광연루와 '광연루 아래[廣延樓下]'를 구분하여 서술된 경향이 있다. 따라서 '광연루'라고만 쓰였을 때는 누각 상층을 중심으로 행위가 이루어졌음을 뜻하며, '광연루 아래'라고 쓰였을 때는 하층과 주변 일대를 배경으로 표현한 것으로 이해된다. 누각 상층의 구성을 전하는 기록은 찾기 어렵다. 세종 즉위 후 상왕으로 있던 태종이 과거에 환관에게 광연루의 난간을 자로 재게 하였다는 언급이 있어 난간이 있었던 것을 알 수 있을 뿐이다.[91]

하층에 실내공간이 있었다는 것을 방증하는 기록은 다음과 같다. 태조가 승하할 즈음, 태종은 광연루 아래에서 자면서 직접 태조의 몸상태를 살폈다.[92] 평양에서 온 태조의 영정을 모사하기 위해 광연루에 봉안했다는 기록[93]이나 세종 즉위 후 태종이 광연루로 이어한 적이 있다는 기록[94]도 참조할 만하다. 광연루에는 왕이 잠을 자고 영정을 보관할 만한 실내공간이 갖춰져 있던 것이다.

광연루 앞에 조성된 못 역시 구체적 형식을 알기는 어렵다. 〈동궐도〉와 〈동궐도형〉에서 옛 동궁 일곽에 그려져 있는 연못을 광연루 못의 윤곽으로 가정한다면 형태는 사각이며 대략 긴 변은 7칸, 짧은 변은 6칸 정도의 규모로 볼 수 있다. 이 못에는 물고기가 있었는데, 광연루와 해온정 앞 연못의 물고기를 경회루 아래 못으로 옮겼다는 기록에서 경회루의 못을 특별히 '대지(大池)'라고 표현한 것으로 볼 때[95] 확실히 그보다는 작았음을 알 수 있을 뿐이다.

광연루에서는 왕이 활쏘기, 격구, 투호를 감상했으며 108명의 문신이 광연루 아래에서 시험을 치르기도 하였다.[96]이로써 볼 때 누각 앞에는 못 외에도 너른 공간이 있었다고 판단된다. 또한 연꽃[97], 모란[98], 작약[99]을 감상한 기록이 있어 가까이에 관상용 초화류가 식재되었던 것을 알 수 있다.

광연루에서는 타국 사신을 위한 연회와 접견을 비롯해 상왕, 종친, 관료와 함께 하는 연회와 놀이, 시험과 기우제 같은 행사가 벌어졌다. 모화루나 경회루에 비해서는 비중이 낮지만 광연루에서도 초기에는 사신 접객이 빈번하게 이루어졌는데, 1409년 사신의 공식 청사인 태평관을 고쳐 지은[100] 이후로 태종연간에 중국 사신의 접객은 드물게 이루어졌다. 그러나 이후에도 상왕이 된 태종이나 세종이 중국 사신을 광연루로 들이는 경우가 종종 있었고, 세종이 대비의 빈소를 두고 대신들과 상의할 때 대신들이 광연루가 사신을 접대하는 곳이라 좋지 않다고 하는 등[101] 사신의 접객 장소라는 광연루의 정체성은 유지되었다.

태종연간의 지배적인 활용은 사신보다는 자국 인물과의 연회와 놀이에 있었다. 『태종실록』에 수록된 광연루 관련 기사를 조사해보면 총 133건의 이용 기록 중에 63퍼센트에 해당하는 84건이 자국 인물과의 연회와 놀이에 해당한다[표 1-1]. 사신의 방문이나 친시, 기우제와 같은 일들을

표 1-1. 『태종실록』에 등장하는 광연루의 이용 기록 분석

분류	자국 인물			타국 사신			정사	기타	합계	비고 (기타 항목의 내역)
	연회	연회 +놀이	놀이	연회 (중국)	접견 (중국)	접견 (일본)				
1406	5	1	–	5	–	–	2	–	13	
1407	7	1		7	–	1	3	2	21	기우제 1, 친시 1
1408	2	–	–	3	3	–	–	3	11	공녀 선발 2, 태조 승하 1
1409	–	–	1	–	–	–	6	–	7	
1410	1	–	–	–	–	–	–	–	1	
1411	5	–	–	–	–	1	–	3	9	기우제 2, 태조 영정 봉안 1
1412	3	1	1	–	–	–	1	–	6	
1413	7	–	1	–	–	–	3	–	11	
1414	11	3	2	–	–	1	2	–	19	
1415	5	7	–	–	–	–	–	1	13	기우제 1
1416	8	2	–	–	–	–	–	1	11	기우제 1
1417	6	3	–	1	–	–	–	–	10	
1418	1	–	–	–	–	–	–	–	1	
합계 (%)	61 (45.8)	18 (13.5)	5 (3.8)	16 (12.0)	3 (2.3)	3 (2.3)	17 (12.8)	10 (7.5)	133 (100.0)	

* 『태종실록』에서 광연루가 언급된 기사 141건 중 단순언급 9건 제외하면 132건. 여기에 정사와 연회가 모두 등장한 기사가 1413년 한 번 등장해서 이를 복수 처리하면 총 133건.

비일상적 사건이라 한다면 상왕이나 종친, 관료와의 연회나 왕으로서 정사를 보는 것이 광연루의 일상적 이용이었던 셈이다. 태종은 광연루에 왕실 인물과 신하들을 불러 중대사를 논의하고 위로와 상을 내렸는데, "지금부터 이후로는 정전(正殿)의 조계(朝啓)를 제외하고 경연청(經筵廳)·광연루(廣延樓) 같은 곳에는 사관(史官)을 들어오지 못하게 하라"[102]라는 어명으로 가늠해 볼 때, 이곳에서 기록되지 않은 수많은 역사가 이루어졌으리라 짐작할 수 있다.

돈의문 밖 모화루

모화루(慕華樓)는 1407년(태종 7)에 개성의 연빈관(延賓館)을 모방하여 지었다고 기록되었다.[103] 이 최초의 기사에서 연빈관(延賓館)은 영빈관(迎賓館)을 일컫는 것으로 보인다.[104] 영빈관은 고려시대인 1011년(현종 2)에 지어진[105] 이래 사신의 객관을 이르던 말이다. 태종이 서대문 바깥에 모화루를 지은 뒤부터 사신을 맞이하고 배웅하는 한양의 도성 밖 거점[106]은 반송정(蟠松亭)에서 모화루로 옮겨졌다.

모화루 앞 연못은 1408년(태종 8) 5월에 조성되었으며[107] 조성 직후 개성으로부터 연꽃을 공수해 심었다.[108] 연못은 1920년대 후반까지 500여 년간 유지되다가 메워졌다. 위치는 현재의 서대문구 금화초등학교에 해당한다.[109]

모화루는 세종 즉위 초부터 기울어져 있었고[110] 1430년(세종 12)에 대대적으로 수리됐다.[111] 세종은 모화루를 고쳐 짓는 현장에 직접 방문하여 건물을 살펴본 후, 규모가 낮고 어두우니 중층으로 개조하라고 명을 내렸으나[112] 실제로 경회루나 광연루 같은 중층으로 지어졌는지는 알 수 없다. 경회루나 광연루와 달리 '누 아래[樓下]'의 활용을 특정하는 원문이 보이지 않기 때문이다. 또한 후대에 여러 번 고쳐 지어졌음을 감안해야 하나[113] 근대 사진 속 모화관[114]은 높은 기단을 둔 단층 건물이다 [그림 1-2].

그림 1-2. 식민지시기 모화관 일대의 모습 (국립중앙박물관 소장 유리건판)

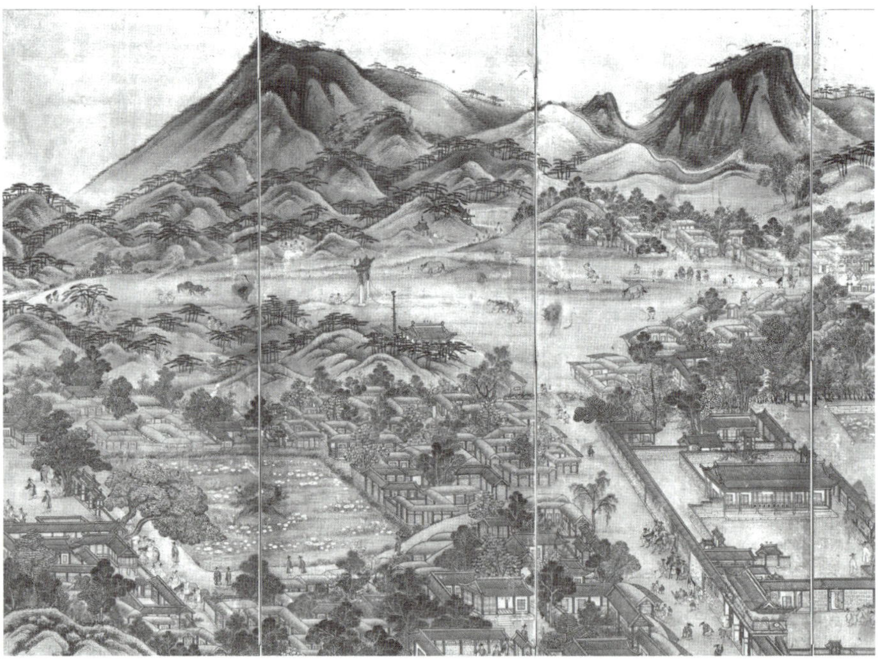

그림 1-3. 〈경기감영도(京畿監營圖)〉의 서지 일대 부분. 화면 좌측 하단에 서지가 있고, 중앙에 모화관과 영은문이 있다. 원경으로 보이는 우측 산봉우리에 '인왕산(仁王山)'이라 쓰여 있다. (리움미술관 소장)

모화루와 못은 150보 떨어져 있었고 못의 규격은 길이 380척(115~118.6m), 너비 300척(91.4~93.6m), 깊이는 2~3장(6~9.3m)이었으며,[115] 실록의 기록과 식민지시기 지적원도를 비교해볼 때 조성 당시와 소멸 당시에 남북 길이는 비슷하되 동서 길이는 25~40m가량 짧아졌다.[116] 못의 평면 형태는 〈경기감영도〉[그림 1-3]나 여러 근대 지도로 볼 때 직사각형에 가까웠다. 『세종실록』 지리지에도 모화관의 "남쪽에 네모진 못[方池]이 있는데, 낮은 담을 쌓고 버들을 심었다."[117]라는 기록이 있다. 대규모의 방지와 높은 기단의 건물로 이루어진 모화루 원림의 형식은 『선화봉사고려도경(宣和奉使高麗圖經)』에 기록된 중국 사신의 객관인 순천관(順天館)과 비교하면 상당히 단순하다. 서긍(徐兢)이 기록한 1123년(인종 1)의 개성 순천관은 건축 제도가 왕의 거처보다 낫다고 평가되었으며, 정청 앞뒤로 여러 채의 누정과 음악을 연주하는 장막이 배치되고 산 능선과 각종 수목, 흐르는 물이 주변을 둘러싸고 있었다.[118] 서긍 당시의 고려 순천관이 단순 접객소가 아니라 숙소였다는 점을 감안하여 모화루가 아닌 태평관과 비교한다 해도, 조선의 사신 객관 원림이 순천관 원림보다 단순했다는 결론은 같다. 조선 전기의 태평관은 뒤편에 한 채의 누정을 갖추었으며 그곳에서는 내사산 등의 주변 경관과 벽화, 병풍 그림이 감상되었을 뿐이다.[119]

모화루 바로 앞에는 너른 공터가 펼쳐져 있었다. 모화루는 단순히 연회를 여는 공간이 아니라 도성에 도착한 황제의 명을 조선의 왕이 마중 나와 받드는 공식 의례의 공간이었기 때문이다. 사신 일행이 도착하기 하루 전날, 이곳에는 장막 구조의 가설 건물인 장전(帳殿)을 비롯해 장식된 문인 홍문(紅門), 왕의 소규모 장막인 악차(幄次), 칙서를 놓는 가마인 용정(龍亭)과 향을 놓는 가마인 향정(香亭) 등을 미리 준비해두었다.[120] 너른 공터를 포함한 모화루 일대는 무과 시험장으로 쓰이기도 하였으며 격구나 활쏘기를 감상하는 유희 공간으로 쓰이기도 하였다. 또한 모화루에서 중국 사신 외에 일본과 같은 타국 사신, 한양을 오가는 조선의 사신을 접견하거나 연회가 열리기도 하였다.

광연루, 경회루와 다른 모화루 앞 연못의 가장 큰 특징은 인왕산과 성곽의 조망과 접근성이다. 〈경기감영도〉와 근대 사진[그림 1-4]을 살펴보면 한양의 내사산 중 하나인 인왕산과 도성의 서쪽 성곽이 한눈에 들어오는 광경을 볼 수 있다. 말하자면 왕실과 조정, 국가를 떠올릴 만한 상징 요소들이 하나의 장면을 이루었던 것이다. 그리고 이 위치는 궁궐 바깥이었기 때문에 누구나 와서 경치를 즐길 수 있었다. 문인들은 이곳의 풍경을 두고 도성과 대로의 도시 경관을 읊기도 하고, 백악산과 인왕산으로 둘러싸인 자연 경관을 노래하기도 하였으며, 무엇보다 연못에 심긴 연꽃은 한양을 대표하는 경관으로 많은 시문에 등장한다.[121] 또한 저수지의 물높이 조절법이나[122] 수차(水車)[123]를 시험하는 등 공공적 행위가 벌어지기도 했다.

그림 1-4. 19세기 말 서지 일대의 모습 (林武一, 『朝鮮国真景』, 林亀子, 1892)

경복궁 경회루

경회루 일대의 건립은 사신 접객이라는 명분과 습기 통제라는 과제가 맞물려 이루어진 조선의 역대급 원림 프로젝트다. 하륜(河崙, 1347~1416)의 「경회루기(慶會樓記)」에 따르면 태종이 경회루 이전에 있었던 누각의 수리를 명한 것은 1411년(태종 11) 2월이다.[124] 태종은 경복궁의 터를 나쁘다고 여겨 창덕궁을 짓고 살았으나 태조가 국가를 만들었던 역사의 정통성이 경복궁에 있다고 여겨 사신 영접은 경복궁에서 행해야 한다고 생각했다.[125] 이러한 이유로 같은 해 5월, 태종은 경복궁의 수리를 명했다.[126] 1411년에서 1412년에 이르는 태종의 경복궁 공사에서 핵심은 단연 경회루의 중건이다.

「경회루기」에 따르면 태종이 아끼던 공역 전문 대신인 박자청(朴子靑)이 "땅이 습한 것을 염려하여 누(樓)를 에워서 못을 팠다."라고 하였고, 태종은 "수리만 하려고 했는데 과하지 않냐"라며 우려를 표했다.[127] 말하자면 못 가운데 섬 위에 대규모로 지어진 경회루의 독특한 배치 형식은 땅의 습기 처리와 밀접했다. 1411년 7월에 태종이 경복궁에 명당수가 없으니 물길을 만들라고 한 것[128], 8월에 북루(北樓) 아래 못을 파라고 한 것[129], 9월에 궁성 서쪽 모퉁이를 파서 물을 끌어들이라고 한 것[130]은 이

그림 1-5. 경회루 전경 (국가유산청 궁능유적본부)

미 태종이 누각과 물길 조성의 연관성을 알고 있었음을 암시한다.

1412년 4월 『태종실록』에는 "새로 큰 누각을 경복궁 서쪽 모퉁이에 지었다. 공조판서 박자청에게 명하여 감독하게 하였는데, 제도가 굉장하고 창활(敞豁) 하였다. 또 못을 파서 사방으로 둘렀다. 궁궐의 서북쪽에 본래 작은 누각이 있었는데, 태조가 창건한 것이었다. 임금이 협착하다고 하여 명하여 고쳐 지은 것이다."[131]라고 하여 경회루가 완공되었고, 그 형식에 태종의 의도가 반영되었던 것임을 알 수 있다. 못에는 물고기를 잡아넣었고[132] 이름을 경회루라고 지었으며[133] 세자에게 편액을 쓰게 했다.[134]

경회루는 태종의 중건 이후 세종과 성종연간을 거치며 크게 수리되었다. 세종연간에는 1429년(세종 11) 5월에 공사에 참여하는 군인이 있었음을 기록하고 있고[135] 1433년(세종 15)에는 처마 관련 부재인 보첨(補簷)을 수리하였으며[136] 훗날 성종연간에는 수리 전의 경회루가 세종연간 융성할 때에 지었던 것이라는 언급도 있었다.[137] 보다 본격적인 수리 공사는 성종이 주도하였다. 1473년(성종 4)에는 공사를 위한 재료를 다듬어 놓았으며[138] 1474년(성종 5)에는 신하들이 지속적으로 공사를 정지하자고 청하지만 재료의 훼손을 빌미로 성종이 공사를 강행하는 기사가 다수 보인다. 수리 공사는 1475년(성종 6)에 이르면 끝난 것으로 보이는데, 기둥의 용 장식이 사치스러워 대신들이 이를 언급하는 기사를 볼 수 있다.[139]

현재의 경회루는 임진왜란으로 폐허가 되어 있던 경복궁을 흥선대원군 주도로 재건하며 1867년(고종 4) 새로 지어진 것이다. 조선 전기 경회루의 규격을 직접 전하는 기록은 없지만 18세기 그림인 〈궁중행사도〉에 현재와 유사한 배치가 나타나고[그림 1-6] 『한경지략(漢京之略)』에는 남아있는 돌기둥의 높이가 3장(丈)이며 48개 중 8개가 부러져있다는 언급이 있다.[140] 게다가 주역에 근거해 경회루의 조영 원리를 설명한 중요 사료인 『경회루전도(慶會樓全圖)』가 남아있던 주초를 보고 세운 계획이라는 점을 감안하면,[141] 7×5칸이라는 평면 규모와 전반적 배치는 바뀌지 않은 것으로 판단된다.

그림 1-6. 〈궁중행사도(宮中行事圖)〉 전체(왼쪽)와 경회루 부분(오른쪽) (서울역사박물관 소장)

서울역사박물관 소장 〈궁중행사도〉를 보면 임진왜란 전에도 경회루의 서쪽에는 현재와 마찬가지로 두 개의 섬이 있었음을 알 수 있다. 그런데 두 섬은 성종연간까지 없었다가 연산군의 사치 향락으로 인해 조성되었을 가능성이 높다. 연산군 이전 시기의 기록 중에서 섬이 언급되는 문헌을 찾기 어렵고, 이와 관련된 첫 번째 기록은 『연산군일기』이다. 해당 기록에 따르면 연산군은 경회루 못 서쪽에 만세산을 만들고 산 위를 화려하게 꾸미도록 명하였다.[142] 이외에도 배를 연결하고 위에 판자를 깔아 만세산 등의 삼신산을 꾸몄다는 기록이 있다.[143] 연산군이 흙으로 섬을 만들었는지, 배를 이용해 임시 시설만 만들었는지는 분명치 않다. 두 섬의 존재가 확실히 드러나는 실록 기사는 1537년(중종 32)에 등장한다. 두 명의 명나라 사신이 경회루에 올라 경치를 구경하며 "두 섬[雙洲]이 사랑스럽다"라고 언급한 것이다.[144] 이 기록만으로 섬의 연원을 밝힐 수는 없으나 대략 연산군이나 중종연간에 조성된 것으로 추측된다.

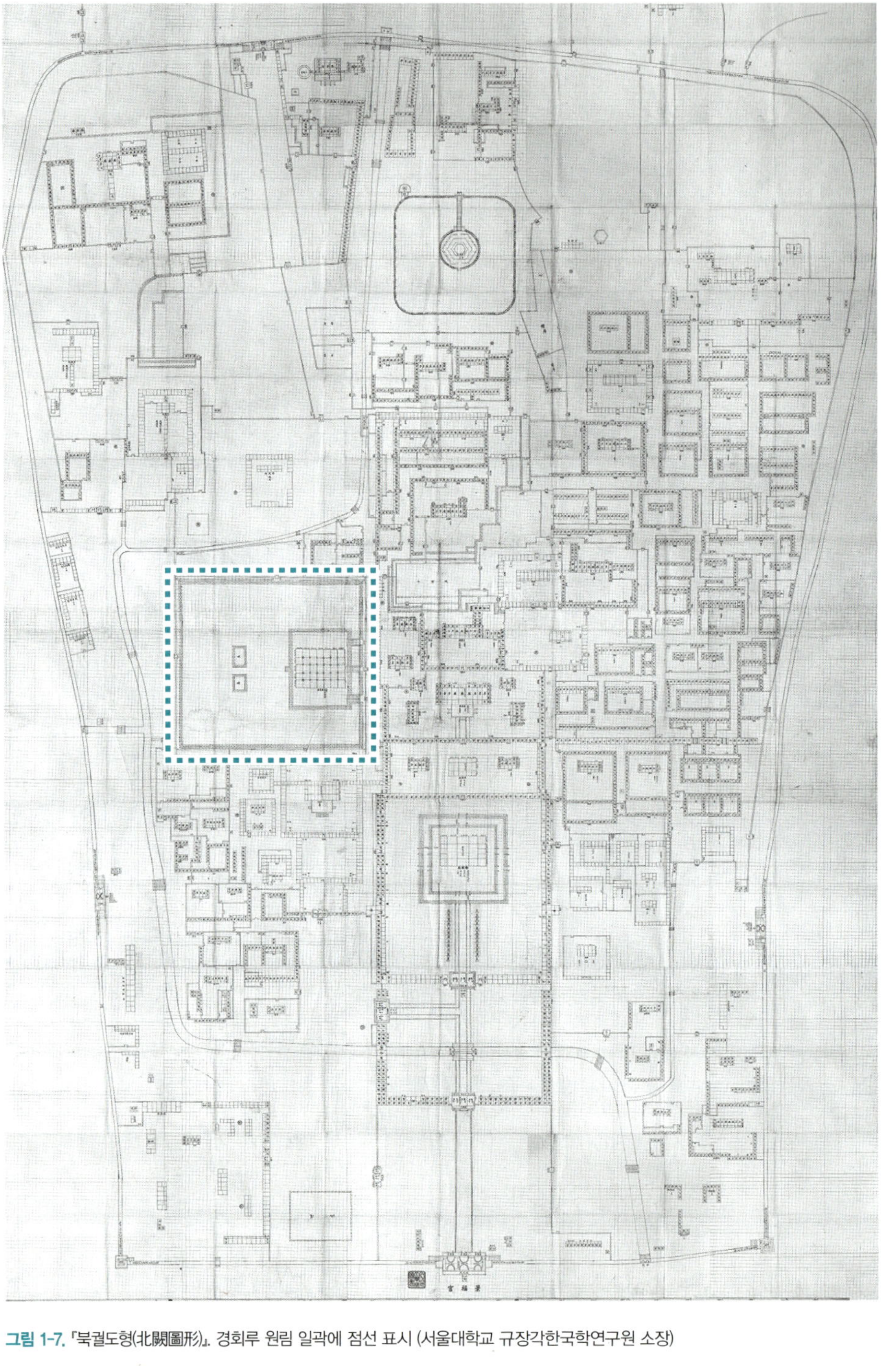

그림 1-7. 「북궐도형(北闕圖形)」. 경회루 원림 일곽에 점선 표시 (서울대학교 규장각한국학연구원 소장)

경회루의 누각과 못의 규모는 현존하는 국내 원림 중에서 가장 크다. 건물 규모는 정전인 근정전을 능가하며 못의 면적[145]은 근정전 주변 뜰과 비견된다[그림 1-7]. 이러한 규모의 선택을 중국 사신의 접대라는 명분에 비추어본다면 어떻게 받아들여야 할까. 앞서 살폈듯 규모 설정과 배치에는 태종이 개입했을 가능성이 높고, 사신의 객관인 태평관을 고칠 때 기존 건물의 부재를 헐어 비교적 소략하게 보완했던 것[146]은 연결지어 볼 만한 사실이다. 『고려도경』에는 당시의 객관인 순천관(順天館)의 제도가 왕의 처소를 넘어섰다고 쓰였다.[147] 객관이 사신 중심의 공간이라면 궐내 누각은 왕 중심의 공간이다. 양자를 오가는 사신과 왕은 자연스레 그 차이에 대해 생각했을 것이다. 태종이 태평관의 중수에 소극적인 반면 경회루의 공역을 크게 일으킨 것은 주체적 입장에서의 사대외교라는 관점과, 새로운 국가의 통치자로서의 상징성을 고려한 결과로 해석된다.

태종은 경회루가 모화루와 더불어 중국 사신을 위해 지은 것임을 밝혔으나[148] 1412년 경회루가 완공된 이래 중국 사신은 한동안 방문하지 않았다. 1417년 중국 사신이 방문하자 태종은 즉위 기간 동안 단 한 차례, 경회루에 올라 연회를 열었다.[149] 이후 중국 사신의 활동이 활발히 재개된 세종연간부터 임진왜란 전까지 경회루는 사신의 접객 장소로서 적극적으로 활용되었다.

경회루는 광연루와 마찬가지로 사신 접객 외에 다양한 용도로 활용되었다. 조선왕조실록의 경회루 관련 기사를 용도 기준으로 여덟 가지로 나누어 분석한 기존 연구의 결과에 따르면, 그 용도를 빈도 순으로 나열하면 행행(行幸), 외교(外交), 의식(儀式), 정사(政事), 시험(試驗), 연회(宴會), 종사(宗社), 군사(軍事)이다.[150] 경회루 역시 실질적 용도에 있어서는 왕이 주도하는 국내 정치가 주를 이루었던 것이다.

경회루는 형태가 단순하지만 기본 규모가 크기 때문에 상하·내외로 공간이 구분되어 다양하게 활용됐다. 먼저, 광연루와 같이 상층과 하층을 구분해 썼던 양상이 확인된다. 실록 기사에서 경회루 뒤에 '下'자를 붙이는지 여부에 따라 그 양상이 잘 드러난다. 현재 볼 수 있는 고종연

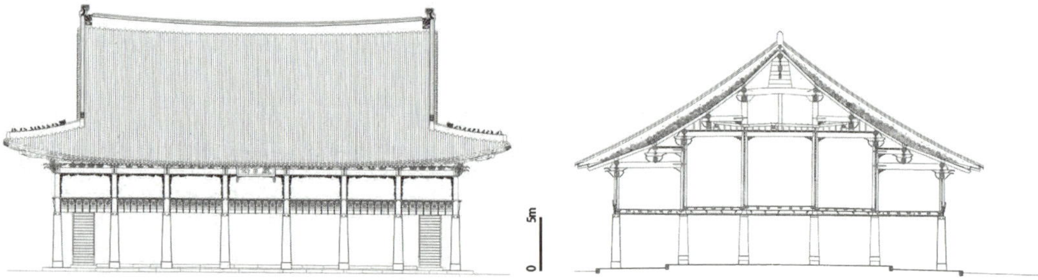

그림 1-8. 경회루의 남측 입면도(왼쪽)와 어칸 종단면도(오른쪽) (문화재청, 『경회루 실측조사 및 수리공사보고서』, 2000)

간 중건 경화루의 하층부도 대략 4~5미터의 누하고와 넓은 공간감을 보여준다[그림 1-8, 10]. 조선 전기 경회루도 이와 다르지 않았을 것으로 생각된다. 상하 구분 외에 7×5칸의 규모로 인해 발생하는 중심과 주변의 차이도 위계를 발생시킨다. 동서남북 방위에 따라 상석을 구분하는 규칙에 덧붙여 중앙에 가까울수록 격이 높아지는 구성이 있었음을 예상할 수 있다. 현재 경회루의 상층부를 보면 안쪽 칸으로 들어갈수록 마루의 높이가 높아지도록 설계되어 있다[그림 1-8, 9]. 경회루는 많은 사람을 수용할 수 있는 대규모 연회 공간인 동시에 상하와 내외를 통해 위계질서를 구현하는 정치 공간이기도 했던 것이다.

태종연간 건립된 누각 원림의 특징

지금까지 살펴본 광연루, 모화루, 경회루 세 누각 원림의 특징을 정리하면 다음과 같다.

첫째, 구성이 단순하다. 핵심 요소인 누각과 못이 일대일의 대응 관계를 갖추고 있다. 그 밖에 꽃이나 섬 등의 요소들은 원림의 정체성을 이루기보다 기록에 간헐적으로 등장하거나 후대에 추가된 것으로 보인다. 누각과 못의 배치 관계는 못이 누각 주변을 둘러 싸고 있거나(경회루), 바로 앞에 있거나(광연루), 비교적 멀리 떨어져 있다는(모화루) 점에서 차이를 보인다. 그렇지만 누각이 먼저 지어졌고 누각을 의식하여 못이 만들어졌다는 점은 같다.

그림 1-9. 경회루 상층 (국가유산청 궁능유적본부)

그림 1-10. 경회루 하층 (국가유산청 궁능유적본부)

둘째, 구성 요소의 형태가 단순하다. 누각은 높이가 있어 멀리 내다볼 수 있는 시야를 갖추었다. 하층이 비워져 있거나(경회루), 하층에 실내공간을 갖추었거나(광연루), 하층이 없다는(모화루) 점에서 차이가 있긴 하나 각자 특기할 만한 평면 형식이나 실내 구성이 있었다는 기록은 남아 있지 않다. 못은 모두 네모이다. 곡선, 못 사이의 연계, 지형 조작을 통한 시선 조정과 동선 유도, 상징 교목이나 화단 등 원림에서 심심찮게 볼 수 있는 기법이나 구성 요소에 관련된 기록이 없다. 세 못의 면적은 128×113미터(경회루), 115×91미터(모화루), 한 변에 대략 20미터(광연루) 정도로 차이가 있다.[151] 그러나 광연루를 제외한 경회루와 모화루의 못은 관개·저수용으로 조성된 못이 아닌 관상용 못으로서는 국내에서 단연 독보적인 규모이다. 이러한 인공 못이 고밀도의 도성에서 오랜 시간 유지되었다는 점은 두 못을 도성의 대표 경관으로 자리매김하게 하였다.

셋째, 조망의 시야를 갖추었다. 단층 건물이 대부분이던 당시에 내사산과 성곽, 시가지를 도시의 요충지에 올라서서 넓고 멀리 볼 수 있는 시야는 실로 장관이었을 것이다. 여말선초의 뛰어난 문인인 변계량(卞季良, 1369~1430)이 1425년(세종 7)에 지은 시가에서 "경회루 광연루가 높고도 넓게 트였으니, 안개 기운 흩어지고 맑은 공기 들어오네, 하늘 밖으로 눈길을 둠에 강산 풍월 그 경관이 천태만상일세, 답답한 마음 활짝 펴지니 아, 올라서 구경하는 광경 그 어떠한가"[152]라고 노래한 것을 미사여구로만 치부할 수 없는 이유이다. 경회루와 광연루의 경우에는 특히 누각 위에 올라서 못에 비친 하늘을 볼 수 있었기 때문에 시야가 확장되는 효과가 더 강렬했을 것이다.

넷째, 감상과 이용에 공과 사가 구분되지 않았다. 관료의 입장에서 누각은 왕의 인정과 위로를 받는 자리이기도 하면서 은밀한 요구를 받거나 국가의 중대사에 관여하게 되는 어려운 장소이기도 했다. 왕의 입장에서 누각은 홀로 쉬거나 가족, 신하와 마음을 나누는 자리이기도 하면서 찾아왔던 사람들과의 기억과 펼쳐진 산수, 도시 경관으로 인해 정치 감각으로부터 떠날 수 없는 부담의 장소이기도 했다. 이러한 얽힘이 어려움으로 작용한 경우도 있었겠지만, 이 지점에서 수양과 경계, 수기와 치인을 통합했던 신유학적 사유를 다시 고려할 필요성이 제기된다.

다음으로는 세 누각 원림 중에서 실물 유적과 관련 기록이 잘 남아있는 경회루를 구체적으로 살펴봄으로써 이상의 특징들이 신유학적 원림 미학과 관계 맺는 양상을 해석해보고자 한다.

경회루의 원림 미학

하륜의 「경회루기」

태종이 지은 경회루의 목적과 형식, 감상과 인식 등 전모를 가장 종합적으로 담고 있는 문헌은 하륜(河崙, 1347~1416)이 쓴 「경회루기(慶會樓記)」이다. 태종은 하륜에게 일곱 개의 이름을 제시하고 그중 하나를 선택하게 했을 뿐 아니라[153] 직접 기문을 짓기를 명하였다.[154] 하륜이 지은 「경회루기」는 성종의 명으로 만들어진 우리나라의 역대 문학작품 선집인 『동문선(東文選)』에 포함되었으며, 고종연간 경복궁을 중건할 때의 기록인 『경복궁영건일기(景福宮營建日記)』에 수록될 정도로 오랜 기간 중요한 문헌으로 읽혔다.

하륜의 「경회루기」는 크게 세 부분으로 나누어 읽을 수 있다. 첫째는 경회루 공사의 전말[가], 둘째는 '경회'에 담긴 의미[나], 셋째는 경회루의 건축 형식과 경관 풀이[다]이다. 「경회루기」 전문을 나누어 살펴보며 원림 미학의 측면에서 중요한 부분들을 검토하겠다.[155]

가. 전하(태종) 즉위 13년 봄 2월에 뒷 대궐 서루(西樓)가 기울어지고 또 위태하므로, 경복궁(景福宮) 제거사(提擧司)에서 의정부에 보고하여 전하께 아뢰니, 전하께서는 놀래어 탄식하며 이르시기를, "우리 선고(先考)께서 창업하시고 처음으로 세우신 것인데, 이제 벌써 그렇게 되었단 말이냐." 하시고, 이내 공조 판서 박자청(朴子靑) 등에게 하명하시기를, <u>㉠-1 "농사 때가 가까웠으니, 아무쪼록 놀고 먹는 자들을 부려서 빨리 수리하도록 하라."</u> 하였다. 그래서 박자청 등은 지면(地面)을 헤아려서 살짝 서쪽으로 당기고, 그 터에 따라 약간 그 규모를 넓히어 새로 지었으며, 또 <u>㉠-2 그 땅이 습한 것을 염려하여 누(樓)를 에워서 못을 팠다.</u> 완성이 되자 전하께서 거동하여 올라 보시고 이르시기를, <u>㉠-3 "나는 이전 형태를 그대로 두고 수리만 하려는 것이었는데, 이전보다 과하지 않느냐."</u> 하시니, 박자청 등은 땅에 엎드려 아뢰기를, "신 등은 후일에 또 기울어지고 위태하게 될까 두려워서 이와 같이 하였사옵니다." 하였다. 이에 종친·훈신·원로들을 불러 들여 함께 즐기시며 누의 이름을 경회(慶會)라 하고 인하여 신 하륜(河崙)에게 명하여 기(記)를 지으라 하시기에 나는 글이 졸렬하지만 감히 사양을 못하였다.[156]

기문에 따르면 태종은 백성의 농사일에 피해가 가지 않는 시기에 과하지 않은 수준으로 공사를 명하였다[㉠-1, 3]. 이는 왕실의 공역을 백성의 고통이자 사치의 발현으로 연결 짓던 역사상의 전거들을 의식한 것이다. 경회루의 규모는 현재의 눈으로 볼 때에도 상당하지만, 새 도읍으로서 한양의 시가지가 이루어지고 있던 당시에는 더욱 대단해 보였을 것이다. ㉠-2는 땅의 습기를 바로잡기 위해 못을 팠다고 기록한 부분이다. 이는 '다'에서 다시 언급되며, 경회루 공사에 인공을 통해 자연을 보완하려는 의도가 개입해 있었음을 뜻한다.

나. 내가 일찍이 들으니, 공자께서 노나라 애공(哀公)의 물음에 대답하시기를, "정사를 잘하고 잘못하는 것은 사람을 잘 얻고 잘못 얻는 데 있다." 하셨다. 대개 인군(人君)의 정사는 사람을 얻는 것을 근본으로 삼는 것이니, 사람을 얻은 뒤에라야 '경회(慶會)'라 이를 수 있을 것이다. 삼가 생각건대, 우리 태조 강헌대왕께서 성신문무(聖神文武)의 덕으로써 온 나라를 편안하게 하시었고, 천자는 '조선'이란 국호를 내렸기에 드디어 화산(華山)의 남쪽에 도읍을 정하여 궁실을 세우고 대궐 이름을 근정(勤政)이라 하고, 또 그로써 문의 이름을 하였으니, 나라의 근본을 만들어 놓으신 바가 지극하다. 이제 우리 전하께서 능히 그 덕을 닮으시어 큰 업을 이어받으시고 ㉡-1 더욱 대국을 정성껏 섬기어, 천자는 고명(誥命)을 내렸으며, 정교(政敎)가 아름답고 국내가 편안하며, 지금 누 하나를 수리하는 데 있어서도, 오히려 농사 때가 가까워졌다는 것을 염려하시어 놀고 먹는 자들만 부리게 하여, 빠른 시일에 낙성을 보게 되었고 또 '경회'라 이름하였다. 대개 ㉡-2 정무의 여가에 도덕이 있고 정치의 대체를 아는 신하를 인견(引見)하는 것은 좋은 계획을 받아들이고 도의를 강론하여 정책을 마련하는 근원을 바르게 하려는 것이니, 이로써 더욱 전하께서 참으로 근정(勤政)의 근본을 알고 계심을 엿볼 수 있다.

나는 적이 한 번 논해 보건대, ㉡-3 '경회'라는 것은 군신 간에 서로 덕으로써 만나는 것을 의미한 것이니, 마치 주역(周易) 건괘(乾卦)의 구오(九五)가 그 대덕(大德)으로써 구이(九二)의 대덕을 보고, 지기(志氣)가 서로 맞아서 그 도를 행하는 것과 같이 하면, 모든 어진 이가 부류대로 나와서 국가가 창성하게 될 것이니, 이른바 구름이 용을 따르고 범이 바람을 따른다는 것이다. 만약 덕으로써 만나지 않으면 뭇 소인이 끼리끼리 나와서 국가가 혼란하게 되는 것이며, 간혹 덕 있는 이로서 나아온 자가 있더라도, 그 재주를 다 베풀지 못할 위치에 등용하고 또 뭇 소인들 틈에 끼어 놓으면 역시 암흑으로 돌아가고 말 것이다. ㉡-4 옛일을 상고하건대, 요·순·우·탕·고종·문왕·무왕 같은 이가 임금이 되고 고요(皐陶)·기(夔)·백익(伯益)·이윤(伊尹)·부열(傅說)·여상(呂尙)·주공(周公)·소공(召公) 같은 이가 보좌가 되면 참으로 경회라 이를 것이다. 이를테면 한고조(漢高祖)의 소하(蕭何)·조참(曹參)이나, 당태종(唐太宗)의 방현령(房玄齡)·위징(魏徵)이나 송태조(宋太祖)의 조보(趙普)도 경회라 할 수 있으나, 덕에 순일(純一)하지 못하였으니 어찌 능히 3대에 비견할 수 있겠는가. 한 나라 무제의 공손홍(公孫弘)이나 송나라 신종(神宗)의 왕안석(王安石)에 있어서도 역시 서로 잘 만났다고 할 수 있으나, 거짓을 꾸며서 이름을 얻었다는 기롱과 크게 간사한 것은 충성과 같다는 꾸지람을 오히려 면하지 못하였으니, 어찌 경회라 할 수 있겠는가. 또 현종(玄宗)의 송경(宋璟)·장구령(張九齡)이나 진종(眞宗)의 구준(寇準)같은 처지도 역시 서로 잘 만났다고 아니할 수 없으나, 대리한 자가 이임보(李林甫)요, 함께 일한 자가 왕흠약(王欽若)이었으니, 경(涇)·위(渭)의 구분과 훈(薰)·유(蕕)의 분별도 오히려 감히 바랄 수 없었거늘, 하물며 경회라 이를 수 있겠는가. 이로 보면 군신 간의 경회는 자고로 실상 얻어 보기 어려웠으니, 다행히 천년 만에 한 번이라도 만나게 된다면 그 즐거움이 과연 어떠하겠는가.[157]

사신 접객은 소국이 대국을 섬김으로써 하늘의 뜻을 정성스럽게 받드는 행위이며, 나아가 천자의 명을 받드는 것은 국내 정세를 안정시키는 것으로, 그 안정은 왕이 백성을 배려하는 것으로 연계해 서술되었다[ⓛ-1]. 중국 사신에 대한 언급은 비교적 짧고 나머지는 왕과 신하의 조화에 대한 서술이라 볼 수 있다. 경회루의 기능은 쉬는 것과 신하를 만나는 것으로 간단히 제시되며 모두 바른 정치를 위한 것으로 풀이된다[ⓛ-2]. 경회루의 기능에서 무엇보다 중요한 것은 이름에서 볼 수 있듯 후자인 신하와의 만남인데, 그 뜻과 기운[志氣]이 합치하여 도를 행하듯 이루어지면 절로 바른 정치가 행해진다고 서술된다[ⓛ-3]. 왕과 신하의 조화는 ⓛ-4 이하에서 서술되듯 요순부터 시작해 중국의 역대 왕조에서 찾아볼 수 있다. 이 서술은 경회루의 기획을 역사의 흐름 위에서 읽으려는 시도인 동시에 그 어려움과 소중함을 강조하려는 의도가 담긴 것으로 해석할 수 있다.

다. 우리 태조께서 이미 근정으로써 국가의 본을 삼아 다스리셨고 전하께서 또 경회로 근정의 본을 삼아 힘쓰시니, 창업의 아름다움과 계술(繼述)의 선한 점이 아, 성대하도다. 능히 3대의 경회를 따르고 3대의 정치를 이루어 그 모훈(謨訓)을 길이 세상에 끼치어 큰 복을 한없이 누리게 될 것을 알고도 남음이 있도다. 이를테면 ㉢-1 산악은 수려하고 원지(園池)는 유심(幽深)하여 빙설(氷雪)이 궤안(几案)에서 나는 듯하고 강호(江湖)가 난간에 접한 듯하며, 송백(松柏)이 무성하고 화초가 우거지고 풍연운월(風烟雲月)과 조모음청(朝暮陰晴)의 경물들이 관람(觀覽)하는 사이에 있는 것을 이루 다 형용할 수는 없지만, 그 ㉢-2 누의 재건[興復]은 나라를 다스리는 것과 같으니, 기울어진 것을 바르게 하고 위태한 것을 편안하게 하는 것은 선세의 업적을 보존하는 것이요, 터를 다지기를 튼튼히 하고 땅을 깊이 파서 습기를 뽑아낸 것은 큰 터를 견고하게 하는 것이다. ㉢-3 대들보와 주춧돌을 우람하게 하고자 하는 것은 무거운 짐을 지는 것은 빈약해서는 안 되기 때문이고, 공포[欂櫨]와 돌쩌귀[椳], 문설주[楔]를 갖춘 것은 작은 일을 맡은 자는 커서는 안 되기 때문이고, 난간[軒楹]을 탁 트이게 하는 것은 총명을 넓히려는 것이고, 계단[階梯]을 높이 쌓은 것은 등급을 엄하게 하려는 것이고, ㉢-4 내려보면 반드시 아슬아슬한 것은 경외하는 생각을 갖게 하려는 것이고, 사방이 빠짐 없이 다 보이게 한 것은 포용(包容)을 숭상한 것이고, ㉢-5 제비가 와서 하례하는 것은 서민이 기뻐하는 것이며, 파리가 붙지 않는 것은 간사한 소인이 제거된 것이다. ㉢-6 단청을 호화찬란하게 하지 않는 것은 제도 문물의 적당함을 얻기 위함이며, ㉢-7 유람의 즐거움을 때맞춰 하는 것은 문(文)·무(武)를 늦추고 조이는 적절한 방법이니, 진실로 오르내리는 때에 이 생각을 갖고 그것으로써 정사에 베푼다면, 누의 유익됨이 진실로 적지 않을 것이다. 감히 이 점을 들어 아울러 기록하는 바이다.[158]

'다'는 경회루의 원림 미학을 함축한 부분이다. 먼저, 경회루의 경관 요소는 산악(山岳), 원지(園池), 빙설(氷雪), 강호(江湖), 송백(松栢), 화훼(花卉)로 제시된다[㉢-1]. 여섯 가지의 경관 요소는 두 개씩 끊어 읽을 수 있다. 산악과 원지는 바라보이는 자연경관과 누각을 넓게 둘러싼 연못, 즉 입지와 배치를 가리킨다. 빙설과 강호는 각각 '궤안에서 나온다[生乎几案]'와 '난간에 접한다[接乎軒墀]'는 표현을 봤을 때 누각 위에 앉거나 섰을 때 느껴지는 계절감과 자연경관을 뜻한다. 송백과 화훼는 비교적 근경에 해당하는 원림 식재를 말한다.

"누의 재건이 나라를 다스리는 것과 같다" 이하[㉢-2]는 누각 조성의 원리와 정치의 원리를 나란히 두고 의미를 부여한 것이다. 습기를 통제하는 것은 터를 기반을 다지는 일로, 구조를 바로잡는 것은 업적을 보존하는 것에 비유된다. 마찬가지로 건축 부재인 대들보, 주춧돌, 공포, 돌쩌귀, 문설주, 난간, 계단, 단청은 책임의 막중함, 권한의 적정함, 총명함의 확장, 등급의 엄함, 제도의 적당함과 연결된다[ⓒ-3, 6].

좋은 정치의 덕목을 내재한 공간 구조는 몸가짐의 정돈과 경관 감상으로 이어진다. 경회루의 건축은 높고 조경은 트여 있다. 높아서 위태한 느낌은 경외의 덕목으로, 한쪽으로 치우치지 않고 트인 시각은 포용의 덕목으로 이어진다[ⓒ-4]. 풍경을 적당히 즐기면 실무 정치의 리듬을 조율하는데 유익하고, 누각을 오르내릴 때마다 이 생각을 떠올리면 실질적인 도움이 될 것이다[ⓒ-7]. 그렇게 된다면 제비가 오듯 서민이 기뻐하며, 파리가 오지 않듯 소인이 사라진다[ⓒ-5].

최충성의 「경회루기」

왕명으로 지어진 공식 문건인 하륜의 기문과 달리 관직에 오르지 않았던 인물이 개인적으로 작성했던 기문이 한 편 더 전한다. 성종연간 최충성(崔忠成, 1458~1491)이 지은 「경회루기」는 지리지나 선집에 실리지 않고 학계에서도 주목받지 못한 채 개인 문집으로만 전할 뿐이지만 작성 시기나 내용으로 볼 때 하륜의 글 못지않은 함의가 있다고 생각된다. 최충성은 전라도 광주 일대에서 활동했으며 기호 사림의 중요한 인물인 김굉필(金宏弼, 1454~1504)에게 배웠다. 그는 34세에 일찍 세상을 떠나 이름이 널리 알려지지 않았고 문집에 수록된 글도 많지 않지만 나름의 학문적 성과가 있었다고 평가된다.[159]

최충성이 「경회루기」를 쓴 구체적 사연은 알기 어렵다. 어릴 적에 한양에 유학한 적이 있고 20대에 삼각산을 유람하는 등 한양에 다녀온 적이 있음은 분명하다.[160] 그러나 관직이 없는 그가 경회루에 직접 방문했을 뿐 아니라 기문 내용처럼 왕명으로 기문을 썼을 가능성은 낮다. 성종연간에 경회루의 수리를 기념하여 지은 글이라는 견해가 있는데,[161] 내용에 수리의 구체적 과정이나 당시 화제가 되었던 장주초의 용조각에 대한 언급은 없다. 따라서 1475년(성종 6)의 수리는 당시 18세였던 최충성에게 글을 쓰게 하는 동인 정도로 작용했다고 이해된다.

최충성의 「경회루기」 역시 크게 세 부분으로 나눌 수 있다. 첫째는 백성이 주도한 경회루 공역 추진[가], 둘째는 '경회'의 의미와 관리의 직무[나], 셋째는 경회루의 경관과 의미[다]로 요약할 수 있다. 이제 최충성의 「경회루기」 전문을 나누어 살펴보며 원림 미학의 측면에서 중요한 부분들을 검토하겠다.[162]

가. 모년 모월 모일에 성주(聖主)께서 위에 임어(臨御)해 계시고 어진 신하들이 조정에 늘어서 있으니, 호랑이가 울부짖자 바람이 불고 용이 일어나자 구름이 일어나는 형상이었다. 조정에는 간사한 사람이 없고 선비에게는 부역의 고달픔이 없으니, ㉠-1 신하들과 백성들이 서로 현명한 군주와 어진 신하가 만난 때의 즐거움을 경하하였으나, 성상의 은덕에 보답하지 못함을 한스러워하였다. 이에 모두 조정에 나아와서 높은 누관(樓觀)을 지어 우리 왕께서 뭇 신하를 모아 정사를 베푸는 곳으로 삼기를 원하였다. 왕께서는 "짓지 말라. 진(秦)나라 시황(始皇)은 아방궁(阿房宮)을 짓는 부역을 지나치게 하다 망하였고, 한(漢)나라 문제(文帝)는 노대(露臺)를 짓는 비용을 아껴 흥하였다. 띠풀로 만든 집에서도 교화를 일으킬 수 있으며 낮은 궁궐이라도 정사를 펴기에는 충분하다. 어찌 굳이 백성을 수고롭게 하면서까지 누관을 짓는단 말인가."라고 하셨다. ㉠-2 여러 신하와 백성들이 찬탄하며 말하기를 "주(周)나라 문왕(文王)이 교화를 일으키자 백성들이 그의 덕에 감복하여 70리 되는 동산도 오히려 작다고 여겼고, 영대(靈臺)를 짓는 부역도 수고롭다고 여기지 않았습니다. 하물며 우리 성상께서는 덕이 문왕과 짝하시는데, 도리어 우리 소민(小民)들이 어찌 누관 하나 짓는 것을 수고롭다고 여기겠습니까."라고 하였다. 이에 공사(工師)는 나무를 구하고 장석(匠石)은 재목을 모으니, 왕께서는 "짓지 말라."라고 하셨으나, 백성들이 자식처럼 달려와서 경영하고, 왕께서 "서두르지 말라."라고 하셨으나, 백성들이 와서 일하는지라 하루도 못 되어 완공되었다. 왕도 백성의 뜻을 거스를 수가 없어서 누관이 완성되자, 신민(臣民)들을 모아 연회를 베풀면서 낙성식을 하고는 마침내 신(臣) 아무개에게 기문을 지으라고 명하셨다. 기문은 다음과 같다.[163]

하륜의 기문과 달리 이 글에서는 백성의 비중이 매우 크다. '군신백성(群臣百姓)'이라 해서 신하와 백성[164]이 함께 서술되는 경우도 있지만, 기문의 많은 부분에서 민(民)이라는 단어가 독립 주체로 자주 등장한다. 기문에 따르면 신하와 백성은 왕의 은덕에 보답하기 위해 자발적으로 누각을 짓기를 원했으며[㉠-1] 이를 경전에 등장하는 주나라 문왕의 대규모 원림인 70리 동산과 영대(靈臺)에 빗대었다[㉠-2]. 왕은 수동적 입장에서 이를 거절하거나 서두르지 말라고 타이를 뿐이다. 시 영대는 『시경』 「대아(大雅)」편에 수록되어 있으며 1423년(세종 5)에 중국 사신이 경회루에 올라 감탄하며 해당 구절을 언급한 적이 있다.[165] 이 시는 태평성대를 이루면 백성이 자발적으로 대규모 공역에 나서며, 그럴 경우 공역이 빠르고 자연스럽게 행해진다는 의미를 담고 있다. 영대의 전거를 경유할 때 경회루의 규모는 사치와 강압이 아니라 태평성대의 실현으로 해석되는 것이다.

나. 신 아무개는 삼가 살펴보니, ㉡-1 남산(南山)이 우뚝 서 있고 북악(北岳)이 높이 솟은 것은 누관의 앞쪽과 뒤쪽의 광경이요, 온갖 화초가 꽃을 피우고 수많은 나무가 울창한 것은 누관의 왼쪽과 오른쪽 풍경입니다. 누관 아래에는 연못물이 찰랑찰랑하고, 누관 위에는 여러 신하가 경사스럽게 모여 있습니다. 여러 신하가 경사스럽게 모여서 그 사실로 누관을 명명하니, 이는 또한 백성의 요청을 따른 것입니다. 아, 위에서 옷을 늘어뜨리고 팔짱을 끼고 있으니 이미 요순(堯舜) 같은 군주가 계시고, 아래에서 교화를 받드니 어찌 이윤(伊尹)과 주공(周公) 같은 신하가 없겠습니까. 이곳에서 경사스럽게 모임에 도를 논하고 나라를 경륜하며 음양(陰陽)을 조화시켜 다스리는 자는 삼공(三公)이고, 삼공을 도와 천지의 조화를 넓히고 천지를 공경하여 밝히는 자는 육경(六卿)입니다. 어진 이가 초야에 있거든 내가 장차 그를 등용해야겠다고 하고 부역을 가볍게 하고 세금을 적게 거두는 것을 내가 장차 시행해야겠다고 하며, 오품(五品)이 순하지 않은 것은 나의 죄요 삼군(三軍)이 정돈되지 않는 것은 나의 책임이라고 하며, 간특한 사람을 어떻게 벌줄까를 생각하고 백공(百工)을 어떻게 하면 잘 다스릴까를 생각하는 것은 여러 관리의 직무입니다.

온유하고 공경하는 사람은 예문관(藝文館)의 선비이고 씩씩하고 늠름한 장수는 우림위(羽林衛)의 장수이며, 군주의 노여움을 사는 이로는 사헌부의 관리가 있고 군주의 명령을 출납하는 이로는 승정원의 사관이 있습니다. 위의(威儀)와 절도(節度)가 있고 조심하고 두려워하여 읍양(揖讓)하면서도 반대 의견을 개진하고, 기쁘고 즐거우면서도 신하가 기둥을 치는 혼란스러운 일도 없습니다. 그리하여 순 임금의 갱재가(賡載歌)를 여기에서 노래하고 주나라의 〈녹명(鹿鳴)〉을 여기에서 읊을 것입니다. 또한 ㉡-2 왕께서 혹 여기에서 유람하며 즐기시면 우리 백성들이 모두 말하기를 "우리 왕께서 유람하지 않으시면 우리가 어떻게 쉴까."라고 하고, 여기에서 음악을 연주하시면 우리 백성들이 모두 말하기를 "우리 왕께서는 행여 질병이 없으신가? 어떻게 음악을 연주하시는가?"라고 할 것이니, 이는 연주하고 춤추면서 백성들과 함께 즐거워하기 때문입니다. 군주는 군주 노릇을 제대로 하고 신하는 신하의 직분을 잘 수행하니, 경사스럽게 모이는 즐거움이 또한 즐겁지 않겠습니까. 비록 그렇지만 어찌 그 즐거움을 즐거워할 뿐이겠습니까.[166]

기문의 본격적 내용은 누각의 경관 묘사로 시작된다. 누각의 앞뒤에는 남산과 북악산이, 양옆에는 화초와 나무가 보인다. 아래에는 연못물이 있고 위에는 신하들이 모여 있다[ⓛ-1]. 신하에 대한 서술은 관리의 직무에 대한 내용으로 이어진다. 누각 위 신하가 참여하는 정치가 제대로 이루어질 때, 백성들은 왕의 유람과 음악 연주를 정당하고 건강하며 더불어 즐겁게 여기게 된다[ⓛ-2].

다. ⓒ-1 우뚝하게 높이 솟은 남산이 멀리 바라다보이니, 태항산(太行山)의 험한 길이 수레를 부수는 것을 경계하여 태산(太山)처럼 편안한 곳에 백성들을 살게 할 것을 생각할 수가 있고, 찰랑찰랑 넘실대는 못물이 굽어보이니, 무협(巫峽)의 물이 배를 엎는 것을 두려워하여 민수(民水)를 안정되게 해 줄 것을 생각할 수가 있습니다. 온갖 화초가 섬돌 위에서 꽃을 피우거든 화석(花石)의 언덕에 이를까 두려우니 이에 경계하고, 못에 물고기가 가득 뛰어놀거든 물고기와 물이 서로 만남을 상상할 수 있으니, '경회(慶會)'라는 이름이 진실로 구차하지 않을 것입니다. ⓒ-2 어질면 산을 좋아하고 지혜로우면 물을 좋아하는 법이라 감회를 일으키는 바가 한 가지뿐만이 아니겠지만, 또한 모두 백성에 관한 일이요, 백성 또한 성상의 즐거움을 경하하면서 스스로도 또한 성상의 즐거움을 즐거워합니다. 그러하니, ⓒ-3 어찌 꽃이나 감상하고 물고기나 낚으면서 백성을 잊을 수 있겠습니까. 반드시 말하기를 "만백성이 걱정하기에 앞서 걱정하고, 만백성이 즐거워한 뒤에 즐거워하는 것이다."라고 할 것입니다. 아, 이 누관이 지어지지 않았다면 우리 백성들이 누구를 의지하겠습니까. 신 아무개는 기문을 씁니다.[167]

기문의 핵심 내용이 포함된 결말 부분인 '다'는 경회루의 경관 감상이 말초적 쾌락에 그치지 않고 도덕과 정치의 측면에서 유의미한 기능을 한다는 해석을 그 필요성과 함께 역설한다. 남산과 연못, 화초와 물고기는 태항산, 태산, 무협 등 동아시아의 문화 전통에서 유명한 고사 속 공간들과 연결됨으로써 불안한 현실을 경계하고 안정된 이상향을 추구하는 상징으로 해석된다[㉢-1]. 여기서 자연경관의 상징화는 유가 미학에서 중요한 위치를 차지하는 비덕(比德)설의 진앙이라 할 수 있는 공자의 요산요수(樂山樂水) 언급으로 이어진다. 이를 통해 경회루의 경관 해석을 보편 도덕의 차원으로 확장하는 동시에 "감회를 일으키는 바가 한 가지뿐만이 아니겠지만 또한 모두 백성에 관한 일"이라며 그 아래 종속시킨다[㉢-2]. 나아가 경관을 누리다 백성을 잊지 않도록 경계하며, 백성이 즐거울 때만 즐거워해야 한다는 의견을 제시한다. 그렇게 된다면 백성은 누각을 '의지할 수 있는 국가의 상징'으로 본다는 것이다[㉢-3].

두 기문에 드러나는 경회루 경관의 미적 원리

하륜의 「경회루기」와 최충성의 「경회루기」는 신유학이 반영된 미적 감상의 원리를 유사하게 보여주는 한편, 지배계층과 피지배계층이라는 시점의 차이가 발생시키는 감상의 간극을 명확하게 드러낸다.

두 기문에서 제시된 경회루의 경관 감상은 감각보다는 생각의 힘으로, 특히 비유를 통한 도덕의 추구로 이끌어진다는 점에서 같다. 하륜에게 경회루의 터를 견고하게 하고 건축 구조를 장대하게 세우는 일은 국가의 제도적 기반을 이루는 일과 같았으며 누각의 높이와 트인 시야는 경외와 포용을 뜻했다. 최충성에게 경회루에서 바라보이는 산수와 경물은 이상향과 반면교사의 상징과 다름없었으며 왕의 모든 감상이 백성에 대한 생각을 동반할 것을 주문하였다. 감상이 도덕적 사유에 종속되어 있었던 것은 원림의 감상 못지않게 조성에도 큰 영향을 미쳤을 것이다. 예컨대 조선 제일의 폭군인 연산군의 실록인 『연산군일기』에서 경회루 관련 기록은 화려하고 장식적인 실천으로 점철되어 있다. 제대로 된 왕이라면 두 편의 「경회루기」에 등장하는 왕처럼 성대한 원림을 만드는 데 머뭇거리고 때로는 거절했어야 하는 것이다. 문이재도(文以載道)의 예술론이 주를 이루었던 신유학 국가 조선의 원림은 '어떻게 만드는가'보다 '무엇을 생각하는가'에 더 초점을 맞추었던 것을 두 편의 경회루 기문에서 가늠할 수 있다.

두 기문에서 두드러지는 차이는 백성의 위상이다. 하륜의 기문에서 백성은 "농사 때가 가까웠으니 아무쪼록 놀고 먹는 자들"로서 동원의 대상으로 한 번, 하례하는 제비처럼 기뻐하는 것으로 한 번 등장한다. 반면 최충성의 기문에서 백성은 임금의 반대를 무릅쓰고 공역을 완수하는 적극적이고 자발적인 주체로 등장한다. 또한 백성은 왕의 유람과 연주를 지켜보며 감사하고 걱정하고 즐거워하며, 왕은 원림을 통해 백성을 늘 생각해야 한다고 강조한다. 하륜의 기문에서 백성은 노동력이자 감상의 한 대상으로 인식되었지만 최충성의 기문에서 백성은 원림의 조성 주체이자 존재 이유였던 것이다. 원림은 없어선 안 될 필수 시설이 아니다. 그렇기 때문에 더 적극적인 해석의 대상이 된다. 조선시대 관영 원림의 실천과 해석은 언제나 지배계층과 피지배계층의 입장 차이를 수반하였다. 그리고 그 차이에 대한 지배계층의 인식이 원림의 구체적 조성 방식과 감상법에도 영향을 미쳤을 것이다.

산수가 일으키는 감회에 관한 최충성의 생각과 마찬가지로, 관영 원림의 조성과 감상법은 한 가지뿐 만이 아니겠지만 어느 것도 도덕과 정치의 자장에서 벗어날 수 없었다. 그렇기 때문에 특정한 감상의 갈래를 제시해 퍼뜨리는 기문이나 시문과 같은 글은 조선시대 조경에서 차지하는 비중이 남다르다. 하륜의 「경회루기」가 가졌던 위상이 남달랐던 것은 사실이나 최충성의 「경회루기」를 읽었던 사람이라면, 공감의 수준은 천차만별이더라도, 관영 원림의 이해에 있어 배제되기 쉬운 백성의 시선을 더이상 무시할 수 없었을 것이다.

육조거리 중앙관아의 후원

육조거리의 형성과 중앙관아의 후원 조성

조선 초기 육조거리의 형성

육조거리는 경복궁의 창건과 더불어 모습을 갖추었다. 새로운 수도 한양에 지은 종묘와 궁궐의 건축 구성을 설명하는 1395년(태조 4) 『태조실록』 기사는 종묘, 경복궁 침전, 편전, 정전에 이어 궐내 부속 건물과 네 궁성문을 서술한 후 "문 남쪽 좌우에는 의정부(議政府), 삼군부(三軍府), 육조(六曹), 사헌부(司憲府) 등의 각사(各司) 공청이 벌여 있었다."[168]로 끝맺는다. 말하자면 이 기사에 드러나는 경복궁의 건축 기획은 고대의 예법서인 『주례(周禮)』「고공기(考工記)」에 기록된 삼문삼조(三門三朝)의 제도를 준수하는 전각 배치에 그치지 않고, 정문 밖에 좌우로 늘어서 왕실을 보위하고 조정을 선도하는 관청가의 배치를 포함하는 것이다.

위 기사에 나열된 관청의 순서로 보면 동쪽에는 문반의 최고 관청인 의정부가, 서쪽에는 무반의 최고 관청인 삼군부가 선두에 배치되었으며 다음으로 육조와 사헌부 등의 최상급 관아가 연달아 배치되었음을 알 수 있다. 법궁의 정문인 광화문을 중심으로 좌우에 문무 관청이 들어서서 광장과 같은 너른 공간을 사이에 두고 마주보는 배치는 왕실과 재상, 이하 관원들 사이에 일상적 협력과 팽팽한 정쟁이 이루어지던 조선시대 조정의 구조를 그대로 드러낸다.

법전에 기록된 대로(大路)의 규격을 3배 이상 뛰어넘는[169] 육조거리의 형태와 관청가로서의 정체성은 조선시대 내내 유지된 것으로 보인다. 다만 왕실과 재상, 이하 관원의 관계가 시기에 따라 달랐듯 궁궐의 활용 상황이나 관청의 배치에는 변화가 있었다. 예컨대 태종은 경복궁이 건재함에도 불구하고 창덕궁을 새로 짓고 거처하였다. 또한 왕권 강화와 국정 운영의 효율을 목적으로 체제를 개편하며 육조를 정3품에서 정2품아문으로 승격시키고 의정부의 기능을 약화시켰으며,[170] 당시 120여 개였던 중앙관아 중에서 장관의 품계가 정3품 당상관 이하인 100여 개를 육조 아래에 종속시켰다.[171] 태종이 이러한 개편을 시행했던 1405년 1월은 개성에서 한양으로의 재천도를 준비하기 시작한 1404년 9월과 재천도를 실행한 1405년 10월 사이에 해당한다. 태종은 어렵게 잡은 왕권을 굳게 장악하기 위한 포석으로써, 비어 있던 관청가에 변화된 체제를 담아내는 정치적·공간적 시도를 기획했던 것으로 생각된다.

그림 1-11. 〈비변사계회도(備邊司契會圖)〉에 그려진 16세기 육조거리의 모습 (서울역사박물관 소장)

중앙관아의 후원 조성

조선시대 전반에 걸쳐 일상과 격동의 정치 공간이었던 육조거리의 각 중앙관아에는 연못을 중심으로 후원이 조성되어 있었다. 연못 또는 후원이 조성된 연원에 대해서는 명확한 기록을 찾기 어렵지만 참고할 만한 조선 전기의 기록이 몇 가지 있다. 다음은 가장 이른 시기의 기록 중 하나인 이극감(李克堪, 1427~1465)의 시 「의정부연정(議政府蓮亭)」 전문이다.

못에 가득한 연잎은 납작납작 덮였는데	滿池荷葉正田田
붉은 분 세 줄이 대모(玳瑁)의 자리일세	紅粉三行玳瑁筵
우습구나, 의정부[中書]의 오랜 광객(狂客)이여	堪笑中書舊狂客
정취는 그대로인데 머리는 이미 세었구나	風情不減已華顚[172]

이극감은 어린 나이에 과거에 급제하여 세종, 문종연간에 집현전에 발탁되고 사가독서(賜暇讀書)를 지낸 문신이다. 그는 1455년(세조 1) 세조가 즉위하자 정5품 의정부 검상(檢詳)이 되었다. 시의 3·4행에서 이극감이 의정부에 돌아온 감상을 드러낸 것으로 볼 때, 이 시는 검상으로 근무했던 1455년부터 몰년인 1465년(세조 11) 사이에 쓰였다고 볼 수 있다. 시의 제목에 등장하는 연(蓮), 정(亭)과 첫 행에 등장하는 지(池)는 의정부 후원의 구성 요소를 대략 드러낸다. 이극감은 의정부 연정에서 바라본 풍경을 묘사하며 여전한 아름다움과 세월의 흐름을 함께 떠올린다.

의정부 외에 다른 관아들에 있었던 연못의 전모를 다룬 서술은 성현(成俔, 1439~1504)이 쓴 잡록(雜錄)류 서적인 『용재총화(慵齋叢話)』에 등장한다.

㉠ 경복궁 서쪽 가에 수맥(水脈)이 많은데, 경회루의 연못 물은 비록 옛날 중국의 곤명지(昆明池)·태액지(太液池)라도 이보다 좋지 못할 것이다. 서문 밖에 샘이 있어 넘쳐 흐르니, 얼음과 같이 맑고 차가워 사람들이 모두 쪽[藍]을 물들이기 때문에 쪽샘[藍井]이라 불렀다. 예조의 우물도 또한 맑고 깨끗하고 마르지 않아 흘러서 큰 못을 이루니 비록 몹시 가물어도 한결같았다. ㉡ 못 남쪽에 조그마한 땅이 중추부로 뻗어서, 수초가 우거지고 더럽더니 금상(今上) 기미(己未)년에 중추부에서 아뢰기를, "개 이빨처럼 우리 관아에 들어오니, 마땅히 분할하여 우리 못으로 해야겠습니다." 하니, 예조가 이르기를,

"외국 사람을 대접하는 곳을 좁게 해서는 안 된다."하여 서로 다투었다. 임금이 승지와 내관 등에게 물어서 쪼개어 나누어주니, ㉢ 중추부에서 그 땅을 파서 서지(西池)를 만들고, 대청을 개축하고 대청에 연이어 서헌(西軒)을 만들고, 돌기둥을 물속에 세우니 아로새겨지는 그림자가 물결 위에 떨어지고, 서쪽은 산봉우리가 높고 집들이 좋고 나무가 빽빽하여 풍경이 서울에서 제일이었다. ㉣ 그 밑에 있는 사헌부와 옛 병조·형조·공조·장예원에도 모두 못이 있어 연꽃을 심었고, 동쪽의 의정부, 이조, 한성부, 호조에는 비록 못이 있으나 서쪽 못보다는 훌륭하지 못하였다.[173]

㉠ 이하는 육조거리 서쪽 중앙관아의 연못 물이 경회루 연못 물과 같은 수원(水原)으로 이루어졌음을 암시한다. 수맥이 많고 우물도 마르지 않았던 상황은 습기가 많은 대지를 정비하기 위해 누각 주변에 물을 둘렀다는 하륜의 「경회루기」를 떠오르게 한다.

㉡ 이하에 등장하는 '금상(今上) 기미년(己未年)'은 성현의 생몰년을 고려하면 1499년(연산군 5)이다. 이때 육조거리 서쪽 선두에 지어졌던 삼군부의 청사를 전용하던 예조와 그 남쪽에 접한 중추부 사이에 연못의 소유권에 대한 논쟁이 있었다. 예조 관아의 못이 중추부 관아의 대지를 침범하였는데, 중추부 관원은 침범한 만큼을 나누어 중추부의 못으로 삼고자 한 반면 예조의 관원은 나누지 말자고 주장했던 것이다. 결국 예조의 못은 중추부의 주장대로 둘로 나뉘었다.

흥미롭게도 후원의 배치를 다루며 본격적으로 살펴볼 근대 도면인 「광화문외제관아실측평면도」에서 육조거리 서쪽 첫 번째 관아와 두 번째 관아의 못은 행각을 경계로 둘로 나뉜듯한 모습이다[그림 1-12]. 즉, 예조와 중추부의 못을 나누었다는 『용재총화』의 기록은 「광화문외제관아실측평면도」에 기록된 못의 형태에 그대로 반영되어 있다. 두 사료 사이에는 약 400년의 시차가 있고 그간 전쟁과 고종연간의 대대적 보수 등 변화가 있었다. 그럼에도 불구하고 두 사료 간에 나타나는 이러한 연관성은 근대 도면상의 청사 배치가 조선 전기의 배치를 어느 정도 반영하고 있음을 알려준다.

㉢ 이하는 중추부 후원의 공사 내용과 경관을 전한다. 당시에 못을 정비하고 대청 뒤편에 장주초를 못에 세워 누마루를 증축했음을 알 수

있다. 후원의 풍경으로는 못에 비친 누의 그림자와 인왕산의 자연 경관이 꼽혔다. ㉣ 이하는 육조거리 서편에서 중추부 남쪽으로 연달아 입지한 관청들, 즉 사헌부, 옛 병조, 형조, 공조, 장예원에도 모두 못이 있어 연꽃을 심었다고 전한다. 대로 건너편인 육조거리 동편의 관아인 의정부, 이조, 한성부, 호조에도 모두 못이 있었는데 서쪽보다는 물이 풍부하지 못했다.

이상으로 살펴본 두 기록을 통해 알 수 있는 바를 정리하면 다음과 같다.

첫째, 육조거리 중앙관아 후원의 못은 경회루와 마찬가지로 지하수와 관계가 깊다. 지하수량은 육조거리 서쪽이 동쪽보다 많았고 각 관아별로 산재해 있던 못과 우물의 상태가 그러한 조건을 반영했던 것으로 보인다. 주목할 내용은『용재총화』에서 예조, 즉 의정부와 쌍을 이루던 국초 삼군부 후원의 못 경계가 15세기 말에 확정되었던 부분이다. 못을 중추부와 둘로 나눈 후 추가적인 정비 공사가 있었던 점으로 볼 때, 후원의 못은 관아의 건설과 함께 계획되었다기보다 입지 조건에 맞추어 점진적으로 자리 잡았을 가능성이 엿보인다.

둘째, 1499년(연산군 5) 이전에 모든 육조거리 중앙관아 후원에 못이 갖추어졌으며, 의정부의 경우 1455년(세조 1) 이전에 못과 누정이 조성되어 있었다. 도면 등 자료를 통해서 보다 상세히 살펴보겠지만 의정부와 삼군부의 청사 규모와 형식, 후원의 구성은 육조거리변의 다른 중앙관아보다 격이 높았다. 따라서 등급이 높은 의정부와 삼군부의 못이 다른 중앙관아보다 늦게 조성되었을 가능성은 낮다고 판단된다.

정리하면, 육조거리 중앙관아 후원의 못은 지하수가 풍부했던 서쪽 관아들에 경회루와 유사하게 못을 조성해야할 환경적 필요성이 제기된 상황에서, 방화수 구비와 휴식 공간 마련과 같은 기능적 수요가 맞물려 의정부와 삼군부를 필두로 산발적으로 못이 조성되었다가, 결과적으로 동쪽 관아를 포함한 모든 중앙관아가 유사한 후원 배치를 갖추었을 것으로 추정된다.

중앙관아 후원의 배치와 경관

중심건물 뒤편의 연못

1908년경 육조거리 중앙관아의 실측 도면인 「광화문외제관아실측평면도(光化門外諸官衙實測平面圖)」는 조선시대 중앙관아 후원의 배치가 기록된 중요 자료이다. 이 도면에 기록된 10개 관아의 부지 내부에는 장방형으로 구획된 실선 안에 '池'라고 쓰인 못이 하나씩 있다. 사헌부를 제외하면 못의 위치는 모두 최고위 관원의 근무처인 당상대청 뒤편이다[그림 1-12].

법전이나 관서지 등의 관찬 사료에 못에 관한 기록은 없거나 소략할 뿐이다. 상세한 기록의 대상으로 인식되지는 않았지만 각 중앙관아에서 못들의 배치는 대문과 중문, 당상대청과 낭청대청 등의 주요 공간 못지않게 일관된 패턴을 나타낸다. 영역 내에서 가장 지위가 높고 규모가 큰 건물의 바로 뒤편에 못을 두는 배치는 관청뿐 아니라 궁궐이나 주택에서도 드문 형식이다. 이러한 배치는 인구밀도가 높은 수도 한양의 중심지에 위치했으며, 지방관아와 달리 장관의 숙식 공간을 내부에 갖추고 있지 않았던 중앙관아의 입지 특성이 반영된 것으로 이해된다. 좁은 면적에도 불구하고 공통적으로 못을 갖추었던 까닭은 미적 감상을 동반하는 휴식 공간의 필요성과 수맥의 처리, 방화수의 마련 등 기능적 수요 때문일 것으로 추정된다.

「광화문외제관아실측평면도」는 육조거리변 중앙관아를 이루었던 건물과 못의 해체 전 상황이 기록된 실측 도면으로서 중앙관아 후원의 배치를 실증적으로 파악 가능한 희귀 자료라 할 수 있다. 이를 토대로 못의 배치를 분석하면 다음과 같다. 10개 못의 평균 면적은 약 226㎡이다. 서쪽 첫머리에 위치한 삼군부(구 예조)의 못이 약 534㎡로 가장 넓고 동쪽 첫머리에 위치한 의정부의 못이 약 344㎡로 다음이며, 사헌부의 못이 약 75㎡로 가장 좁다. 육조거리 양변의 선두에 자리했던 1품 관아인 삼군부와 의정부의 못이 가장 큰 것으로 볼 때, 못의 규모와 관청의 위상 사이에 유의미한 관계가 있었다고 추정할 수 있다.

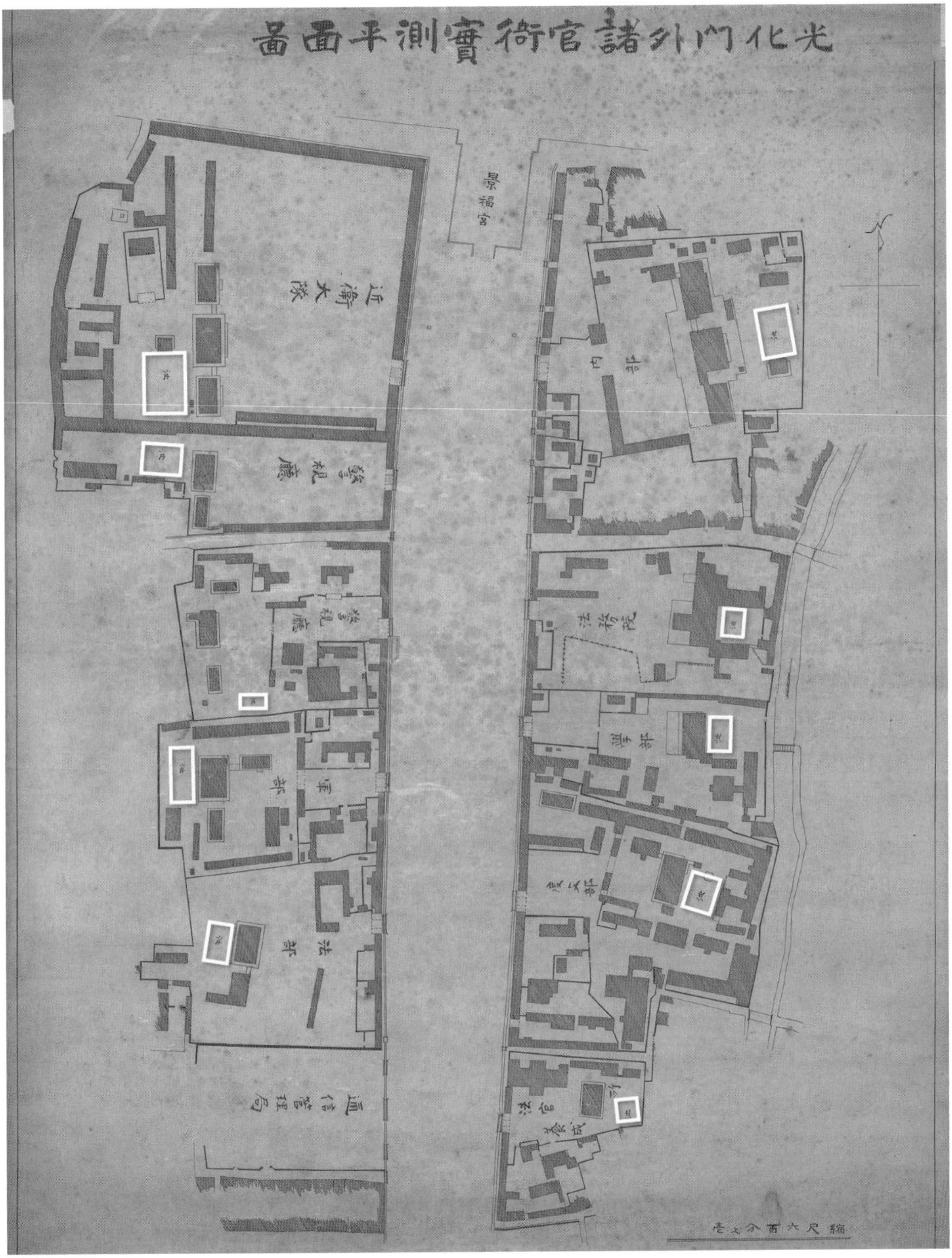

그림 1-12. 「광화문외제관아실측평면도」에 기록된 육조거리 중앙관아의 못[池]. 필자가 못 부분에 흰색 사각형 표시. (국가기록원 소장)

못의 평면 비례는 남북방향 너비가 동서방향 너비보다 긴 양상을 띤다.[174] 육조거리변 관아의 당상대청은 대로를 바라보도록 동향 또는 서향으로 배치되었으므로 못의 평면 형태는 못과 인접한 당상대청의 도리방향을 따라 긴 장방형의 형태로 배치되었다고 이해할 수 있다.

못과 당상대청 사이의 평균 거리는 약 7.5m이다. 간격이 약 16m인 의정부와 약 25.7m인 사헌부를 예외로 하면,[175] 나머지 8개 관아에서의 평균 거리는 약 4.1m이다. 기단과 마루의 높이를 고려했을 때 평면상으로 4.1m 가량 떨어져 있었다는 것은 당상대청에 서거나 앉았을 때 못을 직접 내려다볼 수 있을 만큼 건물과 못이 충분히 가깝게 놓여 있었음을 뜻한다. 「광화문외제관아실측평면도」에 기록된 10개의 중앙관아 후원의 못 중에서 의정부 후원의 경우 2019년 마무리된 발굴조사를 통해 실물이 확인되었다[그림 1-13].

중심건물 뒤편 가까이에, 마주하는 건물 너비에 상응하는 폭을 갖춘

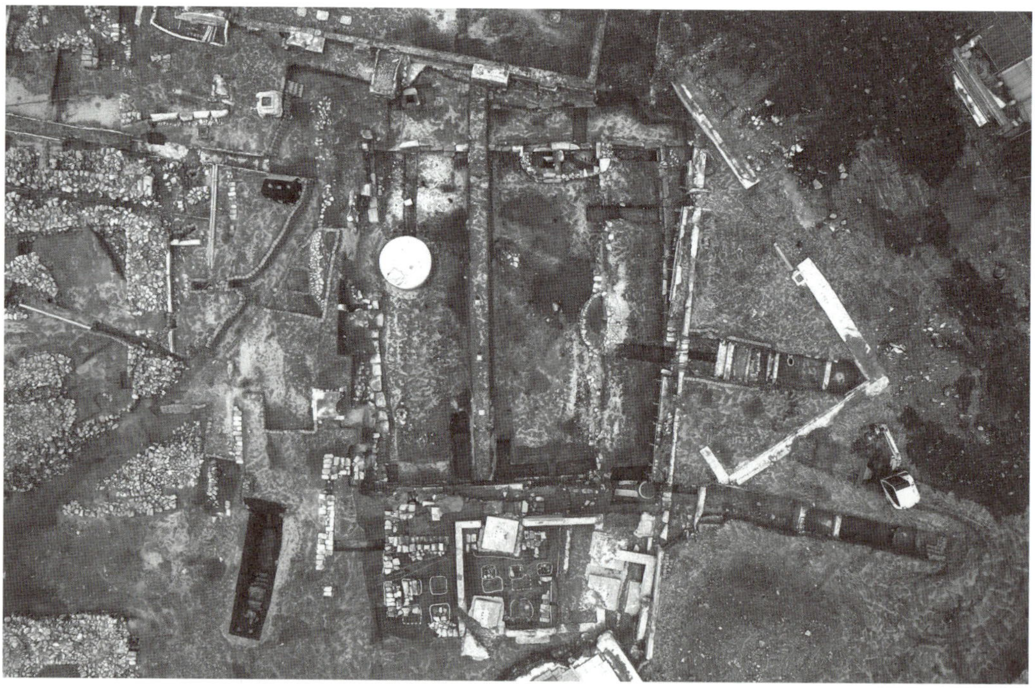

그림 1-13. 의정부 터에서 발굴된 연못을 위에서 촬영한 모습 (서울역사박물관, 『서울 의정부지 발굴조사 보고서』, 2020)

못이 육조거리변의 관아마다 유사한 배치로 자리했던 현상은 무엇을 뜻할까. 이를 이해하기 위해 지방관아의 대표격인 감영을 비교 대상으로 잠시 끌어와 보자. 종2품 관찰사가 관아를 비롯해 해당 읍치, 나아가 도의 통치권자였던 감영의 경우 조경 공간의 수요를 충족하는 곳이 다양했다. 읍치 내외의 경승지를 전유할 수도 있었으며, 감영 내부에 별도의 공간을 두어 비교적 넓은 영역을 조경 공간으로 쓰기도 했다. 가령 평안감영의 경우 평양성 내에 연광정이나 부벽루, 애련당 등이 있어 관찰사 환영연과 같은 행사에 활용하였다. 감영 본청의 중심건물인 선화당 뒤편에 넓은 대지를 갖춘 후원을 조성한 경우도 평안감영, 함경감영, 강원감영 등 다수였다.

감영과 관찰사가 지방 읍치에서 가졌던 압도적 위상에 비교해 볼 때, 육조거리변 관청과 그 책임자가 수도 한양에서 차지했던 위상은 상대적으로 높지 않았다. 한양에는 종친을 비롯한 왕실 인물이 많이 살고 있었으며 그들의 기념 공간이 즐비했다. 더군다나 육조거리에는 2품 이상의 관아가 10개 이상 자리했다. 또한 개국 초부터 위치가 정해져 있고 주변 도시조직의 밀도가 높아 대지 경계를 바꾸기가 쉽지 않았다. 요컨대 육조거리 중앙관아의 조경 공간은 경계 밖 시설을 전용하기도, 내부에 충분한 영역을 확보하기도 어려웠다.

장관이 근무하는 중심건물 바로 뒤편에 장방형의 못을 조성한 육조거리변 중앙관아 후원의 배치는 수도 한양의 '높은 밀도'라는 제한적 상황으로 요약되는 이상의 맥락으로 해석 가능하다. 조선후기에 쓰인 관서지류 문헌을 보면 육조거리변 관아의 당상대청은 사방 또는 전후에 퇴를 갖추었고, 가운데는 청(廳), 곁에는 방(房)을 갖추었다.[176] 현존하는 지방관아의 동헌들을 떠올려볼 때 대청은 전체든 일부든 간에 뒤가 트여 있어 못을 향해 열린 입면을 갖추었으리라 생각되고, 방의 경우 창과 머름을 갖추어 외부 경관과 교감하기 좋은 구성을 이루었으리라 생각된다. 관서지에 기록된 당상대청의 건축 구성과 「광화문외제관아실측평면도」에 기록된 당상대청-못의 배치 관계를 종합해볼 때 당상대청 후면의 퇴칸과 좌우 방의 입면은 못의 활용과 긴밀한 관계를 맺고 있었을 것으로 판단된다.

육조거리변 중앙관아가 놓인 입지의 정치적·건축적 밀도가 지방관아보다 높았으며, 이로 인해 최고위 관원의 근무처 후면이 누정과 같이 변형되었을 가능성은 다음 사료에서도 엿볼 수 있다. 앞에서 제시한 『용재총화』의 인용문 중에서 중추원의 중심건물에 대해 "대청을 개축하고 대청에 연이어 서헌(西軒)을 만들고, 돌기둥을 물속에 세우니 아로새겨지는 그림자가 물결 위에 떨어지다."라는 서술은 변용을 넘어 실질적 변형의 가능성을 보여준다. 여말선초의 인물인 권우(權遇, 1363~1419)의 문집에는 다음과 같은 글이 있다. "혜민국 청사 뒤에 작은 못이 있어 연꽃이 심겼는데, 꽃이 바야흐로 무성히 피었다. 벽에 주렴계의 애련설이 걸렸다. … 창을 열고 앉아서 보니 작은 못이 평온하였다. 바람이 연꽃을 움직이니 향이 더욱 푸르렀다."[177] 글에 등장하는 혜민국의 실제는 알 수 없지만, 중앙관아의 중심건물에 딸린 방의 창을 통해 청사 뒤의 못을 감상했던 장면을 상상하게 한다.

원경의 산과 뜰의 식재

육조거리는 조선의 정치·행정의 중심이기도 했지만 한양을 둘러싼 산을 조망하기에 좋은 지리적 중심이기도 했다. 영조는 1772년(영조 48) 79세 때 병조와 의정부를 연이어 방문한 뒤 의정부 관아 후원의 정자에 「어제사인정기(御製舍人亭記)」라는 기문을 남기며 다음과 같이 썼다. "이 정자의 앞은 남산에 임하고 뒤에는 북쪽 못이 있으며 몇 칸 되는 채색된 건물이 나부끼는 듯 시원하니, 이는 실로 한양의 한 경승이라."[178] 육조거리에서 찍은 옛 사진을 보면 남쪽 가까이로는 남산의 서쪽 능선이, 너머로는 관악산의 봉우리가 보인다[그림 1-14]. 육조거리 북쪽을 향해 광화문이나 조선총독부를 찍은 사진들은 모두 북악산의 웅장한 모습을 배경으로 삼았다[그림 1-15]. 이렇듯 육조거리변 관아의 후원은 남산과 북악산을 바라보기에 좋은 조망을 갖추었다.

서쪽의 인왕산도 후원의 경치를 이루는 요소였다. 앞서 살핀 『용재총화』의 인용문 중에 중추부 후원의 경치를 묘사한 구절 중 "서쪽은 산봉우리가 높고 집들이 좋고 나무가 빽빽하여 풍경이 서울에서 제일이었다."

그림 1-14. 광화문에서 남쪽을 바라본 육조거리 전경 사진. 광화문 위에서 촬영한 것으로 추정된다. (출처 미상)

그림 1-15. 거트루드 벨이 1903년 5월 촬영한 육조거리 전경. (뉴캐슬대학 도서관 소장)

라는 부분이 있다. 여기서 서쪽 산봉우리는 인왕산을 가리킨다. 1901년경 촬영된 사진에서 육조거리 서쪽 관아들 너머로 인왕산 자락이 흰 암반을 드러내며 내려오는 모습을 볼 수 있다[그림 1-16]. 중앙관아 후원

그림 1-16. 육조거리 전경 사진 부분, 루이 마랭 1901년 촬영 (경기도박물관, 『먼나라 꼬레: 이폴리트 프랑뎅(Hippolyte Frandin)의 기억속으로』, 2003, 337쪽)

에서 산이 바라보이는 구체적 형상은 관아마다 달랐겠지만, 『용재총화』의 풍경 묘사는 어느 관아의 후원에서도 가능했으리라 본다.

중앙관아 후원 못에는 연꽃이 심겼다. 이는 "사헌부와 옛 병조·형조·공조·장예원에도 모두 못이 있어 연꽃을 심었고"라는 『용재총화』의 기록에서 단적으로 확인된다. 이 외에도 해당 관아들을 배경으로 하는 시문에서 연정(蓮亭), 연지(蓮池)와 같이 연꽃의 존재를 특정한 표현들이 곧잘 등장하고, 연꽃을 노래한 시문도 다수 확인된다. 《숙천제아도(宿踐諸衙圖)》와 《추관계첩(秋官契帖)》 등 육조거리변 관아의 청사가 구체적으로 그려진 그림에도 못에 심긴 연꽃이 빠짐없이 등장한다[그림 1-17·18·19].

연꽃은 앞에서 살폈듯 북송의 신유학자 주돈이(周敦頤)의 「애련설(愛蓮說)」 이후 더러운 연못에서 깨끗한 꽃을 피운다는 까닭으로 문인들이 선호하는 심상으로 인식되었다. 연꽃은 전술한 상징성을 지녔을 뿐 아니라

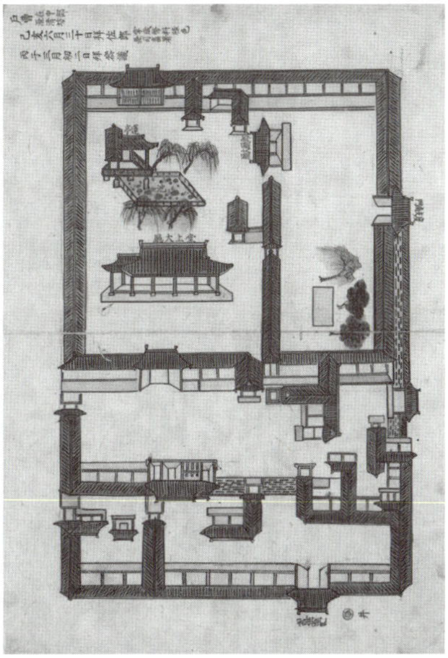

그림 1-17. 《숙천제아도》의 호조 청사 (하버드 옌칭도서관 소장)

그림 1-18. 《추관계첩》의 형조 청사 (서울역사박물관 소장)

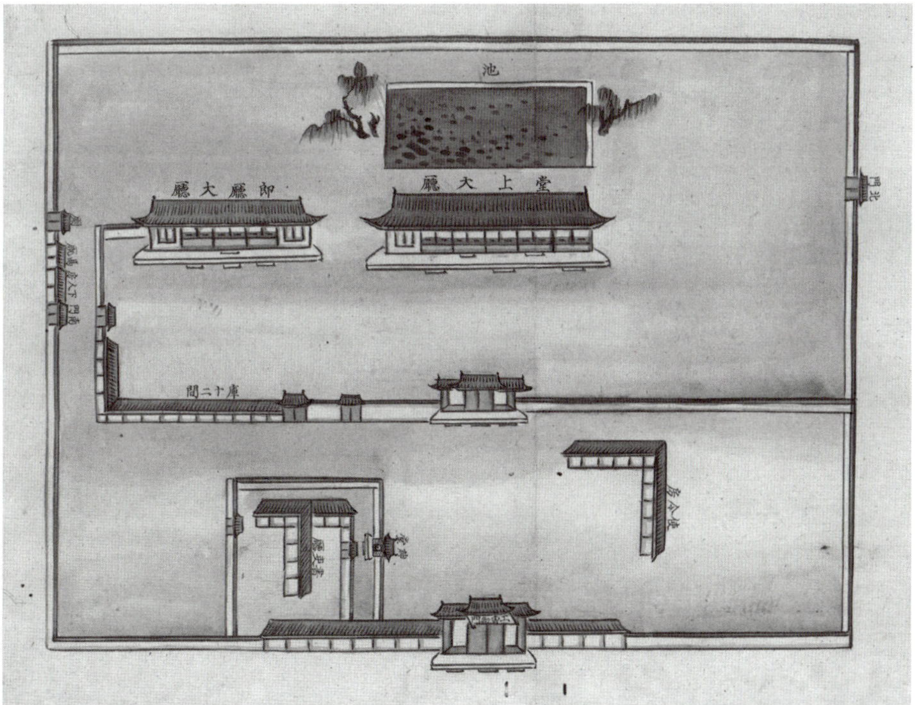

그림 1-19. 《숙천제아도》의 공조 청사 (하버드 옌칭도서관 소장)

열매, 잎, 뿌리가 약재로 쓰이던 왕실의 진상품이기도 했다. 왕실에서는 공조에 소속된 장원서(掌苑署)에게 도성 내외 네 곳의 연못을 관리하여 연밥, 연잎, 연근을 수확하고 진상하도록 하였다.[179]

「애련설」과 관련해서는 호조 후원 연못에 1744년(영조 20) 건립된 불염정(不染亭)에 주목할 만하다. '불염(不染)'은 진흙에서 나오되 더럽혀지지 않는 연꽃을 뜻하는 것으로서 주렴계의 애련설과 직결되는 의미를 담고 있다. 호조가 국가의 재정 담당 기관임을 고려한다면, 그 이름에는 호조의 관원으로서 속된 유혹을 경계하고 청렴하게 본분을 다할 것을 깨우치고자 하는 의도가 담겨 있다고 해석할 수 있다.

연꽃 외에 문헌사료에서 확인된 식재의 수종은 버드나무와 배나무, 대추나무 등의 과실수가 있다. 버드나무는 친수성 교목으로 주로 못과 어울려 배식되었을 것으로 생각된다. 도상사료에서 가장 빈번하게 등장하는 것으로 볼 때 연꽃과 함께 가장 일반적인 중앙관아 내 식재였을 것으로 추정된다. 과실수는 배나무와 대추나무가 사료에서 확인된다. 『용재총화』에는 "뒤뜰의 모정(茅亭)에 나아가 옷도 벗고 누워서 쉬며 (중략) 혹 정원의 배나 대추를 따서 각사로 돌려 팔기도 하는데, 포물(布物)을 얻으면 반드시 술과 먹을거리의 비용에 충당한다."[180]라는 구절이 있다. 과실수들은 관상의 용도와 더불어 관원들의 연회 중에 직접 먹거나 팔아서 다른 먹을거리를 마련하는 데 쓰였다. 또한 의정부의 후원에도 배나무가 많았다는 기록이 있다.[181]

《숙천제아도》 등의 그림을 보면 의금부, 공조, 사복시의 경우 당상대청 뒤편 못의 양쪽에, 제용감의 경우 당상대청 앞마당의 양쪽에, 형조의 경우 당상대청 뒤편 못과 앞마당 모두의 양쪽에 교목이 대칭으로 식재되어 있다. 이러한 식재 패턴은 최고위 관원이 근무하는 당상대청의 중심성을 강화한다.

연꽃과 교목 외에 관목·초화류가 묘사된 그림도 상당수이다. 관목·초화류는 주로 못 주변에 배치되어 교목과 상하 조화를 이루거나 당상대청에서 바라보이는 못 뒤편 담장 밑에 심겨져 배경 식재로서 배치된 것으로 판단된다. 상하의 배식은 『탁지지』의 호조 못 주변, 「본영도형」의 장

용영 내 군기대청 앞 못, 《숙천제아도》의 사복시 내 당상대청 후원에서 볼 수 있다. 의금부를 그린 도상자료들과 《숙천제아도》의 사복시 그림에서는 당상대청 후원 뒤편 담장 아래로 낮은 관목·초화류가 배식된 것을 볼 수 있는데, 특히 사복시의 경우 당상대청 후원을 별도의 담장으로 구획하고 못과 담장 사이에 화계를 두어 교목과 관목·초화류를 배식하여 적극적으로 조경 공간을 구성하였던 것을 볼 수 있다.

의정부·삼군부·호조 후원의 누정

「광화문외제관아실측평면도」상의 모든 관아에 못이 있는 반면 못에 연접한 건축물은 일부에서만 보인다. 의정부와 삼군부, 호조의 당상대청 뒤편 못 가까이에만 작은 규모의 건축물이 그려져 있는데, 이는 도면이 작성될 당시 세 관아의 못에만 별도의 정자가 조성되어 있었음을 뜻한다.

의정부와 삼군부의 정자는 구체적 건립 연혁을 알기 어려우나, 의정부의 경우 조선 전기부터 시문에 연정이 등장하는 것으로 볼 때 이른 시기에 건립되었음을 알 수 있다. 삼군부의 경우 조선 전기에 의정부와 동등한 수준의 청사를 갖추었음을 증언하는 기록[182]이 있으며, 앞서 살핀 『용재총화』의 인용문에서 삼군부의 청사를 전용할 당시 예조에 못이 있었다는 기록으로 볼 때 조선 전기부터 정자를 갖추었을 가능성이 높다. 호조의 정자는 『탁지지』와 문집의 기문에 그 연혁이 구체적으로 적혀 있듯이 1744년(영조 20)에 신축되었다. 즉, 조선 전기에는 의정부 또는 의정부와 삼군부에 정자가 건립되어 있었고, 조선 후기 영조연간 호조에 정자가 추가 건립되었다.

다른 육조 관아와 달리 호조에만 정자가 있던 까닭은 호조가 재정과 물자를 다루는 관청이라는 점과 관련이 있다고 생각된다. 의정부와 삼군부에 정자가 있었던 것은 두 기관이 조선의 문무(文武)를 대표하는 최고위 관청이었며, 육조거리의 여타 관청보다 높은 1품 관아이기 때문으로 설명된다. 육조거리변 관아 후원의 정자 건립 여부는 관청의 등급이나 재정 여건을 반영했던 것으로 가늠할 수 있다.

「광화문외제관아실측평면도」에서 의정부와 삼군부의 누정은 건축물 평면을 기단에서 못 방향으로 살짝 내민 상태로 표현되어 있다. 못과 건축물 평면이 겹치지 않으므로 내민 부분의 하부 기둥은 물이 아닌 지면 위에 세워졌을 것으로 보인다. 의정부 누정이 장충단으로 이축되었을 때의 모습으로 알려진 엽서 사진을 보면, 계단이 설치된 진입면의 반대쪽 하부 구조는 도면상의 평면 형태와 마찬가지로 기단 밖으로 내밀어져 있고, 그 아래에 비교적 높은 주초가 설치되어 있다[그림 1-20]. 국사편찬위원회 소장 사진 중에는 못이 메워진 후대의 삼군부 정자 모습이 남아 있다[그림 1-21]. 도면과 사진으로 볼 때 의정부와 삼군부 정자의 규모와 입면 구성은 대체로 유사했다고 생각된다. 정면 3칸 측면 3칸, 그리고 가운데 칸보다 측칸의 너비가 좁은 비례가 동일하게 확인된다. 용마루 끝에 용두가 올려져 있는 의장도 돈보인다.

비교적 늦게 건립된 호조의 불염정은 규모와 형식 면에서 두 정자와 상이했다. 『탁지지』에는 호조 정자의 규모가 3칸으로 기록되었다. 그런데 같은 문헌에 수록된 호조 관아의 전경 그림인 〈본아전도〉와 이를 모사해 그리고 채색한 《숙천제아도》의 호조 그림에는 실제 형태를 추론하기에 난해한 형식으로 정자가 묘사되어 있다[그림 1-17]. 난간으로 둘러싸인 바닥 부분은 삼각형으로, 건물 상부에 올린 기와는 정(丁)자 형으로 그려져 있는 것이다. 「광화문외제관아실측평면도」상에서 같은 위치에 그려져 있는 정자의 평면은 육각형이며, 호조를 전신으로 하는 탁지부의 건축물 중, 차관 관사로 쓰였던 공간 안쪽의 정자를 고친 모습을 담은 국가기록원 소장 「탁지부차관공저내정모양체도(度支部次官公邸內亭摸樣替圖)」는 육각 평면의 정자를 진입부에서 바라본 입면도로서 동일한 정자의 모습을 전하는 것으로 추정된다[그림 1-22].

18세기 당시의 정자 형태가 어떠했는지, 그 정자가 근대 도면에 기록된 정자와 같은 건축물인지 여부는 확신할 수 없다. 다만 호조의 정자가 의정부와 삼군부 정자보다 작았으며, 평면 형태 또한 정(丁)자형이나 육각형 평면으로 두 정자와 달랐던 것이 분명하다.

그림 1-20. 장충단으로 옮겨졌을 당시 의정부 후원 정자 모습 (국제일본문화연구센터 소장)

그림 1-21. 삼군부 후원 정자 모습 (경성부, 『경성부사』 2권, 1934)

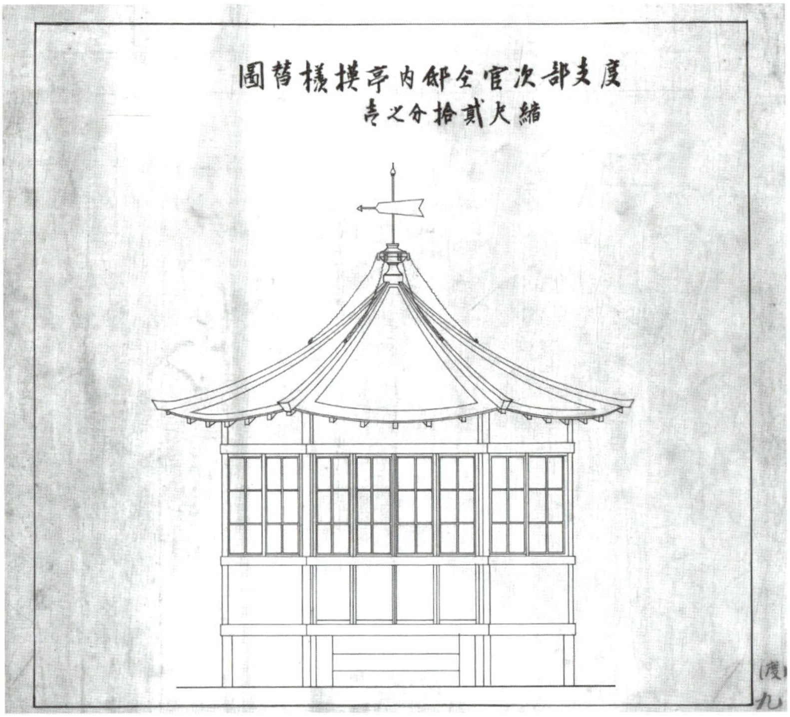

그림 1-22. 「탁지부차관공저내정모양체도」(국가기록원 소장)

중앙관아 후원의 활용과 의미

의정부 사인사와 사헌부의 연회

육조거리변 관아의 후원에서 가장 이름났던 연회는 단연 의정부 사인사의 연회였다. 의정부 후원은 큰 규모의 못과 정자, 색과 문양을 새긴 화계, 길들인 학, 배나무 등을 갖추어 육조거리변 관아 중에서 가장 화려한 구성을 자랑했다. 이곳에서 열린 연회는 당상관이 아닌 정4품 사인이 주관하는 것이었다. 의정부 소속 사인과 정5품 검상은 조선 전기에 최단기간 정5품에서 종3품으로 승진하는 등 동품의 여타 관직과 비교할 수 없는 지위와 우대를 누렸다.[183] 당시 의정부 후원의 정자에 관한 기문인 「사인사연정기(舍人司蓮亭記)」에는 후원에서 발휘되었던 사인의 위세를 엿볼 수 있는 구절이 있다. 아래는 기문의 일부이다.

관청의 일이 마치고부터 관청 마당에 공사(公事)가 적어지면 사인이 술과 고기, 악기를 그 중에 준비하여 손님을 즐겁게 하고 태평을 즐겼다. 손님 자리를 얻으면 육조의 판서가 아니더라도 은대(銀臺)와 금규(金閨)에 있는 선비이며, 손님이 비록 지체 높더라도 떳떳하게 더불어 대등한 예를 지키며 서로 높고 낮음이 없게 하였다. 대개 조정의 존경받는 삼공이었으니, 그러므로 또한 모두가 그 동료 돕기를 중히 여긴다.[184]

이 정자에서 손님을 맞이하던 주체는 사인이다. 사인은 당하관의 품계였으나, 조선 최고의 정책 결정 기관이었던 의정부 청사 내에서 손님의 지위를 막론하고 서로에게 예를 갖추는 연회를 주최한다는 기문의 내용은 당시 사인의 위세를 짐작케 한다. 또한 유몽인(柳夢寅, 1559~1623)의 『어우야담(於于野談)』에는 사인으로 근무했던 전임자가 아니면 이 연회에 참석하지 못했다는 내용이 있으며,[185] 심수경(沈守慶, 1516~1599)의 『견한잡록』에도 전임자들을 청하여 연회를 한 내용이 언급되어 있다.[186] 이로써 볼 때 사인사의 정자에서 벌어졌던 연회는 사인 출신의 당상관 위주로 이루어졌던 것으로 판단된다.

이렇듯 사인의 위세가 막강했을 뿐 아니라, 사인들의 풍조가 사치스럽고 방자하게 되었던 나머지 『중종실록』에는 신하들이 사인들의 행태를 우려하여 탄원한 내용이 담긴 기사가 보인다. 1507년(중종 2)의 한 기사에는 신하가 "사인과 검상이 직무는 돌보지 않고 날마다 기녀를 끼고 풍악이나 일삼으며 술에 취해 있으면서 매양 고풍(古風)이라 말하고 있습니다"[187]라고 하며 이를 타파할 것을 청하자, 다른 신하가 사인의 일은 "그 유래가 오래되어 갑자기 혁파할 수 없다"라고 응한다. 이외에 주세붕(周世鵬, 1495~1554)이 쓴 이행(李荇, 1478~1534)의 행장에 "구례(舊例)에 사인(舍人)은 도당 낭청(都堂郎廳)을 맡아서 반드시 당시의 이름난 미색(美色)을 뽑아 연정회(蓮亭會)를 만들게 되어 있었는데"라는 구절도 보인다. 이처럼 조선전기와 중기의 사인들은 의정부 후원을 연회의 장소로 이용하며 풍류를 즐겼을 뿐 아니라 고위 관직자들 간의 관계망을 공고히 하

는데 이용했던 것으로 판단된다.[188]
한편, 사헌부의 경우 정원의 배나 대추를 따서 다른 관청에 팔고 그 값으로 포물을 얻어 술안주를 샀다는 내용이 『용재총화』에 전한다.

제좌하는 날에 약을 마시는 것과 공사(公事)를 행하는 것은 한결같이 대부(臺府)와 같이하며, 완의석(完議席)을 베풀고 술상을 차려 아란배(鵞卵杯)로 서로 주작하여 술이 취해야 술자리를 거둔다. 또 후원(後苑)의 모정(茅亭)에 나아가 옷도 벗고 누워서 쉬며, 원(院)의 안이 추우나 물건이 없으면 선생의 책상을 가져다 앉기도 하고, 표범과 사슴의 껍질을 깔기도 한다. 혹 원중(苑中)의 배나 대추를 따서 각 사(司)로 돌려 팔기도 하는데, 포물(布物)을 얻으면 반드시 주식(酒食)의 비용에 충당한다. 평상시에 소요되는 경비는 오로지 헌부(憲府)에 의지한다. 간직(諫職)을 배수한 사람은 술자리를 차려 동료를 청하여 함께 마시고 여러 곳에서 모여 마실 때에도 역시 참석한다.[189]

이 글에 따르면 사헌부 관아에는 모정(茅亭)이 건립된 '후원(後苑)'이 갖추어져 있었고, 후원에 심겨진 배나무 대추나무의 열매를 다른 관청에 팔아서 마련한 비용으로 연회에 쓸 먹거리를 샀던 풍습을 엿볼 수 있다. 중앙관아의 후원은 연회의 배경인 동시에, 관청 간 교류의 매개가 되는 열매의 생산 공간이었다.

의정부 후원에서의 근무와 외부인 방문

후원의 정자는 때에 따라 관원이 일하는 공간으로 활용되기도 했다. 조선 중기 의정부에서 정4품 사인(舍人)을 지낸 유희춘(柳希春, 1513~1577)은 문집에 수록된 일기에 연정(蓮亭)에서 집무했던 기록을 다수 남겼다. 여름이었던 1568년 8월 12일과 18일에는 연정에서 "좌기(坐起)"하였다거나 "본부의 공사를 처리하였다[治本府公事]"라는 기록이 보이며,[190] 가을에 해당하는 1570년 11월 2일에는 연정에서 역대 선현이 왕에게 올린 글을 모아 편찬한 『헌근록(獻芹錄)』을 수정 보완하는 일을 하였다.[191]
제시한 문헌 기록에서처럼 관원이 후원에 좌기하여 업무를 처리하는 활용 양상은 의정부에서만 볼 수 있는 상황으로 생각된다. 좌기를 하려면 일단 정자가 필요하고, 적절한 형식과 쓰임이 부여되어야 한다. 삼군부 또는 그 청사를 전용하였던 예조에서 정자를 활용한 기록은 찾기 어렵다. 호조의 경우에는 정자의 규모가 작고 좌기하기에 적합한 형태라고 보기 어렵다. 의정부 후원과 정자는 당상관이 전유했다기보다 실무 관원인 정4품 사인이 주재했던 공간에 가까웠다. 외부 활동이 잦은 당상관보다 비교적 청사에 상주하는 실무 관원이 정자를 전유했던 점도 후원이 업무 공간으로 활용될 수 있었던 유력한 이유였을 것이다.

육조거리변 관아 후원의 주 이용자가 해당 관아의 관원이었음은 주지의 사실이지만 오직 관원만 그 공간을 방문했던 것은 아니다. 1570년 의정부의 사인이었던 유희춘은 집에 돌아온 후 자신의 아들을 연정(蓮亭)으로 보내 구경하도록 했으며,[192] 양반이었지만 관직에 오르지 못했던 유만주(俞晩柱, 1755~1788)는 그의 일기 『흠영(欽英)』에서 1778년 "의정부를 거쳐 사인정(舍人亭)에서 잠깐 쉬었다."라는 기록을 남겼다.[193] 의정부의 위세가 대단했던 조선 전기에 관원과 무관한 자가 사인의 처소에 드나들기는 어려웠겠지만, 의정부가 실세를 잃고 청사 역시 재건되지 못하고 일부 건축물만 남아 있던 조선 후기에는 유만주와 같이 후원을 거니는 것이 가능했던 것으로 보인다.

봉지(鳳池)와 불염(不染), 후원의 상징성

육조거리변 관청에서 후원은 위와 같은 실질적 기능을 수행하는 한편, 관청 자체를 상징하거나 본연의 임무를 상기시키는 심리적 장치로 작동하기도 했다. 전자의 대표적 예는 의정부 후원의 못을 이르던 이름인 '봉지(鳳池)'에서 찾을 수 있다. 서명응(徐命膺, 1716~1787)이 영조가 의정부 관아를 방문해 '중서당술성사(中書堂述盛事)' 여섯 자를 쓴 일을 기념한 글인 「중서당술성사기(中書堂述盛事記)」에는 사인사의 연못을 봉지(鳳池)라 칭했다는 구절이 있다.[194] 봉지(鳳池)는 대궐 안의 연못으로, 위진남북조시대에 금원(禁苑)에 파 놓았던 연못인 '봉황지'를 가리킨다. 그 근처에 임금을 측근에서 보좌하여 중요한 여러 일들을 관장하는 중서성(中書省)이 있었으므로 중서성을 봉황지라 하였다.[195] 의정부나 승정원 등 왕의 측근에 위치했던 관청을 '봉지'라고 표현한 사례가 조선시대 여러 문헌에서 확인된다. '봉지'라는 표현은 관청 자체를 지칭하는 표현으로 쓰였지만 의정부처럼 화려한 구성을 갖춘 후원에 못이 있는 경우에는 그 어감이나 연상 작용이 달랐을 것이다. 의정부 후원의 못은 조경 공간으로서 실질적 기능을 수행했을 뿐 아니라 '봉지'라는 심상을 통해 의정부의 위상과 직무를 상기시키는 상징으로서 작용했을 것이다.

영조연간 호조의 당상대청 후원에 건립되었던 불염정(不染亭)의 이름에는 재정 담당 기관인 호조의 관원에게 청렴히 본연의 직무에 충실할 것을 일깨우는 의미가 담겨 있다. '불염(不染)'은 진흙에서 나오되 더럽혀지지 않는 연꽃을 뜻한다. 유숙기(兪肅基, 1696~1752)는 「불염정기(不染亭記)」에서 주렴계의 애련설과 '불염'의 의미에 대해 언급하며 "관직에 있어 직무를 맡아 정사를 행할 때, 정성스럽고 치밀하며 엄하고 인자하여 도리를 다함에 힘쓰면, 광풍제월(光風霽月)과 같은 기상이 태연하게 가는 곳마다 진실로 응하여 응접에 번거로워 상함이 있지 않을 것이다."[196]라고 하였다. 연꽃은 호조뿐 아니라 모든 관아의 못에 심겨 있었던 것으로 파악된다. 호조 외 관아에서도 연꽃의 상징은 유사한 방식으로 관청 구성원들의 의식에 경종을 울렸을 것으로 상상된다.

감영 원림의 원형으로서 도성의 원림

개국과 함께 새로 건설된 수도 한양의 기반 시설은 사상적 전환과 제도적 개혁을 가시화하는 가장 즉각적인 현실 수단이었다. 새로운 국가 시설은 고려로부터 계승된 문화적 전통을 이어가는 한편, 개혁의 정당성과 연결될 만한 전조(前朝)와의 차별성 표출이라는 과제를 안고 있었다. 예컨대 수도 내 궁궐의 입지나 건물 구성 방식은 고려 후기 궁궐의 건축적 관습을 계승한 반면, 중심축이 확연한 질서정연한 배치를 강조함으로써 새 왕조의 통치 이념을 내세웠던 것이다.[197]

형태를 통해 의미를 전달하는 수단으로서 원림은 건축물보다 유리한 면이 있다. 본질적으로 건축물에 비해 기능성은 약하고 예술성은 강하기 때문이다. 달리 말하면 실용에 의한 제약은 덜하고, 표현 수단으로서의 정체성은 더 강하다. 전조와의 연속성을 내재한 차별성의 표출이라는 국가적 과제는 이러한 특성과 맞물려 세 누각 원림과 중앙관아 후원, 요컨대 '도성 원림' 특유의 형식을 발생시켰다. 중국 사신의 접객 장소를 도성 내외에 배치하는 제도를 계승하고 고려 후기의 학자들에게서 기미가 보였던 신유학적 원림 실천[198]을 잇는 동시에, 주 문왕과 범중엄의 전거 속 원림처럼 단순하고 사치스럽지 않으며 도덕 관념을 강조하는 원림을 고안했던 것이다.

일찍이 사라진 광연루를 제외한다면 이 책에서 다룬 궁궐 내외의 누각 원림과 중앙관아의 후원은 구체적 형태를 알 수 있는 조선시대 원림 중 가장 이른 시기에 조성되었을 뿐 아니라 가장 오랜 기간 유지된 원림이라 할 수 있다. 말하자면 국가와 존망을 함께 했던 원림이다. 또한 접근과 활용의 측면에서도 특별한 위상을 지닌다. 태종연간에 조성된 누각 원림은 왕실 주도의 연회 장소이자 과거 시험이나 활쏘기를 위한 행사장으로 쓰였고, 모화루 원림의 경우는 일상적으로 접근 가능한 공공성도 띠었다. 육조거리를 포함한 도성의 중앙관아 뒤편에는 대부분 방지를 포함한 후원이 조성되어 있었다. 요컨대 조선시대에 중앙관직을 거쳐간 사대부라면 모두가 도성 내외에 위치하고 궁궐과 고위급 관아에 조성됐던 원림의 존재를 알고 직접 경험했다고 말할 수 있다.

건립 목적과 위치, 조성 시기와 유지 기간 등을 고려했을 때 조선시대 사대부들이 일련의 도성 원림을 '조선식 원림'으로 읽었을 정황 근거는 충분하다. 더군다나 현재와 마찬가지로 수도는 문화의 중심지이고 수도에서의 문화적 실천은 시간이 흐르며 지방 곳곳으로 파급된다. 조선 전기 한양에 종묘와 사직, 궁궐과 관아, 성균관과 태평관 등이 건립되었듯 지방도시에는 객사와 향교, 사직단과 성황단 등이 건립되었다. 관영건축과 같이 획일화[199]되지는 않았지만 지방도시 곳곳에는 이름난 관영원림이 자리 잡았고, 이를 경영하는 지방관들은 자연스럽게 도성의 원림을 의식했을 것이다.

도성 원림의 형식과 감상법은 지방도시 원림에 있어 지향이자 제약으로 작용했다. 도시별로 원림이 조성되는 사정과 입지, 주변 경관이 서로 다르기 때문에 그 구체성을 한 가지로 단언하기는 어렵다. 그러나 왕실과 조정의 의지를 백성에게 받아내리는 실무자인 지방관이 중앙의 뜻을 따르되 그것을 벗어나지 않으려 했다고 가정하기는 어렵지 않다. 주변 경치가 도성의 내사산을 뛰어넘을 순 있지만 누정의 규모나 의장, 조경 요소의 화려함이 도성 원림을 뛰어넘지는 못했을 것이다. 가령 인공못의 규모를 지나치게 확장하거나 경계를 복잡한 형태로 그리려는 시도가 있었다면 경회루나 중앙관아 후원을 근거로 저지당하거나 탄핵의 근거가 됐을 것이다. 가사 규제에서 칸수와 장식을 함께 논하였듯,[200] 원림의 규모와 의장성 역시 동반하는 고려 대상이었다.

다음 장부터 본격적으로 살필 조선시대 감영의 원림에 있어 도성의 원림을 '원형'의 관점으로 이해하는 까닭은 위와 같다. 문헌을 통해 학습 가능한 신유학의 원리는 환경과 주체에 따라 천차만별의 원림으로 발현될 수 있다. 이러한 상황에서 감영 원림이 조성되는 지방도시의 물리적 환경과 제도, 지방관 각각의 성격 못지않게 중요한 영향을 미쳤던 것이 도성의 원림 실천이다. 도성의 원림은 최장 기간 최대 다수에게 노출되었고 형식과 감상에 있어 전범으로 작용했다. 신유학의 원림 미학은 도성 원림이라는 실천을 통해 구체화된 이후 제도적 필요성과 환경적 특수성을 마주함으로써 각 지방의 감영 원림으로 발현되었던 것이다.

02

감영 제도와 원림 형성

관찰사의 순행과 원림 조성

지방 제도의 개편과 원림 건설

조선 전기 지리지에 기록된 관영 원림의 증가

개국 이후에 도시를 새롭게 정비하며 원림을 조성한 곳은 한양만이 아니었다. 조선 전기에 관에서 편찬한 전국 지리지를 살펴보면 지방의 여러 도시에서 누정을 중심으로 원림을 짓거나 고쳤던 기록이 다수 등장한다.

1454년(단종 2) 편찬된 『세종실록』 지리지에는 57개의 누정이 기록되어 있다.[1] 1481년(성종 12) 편찬된 『동국여지승람(東國輿地勝覽)』에는 327개의 누정이 등장한다.[2] 1530년(중종 25)에 『동국여지승람』을 증보하여 편찬된 『신증동국여지승람』에는 553개의 누정이 등장한다.[3] 관찬 전국지리지가 거듭 간행될수록 누정의 수가 늘어나는 것은 기존 지리지의 기록을 수정·보완해 다음 세대의 지리지를 만드는 전통과도 관련이 있지만, 실제로 누정의 수가 증가했던 현상을 반영한다. 관찬 지리지에 수록된 누정의 상당수는 관이 경영하는 누정, 즉 관영 누정이다. 이러한 누정들이 외진 곳이 아니라 번성한 시내, 명승지, 교통로처럼 접근성이 좋은 곳에 위치했으며 그 관리가 법적 체계 안에서 이루어졌음을 감안하면, 수량의 증가는 기록 차원의 추가보다는 실제 건물 신축의 양상을 반영했던 것으로 볼 수 있다. 전국적으로 누정이 증가하는 실태를 주시하던 세조는 1463년(세조 9) 황해도 관찰사가 금교역(金郊驛)에 누각을 짓자고 청하자, 지방 수령이 사신 접객을 핑계로 누각을 짓고 노는 폐단을 지적하며 모두 헐어버릴 것을 발의하였다.[4] 세조의 의견은 조정 대신에 의해 훼철보다는 신축을 억제하는 것으로 참작되어 공조(工曹)로 하여금 누각을 짓지 못하게 하는 명을 내리게 했다.[5]

지방 제도의 개편이 관영 원림의 건립에 미친 영향

조선 전기 지방도시에서 관영 누정이 다수 건립되었던 이유는 무엇일까. 그 이유는 조선이 중앙집권적 지방 통치 체제를 전개한 것과 관련이 깊다. 이는 관영 누정의 건립 주체라 할 수 있는 지방관과 관련하여 두 가지로 설명할 수 있다. 첫째, 지방도시에 배치된 수령의 수가 증가했다. 둘째, 지방도시를 돌아다니며 수령을 감독하는 관찰사 제도가 도입되었다.

모든 군현에 수령을 배치하지 않았던 고려시대와 달리 조선시대에는 모든 군현에 수령을 배치했다. 고려시대에는 520여 개의 군현이 있었지만 이 중에서 약 130개의 군현에만 수령을 파견한 반면, 조선시대에는 군현을 330여 개로 통폐합하고 모든 군현에 수령을 파견했다.[6] 이러한 변화는 고려 말부터 시작되었다. 조치가 취해진 까닭은 군현 중에 지방관이 상주하는 주현(州縣)과, 상주하지 않고 주현에 부속된 속현(屬縣)을 두어 소수의 지방관으로 하여금 조세와 역을 받아들이도록 하는 구조가 고려 중기 이후 심각한 폐단을 일으켰기 때문이다.[7] 중앙이 지방 권력을 제대로 통제하기 위해 속현 제도를 폐지함으로써 고려시대에 도/계수관–주현–속현으로 이루어지던 3층의 지방 제도는 조선에 이르러 도–군현의 2층 구조로 전환되었다.[8]

고려시대에는 수령의 수도 적었지만 관리 체계도 일원화되지 않았다.[9] 뒤늦게 행정 단위로서 도가 자리 잡고 관찰사의 전신이라 할 수 있는 안찰사(按察使) 제도가 도입되었으나 품계가 5~6품으로 수령보다 높지 않았고 임기가 6개월로 짧았으며 역할이 감찰과 출척(黜陟)으로 제한되어 말하자면 사신에 가까웠다.[10] 고려 말부터 안찰사의 명칭이 바뀌고[11] 품계는 2품으로 올랐으며 임기는 1년으로 연장되는 등 제도에 큰 변화가 이루어졌으며, 남쪽의 다섯 도와 경기도, 양계 지방 순으로 관찰사의 직제가 자리잡았다[표 2–1].

표 2-1. 여말선초 관찰사제의 확립 과정

<table>
<tr><th>시기
지역</th><th>고려 창왕즉위년</th><th>공양왕원년</th><th>2년</th><th>4년</th><th>조선 태조
2년</th><th>태종
원년 1월</th><th>11월</th><th>17년</th></tr>
<tr><td>5도</td><td>按廉使</td><td colspan="2">都觀察黜陟使</td><td rowspan="2">按廉使</td><td rowspan="2">都觀察黜陟使</td><td rowspan="2">按廉使</td><td rowspan="2" colspan="2">都觀察黜陟使</td></tr>
<tr><td>경기</td><td colspan="2">(개성부)</td><td>都觀察黜陟使</td></tr>
<tr><td>양계</td><td colspan="2">都巡問使</td><td>都節制使
(兼觀察使)</td><td colspan="4">都巡問使</td><td></td></tr>
</table>

* 장병인, 「조선초기의 관찰사」, 138쪽의 표에서, 관찰사제가 확립된 시기를 음영으로 강조

조선의 개국과 함께 본격화된 군현제 개편과 수령, 관찰사 제도는 관영 원림의 활발한 건립과 밀접하다. 먼저, 군현이 통폐합됨으로써 인구 이동과 물산의 유통이 일부 도시에 집중되었을 것이다. 그와 함께 모든 군현에 행정 관리가 배치되고 관영 건축이 활성화되었다. 이전 시대와 달리 대부분의 군현에서 관이 공적으로 융통할 수 있는 재원을 갖추게 되었으며, 군현의 규모와 무관하게 통치 기반 시설이라 할 수 있는 객사, 관아, 향교, 제단이 건립, 수리, 증축되었다. 이 과정에서 군현마다 각 시설과 결합한 인적 자원이 성장하고 지역 문화가 형성되며 건축과 조경의 양상도 다변화했을 것이다.

수령의 보급 못지않게 관찰사 제도도 관영 원림의 발달과 밀접하다. 수령은 지방도시의 행정 전반을 맡는 관리에 적합한 품계를 가졌다. 관할 지역의 규모가 크고 위상이 클수록 품계도 높았다. 이들은 관할지에서 평상시 자신보다 높은 품계의 관리를 모실 필요가 없었다. 게다가 고려 시대에는 중앙과 지방을 연결하는 일원화된 행정 창구가 없었으며, 많은 사신이 지방을 오가긴 했지만,[12] 대도시가 아니라면 수령보다 높은 품계의 관리를 맞이하는 일 자체가 흔치 않았다. 사신들은 조정이나 특정 인물의 하수인으로서 권력을 대리할 뿐, 특별한 사유가 없다면 지방관을 압도할 정도의 지위를 가진 자가 사신으로서 몸소 지방을 돌아다니지 않았다. 그런데 관찰사 제도가 도입되며 왕과 대면할 수 있는 최고 관원인 당상관이 수령의 업무 성과를 평가하는 직속 상사가 되어 공식적이고 주기적으로 모든 군현을 방문하게 됐다. 움직이는 고위 관청이라고 볼 수 있는 관찰사의 행차가 근무지에 이르면 수령은 최선을 다

해 업무를 보좌하고 불편 없이 대접해야 했다. 관찰사가 머무는 공간은 지나가는 연락책의 임시 처소가 아니라 왕의 대리인이 머무는 공식 집무처였던 것이다.

관영 원림의 건립 양상

도내 군현을 돌아다니며 일했던 조선 전기 관찰사는 주로 객사에 머물렀다. 객사의 대청에서는 보름마다 임금에게 충성을 맹세하는 망궐례(望闕禮)를 행했고 양쪽의 날개채인 동헌과 서헌에서 숙박과 접객이 이루어졌다. 관찰사는 그중 격이 높은 동헌에 주로 머물렀다. 그런데 종2품이라는 관찰사의 품계와 종6품(현감)에서 정3품(부사)에 이르는 수령의 품계를 상기하면 이들을 만나러 오는 사람들도 상당수였음을 짐작할 수 있다. 이러한 상황에서 지방도시의 누정은 기능적 측면으로 볼 때 객사의 숙박과 접객 기능을 보완하는 확장 개념으로 지어졌던 사례가 많다고 볼 수 있다.

『동국여지승람』에 기록된 누정의 위치는 대다수가 객사를 기준으로 쓰여 있다. 그러한 누정의 위치가 모두 객사의 담장 안이었다고 속단할 수는 없지만, 이를 통해 군현 내에서 객사가 갖는 중요성과 객사-누정 간의 연관성을 충분히 가늠할 수 있다. 김동욱의 연구에서 제시한 조사 결과를 보면 객사를 기준으로 한 누정의 상대 위치는 동쪽이 가장 많고 북쪽이 다음이다[표 2-2]. 그 이유는 객사에서 동쪽 날개채의 격이 높기 때문으로 생각되며, 동향에 대한 선호와 북쪽의 경사 지형을 활용하려는 의도도 관련이 있을 것으로 보인다.[13]

같은 자료를 더 살펴보면, 도에 따라서 군현에 누정이 건립된 정도에 차이가 있었다. 도내 군현 중 누정을 보유한 군현의 비율이 높은 순으로 여덟 개 도를 나열하면 전라도(82%), 경상도(79%), 황해도(71%), 충청도(65%), 강원도(46%), 경기도(39%), 함경도(32%), 평안도(26%)이다. 최고치(82%)와 최저치(26%) 사이에는 상당한 격차가 있다. 이러한 차이는 관찰사 순행의 도별 특징을 고려하면 이해가 된다. 평안도와 함경도의 관찰사는 조선 전기부터 순행보다는 한 도시에 머무는 방식의 유영(留營) 체

표 2-2. 『동국여지승람』 누정조에 기록된 각 군현의 누정 수와 위치

도명	군현수	누정 보유 군현수	군현의 누정 보유 비율	전체 누정수	누정 위치							
					도시 내						교외	미상
					객사 동쪽	객사 서쪽	객사 남쪽	객사 북쪽	성문 기타	소계		
평안도	42	11	26%	21	3	2	1	2	6	14	7	–
함경도	22	7	32%	13	3	–	1	3	2	9	4	–
황해도	24	17	71%	23	15	–	–	2	3	20	3	–
강원도	35	16	46%	29	7	1	2	3	–	14	15	1
경기도	38	15	39%	18	7	–	1	3	1	12	5	1
충청도	54	35	65%	46	14	1	1	12	5	33	10	3
전라도	57	47	82%	80	23	5	12	9	10	59	16	5
경상도	67	53	79%	97	26	6	9	7	15	63	33	1
계	339	201	59%	327	98	15	27	41	42	223	93	11

* 출처: 김동욱, 「朝鮮初期 地方都市內 樓亭의 形成過程과 建築特性」, 『경기대학교 논문집』 37, 경기대학교, 1995, 544쪽.
* 김동욱의 표에서 '군현의 누정 보유 비율'과 누정 위치-도시 내 '소계' 항목을 추가.

제로 일했다. 경기도는 수도 한양을 둘러싸고 있는 까닭에 관찰사 순행의 비중이 상대적으로 낮았을 것으로 보인다.[14] 강원도는 산악 지형이 많아 순행에 어려움이 있어, 여름에는 강릉과 삼척 등 영동에 체류하는 시간이 많았고 기타 계절에는 원주와 춘천 등 영서 지방에 체류하면서 순력을 했다고 알려져 있다.[15] 물론 평안도와 함경도 역시 국경 지대였을 뿐 아니라 산악이 많은 지형이어서 순행이 어려웠을 것이다. 이상의 네 개 도를 제외하고 황해도, 충청도, 전라도, 경상도의 군현 중에서 누정을 보유한 비율을 계산해보면 약 75%에 이른다.

원림의 조성 목적과 관찰사의 역할

관영 원림의 기능

관영 원림을 짓고 경영했던 목적은 앞서 말했듯 객사의 기능 확장이라는 측면에서 이해할 수 있다. 예컨대 『신증동국여지승람』에 실린 용인현의 신정(新亭) 기문을 보자.

용인은 작은 고을이다. 왕도와 인접한 까닭으로 밤낮으로 모여드는 대소 빈객이 여기를 경유하지 않

는 적이 없는데, 이는 대개 남북으로 통하는 길목인 때문이다. 옛 원관(院館)이 작아서 겨우 하룻밤은 묵을 수 있으나, 매우 더운 때이면 답답하고 트이지 않아서, 손님이 와도 더운 느낌과 번울(煩鬱)함이 가실 수 없어, 오랫동안 애먹었다. 천순(天順 명 나라 영종의 연호) 4년 겨울에 박군이 이 고을 원으로 와서 세부(稅賦)를 너그럽게 하고 정사를 민첩하게 하니, 온갖 폐단이 다 없어지고 아전과 백성이 두려워하였다. 하루는 군이 아전에게 의논하기를, '내가 재목을 모아 정자를 지어서 오는 손님을 위해 더위를 피해 서늘한[納涼]하는 곳을 만들고자 하는데, 가능할지 모르겠다.' 하였다.[16]

용인은 현의 규모가 작고 손님이 묵을 곳도 작았으나 한양에서 가까운 교통 요지였던 까닭에 많은 사람이 모였다. 공간은 작은데 수요가 많아 특히 여름이면 머무는 사람들이 고생했는데, 기문에 따르면 1460년(세조 4) 새롭게 누정을 지음으로써 이를 해결했다. 『신증동국여지승람』의 용인현 누정조에는 신정 외에도 양벽정(漾碧亭)이라는 누정이 하나 더 기록되어 있다. 다음은 홍귀달(洪貴達, 1438~1504)이 지은 양벽정 기문의 일부이다.

객헌 동쪽에 예전에는 조그마한 정자가 있었는데, 지금은 없어졌고 터만 남았으나, 동쪽 담이 너무 가까워서 객사 마당 넓이가 1묘도 못되었다. 손이 와도 좁은 마당을 답답하게 여겨서 술상을 물리면 곧 일어나 나갔고, 잠깐 머물지도 않았다. 이렇다면, 비록 사방 백성이 들에서 화합한다 하여도, 어디에서 태평한 기상을 볼 수 있으랴. 이에 너무 가깝던 담을 물리고 땅을 뭉개서 넓히니, 그 안에서 말을 달릴 만하였다. 북쪽에서 흘러내리는 산골 샘물을 끌어서 동쪽으로 인도하고, 담을 뚫어서 마당 안 못에 흘러들게 하였다. 못 깊이는 한 길쯤이고, 세로는 두어 발, 가로는 세로의 곱절이며, 물이 맑아서 옥 같았다. 마당에는 고목이 띄엄띄엄 따로 서서 땅에 서늘한 그늘이 졌는데, 매우 사랑스러웠다. 그런 뒤에는 남북에서 오는 손이 휴식할 곳이 있음을 기뻐하였고, 국가의 태평한 기상도 여기에서 볼 수 있었다.

객사 동쪽에 있던 작은 정자 터 주변으로 대지를 확장한 후 누정을 새로 짓고 원림을 조성한 기록이다. 신정과 마찬가지로 객사의 손님 접대를 의식했는데, 휴식의 쾌적함을 국가의 태평한 기상과 연결 지은 시각이 돋보인다. 인용문 다음 구절에 따르면 홍귀달은 신정을 조성한 지

약 40년 후인 1499년(연산군 5)에 이 기문을 지었다. 양벽정은 『신증동국여지승람』에서 그 위치가 객관 동쪽으로 적혀 있어 앞에서 언급한 신정과 위치 기록이 같은데, 두 기문 사이에 시차가 있고 양벽정 기문에 과거의 작은 정자가 등장하므로 신정 터에 양벽정이 지어졌을 가능성이 있다. 양벽정의 규모는 3칸이며 반은 못 가운데에 들어가 있었다. 건물 규모는 작지만 담장을 확장해 여유 공간을 확보하고, 담장 밖 구릉지에서 내려오는 물길을 활용하여 누정 난간에 앉으면 바로 아래 못을 감상할 수 있도록 경관을 구성했던 것이다.

용인현의 두 누정기에서 객사를 찾는 손님의 성격은 따로 제시되어 있지 않으나 더욱 구체적으로 그 정체를 언급한 기문도 있다. 다음은 홍귀달이 쓴 충주객사 동쪽의 청연당(淸燕堂) 기문이다.

중원(中原)은 남북의 요충(要衝)이다. 서울에서부터 남쪽으로 가는 사람이 물에 뜨고 육지로 달려 중원에 모여 길이 갈라져 두 고개(조령과 죽령)를 넘어 이내 목적지에 도달하고, 남쪽에서부터 북쪽으로 가는 자도 또한 각각 두 고개를 경유하여 중원에 모여서 다시 물과 육지를 경유하여 서울에 도달하는데, 만일 남북의 손님이 서로 만나는 때를 당하면 관사(官舍)가 수용하지를 못하고, 본도(本道)의 세 사(使)는 벼슬이 높아서 품계가 같은데 혹 동시에 이르면 관사를 정해 대접하는 것이 실로 어렵다. 이것은 고을을 다스리는 자가 오래 불편하게 여기는 바였으나 당을 짓는 자가 없더니, 목사 최후(崔侯)와 통판(通判) 이군(李君)은 모두 당시의 어진 사람으로 뜻이 같고 기(氣)가 합하여 서로 더불어 백성에게 임하는 것이 도리가 있어, 지경 안이 흡연(洽然)히 따라서 감화되어 명령하는 대로 좇았다. 이에 비어 있는 땅에 터를 보아서 문의 동편에 들어가서 그 집을 높게 하여 연접시키고 칸수를 넓게 하여 청(廳)을 만드니, 여름에는 서늘한 마루가 있고 겨울에는 따뜻한 방이 있다. 손님이 오면 거닐고 편히 쉴 곳이 있고, 주인은 손님을 접대하고 정사를 할 곳이 있게 되었다. 그렇게 된 뒤에 객사가 비로소 부족하고 빠진 것이 없게 되었으니, 최후와 이군의 지어 만든 것이 보통보다 훨씬 뛰어난 줄을 알겠다. 준공이 된 뒤에 두 사람이 서울에 편지를 보내 나에게 누각에 대해 이름을 짓고 기문 짓기를 청하니, 내가 사양하다 못하여 말하기를, '중원은 산수의 뿌리이니, 천지의 맑은 기운이 여기에 모였다. 묵은 관사가 퇴락되고 새로 짓는 것이 이미 성취되었으니, 이에 천지의 맑은 기운이 산수에 붙여 있다가 이 누각이 뛰어나게 일어나고 단청이 휘황찬란해짐에 미쳐서는 산수의 맑은 기운이 모두 처마와 기둥 사이에 옮겨졌다. 여기에서 연회의 예를 행하거나 조용히 휴식할 수도 있고, 여기에서 문서

를 정리할 수도 있으니, 청연(淸燕)이라고 이름하는 것이 합당하다.'

충주목은 1602년 충청감영이 공주로 옮겨지기 전까지 충청도의 감영 소재지였다. 교통의 요지였다는 점은 용인과 같지만 규모가 훨씬 큰 도시였던 것이다. 여기에는 도내의 최상급 관원인 관찰사를 비롯해 육군 지휘관인 병마절도사와 수군 지휘관인 수군절도사가 자주 머물렀다. 이들은 동일한 지리적 범위에서 서로 긴밀하게 업무를 수행하는 동료 관원들이었으므로 직접 만나는 일도 많았다.[17] 충주객사의 동쪽에는 청연당에 앞서 경영루(慶迎樓)라는 누정이 지어져 있었다. 청연당은 경영루 가까이에 위치하며 마루와 방의 조합을 통해 연회와 휴식, 문서 업무를 위한 공간으로서 객사의 기능을 보완하는 건물로 마련되었다. 이 외에도 강화도에서 김포로 넘어가는 갑곶의 이섭정(利涉亭) 기문에는 "부사와 감사가 순찰할 때나 조정의 명령을 전달하는 신하도 모두 이 길을 거쳐 부로 가고, 그 밖에 왕래하는 나그네들도 이 길에 늘어서니 진실로 의당 여기에 정자를 지어서 보내고 맞이하는 장소로 삼아야 한다."라고 하는 등 군현 중심지의 객사 가까이에 부속된 것이 아니더라도, 교통 요지에서 객사의 역할을 수행하는 시설로 누정이 건립되기도 하였다.

관영 원림의 의미

휴식과 접객이라는 관영 원림의 현실적 수요는 경관 감상이라는 미적 기능과 고유의 형식에 맞물려 새로운 의미를 만들어냈다. 누정은 주변 경치를 바라보기 좋게 입면을 트고 가장자리에 난간을 두며 마루를 높였다. 때문에 도시 경관에서 누정은 의장과 높이 측면에서 눈에 띄는 점경물로 인식되기 쉬웠다. 누정이 못이나 식재 같은 조경 요소를 동반하여 원림의 구색을 갖춘 경우에는 대지 활용에 있어 차별성이 강조될 뿐 아니라 사치와 향락에 대한 경계를 끌어오기도 했다.

누정의 건립과 유지 관리에는 공적 자금과 노동력이 쓰였다. 경영 주체의 입장에서 조선의 관원들은 그 쓰임이 유의미함을 증명할 수 있는 논리를 갖추어야 했다. 다수의 관영 건축에 기문을 남긴 조선 전기의 대표 문신인 서거정(徐居正, 1420~1488)은 조선 전기의 객사 관련 기록 중에서 가장 화려한 경관을 전하는 해주객사 동헌의 중신기(重新記) 후반부에 다음과 같이 썼다.[18]

세상에 논하는 자들이 모두 관청 건물을 수리하고 안 하는 것이 수령의 어질고 어질지 못한 것과는 관계가 없다고들 하는데, 이것은 전혀 그렇지 않다. 먼 옛적에는 집이 없이 나무 위에 살거나, 들판에 거처하였는데, 성인이 대장괘(大壯卦)에서 취하여 궁실을 경영하였다. 더구나 관청 건물은 개인의 사유물이 아니며, 빈객을 접대하고 사신을 높이고 관청을 엄하게 하는 것이니, 이것을 어찌 그럭저럭 두어두고 다 무너져도 앉아서 보기만 하고 수리하지 않을 것인가. (중략) 그러나 해주에는 산수의 승경이 이미 저렇고, 관부 청사의 아름다움이 또 이러하니, 내가 두려워하는 바는 여기에 거처하는 이가 노는 데 빠져서 세월을 허송하는 폐단이나 없을까 하는 점이다. 만일 그렇게 된다면 관청 건물의 수리가 이야말로 정치에 방해가 되고, 외물에 끌려 뜻을 상실하는 거리가 될 것이니 어찌 될 수 있는 일인가.[19]

이 글에서 건축은 성인의 뜻에서 비롯된 행위이며 관영 건축은 수령의 정치력과 관련이 깊다. 그중에서도 객사 건축은 손님을 모시는 장소이고 중앙에서 파견된 사신과 지방 행정 주체의 권위를 드러내기 때문에 더 중요하다. 다만 수려한 산수 자연을 비롯해 여러 채의 누정과 욕실, 물계단을 갖춘 해주객사의 경관은 다소 염려가 된다. 말하자면 관영 건축의 제도를 통해 위엄을 보여줄 필요는 있지만 자칫하면 그 아름다움에 빠져 성인의 본뜻을 잃을 위험을 경계해야 하는 것이다.
관영 누정의 활용이 지나치면 폐단이겠지만 적절하면 좋은 정치의 표상이 된다는 인식이 서거정보다 앞 세대의 문인인 이색(李穡, 1328~1396)의 글에 담겨 있다. 다음은 이색이 수원도호부의 관영 누정인 운금루(雲錦樓)에 대해 썼던 기문의 일부이다.

지대(池臺)와 피사(陂榭)는 놀고 구경하는 곳인데, 세도(世道)와 무슨 관계가 있으랴. 그러나 국가의 다스려지고 어지러운 자취와, 주현(州縣)의 흥하고 폐하는 이유가 여기에 있는 것이다. 대개 조정이 청명(淸明)하고 위와 아래가 기쁘고 편안하여, 이속(吏屬)은 그 직책을 즐겁게 여기고, 백성은 그 생업에 편안할 것이니, 지대와 피사가 있지 않으면 어떻게 태평 시대의 성한 모습을 형용할 수가 있겠는가. 법령이 가혹하고 사나우며 세금 거두는 것이 번다하고 무거우면, 백성은 들에서 탄식하고 이속들은 관아에서 피곤할 것이니, 비록 지대와 피사가 있더라도 어찌 홀로 즐길 수가 있겠는가.[20]

해당 기문에 따르면 운금루는 수원부 내에 황폐한 못을 다시 파고 가운데 섬을 만들고 그 위에 지은 누정이다. 이색은 못과 누정[池臺/陂榭]으로 이루어진 관영 원림은 놀고 구경하는 곳이지만 그로 인해 국가와 도시의 정치 현황을 그대로 드러낸다고 생각했다. 정치가 제대로 이루어지지 않으면 백성과 관리가 편치 못하므로 원림을 즐길 수가 없고, 정치가 제대로 이루어지면 백성과 관리가 즐겁고 편안하므로 원림으로 인해 태평성대가 표출된다는 것이다. 원림의 미적 감상을 백성의 삶의 질과 연결한 인식은 최충성의 「경회루기」에서도 살펴본 바 있다. 통치자의 원림 문화가 현실로부터의 도피가 아니라 정치의 일부라는 생각이 궁궐과 도성, 지방도시를 막론하고 공유되었던 것이다.

관영 원림 조성에서 관찰사의 역할

지방도시에서 관영 누정을 중심으로 원림이 조성될 때, 관찰사는 순행으로 인한 접객 장소 마련이라는 기능적 수요를 일으키는데 그치지 않고 실질적 역할을 맡기도 하였다. 조선시대 지방관아에서 건물을 짓는 행위는 왕에게, 수리하는 행위는 관찰사에게 보고하도록 법적으로 규정되어 있었다.[21] 이 규정은 성종연간 『경국대전(經國大典)』에 쓰인 이래로 고종연간 『대전회통(大典會通)』에 이르기까지 유지되었다. 그런데 정약용의 『목민심서(牧民心書)』에 따르면 관아 건물을 보고 없이 공사하는 일은 건국 초기에 법령으로 엄하게 금지하였으나 『목민심서』 서술 당시에는 엄하게 금지하지 않았던 것으로 보인다.[22] 건축 공사는 공사비 지출 과정에서 관계자가 비리를 저지르기 쉽기 때문에 짧은 임기를 거쳐 가는 수령의 입장에서 소홀히 하거나 거꾸로 악용하는 경우도 있었다.[23] 요컨대 지방 관아의 건축 공사는 법적으로 관찰사에게 반드시 보고되야 하며 관찰사가 결정권을 가지고 있었지만 수령이 모든 공사를 빠짐 없이 보고하지는 않았으리라 짐작된다.

이는 공사의 범위를 넓게 고려한다면 당연한 일이다. 돌, 흙, 나무를 재료로 쓰고 목조 가구식으로 이루어진 조선의 대다수 건축물들은 보수 공사가 일상이다. 관아 건물이 안으로는 조정의 기능을 담고 밖으로는 조정의 이미지를 표상한다고 본다면, 비리 가능성을 우려한 나머지 건물을 퇴락한 상태로 두는 것은 직무 유기이다. 정약용의 말마따나 그러한 문제는 "회계를 정당하게 하면 그만"이다.[24] 수령이 관찰사에게 보고하지 않을 만한 건축 공사의 존재는 적지 않았을 것이다.

그런데 누정과 원림의 신규 조성이나 변형을 동반한 보수 공사의 경우에는 보고되지 않았을 가능성이 낮다. 수령이 건축 공사의 수행 자체나 보고 여부를 고민할 만한 현실적 이유는 관찰사가 수령의 근무 성과를 평가하는 '포폄(褒貶)' 권한을 가지고 있었기 때문일 것이다. 누정과 원림은 시각적으로 돋보이고 격이 높은 공간 유형이었으므로 은밀하게 조성하고 운영하기가 불가능하고, 보고 없이 마련했을 경우 포폄에서 불리한 사안으로 작용하기 쉬웠을 것이다. 높이와 시야를 갖춘 누(樓)라는 공간 유형은 주택 규모 제한에서 특기되는 사안이기도 하였으며[25] 관아 내 공간 영역별 상대 위계가 법전에 기록되어 있을 정도로 명확했던[26] 조선시대에 상급자의 허락 없이 하급자가 이용할 수 없는 공간이었다.[27] 형태와 활용 모두에서 격이 높고 사치와 향락의 경계라는 인식을 동반하며, 관찰사가 지방 읍치를 방문했을 때 접객 장소로 유력한 원림의 조성 공사를 수령이 보고 없이 진행했을 가능성은 낮다.

순행이 잦았던 시기, 수령은 직속 상관이자 접객의 대상인 관찰사에게 누정의 건립을 설득하고 허가와 지원을 받아냈을 것이다. 이러한 구도에서 원림을 기획하고 조성하는 직접적 주체는 해당 읍치의 수령이었고, 관찰사는 그 기획안을 평가하고 조성을 돕는 간접적 주체였다고 볼 수 있다. 관찰사가 기획과 조성에 직접적으로 개입하는 경우도 물론 있었다. 가령 조선의 개국 공신이자 경상도 관찰사를 지낸 남재(南在, 1351~1419)는 충청북도 황간(黃澗)이라는 읍치의 객사 누정인 가학루(駕鶴樓)의 건립을 수령에게 직접 제안하였다. 다음은 『신증동국여지승람』에 실린 가학루의 기문이다.

의성 남공(宜城南公)이 석덕(碩德) 원훈(元勳)으로서 경상도 관찰사로 있을 때, 마침 하동(河東) 하담군(河澹君)이 이웃 군(郡)에서 정무를 매우 잘하여 황간(黃澗)으로 옮겨와 일을 맡았는데 한달 남짓만에, 공(公)이 순시하러 와 보니 과연 정사가 간략하고 평이하여 백성들을 부릴 만했다. 이에 하군(河君)에게 이르기를, '황간은 산골 고을로서 동서로 가는 사신들이 수십 리를 가야만 위험한 곳을 벗어나게 된다. 이제 이미 큰 언덕에 의지하여 성을 쌓았는데, 성이 큰 시내를 끼고 해자로 백성들과 한계를 지었으니, 그런대로 사람들을 잘 모았다. 그러나 제도를 바야흐로 새롭게 하는 터에 공관(公館)이 낮고 비좁은데 왜 증축해서 올라가 노닐 만한 곳을 만들어 답답한 마음을 통하게 하고, 맑고 시원한 것을 맞아들여 마음을 비워서 백성들을 다스리게 하지 않는가.' 하였다. 하군이 말하기를, '이 말씀은 고을의 다행입니다.' 하고, 곧 노는 사람들을 써서 가까운 산에 가서 재목을 취하고 농사짓는 들에 가서 기와를 구워 운반하는데 수고롭지 않게 하여, 계미년 9월에 공사를 시작해서 이듬해 정월에 완성했는데, 낭무(廊廡)와 당실(堂室)이 모두 크고 아름다워, 그 누(樓)를 보니 우뚝하였다. 공이 두 번째 순시하러 왔다가 여기 올라가 보니 큰 산, 긴 골짜기의 구름과 달, 거친 터와 들, 물 위에 바람과 연기, 물고기가 냇물에 헤엄치며 흐르고, 새가 구름에 나는 조화의 묘한 것이 눈에 접하여 정신에 융회(融會)되고 충만하게 얻는 것이 있을 것이다. 공은 이에 현판을 써서 가학(駕鶴)이라 했으니, 이는 대개 천지의 시초를 초월하고 도(道)의 본체에 혼합되며 바람을 타고 날개 돋힌 신선이 된다는 뜻을 취한 것이다. 그러나 이는 특히 공의 우언(寓言)일 뿐이로다." 하였다.

황간현은 충북과 경북 사이에 위치한 추풍령 근처의 작은 산골 읍치였다. 유동 인구는 어느 정도 있었을 것으로 생각되지만 발달한 도시는 아니었다. 관찰사가 객사의 증축을 직접 제안하자 수령이 바로 실행에 옮겼고, 관찰사는 다음 순행에서 완공된 누정에 올라 경관 요소를 두루 살핀 후 가학(駕鶴)이라는 이름을 지었다. 누정과 원림의 구체적 형상은 이상의 기록만으로 알 수 없다. 다만 가학루의 경우, 기문을 토대로 경관 요소가 특정되는 조선시대 원림 문화의 양상을 떠올린다면 누정의 기획자이자 기문의 작성자라고 할 수 있는 관찰사의 역할 비중이 수령에 비해 컸다고 평할 수 있다.

순행 위주였던 조선 전기의 제도에서 관찰사는 관영 원림의 조성에 있어 수령보다 간접적인 역할을 주로 수행했지만, 조선 후기에는 관찰사가 하나의 도시에 상주하게 되며 사정이 달라졌다. 관찰사가 관할지를 찾아다니는 순영(巡營) 체제와 달리 수령이 감영을 찾아오는 유영(留營) 체제에서 관찰사는 접객의 대상에서 접객의 주체로 변모했다. 이에 따라 조선 후기 관찰사는 관할지의 원림을 직접 계획하는 입안자이자 관리자의 역할을 보다 직접적으로 수행하게 되었다.

순영 체제에서 관찰사의 원림 활용

순행의 실태와 원림의 필요성

조선 전기 순영 체제에서 접객의 공급자인 수령으로부터 접객의 수요자인 관찰사의 입장으로 시점을 옮기면 누정을 갖추는 일이 보다 현실적이고 절실한 문제였음을 알 수 있다. 순영(巡營)이란 말 그대로 '돌아다니는 감영'이다. 15·16세기 관찰사의 순력 행차는 대략 말 50필 안팎의 규모로 파악된다.[28] 관찰사는 먼 행로에도 불구하고 최상급 이동수단인 가마를 타고 다녔으며[29] 순행의 경로를 미리 계획하고 선문(先文)을 보내 해당 관할지의 수령이 일행의 식사와 머물 장소를 때맞춰 준비하도록 했다.[30] 관찰사의 순행은 소읍에게 부담이 가는 일이기도 했지만,[31] 폐단으로 언급되었던 조선 후기와 달리 오히려 위엄을 갖추고 더 자주 해야 하는 일로 언급되곤 하였다.[32]

당시 문인 관료의 입장에서 관찰사는 도의 총책임자라는 영예로운 직책인 동시에 엄청난 업무 강도가 따르는 고된 직책이기도 했다. 1571년 전라도 관찰사 유희춘은 "내가 여러 읍에서 머무르지 않고 번거로운 업무 속에 달려 다니면서, 소읍에서는 1일만 머무르고 대읍에서도 불과 3일만 머물러 길도 험하고 먼 데를 다니느라 기운이 피곤하고 안색도 초췌해지니 건강에 아주 안 좋은 일이라고 한다."라며 자평하고 대읍에서 머무는 일정을 조금 늘리도록 계획을 수정했다.[33] 대사헌으로 제수되어 관찰사를 그만둔 뒤에는 "비로소 극무에서 벗어나 한가로워지니 몸에도 다행이다."[34]라고 썼다.

당상관은 대체로 노년의 문인이었다. 평생 글을 읽고 쓰며 앉아서 공부하고 일해온 양반이 계절을 가리지 않고 매일같이 거처를 옮긴다면 그것만으로도 고난이었을 것이다.[35] 가마나 말을 타고 하루 평균 50여 리를 이동하면[36] 엄청난 양의 문서 업무가 기다리고 있었다. 유희춘은 여산에서 전라도로 진입해 관원들과 첫 공식 인사를 나누자마자 71명이 가져온 보고서[報狀]와 백성들의 청원서[所志] 2~300장을 날이 저물기 전 처리했다.[37] 강진에서는 하루 만에 보고서 6~7권과 청원서 18권을 결재하고 다음 고을로 떠나기도 했다.[38] 이동과 문서 업무 사이에는 끊임없이 서신을 주고받고 찾아오는 사람들을 만났으며 때로는 지방 유지의 경조사에 참여했다. 유희춘이 '극(劇)'이라는 문자로 가리킨 관찰사의 고된 업무 패턴은 황사우의 『재영남일기』에서도 유사하게 나타난다. 그럼에도 불구하고 왕은 교지를 통해 관찰사들에게 감영에 머무르기보다 곳곳을 돌아보길 권하곤 했다.[39]

순행하는 관찰사의 입장에서는 짧게 머물더라도 최선의 환경을 추구하는 것이 당연했을 것이다. 쾌적한 온도와 습도, 적당한 규모와 답답하지 않은 공간감, 심신을 다스리는 데 도움이 되는 문화 자원을 갖추었다면 대략 좋은 환경이 아니었을까. 지금부터는 관찰사의 순행을 담은 16세기 일기 두 건을 통해 누정 활용의 실제를 분석하고자 한다.

전라도 관찰사 유희춘의 『미암일기』

유희춘(柳希春, 1513~1577년)은 1571년 3월 21일부터 10월 15일까지 전라도 관찰사를 역임했다. 그가 1567년(명종 22)부터 1577년(선조 10) 세상을 떠나기 전날까지 10년 동안 쓴 일기인 『미암일기(眉巖日記)』[40]에는 전라도 관찰사로 재임하는 시기의 일상이 상세하게 기록되어 있다.

전라도의 감영 소재지인 전주를 기준점으로 삼았을 때 유희춘의 순행은 총 네 차례 진행되었다. 기존 연구에서 조사한 순행의 전모는 〈표 2-3〉과 같다.

표 2-3. 1571년 유희춘의 순행 일정

차수	일시			경유지						거리		
	출발일	도착일	기간	감영	목	부	군	현	합계	순행일	총 거리	1일 거리
1차	3월 26일	5월 11일	44박 45일	1	2	4	4	11	22	27일	1,340리	61리
2차	5월 17일	7월 5일	47박 48일	1	3	2	2	10	18	21일	1,170리	56리
3차	7월 9일	9월 5일	55박 56일	1	1	3	5	16	27	27일	1,310리	49리
4차	9월 16일	10월 14일	28박 29일	1	2	1	1	8	13	12일	550리	46리
합계	–	–	178일	4	8	10	12	45	79	87일	4,370리	53리

* 출처: 김경숙, 「16세기 전라도 관찰사의 순행길」, 『지방사와 지방문화』 13(2), 역사문화학회, 2010, 60쪽.
* 1차 순행의 도착일을 5월 6일에서 5월 11일로 수정하였음. 5월 6일에 전주에 들어온 유희춘이 다음 날 아침 여산으로 떠나 5일을 보내고 봉안사와 함께 5월 11일에 전주로 들어오기 때문.
* 추가된 여정인 전주~여산 간 왕복 거리는 원 표에서 참고했다는 〈여지도〉의 정확한 문헌 정보를 알 수 없어 반영하지 않았음.
* 표 제목과 항목명을 일부 수정.

유희춘이 재직한 205일 중에서 본영인 전주에 머문 시간은 27일뿐이고 나머지 178일은 다른 고을을 옮겨가며 지냈다. 유희춘은 직임을 마친 후 9개 고을은 돌지 못하였다고 기록하였다.[41] 『신증동국여지승람』에 기록된 57개 군현 중에서 제주도의 세 군현을 제외한 54개 중 42개를 174일에 걸쳐 돌아다닌 것이다.[42] 한 번 이동하면 50리가량을 이동하였고 총 거리는 4,370리, 현재 단위로 환산하면 1,748km에 해당한다. 59세의 고위 관원이 감당한 여정으로서는 상당한 수준이다.

유희춘이 순행에서 누정을 활용한 기록은 첫 번째 순행의 끝 무렵인 5월 9일부터 등장한다. 실록을 봉안하기 위해 전주에 내려오던 봉안사를 맞이하러 전라도의 최북단인 여산에 머물던 유희춘은 이날 청허정(清虛亭)에 올라가 낮잠을 잤다. 청허정은 여산 객사 동쪽의 누정이다.[43] 이날부터 유희춘이 임질에 걸려 누에 오르기를 꺼리게 되는 7월 17일까지 68일 중 누정이나 누의 활용 기록이 등장하는 날은 46일이다.[44] 누정의 명칭을 따로 쓰지 않은 경우에는 누(樓) 또는 소루(小樓)로 지칭되었으며, 이 기간 외에 누정이나 누에 오른 기록은 보기 어렵다.

『미암일기』에 누정명이 기록된 사례는 15개 고을, 17개 건물이다. 3건을 제외하면 모두 『신증동국여지승람』에서 명칭과 위치가 확인된다. 10건은 객관(客館)·공관(公館)을 기준으로 위치가 기록되어 객사와 가까웠다고 보이며 나머지 4건 중 임피 집승루는 동헌을 기준으로, 광양 주변루는 남쪽 문루 자체로, 전주 쾌심정은 제남정에서 4리 떨어진 곳으로, 남원

표 2-4. 『미암일기』에 명칭이 기록된 누정의 목록과 『신증동국여지승람』의 기록 비교

지역	누정명	일기 날짜	『승람』의 위치 기록	비고(『승람』 내용)
여산군	청허정(淸虛亭)	5월 9일	객관 동쪽	
전주부	매월루(梅月樓)	5월 11일	객관 동북쪽 구석	『승람』에 매월정(梅月亭)으로 기록
	진남루(鎭南樓)	5월 12일	공관의 후원	
	쾌심정(快心亭)	5월 13일	제남정으로부터 4리	제남정은 성의 남쪽 시내 위에 있음
나주목	무이루(撫夷樓)	5월 23·25·29일, 6월 5·6·14·16일	객관 동쪽	
무장현	읍취루(挹翠樓)	6월 8일	–	
함평현	희우정(喜雨亭)	6월 12일	객헌 동쪽	『승람』에 희우루(喜雨樓)로 기록
화순현	강학루(降鶴樓)	6월 19일	–	
능성현	봉서루(鳳栖樓)	6월 20일	객관 동쪽	『승람』에 봉서루(鳳棲樓)로 기록
광양현	주변루(籌邊樓)	6월 24~25일	현의 성 남쪽 문루	
곡성현	월화루(月華樓)	6월 28일	객관 북쪽	
남원도호부	광한루(廣寒樓)	6월 30일	부의 남쪽 2리 정도	
익산군	청심루(淸心樓)	7월 9일	객관의 동쪽	
임피현	집승루(集勝樓)	7월 12일	동헌 북쪽	
만경현	죽정(竹亭)	7월 14일	–	
흥덕현	배풍헌(培風軒)	7월 21일	객관 서쪽	
광산현	희경루(喜景樓)	7월 28일	객관 북쪽	『승람』에 희경루(喜慶樓)로 기록

광한루는 부 남쪽 2리 정도라 쓰였다. 정리하면 〈표 2-4〉와 같다.

지금부터는 유희춘의 누정 활용에서 몇가지 특기할 만한 사안을 제시해보고자 한다. 유희춘은 자신보다 품계가 높은 정2품 실록 봉안사를 모셨던 일이 있다. 관찰사에게 오리정(五里亭)은 보통 맞이하는 예를 받는 곳이지만 1571년 5월 10일 봉안사가 왔을 때는 실록과 상급자에게 예를 드리는 곳으로 쓰였다.

다음날 전주에 들어선 유희춘과 봉안사는 하루에 한 곳씩 전주의 대표적 관영 누정을 찾았다. 첫날인 5월 11일에 객사 동북쪽 구석에 있던 매월루(梅月樓), 12일에 객사 후원에 있던 진남루(鎭南樓), 13일에는 전주부성 밖 남쪽에 떨어져 있던 쾌심정(快心亭)에 올랐다.

매월루는 『신증동국여지승람』에 '누(樓)'가 아닌 '정(亭)'으로 기록되어 있고 동북쪽 구석[東北隅]이라는 위치 표현으로 볼 때 비교적 작은 누정으로 추정된다. 당시 객사 대청에 실록을 보관하고[45] 동헌에 봉안사, 서헌에 유희춘이 머물렀으니[46] 첫날은 봉안사의 숙소 가까운 누정에서 연회를 벌였다고 볼 수 있다. 해질녘인 유시(酉時)에 매월루에 오른 봉안사와

유희춘 등은 늦도록 술자리를 갖고 풍악을 들었다.

진남루는 『신증동국여지승람』에 공관후원(公館後園)이라 위치가 쓰였으며 성현(成俔, 1439~1504)의 기문에 "객관의 뒤편으로 숲 사이에 누각이 얼핏 얼핏 드러나 보이는데"[47]라는 구절이 있어, 객사 중앙 뒤편에 식재를 갖춰 마련되었던 누정으로 생각된다. 유희춘은 "높고 상쾌하고 광활하기가 백수십 명이 앉을만하다"[48]라고 그 광경을 묘사하였다. 진남루는 매월루보다 규모가 크고 경관이 트였던 누정으로 볼 수 있다. 일행은 이 누정에 점심 뒤에 모여 연회를 열고 어두워져서 자리를 끝냈다.

쾌심정은 성 밖에 위치한 누정이었다. 유희춘은 "정(亭)에 이르니 큰 강물이 내려다보이고 위에는 한벽당(寒碧堂)이 있다"라고 주변 경관을 언급하였다.[49] 봉안사와 유희춘은 아침을 먹고 출발해 쾌심정에서 점심을 먹었으며, 오후 3~5시에 해당하는 신시(申時)에 유희춘은 성으로 들어오고 봉안사는 한벽당에 머물렀다.

두 인물이 3일간 매월루, 진남루, 쾌심정을 활용한 양상은 위치, 규모, 경관, 시간 측면에서 나름의 특성이 있다. 첫날은 저녁에 숙소 뒤 작은 누정에서, 둘째날은 낮부터 보다 격식을 갖춘 공관의 누정에서, 셋째날은 아침부터 강물을 굽어보는 명승지의 누정에서 식사와 담소, 연회를 즐겼던 것이다.

7월 28일 광산의 희경루(喜景樓)에서는 관찰사 유희춘을 필두로 병사, 좌수사, 우수사까지 전라도의 최고 관원 넷이 모두 모였다. 이때는 누정 내에서 관원 사이의 위계를 드러내는 자리 배치가 기록되었다. 관찰사 유희춘이 먼저 오르고 병사가 다음에 올라 함께 북벽(北壁)에 앉았으며, 좌수사와 우수사가 다음으로 올라 함께 동벽(東壁)에 앉았다.[50] 방위에 따라 북-동-서-남 순으로 위계를 설정하는 것은 공간 배치에 예를 구현하는 전통적 방식으로 『경국대전』 등 법전에도 기록되어 있다.[51] 신숙주(申叔舟, 1417~1475)의 기문에 따르면 희경루는 5×4칸 규모로 주변에 대숲과 연못, 활터를 갖춘 누정이었다.[52]

10월 15일 무장현(茂長縣)에서 유희춘은 왕의 탄신일 진상품을 봉하는 일의 예(禮)가 지극히 중대하므로 도사에게 특별히 누에 올라가서 감독하도록 명했다.[53] 원문엔 단순히 '누(樓)'라고 쓰였지만, 이때 누는 지난 6월 무장에서 유희춘이 올랐던 읍취루일 것으로 보인다. 이 기사는 짧지만 시사하는 바가 있다. 먼저 도사는 관찰사 곁에서 관찰사의 허락 없이 누정에 홀로 오를 수 없었다. 그리고 누정에 오른다는 것은 일시적이지만 특별한 권위나 권한을 갖는 장치가 될 수 있었다.

『미암일기』에 유독 자주 등장하는 누정은 나주의 무이루(撫夷樓)다. 나주 객사의 동쪽에 있었던[54] 무이루는 유희춘이 일곱 차례나 언급하고 오른 바 있다. 그 까닭은 유희춘의 과거사에 기인한다. 유희춘은 유생 시절 부(賦)를 짓는 시험에 네 차례나 합격하고 그중 세 번은 장원을 해 무이루에서 수령의 술을 받았던 추억이 있다.[55] 나주는 유희춘이 오래 머무른 대표적 고을인데, 유희춘은 나주에서 무이루 외에도 동정(東亭)[56], 서헌의 소루(小樓) 등을 언급한 바 있다.

유희춘이 경관의 감상을 남긴 사례로는 현재도 남아 있는 남원의 광한루가 있다[그림 2-1]. 유희춘은 광한루에 올라 "그 광대하고 탁 트인 것이 비할 데가 없다"라고 평했다.[57] 보다 흥미로운 기록은 현재의 김제 서부에 해당하는 만경현에서 남겼다. 일기에 따르면 관아의 죽정(竹亭)에 올라 멀리 바라보니 서쪽으로 바닷가가, 동쪽으로 김제와 태인이 보였으며 지세가 높고 시원해 정말 좋았다. 유희춘은 같은 날 현령을 불러다 이야기하다 이 누정에 대해 말하게 되었는데, 이름을 취원(聚遠)으로 짓도록 했다.[58] 이는 관찰사가 직접적으로 누정의 내력에 개입한 사례이다. 이 누정의 기록은 관찬지리지에는 보이지 않지만 유희춘과 가까운 시기의 인물인 구봉령(具鳳齡, 1526~1586)[59], 김제민(金齊閔, 1527~1599)[60], 홍적(洪迪, 1549~1591)[61]의 문집에 관련된 시가 전한다. 그 후대의 기록이 보이지 않으므로 존속 기간은 짧았던 것으로 생각된다.

대서를 앞둔 7월 17일, 유희춘은 임질기를 느끼고 그 이유가 순행을 할 때 30리를 가며 오줌을 참기 때문임을 깨달았다. 다음날 순행을 함께 하던 전속 의원인 심약(審藥) 김복희는 유희춘이 하부가 헛헛하고 차며 대소변이 잦은 이유를 묻자 "날마다 높은 누에 앉아 시원한 바람을 쏘이는 것이 겉으로는 상쾌하지만 하부는 실상 소랭(疎冷)해진 것이니, 앞

그림 2-1. 광한루 전경 (필자 촬영)

으로는 파, 소금을 쪄서 찜질을 하고 다시는 누에 앉지 말고 다만 창밖에 앉아 예만 받고 방으로 도로 들어가서 공사를 처결해야 한다."[62]라고 답했다. 이때부터 유희춘은 누에서 집무를 하지 않고 방에 들어가 몸을 사렸다. 그 뒤 유희춘은 해안 고을에서 너무 높은 동헌에서 해풍을 쏘여 편치 못하다고 기록하기도 했으며,[63] "찬 것이 두려워 대청으로 나가 앉지 못하고 그냥 온돌방에 앉아 있다."[64]라고 쓰기도 했다. 업무 환경으로 누정을 애용했던 것이 지나쳐 건강을 해치고 말았던 것이다.

경상도 도사 황사우의 『재영남일기』

황사우(黃士祐, 1486~1536년)는 1518년 11월부터 1520년 2월까지 약 1년 3개월간 경상도 도사(都事)를 역임하였다.[65] 종5품인 도사는 감영에서 두 번째 직급으로서 관찰사의 제반 업무를 보좌하고 관찰사가 자리를 비우면 업무를 대리하는 중요한 직책이었다. 『재영남일기(在嶺南日記)』[66]는 황사우가 도사의 임기를 시작하기 직전인 1518년(중종 13) 11월 17일부터 1520년(중종 15) 9월 8일까지 1년 10개월의 일상을 기록한 일기이다. 경상도 도사로 부임하며 쓰기 시작한 일기이기 때문에 책에 '재영남'이라는 제목을 붙였다.[67] 본 지면에서는 황사우가 한양으로 자리를 옮기는 1520년 2월 말 이전까지 경상도 도사로 일했던 기간을 분석한다. 도사는 관찰사와 여정을 함께하며 특수한 상황을 제외하고 대부분의 일정을 동반했다. 따라서 이 일기는 관찰사의 일기 못지않게 감영의 순행 업무 양상을 살펴보는 데에 중요한 사료이다.

황사우가 실질적으로 근무했던 날짜는 문경을 통해 경상도에 들어선 1518년 12월 17일부터 신임 도사에게 편지를 보내고 다음날 풍기의 본가로 떠나는 1520년 1월 24일까지 392일이다.[68] 그중에서 상주에 머문 것은 총 6차례[69]이고 64일에 해당한다. 황사우가 기록한 순행은 유희춘이 기록한 순행보다 일정이 불규칙적이고 복잡하다. 재임 기간 중에 관찰사가 한 차례 바뀌었으며,[70] 경상도를 좌도와 우도로 나누었다가 다시 합치는 큰 변화도 있었기 때문이다.[71] 무엇보다도 황사우의 본가는 풍기, 두 번째 관찰사의 본가는 용궁으로 모두 경상도 내에 있어서 순행 일정에 영향을 미쳤다.

예외적 상황에도 불구하고 황사우는 재직 중에 무려 85개 군현을 순행하였다. 이는 『신증동국여지승람』에 기록된 경상도의 67개 군현보다 그 수가 많은데, 점진적으로 폐지되던 속현이 아직 남아있던 까닭이 크다.[72] 『신증동국여지승람』과 군현의 명칭을 비교해보면 기장현과 예안현 2개를 제외한 65개 군현이 경로에서 확인된다.[73] 사실상 거의 모든 경상도 군현을 순행하였던 것이다. 황사우는 유희춘과 마찬가지로 안동, 진주 등 큰 고을과 상주 인근 지역, 연고지는 자주 다니고 오래 머물렀지만 다른 읍은 1회 순행에 1~2일 머무는 것이 보통이었다.[74]

관찰사, 그리고 황사우가 누정이나 누를 활용한 날짜 역시 대부분 여름이다. 누정/누의 활용 기록은 5월 5일부터 7월 14일까지 69일 동안 집중적으로 등장하며 그중 42일간 누정/누의 활용 기록이 보인다. 이는 약 60퍼센트에 해당하는 비율로 『미암일기』에서도 유사하게 보였던 양

표 2-5. 『재영남일기』에 명칭이 기록된 누정의 목록과 『신증동국여지승람』의 기록 비교

지역	누정명	일기 날짜	『승람』의 위치 기록	비고(『승람』 내용)
밀양부	영남루(嶺南樓)	2월 6일,7월 8일	객관 동쪽	
	망호당(望湖堂)	2월 6일,7월 8일	–	
안동대도호부	영호루(映湖樓)	3월 27일	부의 남쪽 5리	
	수각헌(水閣軒)	5월 26일	–	
영천군	명원루(名遠樓)	5월 5일5월 5일	객사 동남쪽	『승람』에 명원루(明遠樓)로 기록
	쌍청당(雙淸堂)		명원루 서쪽	
영일현	광원정(廣遠亭)	5월 16일	–	
영해도호부	해안루(海晏樓)	5월 21일	객관 동쪽	
청송부	찬경루(讚慶樓)	5월 24일	객관 남쪽	
풍기군	쌍청헌(雙淸軒)	5월 28일	–	
함창현	광원루(廣遠樓)	6월 5일	객관 동쪽	함녕루(咸寧樓) 이름을 광원으로 고침
상주목	풍영루(風詠樓)	6월 7일	공관 동편	
거창현	탁영정(濯纓亭)	6월 20일	–	
안음현	광풍루(光風樓)	6월 21일6월 21일	객관 북쪽	선화루(宣化樓)를 정여창이 고쳐 짓고 이름을 바꿈
	제월당(霽月堂)		광풍루와 접함	
산음현	환아정(換鵝亭)	6월 23일	객관 서쪽	
진주목	촉석루(矗石樓)	6월 25~27일, 9월 20·22일	촉석성 안	
	쌍청실(雙淸室)	6월 25~26일, 9월 20일	촉석루 서쪽	『승람』에 쌍청당(雙淸堂)으로 기록
	봉명루(鳳鳴樓)	11월 21일	객관 남쪽	
김해부	연자루(燕子樓)	7월 3~4일	호계(虎溪) 위	
울산군	태화루(太和樓)	7월 6~7일	읍 서남쪽 5리	『승람』에 대화루(大和樓)로 기록
언양현	쌍수정(雙樹亭)	7월 7일	–	
양산군	쌍벽루(雙碧樓)	7월 7일	징심헌(澄心軒) 남쪽	징심헌은 객사 동남쪽
대구도호부	금학루(琴鶴樓)	7월 12일	객관의 동북 모퉁이	
거제현	황취루(黃翠樓)	9월 12일	객관 북쪽	
삼가현	정금헌(淨衿軒)	9월 23일	관수루 서편	『승람』에 정금당(淨襟堂)으로 기록. 관수루는 객관 남쪽 7보
영순현	빙강정(憑江亭)	10월 26일	–	영순현은 『승람』의 상주목 고적조에 폐현으로 기록

* 명칭에 누와 정이 아닌 헌, 당, 실이 들어가는 건물은 『신증동국여지승람』과 『재영남일기』의 맥락에 근거해 포함하였다. 가령 객사에 부속되어 있다고 판단되거나 쓰임새, 시문의 여부 등에 근거해 참작하였다.

상이다. 그 외 기간에서는 총 열흘뿐이며 산발적이다.[75] 황사우는 누정의 명칭을 따로 쓰지 않은 경우 『미암일기』와 같이 대부분 누(樓), 간혹 소루(小樓)로 표현하였다.

『재영남일기』에 누정명이 기록된 사례는 21개 고을, 27개 건물이다. 명칭이 기록된 누정은 7건을 제외하면 『신증동국여지승람』에서 명칭과 위치를 확인할 수 있다. 그중 위치가 객사(客舍), 객관(客館), 공관(公館)을 기

준으로 기록된 것이 11건, 특정 건축물을 기준으로 기록된 것이 5건, 기타가 4건이다. 이를 정리하면 〈표 2-5〉와 같다.

이 표에서 주목할 점은 『신증동국여지승람』에서 특정 건축물을 기준으로 위치가 기록된 5건이다. 영천 쌍청당, 안음 제월당, 양산 쌍벽루, 삼가 정금헌 4건의 위치 기준이 되는 건축물은 각각 명원루, 광풍루, 촉석루, 징심헌, 관수루에 해당하며 이들은 모두 객관을 기준으로 위치가 쓰였다. 나머지 1건인 진주 쌍청실의 위치 기준이 되는 촉석루만이 촉석성내(矗石城內)로 쓰였을 뿐이다. 이와 같은 누정의 위치 기록 양상은 객관-누정-부속 누정의 인식 구조가 있었음을 드러내며, 이는 실질적인 누정 위치와도 밀접했다.

황사우가 모신 관찰사 두 명은 순행 중에 유생을 불러 경전 학습을 시험하는 고강(考講)을 하였다. 고강은 한 고을에서 한 번 실시하였으며, 하지 않고 지나가는 경우도 많았다. 관찰사는 고을에 도착하면 향교에 들르는 것이 상례였는데 고강의 장소는 향교가 아닌 관찰사의 집무처였다. 관찰사가 유생을 찾아간 것이 아니라 찾아오게 했던 것이다. 관찰사가 동헌에서 좌기할 때는 동헌에서, 누정에서 좌기할 때는 누정에서 유생의 고강이 실시되었다. 예컨대 누정의 활용이 집중된 여름철, 누정명을 쓴 사례로 보면 영천 명원루[76], 영해 해안루[77], 청송 찬경루[78], 함창 광원루[79], 상주 풍영루[80], 거창 탁영정[81], 산음 환아정[82], 진주 촉석루[83], 김해 연자루[84]에서 고강이 실시되었다.

『경국대전』에 따르면 삼남 지방의 관찰사는 매년 6월 도회소(都會所)를 열어 강론(講論)이나 제술(製述)로 5인을 뽑아 생원·진사시의 복시에 바로 응할 수 있는 특전을 주었다.[85] 『재영남일기』에 6월 도회소와 관련된 기사는 없으나 관찰사는 법전에 기록된 학업 장려[奬勸]의 책무를 순행 중의 고강으로 수행하고자 했던 것으로 보인다.[86] 양란 이후 고강은 유생이 되어 군역을 회피하려는 자들을 걸러내려는 목적으로 강화되었다.[87] 그러나 『재영남일기』에 낙강(落講)이나 군역에 대한 언급이 따로 없고 아이들에게 고강을 했던 기록[88]이 있는 것으로 볼 때 교화와 학업 장려의 목적이 강했던 것으로 보인다. 고강은 누정에서만 이루어진 고유의 활용 행위로 볼 수는 없으나 관영 누정의 접근 권한과 건축 형식, 관찰사의 지위, 외부로의 노출 등을 고려할 때 유생과 지역민들에게 특별한 사건으로 인식됐을 것으로 생각된다.

앞서 명칭이 기록된 누정의 검토에서 『신증동국여지승람』의 위치 기록에 근거해 객관–누정–부속 누정의 인식 구조가 있었음을 언급한 바 있다. 황사우의 일기에 이와 관련해 부속 건물의 활용 양상이 나타난다.

그 대표적 사례로 영남루(嶺南樓)와 촉석루(矗石樓)를 꼽을 수 있다. 먼저 영남루를 살펴보자. 아래는 1519년 7월 8일, 밀양에 고위 관원인 관찰사와 좌수사, 우병사가 모였던 당시의 기록이다.

관찰사가 영남루에 도착하였다. 이때 우병사 김극성이 먼저 들어와 북별실(北別室)로 내려갔고, 좌수사는 나와 함께 후북별실(後北別室)로 내려갔다. 모두 관리들의 춘추 포폄을 의논하려 해서였다. 관찰사는 망호당(望湖堂)으로 내려가고, 나는 소루(小樓)로 내려갔다. 관찰사, 좌수사, 우병사 세 분이 누(樓)에 앉으니 나와 여러 사람들이 모두 뵙기를 청하고 나왔다.[89]

이 기사에서 영남루 영역의 공간 지칭어는 북별실(北別室), 후북별실(後北別室), 망호당(望湖堂), 소루(小樓), 누(樓) 다섯 가지가 등장한다. 영남루에 도착한 관원들은 각기 다른 곳으로 흩어졌는데, 우병사는 북별실, 좌수사는 후북별실, 관찰사는 망호당으로 '내려가고[下]' 황사우는 후북별실에 있다가 소루로 옮겨 내려갔다. 이윽고 흩어져 있던 관원들은 누(樓)에 모인다. 공간의 지칭어 중 당호가 드러난 것은 최상급자인 관찰사가 내려갔던 망호당뿐이다. 망호당은 연산군 때인 홍치 연간(1488~1505년)에 지어졌다가 1542년 고쳐 지으며 능파당(凌波堂)으로 이름을 바꾸었는데, 본채 옆에 터를 돋우고 당 1칸을 증축해 본채와 연결함으로써 이동하기 편하게 개조하였다[그림 2–2].[90] '내려간다'라는 표현이나 별실, 소루라는 용어로 볼 때, 영남루에는 별도의 부속 건물이 여러 채 있었던 것이 분명해 보인다.

다음은 촉석루의 사례다. 아래는 1519년 9월 20일, 밤늦게 촉석루에 도착한 관원들이 각기 숙소로 흩어지는 내용이 담긴 기록이다.

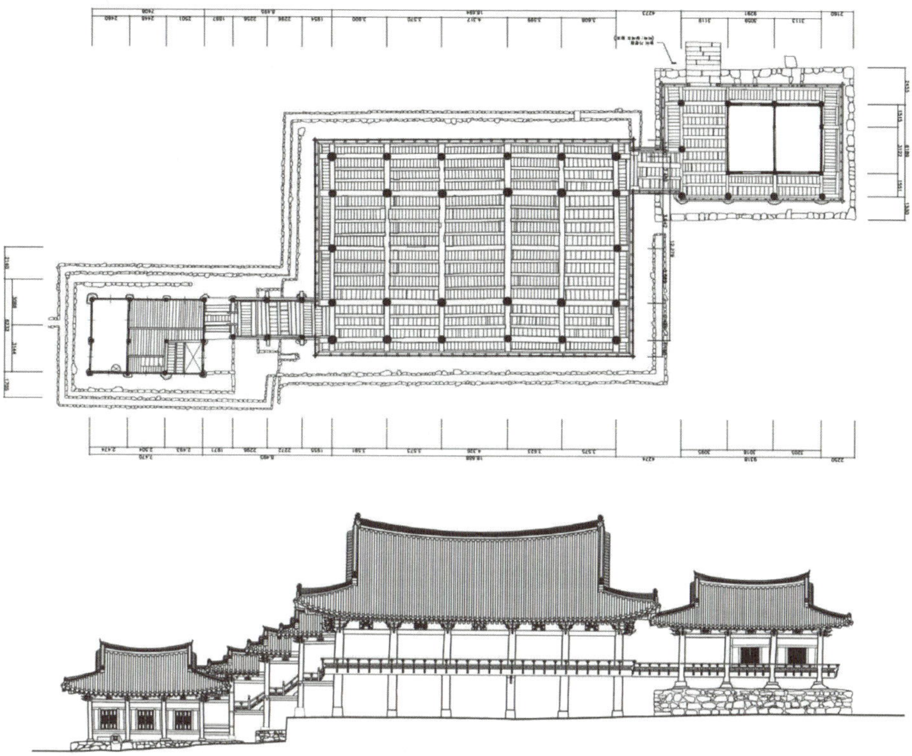

그림 2-2. 영남루 전체 평면도(위)와 남측면도(아래). 이미지에서 오른쪽 부속 건물이 쌍청당을 중건한 능파당 (문화재청, 『밀양 영남루 실측조사보고서』, 1999)

진주까지 40여 리를 와서 관아에 도착하니 밤이 이미 12시나 되었다. 어사(御使)는 영창역에서 돌아와 쌍청당(雙淸堂)으로 내려가고, 관찰사는 촉석소루(矗石小樓)로 내려갔으며, 집의를 겸직하는 이는 청심당(淸心堂)으로 내려가고, 나는 일월당(日月堂)으로 내려가서 잤다. 곤양군수는 들어와서 겸집의와 함께 잤다.[91]

이 기사에는 쌍청당(雙淸堂), 촉석소루(矗石小樓), 청심당(淸心堂), 일월당(日月堂)이라는 공간 지칭어가 등장한다. 현재 모습과 달리 촉석루 양 옆에 부속 건물들이 있었던 것으로 생각되며, 이는 여타 사료로도 확인된다. 『신증동국여지승람』에 따르면 촉석루 서쪽에는 쌍청당과 임경헌(臨鏡軒)이 있었고, 동쪽에는 능허당(凌虛堂)과 청심헌(淸心軒)이 있었다.[92] 하수일

그림 2-3. 촉석루 동쪽의 부속 건물이 남아있던 모습
(Koto Bunjiro, "Journeys through Korea", The Journal of the College of Science, Imperial University of Tokyo, Japan 26, 1909)

(河受一, 1553~1612)의 문집에는 "동쪽에 청심(淸心)과 함옥(涵玉), 서쪽에 관수(觀水)와 쌍청(雙淸)이 모두 손모아 촉석루에 인사드리는 것이 마치 천하고 미숙한 자가 존귀한 자를 뵙는 것 같았다."[93]라는 구절이 있다. 인용한 일기 속에서 관찰사가 머물렀던 촉석소루와 황사우가 머물렀던 일월당은 여타 사료에 잘 보이지 않으나 어사가 머물렀던 쌍청당은 서쪽에, 겸집의가 머물렀던 청심당은 동쪽에 있던 부속 건물임을 확인할 수 있다. 근대 사진에서 촉석루의 동쪽 부속 건물이 남아 있던 모습이 확인된다[그림 2-3].

영남루와 촉석루 외에도 안음현의 사례도 참고할 만하다. 안음현에서 황사우는 관찰사가 "광풍루(光風樓)에서 좌기하였고 나는 제월당에 기거하였다. … 관찰사는 광풍루에서 자고 나는 제월당에서 잤다."[94]라고 썼다. 『신증동국여지승람』에 따르면 광풍루는 객관의 북쪽에 있었고 제월당은 "광풍루와 이어서 지었다[與光風樓連構]."

영천군 명원루(名遠樓)[95]의 부속 누정인 쌍청당(雙淸堂)도 황사우가 잔 곳

그림 2-4. 영천 조양각(명원루) 전경 (한국민족문화대백과사전)

그림 2-5. 조양각의 별실인 청량당 전경. 현재는 없음 (국립중앙박물관 소장 유리건판)

으로 언급된 바 있다.[96] 서거정은 명원루의 기문에서 "동별실(東別室)을 고쳐 짓고 소헌(小軒)을 달아 청량당(淸凉堂)이라 이름지었다. 또 서별실(西別室)을 크게 키워 소헌(小軒)을 달아 쌍청당(雙淸堂)이라고 했는데 모두 몹시 정미했다."[97]라고 하였다. 두 별실은 현재 남아있지 않으나 쌍청당과 짝을 이뤘던 청량당의 식민지시기 사진을 보면 방과 마루를 갖춘 건물의 모습을 알 수 있다[그림 2-4·5].

1519년 9월 22일, 관찰사는 소루(小樓)에 머물고 황사우는 관찰사의 명으로 촉석루에서 홀로 공무를 처리하였다.[98] 도사가 관찰사 없이 누에서 일하는 것은 이례적인 일이라 할 수 있다. 이는 관찰사가 종기로 인해 몸이 아파 제대로 업무를 보기 어려웠던 까닭으로 보인다. 전날인 9월 21일에는 고위 관원이자 접객의 대상인 어사와 집의가 촉석루에 머물고 있어 황사우는 일월당에서 업무를 보았는데, 이날 두 관원이 떠난 뒤에는 관찰사가 촉석루로 올라와 업무를 보라고 명했던 것이다. 그로부터 며칠 전인 9월 18일과 19일에는 종기로 몸져 누운 관찰사를 대신해 황사우가 객관의 대청에서 공무를 처리하기도 했다.[99] 도사가 관찰사의 업무를 대신할 때는 그에 합당한 자리를 마련했던 것으로 보이며, 촉석루와 같이 부속 건물이 여럿인 경우에는 그중에서도 중심이 되는 누가 특별한 격을 갖추고 있었음을 이 기사에서 알 수 있다.

황사우는 공무 일정에서 잠시 벗어나더라도 명성이 높은 관영 누정을 지나치지 않고 따로 방문했다. 도사로 부임한 지 얼마 되지 않아 밀양에 도착한 황사우는 관찰사에게 양해를 구하고 따로 영남루를 구경하러 갔다. 황사우는 영남루의 부속 건물인 망호당에서 여러 선비들과 함께 술자리를 열었으며, 날이 저물기 전 관찰사가 있는 곳으로 돌아왔다.[100] 또한 관찰사와 잠시 떨어져 울산에 도착하자마자 태화루에 올라가 구경하였다.[101] 순행이라는 바쁜 일정 속에서도 여러 품계가 차이나는 상급자에게 양해를 구하면서까지 명소의 풍경을 놓치고 싶지 않았던 것이다.

이 외에도 황사우는 유희춘에 비해 경관을 감상한 기록을 비교적 다수 남겼다. 산음의 환아정[그림 2-6]에 대해서는 "경치가 매우 좋았다. 이곳은 물이 청결하고 산도 수려하였으며, 토지도 비옥하기가 도내에서 으뜸이었다."[102]라고 하여 누정에서의 경관 감상을 지역 산수의 아름다움으로 잇기도 했다. 촉석루의 쌍청당에서는 칠언절구 한 수를 지었으

그림 2-6. 〈환아정〉, 《김윤겸 필 영남기행화첩》 (동아대학교 석당박물관 소장)

며,[103] 거창 탁영정에 대해서는 "띠 풀로 지붕을 덮고, 물가에 자리해 대단히 고요하였다."[104]라고 평하기도 했다.

일기에 드러난 조선 전기 관찰사의 원림 활용

전라도 관찰사 유희춘의 1571년 『미암일기』 기록과 경상도 도사 황사우의 1518~1519년 『재영남일기』 기록을 통해 관찰사 순행에서 관영 원림의 실제를 분석해 종합하면 다음과 같다.

첫째, 두 일기에서 관영 누정은 혹서기인 5~7월 사이의 약 2개월간, 집무와 연회의 공간으로 집중 활용되었다. 유희춘은 5월 9일부터 7월 17일까지 68일 중 46일, 황사우는 5월 5일부터 7월 14일까지 69일 중 42일 동안 일기에 누정 또는 누의 활용을 기록하였다. 절기상 5월 5일이 입하(立夏), 7월 22일이 대서(大暑)다. 누정의 활용이 대략 입하부터 대서 직전, 연중 가장 더운 시기에 집중되었음을 알 수 있다.

높고 트인 누정/누의 건축 형태가 더운 계절에 적합한 업무 환경을 제공했음은 쉽게 짐작되는 바이다. 유희춘은 이와 관련해 직접적인 언급을 남겼다. 누가 없는 고을에 이르면 유희춘은 "누가 없기 때문에 다만 동헌에 앉아 편복을 입지 않을 수 없었다"[105]랄지 "동헌만 있고 누가 없어 더위를 피할 수가 없기에 방 안에 평상을 놓게 했다"라고 썼다.[106] 더위 때문에 "누에 올랐다가 가랑비 때문에 습기가 있어서 다시 방으로 내려왔다"[107]라던지 "뜰이 습하여 출좌는 하지 않고 방에만 있었다"[108]라는 기록을 남기기도 했는데, 이는 누정/누의 생활 환경이 습도와도 밀접했음을 보여준다.

둘째, 관찰사는 관영 누정을 만남의 장소로 활용하였다. 누정에서의 연회 또한 여름에 집중되는 경향이 있지만, 이러한 활용 양상은 시기적으로 5~7월을 벗어나기도 했으며 교류의 범위도 봉안사나 어사와 같은 고위 관원부터 유생에 이르기까지 다양했다. 이러한 만남에서 누정은 교류와 소통의 장치인 동시에 위계를 가시화하는 장치이기도 했다. 그 위계는 한 공간 내에서는 앉는 자리의 상대 배치로 구현되기도 하였으며(유희춘-희경루), 누각 영역에서 머무는 방의 배치로 구현되기도 하였다

(황사우-영남루, 촉석루). 또한 관찰사가 있는 경우 도사와 같은 하급 관원은 누정에 좌기하지 않는 것이 상례였는데, 『미암일기』의 읍취루나 『재영남일기』의 촉석루 사례에서 보듯 관찰사가 일시적으로 도사의 등루나 좌기를 명함으로써 그 권한과 맡은 일의 중요함을 내보이기도 했다.

셋째, 누정은 교외의 지리적 요충지로 인식되고 활용되었다. 두 일기에서는 공통적으로 관찰사가 행선지의 읍치에 가까이 가면 오리정(五里亭)에 해당 군현의 수령이 마중을 나와 예를 행하는 장면이 기록되어 있다. 모든 군현마다 오리정이 기록되어 있지는 않지만, 수령의 오리정 마중은 중국 사신이 도성에 진입할 때 서대문 밖 모화관에서 왕이 칙서를 맞이했던 것처럼 공식적인 의례에 해당했다.[109] 일기상에 오리정의 공간 형식에 대해 언급한 부분은 찾기 어렵다. 다만 오리정을 '五里程'으로 쓰는 문헌이 다수 보이고, 『재영남일기』 5월 10일자에 좌병영에서

그림 2-7. 식민지시기 영호루 전경 (국립중앙박물관 소장 유리건판)

'5리 떨어진 거리[距五里]'와 울산 '오리정(五里亭)'이라는 표현이 함께 등장한다. 누정의 공간 형식보다는 마중의 예를 위한 위치의 개념이 우선했으며, 행례를 위한 기본 공간은 있었겠지만 그 실제는 누정으로 일관되지 않고 다양했을 것으로 생각된다. 오리정 외에 지리적 위치를 대변하는 곳으로서 전라도 북쪽 경계에서 신구 관찰사가 교대하는 장소였던 여산 황화정(皇華亭), 낙동강을 건너는 나루에 있던 선산 월파정(月波亭)과 안동 영호루(映湖樓)[그림 2-7] 등은 실제로 이름난 누정이었던 곳이다.

넷째, 관찰사가 활용한 관영 누정은 객사에 부속되었거나, 객사와 떨어진 경우 별실을 갖춤으로서 가까이에 실내공간을 두었다. 앞에서 관영 누정의 일반론을 전개하며 『신증동국여지승람』의 위치 기록이 객사를 기준으로 쓰였다는 점을 언급한 바 있다. 도상 자료를 통해 이러한 양상을 살펴보면 앞에서 제시한 〈환아정도〉에서 환아정은 오른쪽으로 가까이에 객사를 두고 있고, 김해 연자루의 근대 사진에서 연자루는 객사 동헌에서 멀지 않은 곳에 있었음을 알 수 있다[그림 2-8·9]. 영남루나 촉석루처럼 객사와 다소 거리가 있는 경우에는 별실을 짓고 본채와 잇기도 하는 등, 누각의 트인 경관을 유지하며 실내 공간을 확보하기 위해 시설을 증축했던 양상이 확인되기도 한다.

다섯째, 전라도와 경상도의 감영 소재지였던 전주와 상주에 별다른 감영 시설이 확인되지 않는다. 유희춘은 205일 중 27일을 전주에서, 황사우는 392일 중 64일을 상주에서 보냈다. 유영(留營) 체제였던 조선 후기 감영과 비교할 수는 없지만 순행 체제에서도 가장 오래 머무는 읍치가 전주와 상주였음은 분명하다. 그러나 머무는 동안의 일기에서 선화당, 포정문과 같은 감영 고유의 중심 건물에 대한 기록은 나타나지 않는다. 『미암일기』에서 유희춘이 관찰사로서 전주에 처음 입성한 후 공례를 한 장소는 후대청(後大廳)으로 쓰였고[110] 거처는 주로 동헌방(東軒房), 서헌(西軒)으로 쓰였다. 『재영남일기』에서 관찰사의 상주 내 거처는 주로 동헌(東軒)으로 쓰였다. 두 경우 모두 관찰사가 객사에 머물렀음을 알 수 있다.

그림 2-8. 김해객사의 식민지시기 모습. 오른쪽 구석에 연자루가 보인다. (국립중앙박물관 소장 유리건판)

그림 2-9. 연자루의 식민지시기 모습 (국립중앙박물관 소장 유리건판)

감영의 정착과 원림 발달

감영의 유영화와 감영 도시의 변화

감영 소재지의 이동과 정착

조선 전기의 관찰사 제도에는 양계 지방과 다른 지방 간에 차이가 있었다. 양계 지방의 두 관찰사는 조선 전기부터 솔권겸윤(率眷兼尹), 즉 임지에서 가족을 부양하고 감영 소재지의 수령을 겸직하도록 했다. 관할지 내 여러 읍치의 객사를 옮겨 다니며 근무하기보다 한곳에 머물러 집무하는 '건축된 감영'의 형태가 일찌감치 자리 잡았던 것이다.

평양은 조선 전기부터 평안도의 감영 소재지였다. 다음 항목에서 살펴볼 조선 전기 평양 읍지인 윤두수(尹斗壽, 1533~1601)의 『평양지(平壤志)』에는 조선 후기 못지않게 규모가 크고 부속 시설을 갖춘 조선 전기 감영의 모습이 전한다. 함흥은 조선 전기에 감영 소재지로 정해졌다가, 1467년(세조 13) 백성이 관찰사를 살해하는 사태로 인해 1470년(성종 1) 부(府)에서 군(郡)으로 강등되고 감영 소재지를 영흥에 넘겨주었다. 감영 소재지로 재지정된 것은 34년 후인 1504년(중종 4)인데, 아쉽게도 조선 전기 함경감영의 모습에 관한 기록은 찾기 어렵다. 다만 임란 이후 선화당을 지을 때 옛터에 다시 지었다는 기록이 있어 조선 전기에도 같은 위치에 감영이 있었다고 추정할 뿐이다.

양계 지방인 평안도와 함경도를 제외한 6개 도 중에서는 한양을 둘러싼 경기도에 특수성이 있다. 경기도는 수도의 방위를 맡고 있기 때문에 유사시에 관찰사의 위치가 상당히 중요하다. 기존 연구에 따르면 1457

년경 세조의 정략적 판단에 의해 서대문 밖에 있던 김종서의 집터에 경기감영을 지었을 가능성이 있다.[111] 이는 널리 알려진 한성부 경기감영 입지의 연원으로 볼 수 있다. 이 위치는 궁궐에서 왕이 부르면 바로 들어갈 수 있는 거리에 있다. 이 때문에 경기도 관찰사는 감영이 아니라 집에서 근무하는 전통이 있기도 했다. 경기도 관찰사는 순행이 일상이었던 다른 5개 도 관찰사와는 달리 한양 가까이에서 왕과 긴밀한 관계를 취하며 마치 경관직처럼 집무했던 것으로 전한다.[112]

나머지 5개 도 중에서 황해도 해주, 강원도 원주, 전라도 전주는 조선 초부터 감영 소재지로 고정되었다. 반면 충청도와 경상도는 임란 이전까지 감영 소재지가 아니었던 공주와 대구가 감영 소재지로 정해졌다. 순영 체제에서 관찰사에게 감영 소재지는 왕실 진상, 과거 시험 등을 시행하는 도 단위 행정의 중심지이자 공문서 보관소, 휴식처로서의 기능을 가졌을 뿐 관찰사를 위한 상설 관아 시설이 제대로 갖추어지지 않았다.[113] 관찰사는 감영 소재지에서도 객사에 머물며 수령의 지원을 받았다. 공간 활용 양상에서 감영 소재지와 감영 소재지가 아닌 도시 사이에 큰 차이가 없었던 것이다. 따라서 감영 소재지의 위치는 순행에 유리한 곳으로 정해졌다. 한양에서 가까운 도시라면 도 경계를 넘자마자 순행을 시작하기 좋고, 중앙과 오가는 소식이나 물자를 유통하기 유

표 2-6. 감영 소재지의 도별 변화

구분	도	연혁
양계 지방	평안	평양(1413)
	함경	함흥(1416) → 영흥(1470) → 함흥(1504)
양계 외 지방	황해	해주(1395)
	강원	원주(1395)
	경기	수원(1413) → 광주(미상) → 한성부(1457) → 한성부/영평(1618) → 한성부(1623)
	충청	청주(1395) → 충주(1449) → 공주(1602)
	전라	전주(1395)
	경상	상주(1408) → 팔거현(1593) → 달성(1596) → 안동(1599) → 대구(1601)

* 최영철(1995)의 표를 기반으로 작성하되, 경기감영과 경상감영은 다음 연구를 참고하여 수정하였음. 이선희, 「조선후기 한성부 내 京畿監營의 입지 연구」, 『서울학연구』45, 서울시립대학교 서울학연구소, 2011, 143~178쪽; 구본욱, 「경상감영의 대구 설치과정과 그 시기」, 『한국학논집』 80, 계명대학교 한국학연구원, 2020, 5~36쪽.
* 감영 소재지가 조선 후기와 같이 확정된 상태를 짙은 색 음영 표시.
* 조선 초기 경상도 감영 소재지가 상주 이전에 경주였던 것, 경상도가 1519년과 1583년, 두 차례 좌도와 우도로 나뉘었다가 바로 합쳐질 때 상주와 경주로 감영 소재지가 정해졌던 것은 표에서 생략하였음.

리했다. 때문에 충청도는 청주, 경상도는 상주가 오랫동안 감영 소재지로 지정되어 있었다. 그러나 임란 이후 감영의 군사적 요소가 강화되고 유영 체제가 전개되면서 감영 소재지의 위치에 수도와의 거리보다는 도내 중심성이 더 중요해졌다. 관찰사가 지방을 돌며 수령을 찾아가던 순영 체제와 달리 유영 체제에서는 수령이 관찰사를 찾아왔다. 때문에 한양에서 가까운 북쪽의 교통 요지보다 비교적 도내 중앙에 위치한 대읍이 새로운 감영 소재지로 선정되었던 것이다.

국초부터 감영 시설이 있었던 도시(평양, 함흥)와 감영 시설이 일부 있었으나 도성과 다름없던 경기감영(한성부), 국초부터 감영 소재지였지만 감영 시설은 없었던 도시(해주, 원주, 전주)와 임란 이후 뒤늦게 감영 소재지가 된 도시(공주, 대구) 간에는 감영 문화에 차이가 있었다. 감영 소재지의 변동이 적고 고유의 문화적 전통이 있었다면 그만큼 이후에 감영 문화를 전개할 동인이 강하고 원천이 다양했을 것이다. 조선시대 문인들이 산수, 누정, 관아 등의 경관에 적극적으로 의미를 부여하고 기록, 전파했던 것을 상기한다면 감영과 관련된 경관 문화가 시간이 흐를수록 고유성을 획득하고 파생을 일으켰을 것으로 예상하기는 어렵지 않다. 감영과 관련된 전통이 강한 도시는 계승하고 재해석하는 방식으로, 전통이 약한 도시는 창조하고 강화하는 방식으로 감영 원림 문화를 발전시켰을 것이다.

임란 이전의 감영 시설

감영 소재지들이 각기 다른 내력을 가지고 있기 때문에 전국의 감영 시설과 관련 문화를 일관된 전개로 파악하는 데는 무리가 따른다. 그러나 임란 이후 점진적 유영화와 함께 도입된 각도의 감영 시설이 이후 전국적으로 전형화되는 과정을 거친다는 점을 상기하면, 감영 시설에는 제도에 기반한 보편화의 의지가 반영되었음을 알 수 있다. 그렇다면 시설 도입과 보편화에 앞서, 보편화의 동향을 예비하던 상황에서 그 행위 주체들이 고려했을 관건은 감영 시설의 전사(前史)였을 것이다. 감영 시설을 신축하기 위해 근거로 삼았을 만한 사례는 단연 기존의 감영 시설이었다. 따라서 유영화 이전의 감영 시설에 대한 고찰은 이후의 감영 시설을 이해하는 근거를 제공한다. 임란 이전의 감영 시설은 조선 후기의 감영과 달리 관련 연구가 드물기 때문에 충분한 검토가 필요한 부분이다.

임란 이전 감영의 실제를 전하는 기록은 평안감영에만 남아 있다. 그런데 해당 기록은 조선시대 지리지 중에서도 가장 상세하게 관아의 구성이 기록된 흥미로운 자료이다. 윤두수가 1590년(선조 23)에 간행한 『평양지』[114]의 공서(公署)조에는 당시 평양에 있었던 객사와 여러 관아들의 명칭과 칸수를 포함하여 각각의 구성이 전한다.

〈표 2-7〉은 윤두수의 『평양지』 공서조를 요약해 정리한 것이다. 공서조에 기록된 관청 건물은 크게 객사, 주요 관아, 기타 관아로 나눌 수 있다. 규모를 합산하면 객사는 501칸, 주요 관아는 478칸, 기타 관아는 461칸이며 모두 합하면 1,440칸이다.

표 2-7. 『평양지』 공서조의 조선 전기 관영 건축물

분류	명칭	칸수
객사	대동관(大同館)	149
	청화관(淸華館)	136
	풍월루(風月樓)	97
	신관(新館)	119
	소계	501
주요 관아	감사본아(監司本衙)	267
	서윤본아(庶尹本衙)	71
	판관본아(判官本衙)	72
	찰방아(察訪衙)	68
	소계	478
기타 관아	보루관(報漏觀)	4
	지응고(支應庫)	118
	전주국(典酒局)	51
	영작서(營作署)	23
	감조소(監造所)	27
	영고(營庫)	25
	영군기고(營軍器庫)	25
	도무사(都務司)	28
	유향소(留鄕所)	15
	사옥국(司獄局)	14
	융기서(戎器署)	27
	교서국(校書局)	56
	역학당(譯學堂)	25
	운손서(雲孫署)	15
	호애당(護哀堂)	8
	소계	461
총계		1440

관청 건물은 중국 황제의 칙서와 조선 왕의 교지가 오가는 객사가 가장 먼저 서술되었다. 대동관에는 대청 뒤에 중국 황제의 칙서를 보관하는 칙서각(勅書閣)이 있고, 향과 위판을 보관하는 향실(香室)과 제위판봉안실(祭位版奉安室)을 따로 갖추어서 공식 의례가 열렸음을 알 수 있다. 네 객사는 대청을 갖춘 중심 건물에 동헌(東軒)과 서헌(西軒)이 양 옆에 붙는 객사의 전형적 구성을 보이고, 세부 시설은 각 객사마다 특성이 있어 관아의 성격도 일부 포함한 것으로 보인다.[115]

객사 다음으로는 품계에 따라 감사본아(종2품), 서윤본아(종4품), 판관본아(종5품), 찰방아(종6품)가 서술되어 있다. 네 명의 주요 관원이 주재했던 관아 중에는 감사본아의 규모가 265칸으로 가장 컸고 나머지는 71,

72, 68칸으로 비슷했다.

윤두수의 『평양지』에 수록되어 있는 〈평양관부도(平壤官府圖)〉에는 공서조를 비롯해 능묘와 누정 등의 조목에 기록된 관영 건축물의 위치가 표기되어 있다[그림 2-10]. 대동강을 건너 대동문을 들어서면 네 개의 객사가 길 좌우로 늘어서 있었고, 상아(上衙), 이아(二衙), 삼아(三衙)로 쓰인 주요 관아[116]는 객사가 모여 있던 성내 진입로에서 비교적 바깥쪽에 입지했다. 공서조의 서술 순서, 규모, 입지 등으로 볼 때 당시 객사는 단순 접객 시설이 아니라 평양을 대표하는 관영 시설이었고, 내부에 행정과 상업 기능도 일부 갖추고 있었다.

감사본아(監司本衙), 즉 관찰사의 집무처인 감영 시설을 보다 자세히 들여다보자. 〈표 2-8〉은 『평양지』 공서조에서 감사본아 항목의 내역을 정리한 것이다.

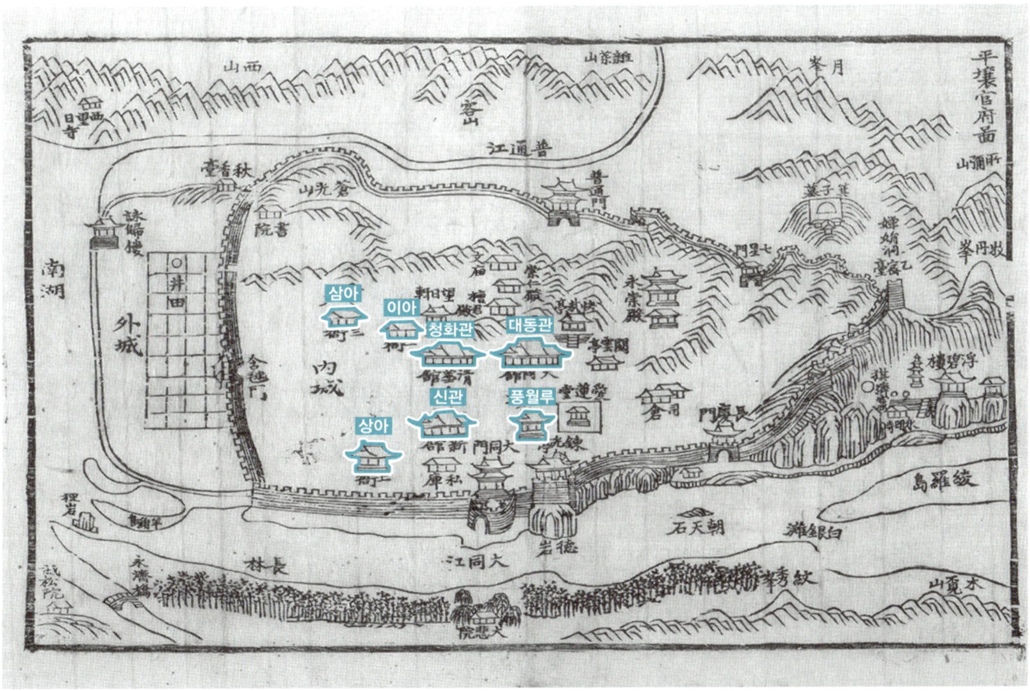

그림 2-10. 〈평양관부도(平壤官府圖)〉, 『평양지』(1590) 수록. 지도 중앙 하단에 대동강(大同江) 위로 대동문(大同門)이 보이고, 문을 통해 성안으로 들어오면 좌우에 신관(新館)과 풍월루(風月樓), 조금 더 진입하면 좌우에 청화관(淸華館)과 대동관(大同館) 총 네 개의 객사를 만나게 되어 있었다. 네 개의 객사 일곽을 기준으로 좌측 하단에 상아(上衙), 좌측 상단에 이아(二衙)와 삼아(三衙)가 보인다. (서울대학교 규장각한국학연구원 소장)

관찰사의 청사는 수령의 청사와 구성이나 규모가 달랐다. 관찰사는 도 단위를 통치하기 때문에 예하 수령과 다른 부속 기관이 필요했으며, 관찰사의 지위에 맞는 격식도 갖추어야 했다. 『평양지』의 감사본아는 관찰

표 2-8. 『평양지』 공서조의 감사본아(監司本衙) 구성

영역	구성	칸수
(중심영역)	上房	2
	廳屋	3
	前後楹	10
	西別室	7
	北別室	6
	東行廊	3
	西行廊	11
	南行廊	14
	外行廊	15
	소계	71
중동헌(中東軒)	(廳屋)	2
	房屋	2
	前後楹	4
	소계	8
진서각(鎭西閣)	(廳屋)	3
	前後楹	6
	東樓庫	7
	西行廊	7
	中門*	2
	左翼廊	4
	右翼廊	2
	소계	31
응물헌(應物軒)	(廳屋)	2
	房屋	3
	前楹	4
	右楹	3
	소계	12
대문(大門)		3
도사청(都事廳)		2
부관청(府官廳)		3
주옥(廚屋)		20
정설영(正說營)	聽門道	5
	小門	1
	馬房	10
	소계	16
추향당(秋香堂)	廳屋	1
	前楹	3
	右楹	2
	房屋	3
	廚屋	1
	墻門*	1
	府官廳	5
	소계	16
도무사청(都務司廳)		3
육방청(六房廳)		10
지인청(知印廳)		5
주사청(主事廳)		5
전매국(典賣局)	廳屋	3
	前楹	3
	行廊	10
	大門	1
	소계	17
심약당(審藥堂)	廳屋	3
	房屋	1
	樓庫	3
	行廊	4
	大門	1
	소계	12
율학당(律學堂)	廳屋	2
	行廊	7
	소계	9
영리청(營吏廳)	樓屋	4
	後楹	5
	廳屋	3
	左右行廊	12
	소계	24
총계		267

* 구성에서 '(廳屋)'이라고 표기한 부분은 영역명 다음에 바로 칸수가 적힌 부분으로, 공간 분류상으로는 대청에 해당한다고 판단해 괄호 치고 표기함.

* 진서각 '中門'은 칸수 표기가 없으나 양쪽에 협문이 있다고 하여 2칸(1+0.5+0.5)으로 계산함. 추향당 '墻門'은 칸 단위 없이 一로만 표기되어 있으나 1칸으로 계산함. 공서조 내에 '小門'들은 대체로 칸수 없이 표기되어 있음.

사의 중심 영역 71칸을 비롯해 전체 267칸의 규모로 이루어졌으며 다수의 부속 기관을 포함했다. 본격적으로 감영의 유영화가 시작되는 17세기부터 다른 도의 감영이 양계 감영의 기존 시설을 모방했다는 해석[117]에 수긍이 가는 구성과 규모이다.

그러나 『평양지』상의 감사본아를 익히 알려진 조선 후기 감영의 전형과 비교하면 다소 차이가 있다. 첫째, 선화당(宣化堂), 관풍루(觀風樓), 포정문(布政門)처럼 조선 후기에 전형화된 중심 건축물의 명칭이 보이지 않으며, 해당 역할을 했다고 추정되는 건축물의 규모가 조선 후기보다 작다. 가장 먼저 서술되어 선화당에 준한다고 판단되는 건물은 방 2칸, 청 3칸, 앞뒤 영(楹)[118] 각각 5칸이므로 정면 5칸 측면 3칸 규모였음을 알 수 있다. 칸수가 점차 넓어져 정면 7칸으로 측면 4칸 규모에 수렴하는 조선 후기 선화당을 상기하면 다소 작은 건물이었다고 볼 수 있다.

중동헌(中東軒)이라 쓰인 건축물은 조선 후기 징청각이나 관풍루와 같이 선화당에서 멀지 않고 비교적 앞쪽에 배치되었으며 관찰사가 즐겨 쓴 업무 공간이었으리라 볼 수 있다. 역시 방 2칸 청 2칸에 앞뒤로 각각 영 2칸을 갖춘 크지 않은 규모이다.[119] 조선 후기 관풍루/관풍각이 누마루를 갖추었거나(경기감영), 선화당 못지않은 규모를 갖추었던(경상감영) 것을 떠올리면 차이를 가늠할 수 있다. 대문의 경우 3칸으로 쓰였지만 따로 명칭이 부여되거나 조선 후기 포정문과 같은 중층 구조는 아니었다고 추정된다.[120]

둘째, 내아와 누정 또는 누가 보이지 않는다. 중심건물 가까이에 배치되어 행랑으로 함께 둘러싸여 있던 것으로 보이는 서별실 7칸과 북별실 6칸이 내아나 누정의 역할을 했을 가능성이 있다. 그러나 조선 후기 내아의 규모와 비교해 보더라도 상당히 작고 두 별실이 따로 떨어져 있다. 엄청난 권위와 재력을 가졌던 평안감사가 가족을 들이고 제사를 지내는 내아를 감영 내에 갖추었는데, 모두 합쳐 13칸인데다 별실이라고 간단히 서술했을 가능성은 낮다. 기존 연구의 견해처럼 관찰사의 사적 영역이므로 생략되었거나[121], 영내에 있었든 바깥에 있었든 간에 관영 건축물로 인식되지 않았다고 보는 것이 타당하다.

서별실과 북별실은 『평양속지』 등에 기록된 조선 후기 평안감영의 연신당(燕申堂)이나 응수당(應酬堂)처럼 선화당 가까이에 위치해 쉬거나 손님을 맞는 등 관찰사가 비교적 편하게 쓸 수 있는 다용도 건물이었으리라 짐작된다. 그러나 이 역시 누를 갖추었거나 누정의 성격을 갖지는 않았다고 판단된다. 다른 부속 건물에서 영(楹)과 누(樓)라는 용어가 쓰인 사례가 있는 데 반해 여기에는 실(室)이라는 용어를 썼기 때문이다.

관찰사의 여름 업무 공간으로서 누정/누의 필요성은 일기 자료에서 이미 확인한 바 있는데, 평안도 관찰사는 이러한 공간 수요를 감영 밖에서 해결했던 것으로 보인다. 감사본아에 포함되어 있는 추향당(秋香堂)은 정면 3칸, 측면 3칸의 건물로 청 1칸에 방 3칸, 정면과 우측면에 연달아 영(楹) 5칸을 갖춘 관찰사의 별당이었다. 여기에도 별달리 누를 갖추었다는 기록은 없는데, 『평양지』에 추향당은 "관찰사 이계맹(李繼孟, 1458~1523)이 지었으며 국화를 많이 심었다"[122]라고 쓰여 있다. 〈평양관부도〉의 좌측 상단을 보면 추향당은 내성 바로 바깥의 언덕에 위치했다. 감영 본청과 동떨어진 고지대에 위치했던 것이다. 추향당 외에도 공서조가 아닌 누정조에 등장하는 부벽루, 연광정, 애련당 등은 모두 감영이 관리하는 시설로서 관찰사가 원하는 대로 활용할 수 있는 누정이었다. 정리하면, 조선 전기 평안감영에서 관찰사가 거처하는 중심 영역 내에는 누정이 없었고, 필요시 관찰사는 감영 밖의 성내 누정을 활용했던 것으로 보인다.

관찰사가 일찍이 가족을 데리고 부임하고 수령을 겸했던, 즉 솔권겸윤(率眷兼尹)했던 양계 지방을 제외하면 감영 소재지에 선화당 같은 관찰사 고유의 시설은 없었다고 보는 것이 일반적이다. 그런데 황해도의 해주 감영에 임란 이전부터 관찰사의 유영(留營)을 고려한 전용 시설이 있었다는 기록이 있어 주목할 만하다.

〈그림 2-11〉는 앞에서 살핀 『평양지』의 저자였던 윤두수가 1571년(선조 4)에 황해도 관찰사로 부임하던 당시 해주읍성의 풍경과 행렬을 10년 뒤인 1581년(선조 14)에 그린 그림이다. 아랫 부분에 해주의 동·남쪽 성문과 성곽이 보이고 관찰사의 행렬이 남쪽 성문으로 다가가고 있다. 성문

안에는 관찰사가 공례를 받고 집무할 관청 건물이 보이는데, 주목할 것은 이 그림의 제목이다. 제목에 쓰인 유영(留營)은 관찰사가 머무는 감영이라는 뜻이고 수양관(首陽館)이 그 중심건물의 명칭으로 볼 수 있다. 그런데 1530년에 편찬된 『신증동국여지승람』 해주목에는 수양관이라는 건물명이 없다. 임란 이전 문헌에서 수양관이라는 명칭은 위 그림 제목과 더불어 윤두수가 1594년에 해주에서 사망한 유홍(柳泓)을 기리는 시에서 "흰 장막 빈소는 수양관(首陽館)에 차렸고"[123]라고 쓴 부분에서도 확인된다.

그림 2-11. 〈유영수양관연명지도(留營首陽館延命之圖)〉 부분 (국립중앙박물관 소장)

『신증동국여지승람』 이후 1760년경 편찬된 전국 관찬지리지인 『여지도서』의 황해도 감영 공해(公廨)조에 선화당은 "관찰사영(觀察使營)이다. 수양관(首陽館)이라고도 한다."[124]라고 쓰였으며, 같은 책의 해주목 공해조에는 객사인 안서관 다음 항목에 수양관이 따로 적혀 있고 "안서관 서쪽에 있다. 감사가 감영의 일을 살피는 곳이다"[125]라고 쓰여 있다. 전자에 따르면 수양관은 선화당이고, 후자에 따르면 그 위치는 안서관의 서쪽이다. 그런데 다음 기록을 보면 수양관과 선화당은 별도의 건물이었다. 이의현(李宜顯, 1669~1745)은 1714년(숙종 40) 황해도 관찰사로 재임했을 때 부인이 감영에서 출산했던 아이가 일찍 세상을 떠나자 그 행록(行錄)을 쓰며 다음과 같이 기록했다.

> 수양관은 바로 예전에 방백(方伯)이 정무를 보던 건물로, 선친이 황해도를 안찰했을 적에 거처하였던 장소이다. 지금 가솔을 데리고 부임하라는 명령이 새로 내려졌기에 이곳을 내실(內室)로 만들었는데, 아이가 마침 이곳에서 태어난 것이다.[126]

1714년에 별도의 선화당 없이 수양관이 선화당과 동일 건물이었다면 공식 의례가 행해지는 그 건물을 내아로 임시 활용하지는 않았을 것이다. 뒤에서 다시 언급하겠지만, 이의현에 앞서 황해도 관찰사를 지냈던 이제(李濟)가 기존 건물을 고쳐 1710년 선화당을 새로 마련했던 기록이 있다. 이보다 후대의 홍경모(洪敬謨, 1774~1851)는 "전패를 봉안하고 사신을 맞이하는 곳은 안서관(安西館)과 수양관(首陽館)이라 한다. 사신 정용(程龍)이 그 편액을 썼다. 관찰사의 정아(正衙)는 선화당이라 한다. 수양관의 동쪽에 있다."[127]라고 기록한 바 있다. 즉, 홍경모 당시에 수양관은 객사인 안서관과 동일 건물을 지칭했거나 객사 내 별도 건물이었으며, 선화당은 안서관의 동쪽에 별도로 존재했던 것이다.

정리하면 해주 수양관이라는 건물은 1530년부터 1581년 사이에 해주 객사 서쪽에 지어져 관찰사가 해주에 머물 때 집무하는 건물로 쓰였다. 그러다가 1710년 객사 동쪽에 선화당이 별도로 지어지면서 관찰사의 정식 관청으로서 지위를 넘겨 주었지만 그 이름의 뜻은 계승되었으며,

상황에 따라 객사나 관찰사의 집무처, 내아로 활용되었다.

황해감영의 수양관은 순행 체제로 운영되었던 양계 외 6개 도에서도 감영 소재지 내 관찰사의 고유한 공간이 필요했던 상황을 가늠하게 한다. 이후 황해감영은 순행의 비중을 낮추고 감영을 유영화 하자는 1593년 비변사의 청[128]에 의해 유영화가 본격적으로 진행된 것으로 보인다. 윤두수가 언급하고 그림으로 기록한 수양관은 여섯 도의 감영이 순영에서 유영으로 변화를 일으키기 직전, 마치 객사에 부속된 듯한 선화당의 전신을 보여준다.

임란 이후 감영의 유영화

조선 후기가 되면 순행을 중심으로 하던 관찰사 제도가 감영 소재지에 머무는 유영(留營) 중심으로 바뀌게 된다. 도내 읍치를 차례로 도는 순행은 1년에 두 번, 봄 가을로 횟수가 줄어들었다. 이와 같은 관찰사의 기능 변화를 감찰 중심의 '외헌(外憲)'에서 행정 중심의 '방백(方伯)'으로 바뀌었다고 표현하기도 한다.[129] 순행할 때를 제외하면 관찰사는 각도의 감영 소재지에 머물렀다. 유영 체제가 자리 잡은 이후 각도의 감영 시설은 조선 전기 평안감영 이상의 규모와 구성을 갖추게 되었다.

감영의 유영화와 매듭지어져 있는 감사구임제(監司久任制)는 관찰사의 임기를 늘리는 것인데, 이는 17세기 유영화가 진행될 때 처음 제기된 것이 아니다. 오히려 조선 전기부터 지속적으로 제기되어 왔다.[130] 감사구임-유영화는 감영 제도의 전반을 혁신하는 변화였고 효과와 관련해 찬반 의견이 팽팽하게 대립했다. 찬성측에서는 순행 중심의 관찰사 제도로 인한 폐단을 강조했다. 관원들은 순행이 고되고 가족과 떨어져 지내므로 관찰사라는 직책을 기피하였다. 때문에 임명을 사양하거나 중간에 사직하는 경우가 잦아 자리가 비어있는 경우가 많고, 임기를 채우더라도 기간이 짧아 지방관으로서 충분한 역량을 발휘하기 어렵다는 것이다. 반대측에서는 유영화 되었을 경우의 폐단을 강조했다. 순행을 줄이면 관찰사와 관할 지역, 백성의 접촉이 줄어들어 이목에 의존하게 되고, 임기가 길어지면 사사로운 관계가 늘어나게 되며, 이 때문에 감찰과 포폄의 객관성이 떨어지게 되고, 결정적으로 감영 시설을 짓고 관찰사의 가족을 부양하는 데 지나친 비용이 든다는 것이다.[131]

조선 전기부터 제기된 유영화와 감사구임 찬반론은 임진왜란과 병자호란을 겪으며 다른 국면을 맞았다. 유영화와 구임 중에서 먼저 실현된 것은 전자였다. 임진왜란 직후 황해도, 전라도, 충청도, 경상도, 강원도 순서로 유영화가 진행되었고, 이후 유영화는 약간의 부침이 있었으나 대체로 유지되어 구임론의 배경이 되었던 것으로 보인다. 인조반정 이후 서인이 정권을 잡으며 과거에 이이가 제기했던 감사구임론이 재조명되었고, 병자호란을 맞아 관련 논의가 더해졌으며, 마침내 1669년(현종 10) 감사구임제가 시행되었다.[132]

전쟁 이후에 진행된 남쪽 지방 감영의 유영화는 일견 북쪽 국경에 집중되어 있던 국방의 시선이 일본의 침략 이후 남쪽으로 확장된 결과로 보인다. 물론 유영화와 감사구임제 도입에는 지방의 행정적·군사적 장악력을 높이려는 의도가 반영되어 있다. 그런데 전쟁이나 국제 정세와 같은 거시 담론에서 지방 사회의 실상으로 눈을 돌리면 복구와 민생의 문제가 유영화를 추동하는 실질적 동인이었음을 알 수 있다. 먼저, 순행 체제에서 감영의 운영비는 관찰사 일행이 머무르는 해당 군현에서 대부분을 부담하게 되어 있었으며 이에 대한 문제제기는 조선 전기부터 있었다.[133] 전후 복구 시기에 각 군현과 백성의 부담이 가중되었을 것은 분명한데, 그럼에도 불구하고 관찰사의 순행 규모가 규정을 상회하는 경우가 적지 않았다.[134] 즉, 임란 이전부터 제기되었던 순행의 재정 부담 문제는 전후 복구 시기에 더욱 심각한 문제로 부상하였다.

이 시기에 민생을 어렵게 한 문제는 관찰사의 순행만이 아니었다. 대표적 사안으로 중앙에서 지역의 특산물을 거두어들이는 조세 제도인 공납제(貢納制)의 폐단이 있었다.[135] 공물(貢物)의 산정 기준이 대체로 지방관과 향리에 있어 합리성을 보장할 수 없는 데다, 백성이 하달받은 공물을 납부하지 못하면 관리나 상인이 대리납부[防納]한 뒤 폭리를 취하는 악습이 만연했다. 때문에 조선 중기에 이미 조광조나 이이가 공물을 쌀로 납부하는 대공수미법(代貢收米法)을 발의했으며, 임진왜란 당시인

1594년(선조 27) 류성룡에 의해 일시적으로 이 제도가 시행되었다. 대공수미법은 광해군 이후 점차 확대되어 1708년(숙종 34) 전국적으로 시행되며 이 제도를 간단히 대동법(大同法)이라 한다.[136]

전국 감영의 유영화가 실현된 재정적 바탕이 바로 대동법에서 비롯되었다. 효종연간 발의된 대동법 시행세칙인 『대동사목(大同事目)』에 감영의 운영 경비라 할 수 있는 영수(營需) 항목이 공식적으로 규정됨으로써[137] 순행 체제에서 각 군현과 백성에게 전가되던 감영의 경비가 보다 안정적 재정으로 운영될 수 있는 기반이 마련되었다. 요컨대 감영의 유영화는 전쟁으로 인해 대두된 지방의 행정적, 군사적 장악력 향상이라는 거시적 과제와 전후 복구 시기의 민생 회복이라는 재정적 과제가 교차하는 상황에서 이루어졌다.

유영화에 따른 감영 도시의 변화

지방의 재정 구조가 달라지며 감영의 유영화가 실현된 것과 마찬가지로, 감영의 유영화는 다른 수많은 사회·경제·정치·문화적 변화를 야기했다. 감영 소재지는 감영이라는 기관을 보유했을 뿐 아니라 감영 문화[138]가 존재하고 발달하는 감영 도시로 탈바꿈하게 되었다.

어떤 지역에 도를 총괄하는 행정 청사가 자리 잡음에 따라 해당 지역의 경제·문화 활동이 부흥하는 것은 예나 지금이나 마찬가지다. 기관이 운영되며 인력과 물자, 정보를 끌어모으고 그 움직임을 관장하기 때문이다. 조선시대 감영을 대상으로 한 기존 연구에서도 그러한 현상에 주목했다. 예컨대 임란 이후 감영 소재지로 새롭게 선정되었던 대구에서는 17세기에 성문 밖 시장이 추가로 개설되고 객사 주변에 약령시가 열리기 시작했다. 교육과 관련해서는 전국의 감영 도시에 도립 학교 시설이라고 할 수 있는 영학(營學)이 운영되었다. 음악·공연과 관련하여 감영은 판소리가 전파되는 매개장이자 교방과 재인청을 운영한 연희의 중심지였다. 무엇보다도 감영은 지역의 인쇄·출판 문화를 주도했던 곳으로 많은 주목을 받고 있다. 감영에서는 왕명에 의해 교화를 목적으로 서적을 인쇄·출판하기도 하였으며 관찰사나 재지사족 등 유력 인사의 주도로 문집이나 실용서, 소설 등을 인쇄·출판하기도 하는 등 여러 목적으로 다양한 서적들을 제작·유통하였다. 이상으로 언급한 바와 같이 감영을 중심으로 한 문화적 동향을 바탕으로 "감영 도시들은 오랜 역사와 문화를 축적하고 있는 도시이며, 생태와 경관, 고품격의 문화가 성장하고 교류했던 지역문화의 거점"[139]이라는 평가가 제시된 바 있다.

본 연구가 다루는 감영 원림과 관련해 특히 중요한 사안은 도시 경관의 변화이다. 원림과 가장 직접적으로 연계된 현상은 도시 한가운데 감영 시설이 대규모로 들어선 것을 꼽을 수 있다. 수백 칸의 감영 건물이 교통이 좋은 기성 시가지의 간선도로 가까이에 넓은 구역을 차지하게 된 것은 상당한 경관적 변화라 할 수 있다. 감영이 들어서기 전에도 읍성 내부에는 객사와 수령의 관아가 자리해 있었으며 아전 등 관련 인력의 생활 공간이 주변으로 자리해 있었다. 관에서 대지를 매입하고 선화당과 창고를 비롯해 규모가 큰 건물들이 연달아 지어지는 과정은 당시 사람들이 체감할 만한 큰 변화였을 것이다. 감영은 대략 객사에서 멀지 않은 위치에 산 능선을 배후에 입지하는 편이었다.[140] 감영 원림은 객사와 성곽처럼 도시 경관을 주도하는 기존 시설에 딸리거나 감영 후원에 따로 발달하였다. 감영 건물들이 지어지고 관찰사가 머무는 시간이 늘어나며 달라지는 도시 풍경 속에서, 관영 원림은 일련의 관영 건축 경관을 이루는 일부이자 그중에서도 가장 돋보이고 이름난 경관으로 인식되었을 것이다.

감영 시설의 신축 못지않게 중요하게 언급할 만한 변화 양상은 성곽의 수축이다. 조선시대의 성은 크게 읍성과 산성으로 구분된다. 읍성이 없는 원주의 강원감영과 도성 밖의 경기감영, 산성을 가까이에 둔 충청감영을 제외하면 평안, 함경, 황해, 전라, 경상 다섯 곳의 감영 도시는 조선시대 내내 읍성으로 둘러싸여 있었다. 두 차례의 전란을 지나 유영화가 진행되며 감영 도시의 읍성은 단순한 수리를 넘어 구조와 형식 측면에서 일신의 과정을 겪었다. 예컨대 함경감영의 함흥성은 임란 이후 성의 영역을 조절하고 대(臺)와 포루(炮樓)를 조성했고,[141] 평안감영의 평양성은 17, 18세기에 걸쳐 지속적으로 대규모 성곽 공사를 거쳤다.[142] 황해감영의 해주성은 1747년(영조 23) 고쳐 쌓았고,[143] 전주읍성은 1734년 영역을 3배 가까이 확장하고 네 곳의 성문을 2층 누각으로 중건했으며, 대구읍성은 1736년 남아 있던 토성을 높이를 갖춘 석성으로 새롭게 축조하였다.[144]

양란을 거치며 읍성의 실효성에 대한 의문이 제기되어 있는 상황에서 새롭게 수축되는 성곽은 치성이나 포루 등을 동반하는 새로운 기법이 적용되었다. 지휘관이 형세를 살피고 군사를 통제하고자 도입된 성곽 시설 중에 제대로 된 건축물을 갖춘 경우 장대(將臺)라고 불리기도 했다. 장대는 읍성의 수축이 진행되던 18세기를 전후로 수가 급격히 증가하였다.[145] 즉, 장대는 수축된 성곽 중에서도 조망이 좋은 위치에 건립되었는데, 전시에는 군사 시설이지만 평시에는 누정으로 인식되는 경향이 있었다. 흥미롭게도 성곽 근처에 입지한 누정이 장대로 재인식되는 경우도 있었는데, 가령 진주성의 촉석루가 남장대(南將臺)라고 표현된 기록이 이에 해당한다.[146]

감영 건축의 전형화와 원림 배치

감영 시설의 도입과 전형화

전국의 관찰사가 특정 도시에 머물게 되면서 양계 지방 외에도 감영 시설이 자리 잡기 시작했다. 전국 여덟 곳의 감영 소재지는 1602년(선조 35) 공주를 끝으로 모두 정착하고, 17세기를 거치며 감영 소재지 내 감영의 입지도 점차 고정되었다. 예컨대 함경감영과 강원감영은 1665년(현종 6), 평안감영은 1694년(숙종 20), 충청감영은 1707년(숙종 33)에 감영 자리가 최종 확정되었다. 따라서 대략 17세기 후반부터 전국의 감영 시설이 자리 잡기 시작했고, 그후 200년에 걸쳐 감영 건축의 전형화가 이루어졌다고 볼 수 있다.

감영 시설의 도입은 유영화에 있어 핵심 사안 중 하나였다. 예컨대 1651년(효종 2)부터 꾸준히 감사구임제 논의를 제기하였던 민정중(閔鼎重,

1628~1692)은[147] 1665년(현종 6) 함경도 관찰사로 부임했을 때 선화당을 임란 이전 위치에 재건함으로써[148] 전국 유영화 시기 함경감영의 구색을 갖춘 인물로 기록되었다.

정청인 선화당(宣化堂), 관찰사의 처소인 관풍각(觀風閣)과 징청각(澄淸閣), 대문인 포정문(布政門), 가족 숙소인 내아(內衙)를 중심으로 예하 관리들의 집무 공간이 직제에 따라 배치되는 감영 주요 건물의 명칭과 배치 양상은 여덟 개 감영에서 유사하게 나타난다. 관직은 법전에 명시되어 있으나 건축 제도는 법전에 명시되어 있지 않다. 그럼에도 불구하고 각 감영의 주요 시설이 동일한 명칭과 유사한 배치를 공유하는 현상은 법규 적용과 같은 하향식 전개를 거치지 않았다는 점에서 흥미롭다.[149] 이러한 현상은 관찰사를 비롯한 감영의 고위 관원은 임기가 1년 내외인 단기 직책이며, 감영 건물이 목조로 이루어진 탓에 지속적으로 수리와 재건을 겪어야 했기 때문이 아닐까 생각된다.

실록과 『승정원일기』에서 선화당(宣化堂)이라는 단어가 처음 등장하는 시기는 1686년(숙종 12)이다. 이때 갑자기 선화당이라는 단어가 자주 등장하는 까닭은 임규(任奎)라는 인물이 전라도 관찰사로 있을 때 비첩(婢妾)의 병을 낫게 하려고 선화당에 신사(神祀)를 설치했다는 설이 돌았기 때문이다.[150] 당시에 선화당이라는 단어가 익숙치 않은 단어였던 탓인지 『승정원일기』에는 "선화당은 감사가 정사를 펴는 곳이다"[151]라고 부연하거나, "선화당은 감사가 근무하는 외헌이다"[152]라고 부연하기도 했다. 즉 전국 각지에서 감영의 자리가 산발적으로 정착하던 17세기 말에야 선화당이라는 명칭이 자리 잡기 시작했다고 볼 수 있다.

중심 건물의 명칭과 의미 구조

감영의 중심 건물에 쓰인 선화(宣化), 관풍(觀風), 징청(澄淸), 포정(布政)이라는 말은 조선 전기부터 관찰사의 임무를 가리키는 말로 널리 쓰인 단어다. 가령 관찰사의 임무는 풍속을 살피고 왕명을 받들어 교화를 펼치는 것이라는 '관풍찰속(觀風察俗), 승류선화(承流宣化)'라는 문구가 널리 쓰였으며, 이 문구가 평안감영 선화당 어칸 양쪽에 주련으로 걸리기도 했다[그림 2-12]. 징청(澄淸)은 어지러움을 다스려 맑게 한다는 뜻이고 포정(布政)은 정사를 펼친다는 뜻이다. 이 네 가지 단어는 그 의미에 적합한 유형의 시설에 부여되어 대부분의 감영에서 유사한 양상으로 그 배치가 이루어졌다. 관찰사의 정청에서는 왕명을 받아 교화를 이룬다는 선화(宣化)의 의미가 주어지고, 감영 도시의 대로를 마주하는 대문에는 선화의 의미를 받아 정사를 펼친다는 포정(布政)의 의미가 주어졌다. 관찰사가 일상 업무를 보는 공간은 관풍(觀風)과 징청(澄淸)이라는 의미가 주어짐으로써 지방관으로서 마땅히 행해야 할 의무와 견지해야 할 자세를 일깨우도록 했다.

그림 2-12. 평안감영 선화당 정면 (국립민속박물관 소장)

감영 내 누정으로서 관풍루

감영 건축의 전형화 현상 중에서 특히 주목할 부분은 관풍과 징청의 이름을 가진 건물들이다. 선화당은 공례가 이루어지는 정청, 포정문은 대로와 마주하는 최외곽 대문이라는 점은 모든 감영에서 공통된 사안이나 관풍과 징청의 이름을 가진 건물은 그 배치나 성격에 있어 다소 일관되지 않는 양상을 보인다. 가령 관풍에는 관풍루, 관풍각, 관풍헌이라 이름 붙여진 건물이 있고, 징청에는 징청각, 징청헌, 징청당이라 이름 붙여진 건물이 있다. 또한 그 배치 역시 선화당과 멀지 않은 위치라는 점은 공통적이나 선화당과의 전후좌우 상대 위치는 일관되지 않는다. 건축 형식도 마찬가지다. 징청각은 대체로 누의 형식을 띠지 않지

그림 2-13. 복원된 강원감영 관풍각 (필자 촬영)

그림 2-14. 식민지시기 경상감영 관풍루 (국립중앙박물관 소장)

그림 2-15. 복원된 전라감영 관풍각 (필자 촬영)

그림 2-16. 〈경기감영도〉의 관풍루 부분 (리움미술관 소장)

만 관풍루는 누각의 형식을 띠거나 누마루를 내민 경우가 많다. 심지어 대구의 경상감영에서 관풍루는 문루의 형식을 띤다.

관풍과 징청의 이름을 가진 관찰사의 처소들은 객사의 부속 누정과 연결지어볼 여지가 있다. 앞에서 살펴본 바와 같이 조선 전기의 순영 체제에서 관찰사의 처소는 주로 객사의 동헌이었지만 여름이거나 접객, 연회를 행할 때는 누정을 적극 활용했다. 조선 전기 관찰사의 근무처는 각 읍치의 객사였고, 객사의 구성은 망궐례를 행하는 대청과 실내 공간을 갖춘 동헌, 비교적 개방감이 큰 누정 세 가지로 이루어졌다고 볼 수 있다. 이를 조선 후기에 전형화된 감영에 대입해본다면 객사 대청은 선화당과 대응하며, 동헌과 누정의 역할을 관풍과 징청의 이름을 가진 건물이 계승했다고 볼 수 있다. 관풍과 징청 중에서는 그 명칭이나 형식으로 볼 때 관풍의 이름을 가진 건물들이 객사 누정과 보다 가깝다고 생각된다. 그렇게 본다면 후원 연못의 섬 위 누정인 강원감영 관풍각과 문루 형식의 경상감영 관풍루, 장주초를 둔 누각 형식의 전라감영 관풍각과 기역자 평면에서 누마루를 앞으로 뺀 경기감영 관풍루 등 관풍의 건축이 드러내는 형식적 다양성이 한층 설득력 있게 이해된다[그림 2-13~16]. 가운데 대청 양쪽에 동헌과 서헌이 접붙는 객사의 다소 일원화된 건축에 비해 누정들은 다양한 양상이 있었던 조선 전기 순영(巡營) 시설의 상황을 조선 후기 감영과 연계하여 살필 여지가 있는 것이다.

내아의 도입과 후원의 관계

조선 전기부터 솔권겸윤했던 평안도와 함경도, 경관직에 준하는 경기도를 제외한 남부 5개 도의 관찰사 임기를 2년으로 늘리는 구임(久任) 제도는 숙종연간에 재정이 풍족한 지방부터 적용되어 황해도, 경상도, 전라도, 충청도 순으로 시행되었고, 강원도의 경우 뒤늦게 1741년(영조 16) 시행되었다.[153] 비용 문제는 구임을 솔권(率眷), 겸윤(兼尹)과 긴밀하게 엮는 연결고리였다. 연로한 고위 관원인 관찰사가 임기를 지키도록 하기 위해서는 솔권을 위해 집과 생활비를 마련해주어야 했으며, 비용을 줄이기 위해서는 관찰사가 감영 소재지의 수령을 겸직해야 했던 것이다.

예컨대 강원감영에 구임 제도가 시행된 지 얼마 후인 1760년(영조 36), 감영에 솔권을 위한 가족 숙소인 내아(內衙)를 지었던 기록을 살펴보자. 『관동지』에 수록된 「대은당영건사적(戴恩堂營建事蹟)」은 관찰사 김효대(金孝大, 1721~1781)가 영조로부터 감영에 내아를 짓도록 지원을 받았던 일의 전말을 담고 있다. 당시 강원감영에는 다른 감영과 달리 내아가 없었다. 김효대는 칠순에 가까운 어머니가 계신 까닭에 여러 차례 관찰사로 부임하라는 명을 사양했다. 영조는 직접 솔권을 허가하고 신속히 행정 처리를 명하였는데, 얼마 지나지 않아 시공 비용을 적은 목록표가 김효대에게 내려왔다. 김효대는 성은에 감동하여 편액을 대은당(戴恩堂)이라고 짓고, 스스로는 규모를 작다고 표현했으나 침실, 대청, 공관을 모두 합쳐 38칸의 규모를 갖춘 내아를 지었다.

그림2-17. 〈기성도병〉의 평안감영 선화당, 내아, 후원 부분 (서울역사박물관 소장)

그림 2-18. 〈함영읍지도〉의 함경감영 선화당, 내아, 후원 부분 (국립중앙박물관 소장)

그림 2-19. 〈경기감영도〉의 경기감영 선화당, 내아, 후원 부분 (리움미술관 소장)

그림 2-20. 〈완산부지도 십곡병풍〉의 전라감영 선화당, 내아, 연신당 부분 (국립전주박물관 소장)

감영 시설의 배치 구성을 전형화하여 제시한 최영철의 연구는 내아와 후원의 위치를 선화당 뒤쪽으로 보아 서로 연계된 것으로 파악하였다.[154] 선화당과 내아, 후원의 위치 관계는 감영에 따라 차이가 있지만, 회화 자료를 살펴보면 대체로 내아와 후원은 협문 하나만 통과하면 서로 오갈 수 있도록 접해 있었던 양상을 확인할 수 있다. 가령 평안감영과 함경감영에서 선화당 후원은 내아의 후원이라 해도 좋을 정도로 내아와 후원이 서로 맞붙어 있었다[그림 2-17·18]. 또한 경기감영 선화당 뒤쪽의 연못과 전라감영 선화당 뒤쪽에 원림 역할을 했던 연신당 영역도 내아와 병렬적으로 연결돼 있었다[그림 2-19·20].

중요한 것은 내아와 감영 후원의 접합 양상 또는 상관 관계다. 내아는 관찰사 가족의 사적 공간이었으므로 다른 공간에 비해서 관련 기록이 소략한 편이나, 서명응(徐命膺, 1716~1787)의 문집에 함경감영 후원과 내아를 언급한 글이 있어 주목된다. 〈함영읍지도〉를 보면 내아와 징청각 뒤편에 위치한 후원에 겸락정(兼樂亭)이라는 누정이 보인다[그림 2-18]. 서명응의 문집에는 이 누정에 관한 「겸락정기(兼樂亭記)」라는 글이 수록되어 있다.[155] 기문에 따르면 겸락정기를 지은 관찰사는 1763년(영조 39) 부임한 이창의(李昌誼, 1704~1772)다. 그를 따라온 어머니가 사람들의 이목을 즐기지 않았는데, 함경감영의 명소인 낙민루와 지락정은 어머니의 처소에서 멀어서 일상적으로 즐길 수가 없었다. 이러한 상황에서 내아 뒤쪽의 이화원(梨花園)을 확장하고 작은 건물을 지어 단청을 하고 띠풀을 덮었다. 즉, 겸락정은 내아 전용의 후원에 위치한 누정이었다.

관찰사는 외부에 노출되는 것에 거리낌이 없었겠지만 내아에 살던 가족들은 그 반대였다. 감영 후원의 일부는 내아에서 생활했던 관찰사의 가족을 위해 개방성이 약한 소규모 원림으로 조성되어 조망을 즐기기보다는 담장 안의 인위 자연을 즐기는 경관으로 조성되었던 것으로 생각된다.

유영 체제에서 관찰사의 원림 활용

순행의 감소와 관찰사의 공간 변화

순영(巡營)에서 유영(留營)으로의 체제 변화는 관찰사의 공간 활용에 큰 변화를 야기했다. 순영 체제에서 관찰사가 대부분의 시간을 감영 소재지 외 읍치의 객사에서 보냈다면, 유영 체제에서 관찰사는 대부분의 시간을 감영 소재지의 감영 본청에서 보냈다. 엄청난 양의 문서 작업, 접견과 접객, 의례 설행 등 관찰사의 직책에 따르는 일상은 크게 달라지지 않았다고 볼 수 있으나 그 배경이 달라진 것이다. 본 절에서는 감영의 유영화가 자리 잡은 18~19세기에 관찰사가 직접 작성한 일기 자료를 토대로 관찰사의 공간 활용 양상을 검토하고자 한다.

〈표 2-9〉에서 제시한 여섯 개의 일기에서 각 도의 관찰사는 임기 동안 적게는 1번, 많게는 3번의 순행을 다녀왔다. 순행 기간은 편차가 큰데, 순행 일수의 총합을 총 횟수로 나누어 보면 한 차례의 순행에는 대략 22일이 소요되었다. 앞에서 『미암일기』와 『재영남일기』를 토대로 살핀 조선 전기의 순행과 비교해보면 그 비중이 매우 낮아졌음을 알 수 있다.

순행 중인 관찰사는 기본적으로 머물고 있던 읍치의 수령으로부터 접대를 받는 위치에 있었다. 반면 감영 소재지에 상주하는 관찰사는 상대가 자신보다 직급이 낮은 예하 관원이든 당상관급 고위 관원이든 간에 손님을 맞이하는 위치에 있게 되었다. 관찰사의 일기에서 빠짐없이 작성되는 일상 중의 하나는 단연 만나는 사람의 목록이다. 하루에도 수십 수백 장씩 처리하는 문서 작업의 내용이나 일상적으로 활용하는 집

표 2-9. 조선 후기 일기에 기록된 순행의 양상

도	직책	서명	작성자	감영 근무 기간	순행 일수(횟수)[156]
평안	관찰사	關西日記	이제(李濟, 1654~1714)	1710.12 ~ 1712.11 (2년)	114(3)
황해	관찰사	海西日記		1709. 9 ~ 1710. 7 (11개월)	19(1)
충청	관찰사	湖西監營日記		1704. 6 ~ 1705. 2 (9개월)	47(2)
	관찰사	錦營日記	심이지(沈履之, 1720~1780)	1780. 4 ~ 10 (7개월)	29(2)
전라	관찰사	湖南日記	이상황(李相璜, 1763~1841)	1810. 7 ~ 1812. 3 (1년 9개월)	39(3)
경상	관찰사	嶺營日記	조재호(趙載浩, 1702~1762)	1751. 6 ~ 1752. 7 (1년)	42(2)

무처의 명칭은 기록하지 않는 경우가 많았지만, 그날 맞이한 수령과 사신의 명단은 비교적 꼼꼼하게 기록했다.

수령은 원칙적으로 관찰사를 통하지 않고 중앙과 직접 소통할 수 없었기 때문에[157] 중요한 사안이 있거나 상급자의 설득이 필요할 경우 직접 감영을 방문해 관찰사를 대면했다. 여상진의 연구에 따르면 공주의 충청감영에 관한 다수의 감영일기에서 공통적으로 하루에 한 명 이상의 수령이 관찰사를 방문하는 양상이 확인된다.[158] 각 읍치의 수령은 매년 수차례씩 감영을 방문하여 관찰사를 만났는데, 도별 수령의 숫자가 적게는 20명, 많게는 60명에 달했다는 점을 고려하면 충분히 이해가 가는 상황이다.[159]

수령은 관찰사의 부하 관원이었기 때문에 관찰사에게 수령을 만나는 일은 손님을 대접하는 것보다는 업무상 하급자를 만나주는 것, 즉 접객보다 접견에 가까웠다. 접객의 관점에서 보다 중요한 일들은 일상적 업무보다 비일상적 사건들에 있었다. 가령 품계가 높은 관원이나 유명 사대부, 혹은 어명을 받든 관원이 감영 소재지를 지날 때 관찰사는 손님을 대접하는 주체가 되었다. 이러한 상황에서 하급 관원인 수령들은 만남을 주선하거나 관찰사를 보좌하고, 때로는 본인을 소개하기 위해 자리에 참석하며 인맥을 연결하는 역할을 자임하기도 했다.

감영 소재지에 상주하는 관찰사에게는 권위를 세우며 공식 의례를 설행할 수 있는 공간과 편안하게 업무에 집중할 수 있는 공간, 퇴근 후 쉬며 기운을 차리는 공간과 쾌적하고 아름다운 환경에서 손님을 맞이할 공간이 필요했다. 이러한 맥락에서 감영 원림은 전술한 여러 수요에 대응하는 한편, 생활의 질을 높이고 권위를 세워주는 고품격의 공간으로 기능했다.

감영 내 주요 건축물의 활용 양상

감영 원림의 활용을 구체적으로 살피기에 앞서 그 차별성에 관한 판단의 기준을 마련하기 위해 감영 내 중심 건물의 활용을 개관하고자 한다. 일기에 기록된 관찰사의 일상에서 가장 많이 등장하는 건축물은 객사, 선화당, 징청각/관풍루이다. 먼저 객사는 망궐례와 향례처럼 왕실과 관련된 공식 행사의 장소로 활용되었으며 진상품에 관한 일을 돌보거나 백일장을 개최하는 등 국가적 권위와 밀접한 일을 수행할 때 그 배경이 되곤 하였다. 관찰사가 객사를 숙소로 삼는 일은 전무했으며 간혹 집무 공간으로 사용하거나 연회를 열었던 경우가 확인된다.

중요한 것은 선화당과 징청각/관풍루의 활용 양상이다. 결론부터 말하면 선화당은 공식 의례를 설행하는 권위 공간에 가깝고, 문서 처리와 접견 등 일상 업무는 징청각/관풍루에서 행해졌다. 이러한 양상은 여상진의 연구에서 지적된 바 있다.[160] 선화당을 업무 공간으로 보고 징청각/관풍루를 거주 공간으로 보는 기존의 인식에 비추어보면 이러한 지적은 일기 자료를 통해서만 확인할 수 있는 흥미로운 부분이라 할 수 있다. 본 연구가 여섯 편의 조선 후기 감영 일기를 살펴본 결과 여상진이 포착한 양상을 재확인한 한편, 이를 보완할 근거와 그 외의 활용 양상을 확인하였다.

선화당이 감영의 가장 중심이 되는 건물이라는 점은 분명하지만 관찰사의 선화당 활용 빈도는 상당히 낮다. 가령 경상도 관찰사 조재호(趙載浩, 1702~1762)는 부임 후 대구의 감영에 처음 도착해 객사 동헌에 들렀다가 선화당에 가서 예하 관원들과 첫 좌기례(坐起禮)를 행했다.[161] 좌기례는 일종의 출석 점검이자 관원 간의 위계를 확인하는 공식 의례이다. 그런데 조재호는 다음 날부터 선화당이 아닌 관풍각(觀風閣)에서 대부분의 업무를 봤다. 조재호의 일기에서 이후에 선화당이 등장하는 경우는 백일장을 맞아 관원들과 좌기례(坐起禮)를 행하고 연이어 유생들의 정읍례(庭揖禮)를 받을 때와[162] 불미스러운 일로 감영을 찾아온 유생 다수의 죄를 추궁하고 다스릴 때 정도이다.[163]

18세기 초에 충청도, 황해도, 평안도 관찰사를 지내며 각각의 사환일기를 쓴 이제(李濟, 1654~1714)의 경우도 유사하다. 세 일기에서 선화당의 등장 빈도는 역시 낮은 수준이며, 평안도 관찰사 시절에도 유생 백일장을 선화당에서 개최하는 등[164] 행사가 있을 때가 아니면 주로 징청당에서 근무를 했던 것으로 보인다. 이제의 일기에서 특기할 만한 부분은 황해도 관찰사 시절을 기록한 『해서일기』에 담겨 있다. 이제가 부임했을 당시에 해주의 황해감영에는 선화당이 없었다. 황해감영에는 임란 이전에 이미 유영(留營)을 염두에 둔 수양관(首陽館)이라는 건물이 있었음을 앞에서 밝힌 바 있다. 황해도 관찰사 이제는 공식 의례에 해당하는 행사는 객사와 수양관, 그리고 부용당에서 행하였으며 가장 많은 일상을 보낸 공간은 요월당(邀月堂)이다. 요월당은 다른 감영의 징청각/관풍루의 역할을 했던 건물이라 볼 수 있다. 이제는 요월당에서 예하 관원들과 좌기례를 하기도 하였으며, 퇴근 후에도 요월당으로 돌아갔다고 쓴 기사가 다수이다. 흥미로운 것은 이제가 임기 말에 요월당을 선화당으로 고쳐 지었던 것이다. 『해서일기』의 1710년 4월 13일자에 이제가 선화당조성소(宣化堂造成所)를 감독했다는 기록이 등장한 뒤, 6월 1일자에는 선화당에서 대좌기(大坐起)를 했다는 기록이 보인다.[165] 공사 중에는 수양관을 숙소로 삼다가, 선화당 공사가 완료되자 선화당을 숙소로 삼아 생활하는 양상이 주목된다.

선화당이 공식 의례처, 징청각/관풍루이 일상 업무처였다고 볼 만한 여지는 충분히 확인되나 관찰사가 시설 활용에 있어 보이는 유연성에도 주목할 만한 가치가 있다. 감영 건축의 전형화와 함께 중심 건물의 명칭이 대체로 통일되고 그 성격 또한 유사하게 인식되었던 양상은 분명해 보인다. 그러나 적어도 활용의 측면에서는 건물 유형 간의 경계가 절대적이지 않았다는 사실도 확인된다. 관찰사 이제는 징청당이나 요월당과 같은 건물에서 포폄이나 좌기례 같은 공식 의례를 행하기도 하였으며, 반대로 선화당에서 풍악을 울리거나[166] 활쏘기를 구경하기도 하였다.[167] 또한 충청도 관찰사 시절에는 객사[168], 선화당[169], 공북루[170]에서 좌기했던 기록도 있다. 그런가하면 전라도 관찰사 이상황(李相璜, 1763~1841)의 일기에는 과반수 이상의 일자에 "전주 선화당에 머물렀다"라고 쓰여 있는데,[171] 이는 선화당을 주 업무처로 쓴 관찰사도 있었음을 보여준다.

말하자면 감영의 주요 건축물 활용 양상은 관찰사 개인의 성격이나 의도, 당시 감영의 분위기와 시설 현황 등이 복합적으로 영향을 미쳤던 것으로 보인다. 가령 이제가 황해도 관찰사일 때 재임 초기에는 좌기례를 부용당에서 자주 행하다가 재임 후기에는 요월당에서 행하는 경우가 점차 많아졌다. 이는 당시 황해감영에 선화당이 없었고, 수양관은 공식 의례를 펼치기에 충분한 환경을 제공하지 못했기 때문으로 보인다. 그런데 한편, 이제에게 편안한 장소는 가장 많은 시간을 보내는 요월당이었을텐데 초기에 부용당에서 관원들을 데리고 예를 행했던 까닭에는 분명한 의도가 있었다고 짐작된다. 부용당은 선조가 다녀간 이후로 왕실의 기념 공간으로 추앙된 공간이다. 짧은 임기의 관찰사가 초기에 분위기를 잡기 위해 왕실 사적을 미적 장치로 사용했다고 해석할 여지가 있는 것이다.

또 한 가지 감영 원림과 관련해 짚을만한 부분은 조선 전기와 달라진 누정의 활용이다. 『미암일기』와 『재영남일기』에 나타난 순행 중 관찰사의 누정 활용은 더운 계절에 해당하는 5~7월 사이의 약 2개월에 집중되어 있었다. 이에 반해 조선 후기 관찰사의 공간 활용은 여름이라고 해서 특별히 다른 양상을 보이지 않는다. 그 까닭은 관찰사가 일상 업무처로 삼았던 징청각/관풍루 류의 건물이 방과 마루를 겸하고 있어 여름에도 충분히 사용할 만한 환경을 갖추고 있었기 때문으로 짐작된다.

감영 원림의 활용 양상

감영 원림은 관찰사의 휴식과 접객, 그리고 시사와 백일장 등 다수의 사람들이 모이는 행사를 중심으로 활용되었다. 먼저 관찰사의 사적인 휴식을 위해 감영 원림을 활용한 경우로 경상도 관찰사 조재호가 있다. 조재호는 타 지방에서 자신을 찾아온 손님을 맞이하여 소요각(逍遙閣)에서 앉아 늦은 밤까지 풍악을 베풀기도 하였고[172] 해질 무렵 관풍루(觀風樓)에 올라 연등행사를 관람하기도 하였다.[173] 감영 원림은 관찰사가 사적으로 활용한 경우보다 관원으로서 접객을 위해 활용한 경우가 더 많은데, 많은 사신이 오가는 평안감영이 그러한 양상을 잘 드러낸다. 평안도 관찰사 이제의 일기를 보면 평안감영에는 참핵사(參覈使), 동지사(冬至使), 차사원(差使員), 경차관(敬差官), 사은사(謝恩使) 등 많은 사신이 오갔다. 이들은 연광정이나 쾌재정 등 평양의 유명한 감영 원림에 관찰사와 함께 올랐으며[174], 연광정, 상산정(上山亭), 반구정(反求亭) 등을 숙소로 삼기도 했다[175]. 충청감영 관련 일기를 분석한 기존 연구에 따르면 쌍수정(雙樹亭)과 만하루(挽河樓), 장대(將臺) 등에서도 사신의 접객이 이루어졌으며, 숙소로는 객사 외에 산성의 후락정(後樂亭)이 이용되기도 하였다.[176]

시사와 백일장처럼 다수의 사람이 모이는 행사에도 연회를 동반한 휴식과 접객 못지않게 감영 원림이 적극 활용되었다. 평안도 관찰사 이제는 훗날 오순정으로 중건되는 반구정에서 활쏘기를 구경하였으며[177] 황해도 관찰사 시절에는 후원의 백림정에서 각읍 무사의 재주를 시험해 7인을 시상하기도 했다.[178] 경상도 관찰사 조재호는 지리지상에 누정으로 분류되지는 않았지만 제승당(制勝堂)과 관덕당(觀德堂)이라는 공간에서 활쏘기를 수차례 구경하였으며, 이곳에서 업무를 보기도 하였다. 전라도 관찰사 이상황은 전주성 밖에 있는 장대(將臺)와 제남정(濟南亭)에서 시사(試射)를 행하기도 하였으며 제남정에서 시사를 열었을 때는 인근의 한벽당(寒碧堂)을 유람하기도 하였다.[179] 또한 객사에서 백일장을 열고 저녁에 결과를 알린 후, 태조가 왜구를 토벌했던 역사가 깃든 오목대(梧木臺)에서 풍악을 울리기도 하였다.[180]

물론 감영 원림도 주요 건축물과 마찬가지로 쓰임에 유연함이 있었다. 감영 원림에서 관찰사가 공식 의례인 좌기례나 교귀 의식을 행하는 상황도 있었다. 전술하였듯 황해도 관찰사 이제는 부용당에서 좌기례를 수차례 열었다. 충청도 관찰사 심이지는 구 감사와 교대하는 교귀(交龜) 의식을 공북루에서 행하기도 했다.[181] 심이지가 임기를 끝낼 때 신 감사와 직산(稷山)현 객사에서 교귀[182]하였다는 점은, 교귀 장소로 늘 공북루가 선택된 것은 아니었다는 것을 말해준다.[183]

일기 자료에 등장하는 감영 원림의 활용 양상은 감영별 상황에 따라 확연히 다른데, 끝으로 이제가 평안도 관찰사로 재임할 당시의 일기인 『관서일기』에 등장하는 평안감영 원림의 특별한 활용 양상을 짚고자 한다. 전국에서 독보적으로 화려한 감영 원림을 갖추었던 평안감영답게, 『관서일기』에는 관찰사의 원림 활용에 대한 기록이 많다. 작성자인 이제는 평안감영에 앞서 충청감영과 황해감영에도 부임하였는데, 당시에 남긴 일기에는 감영 원림 관련 기록이 비교적 소략하다. 그러나 평안감영의 경우에는 압도적으로 많은 사신 접객 수요와 성곽 수축이라는 당시의 과제, 평양이 가진 풍부한 원림 자원으로 인해 많은 기록들을 남겼다. 접객과 관련해 몇 가지를 이미 소개한 바 있는데, 여기서는 다수의 흩어져 있는 감영 원림을 순성(巡城)이나 선유(船遊)와 더불어 연계하여 즐기는 양상을 제시하고자 한다. 〈표 2-10〉은 이제가 복수의 감영 원림을 연계하여 감상한 경우를 정리한 것이다.

이제가 평안도 관찰사로 재직하던 때는 을밀대와 서쪽 성곽 등의 수축 공사가 한창이었다. 때문에 이제는 성곽을 따라 돌며 공사 현장을 감독하기 위해 길을 나선 경우가 많았다. 그런데 이제의 순성 기록을 살펴보면 성곽에 위치한 감영 원림의 감상을 겸하는 경우가 많았다. 〈표 2-10〉의 목록은 공사 현장만을 보기 위해 순성했던 경우는 제외한 것이다. 성을 따라 대동문루, 연광정, 부벽루, 을밀대 등의 명소를 유람하는 경로는 평안도 관찰사 뿐만 아니라 평양을 방문하는 많은 사람들에게 널리 알려진 관람 코스였을 것으로 보인다. 이제의 경우는 성역 공사와 맞물려 그 목적과 경로가 다소 교란되었던 것으로 여겨진다.

경로상에서 특기할 만한 점을 짚으면 다음과 같다. 이제는 이동할 때 종1품 이상의 최고위 관원만 탈 수 있는 평교(平轎)라는 가마를 타고 다

표 2-10. 이제의 『관서일기』에 기록된 감영 원림 연계 사례

날짜	경로
1711년 2월 18일	징청당 – 남문 – 기자묘 – 을밀대 – 부벽루 – (승선) – 대동문 – 연광정 – 감영
3월 19일	서문 성역소 – 남문 – 연광정 – 대동문루 – 감영
9월 9일	감영 북문 – 을밀대 – 모란봉 – 부벽루 – 장경문 – 이생원 거처 – 감영
1712년 2월 18일	북문 – 칠성문 – 사허정 – 장경문 – 감영
3월 28일	연광정 – 이아 – 서문 – 서성 – 칠성문 – 감영
4월 26일	을밀대 – 칠성문 – 서문 – 감영
6월 12일	칠성문 – 연광정 – 을밀대 – 칠성문 – 서수구문 – 감영
6월 22일	감영 후원 – 칠성문 – 부벽루 – (승선) – 박동포루 – 감영
7월 6일	동포루 – 대동문루 – 연광정
7월 15일	후원 북문 – 칠성문 – 을밀대 – 군고 – 동포루 – 연광정 – 감영
7월 16일	대동문 – (승선) – 부벽루 – (승선) – 대동문 – 감영
7월 18일	을밀대 – 칠성문루 – 서문루 – 이아 – 감영
8월 21일	감영 후원 – 을밀대 – 장경문 – 부벽루 – (승선) – 초연대(동포루) – 감영

녔는데, 부벽루와 대동문 사이를 오갈 때는 육상으로 이동해도 무방하지만 배를 타기도 했다. 감영에서 출발하는 이제의 행차는 정문 바깥이 아닌 뒤쪽 언덕을 향하기도 했는데, 이때 거쳐가는 공간으로 후원(後園)을 언급한 점도 흥미롭다. 3-3장에서 살펴볼 감영 후원 중에서도 특히 평안감영의 경우 다수의 자료가 남아 있어 후원 일대의 상황을 비교적 자세히 검토할 수 있다. 이제의 일기에 후원의 구성에 관한 자세한 기록이 없어 아쉽지만 당시에 이미 좌소정을 비롯한 후원 누정이 건립되어 있었을 것으로 보인다. 이제는 재임 후반부에 동포루를 자주 방문하며 공사를 지휘하는데, 임기가 끝나기 직전에 초연대(超然臺)라는 동포루의 명칭이 등장한다.[184] 이제는 감영 원림을 적극적으로 감상했을 뿐 아니라 성곽 위 누정 하나를 직접 조성했던 것이다.

조선 후기 일기 자료를 검토한 결과, 관찰사가 감영 원림을 단독으로 감상한 경우는 많지 않았다. 관찰사는 대부분의 경우 예하 관원이나 사신 등의 접객 대상과 함께 감영 원림을 활용하였다. 관찰사는 넓은 권역을 다스리는 지방관인 동시에 다수 인력으로 구성된 조직을 이끄는 지도자였다. 감영 원림은 지도자로서 관찰사가 다양한 계층의 인사들과 교류하는 장소였으며, 관찰사가 맡은 바를 실행하는데 유리한 조건을 제공하는 장소였다. 정약용이 해주감영 부용당에 대해 논한 바에 따르면, 선화당에 오는 수령은 스스로를 엄하게 단속하기 때문에 그 실제를 알기 어려우나 부용당의 연회에 참석할 경우에는 갖가지 감각적 자극으로 인해 빗장을 열고 그 속내를 드러내고 만다.[185] 도시와 자연을 포함하는 아름다운 경치와 쾌적한 환경을 갖춘 감영 원림은 관찰사가 사람들을 만나고 뜻을 전달하는데 활용 가능한 일종의 감각적 도구였다.

03

감영 원림의 유형과 실제

객사 원림의 부흥과 쇠퇴

조선 전기 객사 원림의 부흥

감영 소재지와 객사 원림

조선 전기 감영 원림의 전개에서 주목할 만한 유형은 단연 객사 원림이다. 조선 전기의 지방 읍치에는 중앙집권화의 진전과 함께 관찰사를 비롯해 다양한 외방사신이 중앙으로부터 수시로 파견되고 있어 객사와 누정의 이용이 빈번하였다.[1] 때문에 유영화 여부와 무관하게 모든 지방의 감영 소재지에는 객사 원림이 발달해 있었고, 감영 소재지가 아닌 읍치에도 수요에 맞게 객사 원림이 발달해 있었다. 조선 전기의 감영은 앞에서 살폈듯 이동형 감영, 즉 순영(巡營)의 형태로 운영되었기 때문에 사실상 지방 읍치의 객사 원림들을 감영 원림에 포함해 볼 만한 여지가 있다. 그러나 지방 읍치의 입장에서 관찰사의 순행이 원림 조성과 밀접한 반면 운영에 있어서는 비일상적 측면이 강하기 때문에 모든 읍치의 객사 원림을 감영 원림에 포함하기에는 무리가 따른다. 따라서 이 장에서는 감영 소재지로 공식화되었던 도시의 객사 원림을 대상으로 삼는다. 이를 개국 초부터 유영화되었던 양계 지방의 감영 소재지[평양, 함흥], 유영화되지 않았던 나머지 지방의 감영 소재지[해주, 원주, 충주, 전주, 상주], 임란 이후 감영 소재지로 선정되는 읍치[공주, 대구]로 나누어 살필 것이다. 한성부에 위치해 객사가 따로 필요하지 않았던 경기감영은 논의에서 제외한다. 객사 원림의 소재와 관련 정보는 1530년에 조선 전기의 전국 관찬지리지인 『신증동국여지승람』의 각 군현 누정조를 참고하되, 그 위치가 객사를 기준으로 표시된 것 위주로 살폈다.[2]

양계 지방 감영 소재지의 경우: 평양, 함흥

조선 전기 평양과 함흥은 전국에서 유영화된 감영 시설과 객사가 공존했던 유이한 도시다. 평안감영과 함경감영은 임란 이전부터 고유한 감영 시설을 갖추고 관찰사가 상주했기 때문에 다른 여섯 개 도와는 상황이 달랐다. 관찰사가 접객의 대상이 아니라 주체였으며, 감영 시설이 일찍 발달했기 때문에 객사의 비중이 상대적으로 낮았을 가능성도 제기해볼 수 있다. 그런데 평양과 함흥의 객사 원림을 살펴보면 그렇지 않았음을 알 수 있다. 뒤에서 다루겠지만 조선 후기에 두 도시에서는 감영 본청의 후원이 뚜렷하게 발달한 반면 객사 원림은 위축되었다. 이에 반해 객사 원림이 돋보이고 감영 후원이 크게 발달하지 않았던 조선 전기의 상황은 당시 객사의 높은 위상을 드러낸다고 할 수 있다.

먼저 평양의 객사 원림을 살펴보자. 2-2장에서 언급했듯 조선 전기 평양에는 무려 네 개의 객사가 있었다. 객사들은 서로 다른 위계와 기능을 지녔으며, 관아의 성격을 일부 포함하고 있었다. 평양은 감영 소재지 중 유일하게 중국 사신의 사행 경로에 있었을 뿐 아니라 상업과 문화의 중심지였다. 경제 자본, 문화 자원, 공간 수요 등 모든 측면에서 사실상 관영 원림이 발달할 만한 압도적인 조건을 갖추고 있었던 셈이다.

네 개의 객사 중 중국 사신을 위한 최상급 객사인 대동관은 동헌 뒤편 언덕에 쾌재정(快哉亭)과 서헌 가까이에 망월루(望月樓)를 갖추었다. 18세기에 그려졌다고 추정되는 송암미술관 소장 〈평양성도 병풍〉에는 대동관 뒤편 언덕에 쾌재정의 모습이 보인다. 다음 순위의 객사인 풍월루(風月樓)는 누정으로 분류되기도 했으며 연못과 애련당(愛蓮堂)을 가까이에 두었다. 대동관과 풍월루는 고려시대부터 있었고 부속 누정인 쾌재정과 애련당은 모두 16세기에 지어졌다[그림 3-1].

쾌재정은 평양 전경을 조망하는 누정으로 장대(將臺)라 불리기도 했다. 관찰사 안침(安琛, 1445~1515)[3]이 처음 세웠고 1531년(중종 26) 관찰사 이파(李芭)가 중건했다.[4] 중국 사신이 평양에 오면 부벽루, 연광정 등과 함께 꼭 들르는 명소였다. 망월루는 후대 지리지에 등장하지 않지만 쾌재정은 조선 말기까지 큰 변화없이 수리되며 명성을 이어갔다.

그림 3-1. 18세기 후반~19세기 초 평양성 내 중심가로의 모습을 담고 있는 〈평양성도 병풍〉 부분. 화면 아래 대동문을 통해 들어서면 길 오른쪽에 연못 가운데 섬에 지어진 애련당이 보인다. 중심가로에서 교차로의 위쪽에는 대규모 객사인 대동관이 있고, 바로 오른쪽 위 언덕에 디귿자 평면의 객사 누정인 쾌재정이 있다. (송암미술관 소장)

누정이자 객사였던 풍월루(風月樓)는 1371년(공민왕 20) 당시의 평양 부윤[西京尹]이던 임공(林公)[5]이 영선점(迎仙店)[6] 터에 처음 지었다. 당시의 누각은 5칸이었고 단청을 칠했다. 누각에 오르면 동남쪽으로 산과 강물이 보였으며 건물 좌우에 못을 파고 연꽃을 심었다. 훗날 애련당이 지어지는 못이 풍월루의 창건과 함께 조성되었다고 추정된다.[7] 풍월루는 1463년(세조 9) 관찰사 김겸광(金謙光, 1419~1490)이 중수 공사를 시작해 1465년(세조 11) 관찰사 오백창(吳伯昌, 1415~1472)이 완료하였다. 이때 규모를 확장하여 가운데 대청을 두었으며 좌우에 협실(俠室)을 두고 그 옆에 별실을 날개처럼 붙였다.[8] 아마도 이 중건 공사에서 풍월루는 객사에 가까운 형식으로 완전히 새롭게 지어진 것으로 판단된다. 『평양지』(1590)에 기록된 풍월루는 총 97칸에 동헌과 서헌에 전례서(典禮署)까지 갖추고 있을 정도로 규모와 구성이 상당한 수준이다[표 3-1]. 풍월루는 임진왜란 때 파괴되어 후대의 지리지에서는 이름만 언급된다.

풍월루는 도시 한가운데 위치한 대로변이라는 입지로 인해 특유의 경관을 갖추고 있었다. 15세기 말 평양을 방문했던 명나라 사신인 동월(董越)은 풍월루의 경관을 다음과 같이 묘사하였다.

표 3-1. 『평양지』(1590)에 기록된 풍월루의 구성

영역	구성	칸수	비고
(중심영역)	聽屋	5	
	前後楹	10	전후 각 5칸
	閣道	3	
	大門樓	3	
	左翼廊	10	
	右翼廊	9	
	廚屋	9	
	西門	1	
	都務司公廳	3	
	소계	53	
동헌(東軒)	(聽屋)	1	2가 1칸
	前楹	5	
	左右楹	6	좌우 각 3칸
	上房	1	2가 1칸
	後房	1	
	左翼閣	1	
	소계	15	
서헌(西軒)	(聽屋)	1	2가 1칸
	前楹	5	
	左右楹	4	좌우 각 2칸
	上房	1	2가 1칸
	後房	1	
	佐翼閣	1	
	소계	13	
전례서(典禮署)	聽屋	3	전례서는 장춘원(長春院)
	前楹	3	
	庫屋	2	
	樂工廳	3	
	妓生廳	5	
	소계	16	
총계		97	

* 동헌과 서헌은 영역명이자 청의 지칭어로 파악됨. 구성에는 '(聽屋)'으로 표시

풍월루는 조선 평양성의 동쪽 모퉁이에 있다. ㉠ 앞에는 큰 거리를 굽어보고 뒤에는 못 물을 보며 인가와 객관(客館)이 동서에 마주 솟아 있으니, ㉡ 한 번 바라보면 우뚝하여 마치 사람이 옷깃을 바로하고 용모를 단정히 하고 단정히 앉아 있으매 비록 사면 사람들이 다리를 뻗고 기대고 비스듬히 앉아 있어도 그를 어지럽힐 수 없음과 같으니, 조선 서경(西京)의 첫째 가는 아름다운 경치이다. ㉢ 서경에 정관(亭館)이 또한 많되 대개는 모두 산세를 따라 향배(向背)를 삼았으므로 그 이른바 강 위의 맑은 바람과 산간의 밝은 달을 겸하여 거두고 아울러 저축하여 아무런 장애가 없을 수 있는 것은 그러한 것도 있고 그렇지 못한 것도 있다. 그런데 이 다락은 홀로 이를 겸하여 가졌으니, 그 풍월이란 큰 편액이 다른 다락이 아니라 반드시 이곳에만 있음이 마땅하다.[9]

동월이 보기에 풍월루는 도시 경관과 산수 경관을 고루 갖춘 드문 누정이었다. 풍월루에 오르면 주변을 둘러싼 대로와 연못, 민가와 객사가 한눈에 들어왔다[㉠]. 시점을 바꾸어 대로에서 바라본 풍월루는 민가 사이에서 우뚝 선 사람처럼 보였을 것이다[㉡]. 권근 역시 "거마(車馬)가 다니는 거리에 탁 트인 기루(綺樓)"[10]라고 풍월루를 묘사한 바 있다. 동월과 권근 사이에는 100년에 가까운 시차가 있지만, 풍월루의 입지와 높이가 자아내는 경관은 중수를 겪으며 달라지지 않았을 것이다.

동월에 따르면 평양의 여러 누정과 객사는 대부분 산을 기준으로 입지와 방향을 설정했다[㉢]. 때문에 강과 바람, 산과 달을 고루 바라보는 데 있어 모두를 갖추기도, 그렇지 못한 경우도 있었다. 동월의 관점에서 풍월루의 경관은 두 가지를 모두 갖추고 있었다. 즉, 풍(風)과 월(月)이라는 말을 같이 쓸 수 있는 누정은 이곳 뿐이었다. 조선 전기의 풍월루는 망루형 누정을 갖춘 대동관 못지않게 정갈하고 화려한 방지중도(方池中島)형 원림을 갖추었으며, 도시와 자연을 균형 잡힌 시선으로 바라볼 수 있는 원림이었다.

애련당(愛蓮堂)은 1542년(중종 37) 관찰사 민제인(閔齊仁, 1493~1549)이 풍월루 북쪽 연못에 처음 세웠다. 못은 큰 장방형으로 둘레는 130여 척이었고 가운데 섬이 있었다.[11] 민제인은 3칸짜리 당을 짓고 못 위에 능허(凌虛)라는 이름의 다리를 놓았다. 다음은 민제인이 직접 쓴 기문에서 애련당의 경치와 활용을 읊은 부분이다.

당은 섬 위에 있는데 사면에 연꽃이 있어 맑은 풍경의 아취가 이루 다 형용하기 어려울 정도였다. 소나기가 지나가면 흩어지는 구슬 소리가 들리고 살랑거리는 바람이 불어오면 나부끼며 뒤덮는 자태가 있었다. 햇빛을 받아 아리따운 꽃은 완상할 만하였고, 긴 푸른 죽통에서 흘러나오는 물은 마실 만하였다. 밝은 달빛, 작게 맺힌 이슬, 스며드는 진한 향기, 찬 잎이 떠 있는 거울 같은 연못, 맑고 빼어나고 온통 푸른 것은 모두 당의 승경이다. 때때로 쉬는 날 흥취가 오르면 다리에서 걸어와서 난간에 기대 연못을 바라보며 손으로 장난을 치고 마음으로 감상을 하니 고요하고 담박하여 형용할 수 없는 생각이 든다. 또 때때로 술자리를 열면 정경은 고요하고 속세의 먼지가 차단되며 거문고의 곡조는 온화하고 노랫소리는 더욱 맑다. 술 마시고 시를 읊는 사이에 앞의 긴 푸른 죽통과 아리따운 꽃들을 바라보면 의젓한 모습이 마치 자리에 가득한 좋은 빈객들이 마음을 나누는 뜻으로 친히 상대하며 말없이 좋아하는 듯하다. 당을 '애련'이라고 이름 붙인 것이 이 때문이다.[12]

애련당의 위치는 성문인 대동문과 객사인 대동관 사이의 평양 도심 한가운데였다. 애련당의 설계자라 할 수 있는 관찰사 민제인은 연꽃과 거울못 같은 유가적 심상을 고려하는 동시에 "속세의 먼지가 차단"되는 도시 속에서의 은거, 즉 중은(中隱)이라 할 만한 고요함과 한적함을 즐기고 이를 접객과 연결시킨다.

풍월루는 임란 이후에 재건되지 않았지만 애련당은 1714년(숙종 40) 애련당, 능허교, 팔각문이 모두 복구되었다.[13] 평양성도류 그림에서 애련당은 시기가 올라가는 송암미술관 소장본[그림 3-1] 이후 서울역사박물관 소장 〈기성도병〉과 같이 한동안 빈자리로 묘사되다가[그림 3-2] 19세기 말 제작된 것으로 추정되는 국립중앙박물관 소장 〈평양성도〉[그림 3-3]와 헤르만 산더 촬영 사진[그림 3-4] 등에 다시 등장한다. 애련당은 18세기 세 차례 공사 이후 1804년 대화재 때 소실되었다가 1890년(고종 27)에 중건 기록이 확인된다. 흥미롭게도 서윤 한 명을 제외하면 모두 여흥 민씨 관찰사가 공사를 진행하였다. 1890년 중건기를 쓴 민병석(閔丙奭, 1858~1940)은 애련당을 창건한 민제인을 선조(先祖)라 언급하기도 하였다.[14]

표 3-2. 애련당의 역대 공사 내역

연도	내용	주관	출전	비고
1542년(중종 37)	창건	관찰사 민제인(閔齊仁, 1493~1549)	평양지(1590)	
1714년(숙종 40)	중수	관찰사 민진원(閔鎭遠, 1664~1736)	여지도서(1760)	『평양속지』에는 1715년
1758년(영조 34)	중수	관찰사 민백상(閔百祥, 1711~1761)	여지도서(1760)	
1786년(정조 10)	개건	서윤 김리중(金履中, 1736~?)	평양속지(1892)	출전: 산천조 부지당
1890년(고종 27)	중건	관찰사 민병석(閔丙奭, 1858~1940)	평양속지(1892)	

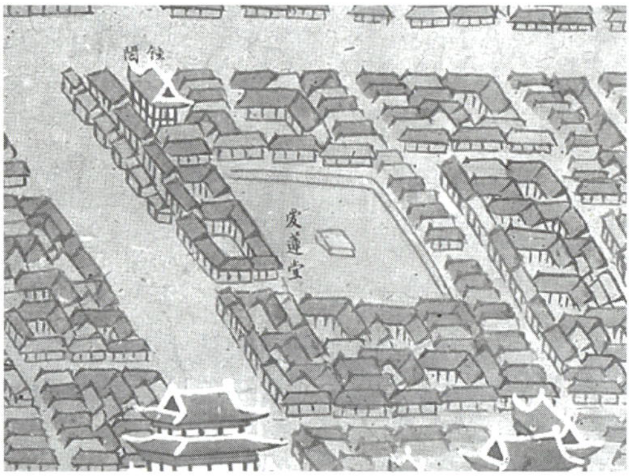

그림 3-2. 〈기성도병〉의 애련당 부분 (서울역사박물관 소장)

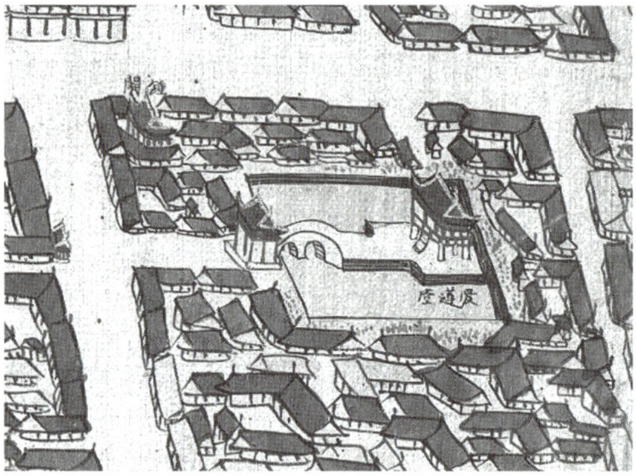

그림 3-3. 〈평양성도〉의 애련당 부분 (국립중앙박물관 소장)

그림 3-4. 1906~1907년 촬영된 애련당의 모습 (국립민속박물관 소장)

다음으로 함흥의 객사 원림을 살펴보자. 『신증동국여지승람』 함흥부 누정조에는 객사 기준으로 위치를 표시한 누정으로 객사 북쪽의 문소루(聞韶樓), 문소루 동쪽의 관풍정(觀風亭), 객사 북쪽의 선경루(仙景樓), 동헌 남쪽 못 가운데 칠보정(七寶亭)이 있다.

네 누정 중 중심 누정은 문소루(聞韶樓)이다. 이석형(李石亨, 1415~1477)의 기문에 따르면 객사 북쪽에는 이전에도 누정이 있었으나 오래되어 퇴락해 있었고, 관찰사 권맹손(權孟孫, 1390~1456)이 1448년(세종 30)에 중건하였다. 누정은 세 칸으로 처마에 부연[翼]이 달려 있었으며, 난간과 마루가 시원하고 형세가 적당하여 고을의 명승을 갖추었다고 평하였다.[15]

문소루의 명칭은 누정 건립 직전인 1447년(세종 29)에 반포되었던 「용비어천가(龍飛御天歌)」와 연관이 깊다. 「용비어천가」는 훈민정음으로 지은 최초의 악장으로 세종 위 6대 선조의 업적을 찬미한 노래이다. 권맹손은 왕이 내린 「용비어천가」가 누정이 준공되던 날 왔다며 이석형에게 기문을 부탁하였다. 이석형은 문소루의 '소(韶)' 자가 순(舜) 임금의 음악을 뜻한다는 점에서부터 이름을 풀이하여, 선정(善政)을 담은 음악을 울려 퍼지게 하면 경치 역시 더욱 좋아진다고 썼다. 문소루는 임란 이후 복구되지 않은 것으로 보인다. 훗날 그 자리에 관아가 지어지며 문소관(聞韶館)이라는 이름을 사용했는데, 이로써 누정의 형식은 사라졌지만 상징성은 계승되었다.

문소루 동쪽 가까이에는 관풍정(觀風亭)이라는 비교적 작은 누정이 딸려 있었던 것으로 보인다. 객사 가까이 여러 채의 누정이 군락을 이루었던 양상은 해주와 전주에서도 볼 수 있다. 문소루와 마찬가지로 객사 북쪽으로 위치가 표기된 선경루(仙景樓)는 명칭으로 볼 때 훗날 지락정이 자리하는 문소루 북쪽 능선에 있다가 없어졌을 것으로 추측된다.

주목할 누정은 조선 후기에도 모습이 보이는 칠보정(七寶亭)이다. 칠보정은 객사 동쪽 날개채인 동헌의 남쪽 못 가운데 있었다. 최초 건립 시기는 알 수 없으며, 전쟁 이후에 중건되었다가 관찰사 남구만(南九萬, 1629~1711)이 다시 중수하였다.[16] 『함산지통기』에는 '칠보(七寶)'를 "봄 못에 가득찬 물[春塘水滿], 버드나무가 비쳐 어른거림[柳樹烟籠], 발을 거두고 감상하는 연꽃[捲簾賞蓮], 못에 내리는 밤비[池中夜雨], 낚싯대를 던져 낚는 물고기[投竿釣魚], 굽어본 못의 거울 같은 표면[俯池鏡面], 못 속에 잠긴 가을 달[涵池秋月]" 일곱 가지로 제시하였다. 칠보에 담긴 원림의 감상은 각기 두 가지 이상의 경관 요소가 결합된 데 시간성과 행위성이 개입하는 방식으로 구성되었다는 점에서 흥미롭다. 못과 물, 버드나무와 수변, 주렴과 연꽃, 못과 비, 낚싯대와 물고기, 수면과 풍경, 수면과 달이 각 항목 속에서 엮여 있으며 여기에 봄, 밤, 가을과 같은 시간성이나 거두고, 드리우고, 굽히는 등의 행위성이 가미되어 있다.

함흥객사가 그려진 조선시대 그림을 보면 대부분 동헌 가까이에 칠보정을 묘사했다. 예컨대 1731년 작 〈북관별과도(北關別科圖)〉를 보면 칠보정은 방과 마루를 갖추고 있고 못 안에는 연꽃, 못가에는 버드나무가 심겨 있다[그림 3-5]. 섬은 다리로 연결되어 있다. 못의 형태는 비정형으로 방지(方池)가 아니었던 것이 분명해 보이며, 약간 떨어진 담장 바깥에도 못이 그려져 있다. 담장 밖 못의 배치는 감상을 위해 조성되고 관리되었던 것으로 보기에 다소 애매하다. 함흥객사의 모습이 그려진 〈북새

그림 3-5. 〈북관별과도(北關別科圖)〉의 함흥객사와 칠보정 부분 (국립중앙박물관 소장)

선은도(北塞宣恩圖)〉에서도 칠보정 주변의 못 경계가 석축이 아닌 자연형 경계로 그려져 있다. 이 못은 경회루나 중앙관아 후원의 경우처럼 대지의 습기에 대응하는 과정에서 비롯된 것이 아닐까 생각된다.

양계 지방 외 감영소재지의 경우: 해주, 원주, 충주, 전주, 상주

평안도, 함경도와 경기도를 제외한 5개 도의 감영 소재지에는 도시별 특성을 반영한 객사 원림이 조성되어 있었다. 먼저 황해감영의 소재지였던 해주를 살펴보자. 『신증동국여지승람』에는 1475년(성종 6) 해주목사로 부임했던 이염의(李念義, 1409~ 1492)가 객사의 동헌을 새로 지으며 서거정에게 의뢰했던 기문이 수록되어 있다. 여기에는 이염의가 서거정에게 동헌 일대의 경관을 글로 전달한 내용이 인용되어 있는데, 누정 간의 배치관계를 비롯해 식재 등의 경관 요소를 상세하게 전하고 있어 상당히 흥미롭다. 다음은 서거정이 기문에서 이염의의 서간을 인용한 단락의 일부이다.

㉠ 헌(軒)에서 조금 북쪽으로 나가면 대(臺)가 있는데 높이가 한 길이 넘고, 들메나무[楠] 두 그루가 무성하고 울창하여 층층한 그늘이 땅을 덮어서 수백 명이 앉을 만하다. 또 서북쪽으로 가면 삼괴정(三槐亭)이 있는데, 경치 좋기로 남정(楠亭)과 서로 최고를 다툰다. 그 남쪽에 못이 있어 연을 심으니 붉은 향기 푸른 그림자가 좌우로 어른거린다. ㉡ 헌(軒) 앞에는 욕실(浴室) 두어 채가 있고, 욕실 아래위에 모두 새롭게 못을 파니 넓이가 10여 길씩 되며, 연을 심고 고기를 기르니 윗못의 물이 졸졸 섬돌 밑을 따라 돌아서 아랫목으로 들어간다. 목욕을 마치고 난간에 의지하면, 유쾌하고 시원하여 번거로운 세상 생각 씻고 혹심한 더위를 잊을 수 있다. ㉢ 헌(軒) 옆에 또한 누(樓)가 있는데 높고 밝으며 상쾌하여, 사신이나 손님이 오면 반드시 여기서 술 마시고 시를 짓는다. 이것이 이 고을 형승의 대략인데, 그 중에도 여러 승경을 다 모은 곳은 우리 동헌이다.[17]

글에 묘사된 공간들은 '헌(軒)'을 기준으로 서술되어 있다. 이를 동헌으로 풀어서 셋으로 구분해 살펴보자. ㉠에서 동헌 북쪽에는 큰 교목을 갖추었으며 높고 넓고 평평한 대(臺)가 조금 떨어져 있었다. 마찬가지로 북서쪽으로 약간 떨어져 있던 곳에는 못을 갖춘 삼괴정(三槐亭)이 있어서 전술한 대(臺)와 우열을 다투었다. ㉡ 이하에서 동헌의 앞에는 욕실이 두 채 있었다. 욕실 가까이에는 높이차를 둔 두 개의 못이 있었는데, 그 사이를 연결하는 물계단이 있어서 시청각적 효과를 냈다. ㉢ 이하에서 동헌 옆에는 객사의 접객과 연회 기능에 적합하도록 높고 트인 누(樓)가 있었다.

북쪽에 별도의 영역을 갖춘 원림이 있었고 동헌 옆에 부속 누정이 있었다는 점은 상상하기 어렵지 않다. 그런데 이 기록에서 특이한 장면은 두 채의 욕실과 두 개의 못, 그리고 물계단이다. 문자 그대로 객사의 '앞'에 그러한 시설이 있었다고 보기는 어렵다. 다만 동헌의 부속 시설 중에는 일시적으로 화려한 의장을 동반하는 욕실이 있었을 가능성을 보여주며, 관찰사나 목사의 의지에 따라 객사 영역 내에 그러한 시설이 단기간에 갖추어지거나 퇴락하기도 했던 것으로 판단된다.

『신증동국여지승람』의 해주목에는 궁실조 외에 누정조에도 객사 동쪽의 봉지루(鳳池樓), 동헌 북쪽의 은행정(銀杏亭), 별관 북쪽의 모란정(牧丹亭), 객관 서쪽의 부용당(芙蓉堂)이 기록되어 있다. 서술 순서와 위치 표현으로 볼 때 ㉢에 등장한 동헌 옆 누정은 봉지루(鳳池樓)였을 가능성이 높다. 『신증동국여지승람』에 따르면 봉지루에는 연못이 있었는데 관련 기록이 많지 않아 욕실 못과의 연관성을 찾기는 어렵다. 봉지루는 관찰사 남곤(南袞, 1471~1527)이 영해루(瀛海樓)로 이름을 바꾸었다. 영해루는 임진왜란 때 불타 없어졌다가, 그 자리에는 조선 후기에 대유당(大有堂)이라는 새 건물이 들어섰다.

은행정(銀杏亭)은 동헌 북쪽, 모란정(牧丹亭) 별관 북쪽에 있다는 기록 외에 별다른 언급이 없고 조선 후기 지리지에도 등장하지 않는다. 객사와 관련해 단연 돋보이는 누정은 부용당(芙蓉堂)이다. 『신증동국여지승람』에 객사 서쪽에 있었다고 간단히 언급된 부용당에 대해서는 후대에 쓰인 송시열(宋時烈, 1607~1689)의 기문이 있어 그 초기의 내력을 비교적 상세히 알 수 있다.[18]

기문에 따르면 부용당은 관찰사 김근사(金謹思, 1466~1539)가 1526년(중종 21)에 창건하였다. 약 70년 뒤인 1592년(선조 25) 임진왜란이 발발하자 선

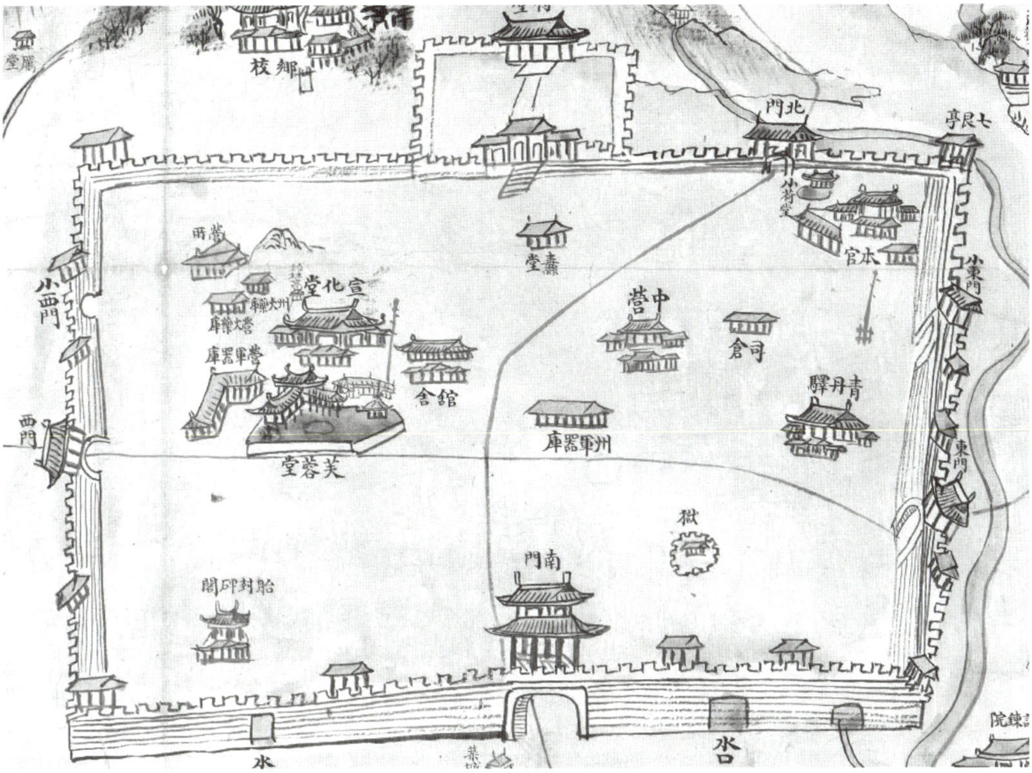

그림 3-6. 《1872년 지방지도》 〈해주목〉의 해주읍성 부분. 부용당이 강조되어 그려져 있다. (서울대학교 규장각한국학연구원 소장)

조가 피란을 가던 중 해주에 한 달간 있었는데, 그때 머물렀던 곳이 부용당이다. 이후 해주목사 나성두(羅星斗, 1614~1663)와 관찰사 정만화(鄭萬和, 1614~1669)가 주도하여 1660년경에 부용당의 중건이 이루어졌다. 송시열의 기문은 이 중건을 기념하기 위해 쓰였다.

"여덟 감영 중에서 관서의 연광정은 강산의 아름다움이 이름났고, 관북의 낙민루는 내천과 들판이 넓고 아득하며 그 이름 뜻이 단단하고 마땅한 데 비해, 다만 해주의 부용당은 감영 남쪽에 위치한 작은 못과 누각일 뿐"[19]이라는 홍경모(洪敬謨, 1774~1851)의 언급에서 볼 수 있듯, 부용당의 입지와 주변 경관은 양계 지방의 유명 누정과 달랐다. 부용당에 대한 감상은 주변 산수의 경관보다는 연꽃이나 나무, 못 가운데 세워진 돌기둥이나 난간처럼 영역 내 식재나 건물의 의장에 집중되었다.[20] 또한

그림 3-7. 해주 부용당의 식민지시기 모습 (국립중앙박물관 소장 유리건판)

그림 3-8. 작자미상, 〈부용당도(芙蓉堂圖)〉, 18~19세기 (국립중앙박물관 소장)

1742년(영조 18) 영조가 직접 어필현판을 써 주고, 선조가 머물렀던 방 한 칸이 기념 공간화 되는 등 부용당은 왕실의 유적으로서 자리매김한다. 다른 감영 소재지에 비해 주변 경관의 수려함이 비교적 떨어지는 해주에서 의장과 상징에 집중하여 객사 원림이 명소화된 것은 단지 선조의 피란이라는 역사적 사건 때문만은 아닐 것이다.

식민지시기 사진 자료를 보면 연못 위에 길다란 주초를 세우고 자리 잡은 부용당과 이름에 걸맞은 연꽃의 모습이 드러난다[그림 3-7]. 18~19세기에 그려진 〈부용당도〉를 보면 증축 과정을 거쳐 형성된 듯한 부용당 특유의 복잡한 평면 형태가 잘 드러나는데[그림 3-8], 원래는 연못 바깥의 건물을 응향각(凝香閣), 연못 가운데 건물을 부용당이라 하였으나 나중에는 두 건물을 합쳐 부용당이라 부르게 되었다고 전한다.[21]

다음은 강원감영의 소재지였던 원주이다. 『신증동국여지승람』 원주목 누정조에는 객사 동쪽의 봉명루(奉命樓), 객사 서쪽의 쌍수대(雙樹臺), 객사 남쪽의 청음정(淸陰亭)이 기록되어 있다. 누정 간의 위계를 반영하는 지리지 누정조의 서술 경향으로 봤을 때 봉명루가 중심 누정이었음을 알 수 있다. 그런데 봉명루는 존속 시기가 짧았거나 쓰임이 적었던 것으로 보인다. 후대의 지리지를 비롯해 관련 기록을 찾기 어렵기 때문이다. 객사 서쪽에 있었던 쌍수대(雙樹臺)와 남쪽의 청음정(淸陰亭)도 사정은 비슷하다. 청음정의 터에는 후대에 청음당(淸陰堂)이 재건된 것으로 보이지만 나머지 두 누정은 지리지에 명칭만 남아 있다.

『신증동국여지승람』의 원주목 누정조에서 주목할 것은 속현인 주천현(酒泉縣)의 객사 원림이다. 해당 기록에는 위치가 객사 동쪽으로 표시된 빙허루(憑虛樓)와 객사 서쪽으로 표시된 청허루(淸虛樓)가 등장한다. 원문에서는 원주목 객사의 봉명루와 주천현 객사의 빙허루가 나란히 서술된 후 모두 객사 동쪽에 있다고 짧게 언급된 다음 청허루가 서술되어 다소 혼란을 유발한다. 후대의 지리지를 확인해보면 빙허루는 청허루와 함께 원주목이 아닌 주천현 객사의 누정임을 알 수 있다. 주천현은 현재 영월군의 서쪽 끝에 속해 있는 주천면으로 원주에서 강원도 안쪽으로 향할 때 필수로 거쳐가는 곳이었다. 주천현은 읍치로서 발달하

그림 3-9. 영월 주천면에 위치한 빙허루의 현재 모습. 1986년 새로 건립된 건물이다. (필자 촬영)

지는 않았으나 교통로로서의 입지와 수려한 경치 때문에 객사와 부속 원림이 유지되었던 사례로 볼 수 있다. 현재는 근래에 복원된 빙허루가 자리하고 있다[그림 3-9]. 원주가 오랜 기간 감영 소재지였음에도 불구하고 별다른 원림이 발달하지 않다가, 조선 후기 유영화와 함께 주변과 격리된 화려한 원림이 조성되는 배경을 여기에서도 엿볼 수 있다.

다음은 충청감영의 감영 소재지였던 충주이다. 충주는 청주와 함께 충청도를 대표하는 대도시였다. 또한 전라도의 전주, 경상도의 성주와 같이 충청도의 실록각(實錄閣)을 지었던 곳이며 전패를 봉안하는 객사 외에 서문 안 남별관(南別館), 남문 안 신별관(新別館)을 둘 정도로 교통량이 많았던 요지이다. 『신증동국여지승람』 충주목 누정조에는 객사 기준으로 위치가 표시된 누정으로 객사 동쪽의 경영루(慶迎樓), 객사 서쪽의 망경루(望京樓), 객사 동쪽의 청연당(清燕堂) 세 곳이 기록되어 있다.

중심 누정인 경영루(慶迎樓)는 1442년(세종 24) 태조의 영정이 지나갈 때 객사 정청 대신에 임시로 머물렀던 곳이다. 이를 계기로 관찰사 이익박(李益朴)이 주도하여 누정을 중건하고 영정이 머물렀던 일을 기념하여 경영(慶迎)으로 이름을 고쳤다. 망경루(望京樓)는 객사의 서쪽에 위치했던 누정이다. 충주객사 동쪽에는 태조의 영정을 상기시키는 '경영'이, 서쪽에는 수도 한양을 상기시키는 '망경'이 짝을 이루었던 셈이다.

청연당(清燕堂)은 접객 수요를 감당하기 위해 추가로 지은 누정이다. 『신증동국여지승람』에 실린 홍귀달의 기문에 그러한 연유가 요약되어 있다. 그에 따르면 품계가 같은 충청도의 관찰사, 병사, 수사가 동시에 오면 목사가 곤란해지는 상황이 발생하기도 했는데, 목사 최린(崔潾)이 주도하여 객사 동쪽에 새롭게 누정을 지었다. 다음은 홍귀달의 기문에서 공간 구성과 건립 의도를 밝힌 부분이다.

비어 있는 땅에 터를 보아서 문의 동편에 들어가서 그 집을 높게 하여 연접시키고 칸수를 넓게 하여 청(廳)을 만드니, 여름에는 서늘한 마루가 있고 겨울에는 따뜻한 방이 있다. 손님이 오면 거닐고 편히 쉴 곳이 있고, 주인은 손님을 접대하고 정사를 할 곳이 있게 되었다. (중략) 여기에서 연회의 예를 행하거나 조용히 휴식할 수도 있고, 여기에서 문서를 정리할 수도 있으니 청연(清燕)이라고 이름하는 것이 합당하다.

청연당은 경영루와 바로 붙어있던 것으로 보인다. 방과 마루를 갖추었으며 관찰사 등이 휴식과 업무를 하기에 좋은 거처로 마련되었다.

다음은 전라감영의 소재지였던 전주이다. 『신증동국여지승람』 진주부 누정조에는 객사 기준으로 위치가 표시된 누정이 객사 후원(後園)의 진남루(鎭南樓), 객사 동북쪽 구석의 매월정(梅月亭), 객사 서쪽의 청연당(淸讌堂) 세 곳 기록되어 있다.

중심 누정인 진남루(鎭南樓)는 유독 '후원(後園)'에 위치했다고 쓰여 있다. 진남루는 1409년(태종 9)에 관찰사 겸 부윤인 윤향(尹向, 1374~1418)이 창건했고 1441년(세종 23)에 한승순(韓承舜)이 중수하였다. 허주(許周, 1359~1440)의 시에 따르면 "수많은 민가의 저녁 연기는 어렴풋이 푸르고, 사산(四山)의 아리따운 기운은 무성하게 피어오르네"[22]라고 하여 도시 전경과 도시를 둘러싼 산의 모습이 주요 경관이었던 것을 알 수 있다. 이경동(李瓊仝, 1438~1494)의 기문에 따르면 진남루에는 한때 실록이 수장되었다. "따로 각(閣)을 세우고 실록을 옮겨 놓으니, 드디어 진남루가 예전대로 복구되었다."[23]라는 표현으로 보면, 실록각을 세우기 전에 임시 시설로 사용되었던 것으로 보인다.

객사의 동북쪽 구석에 있었던 매월정(梅月亭)은 1483년(성종 14) 부윤 이봉(李封, 1441~1493)이 창건했다. 이숙함의 시에 매화, 달, 담장 구석의 대나무, 바람이 등장하는 것으로 볼 때[24] 원경보다는 뜰의 고요한 경관을 즐기는 소규모 누정이었던 것으로 보인다.

청연당(淸讌堂)은 부윤 강징(姜澂, 1466~1536)이 세웠다. 진남루, 매월정, 청연당의 위치 관계는 진남루에만 후원(後園)이라는 단어를 쓰고 다른 누정에는 이와 연결지을 만한 표현이 없는 것으로 볼 때 가까이 있더라도 영역이 구분되었으리라 짐작된다.

다음은 조선 전기 경상감영의 소재지였던 상주이다. 경상도 북서쪽 경계에 위치한 상주는 조선 이전부터 오랫동안 크고 유명한 도시였다. 『신증동국여지승람』의 형승조는 "동남방 일백 고을 중 첫째다", "팔방으로 통한 거리이다", "신라 때부터 큰 부가 되었다"라는 간략하지만 선명한 기존 문장의 인용으로 이루어졌다.[25] 궁실조에는 1343년(충혜왕 4)에 상주목사 안축(安軸, 1287~1348)이 쓴 객사 기문이 수록되어 있다. 기문에 따르면 당시에 정치가 흐트러져 다른 관아나 시설은 퇴락했지만 객사만이 "높고 화려해 남방에 으뜸이고, 청당(廳堂)과 기초의 규모와 배치가 크고 장려하며 여유가 있어 각각 그 마땅함을 얻었다."[26]라고 묘사되었다. 상주객사가 남달리 제도를 갖추었던 까닭은 안축과 동시대 인물인 김영후(金永煦, 1292~1361)가 새로 지었기 때문으로 전한다. 그 뒤 객사는 1526년(중종 21) 불에 탔다가 목사 윤탕(尹宕)이 재건하였다.

상주는 영남에서 손꼽는 대도시이며 이에 적합한 객사를 갖추었던 까닭에 부속 원림 또한 충실히 갖추었다. 『신증동국여지승람』 누정조에 객사를 기준으로 위치가 표시된 누정은 객사 동쪽의 풍영루(風詠樓), 풍영루 서쪽의 응신루(凝神樓), 객사 북쪽의 청량각(淸涼閣), 서헌 북쪽의 추월당(秋月堂) 네 곳이다.

주요 누정인 풍영루(風詠樓)는 이색(李穡, 1328~1396)과 권근(權近, 1352~1409)의 기문, 김종직(金宗直, 1431~1492)의 중수기까지 총 3편의 기문이 지리지에 수록되었다. 이색은 여말선초를 대표하는 유학자답게 직접 풍영(風詠)이라는 이름을 지으며 증점의 고사가 담긴 『논어』 선진편의 내용을 언급했다. 권근과 김종직의 기문에 따르면 상주객사는 1327년(충숙왕 14)에 중건되었고 풍영루는 1370년(공민왕 19)에 객사 동쪽을 개척해 지어졌으며 1380년(우왕 6) 왜구의 침입으로 둘 다 파괴되었다가 1390년(공양왕 2) 객사가 복구된 이후 풍영루는 터를 넓혀서 재건되었다.

풍영루의 서북 모퉁이에는 지붕을 맞대어 응신루(凝神樓)라는 건물이 지어졌다. 이 건물에 대해서는 홍귀달(洪貴達, 1438~1504)이 1499년(연산군 5) 실록을 봉안하러 가는 길에 쓴 기문이 있다. 홍귀달은 응신루에서 하룻밤을 묵었는데, 그 경험으로 다음과 같이 공간 구성을 기록하였다.

> 조금 뒤에 소루(小樓)에 자리를 까니 그 제도가 극히 깨끗하고 시원스러웠다. 누 가운데[樓心] 방을 만들었는데, 창은 비고 발은 성기어 더울 때에 거처하기가 대단히 좋게 되어 있다. 또 바로 누 머리[樓頭]에 목욕하는 집이 있어 깨끗하고 편리하였다.[27]

응신루는 규모가 비교적 작은 풍영루의 부속 누정이었지만 가운데 방을 갖추었다. 창호는 장지로 막지 않고 발을 내려 바람이 통하게 했으며 가까이에 욕실이 있었다. 풍영루와 응신루 외에 객사 북쪽에 청량각(淸凉閣), 서헌 북쪽에 추월당(秋月堂)[28]이 있었다.

임란 이후 감영 소재지가 되는 읍치: 공주, 대구

검토한 바와 같이 조선 전기 감영 소재지의 객사는 대부분 3~4개의 누정을 갖추고 있었다. 충주객사의 누정 기문에서 언급했듯 기본적으로 감영 소재지는 도의 지휘관들이 자주 모이는 곳이었으며 도시 규모가 크고 교통량이 많아 객사 원림의 수요도 많았다고 볼 수 있다. 그렇다면 감영 소재지가 아니었던 읍치는 객사 원림이 상대적으로 덜 발달했을 것으로 예상되는데, 임란 이후 감영 소재지로 선정되는 공주와 대구를 살펴봄으로써 감영 소재지 외 객사 원림의 일면과 유영화 이전의 전사(前史)로 삼고자 한다.

먼저 공주를 살펴보자. 『신증동국여지승람』 공주목 누정조에 객사 원림은 객사 동쪽의 취원루(聚遠樓)와 취원루 곁의 응벽당(凝碧堂) 두 곳이 기록되었다. 중심 누정인 취원루(聚遠樓)는 그 이전에 있던 원림을 두 차례 바꾸어 완전히 다른 경관의 원림을 이룬 사례로서 주목된다. 『신증동국여지승람』에 수록된 정이오(鄭以吾, 1347~1434)의 「관정정기(觀政亭記)」와 서거정의 「취원루기(聚遠樓記)」를 통해 그 전모를 알 수 있다.

오래 전부터 공주객사의 동쪽에는 상당한 규모의 못[29]이 있었다. 목사 권담(權湛, ?~1423)이 못 가운데 초정(草亭)을 지었는데, 1415년(태종 15)에 못을 넓히고 섬을 정비한 위에 누정을 짓고 단청을 했다. 또한 못에 시냇물을 끌어들여 물을 깊고 맑게 하였다. 누정의 명칭은 못물을 보고 정치를 본받는다는 뜻에서 관정정(觀政亭)이라 하였다.

훗날 서거정이 공주객사에 와 보니 동쪽에 연정(蓮亭) 두 칸 정도가 있을 뿐 작고 좁아서 답답하였다. 연정은 1473년(성종 4)에 이르러 동쪽에 새롭게 터를 마련하여 옮기고 규모를 확장하여 새롭게 지었는데, 바로 아래의 못을 내려다보던 관정정과 달리 사방에 강과 산을 두루 보고 광활한 들판과 민가, 나루터, 행인, 농사짓는 사람까지 한눈에 들어오는 조망 경관을 갖추었다. 서거정은 취원루(聚遠樓)로 이름을 고치며 멀리 바라보이는 자연과 도시의 경관을 누정으로써 마음에 모은 다음 그 마음을 단단히 하여 통치자의 책임으로 삼는다는 뜻을 담았다.

취원루에 대한 조선 후기 기록은 상당히 소략한 편이다. 그런데 공주 시내의 식민지시기 사진에서 객사 뒤, 동쪽 언덕이자 현재의 중앙공원 위에 누정이 보이는데[그림 3-10] 공주 지역학계에서는 이를 취원루라고 보고 있다.[30] 『공산지』 등 후대의 지리지에서 취원루는 이름만 간단히 등장한다. 사진 속 누정이 서거정 이래의 취원루와 동일 건물이라고 보기는 어렵겠지만, 객사 동쪽 언덕에서 바라보이는 도시 전경은 기문에 묘사된 풍경을 떠오르게 한다[그림 3-11].

그림 3-10. 식민지시기 공주 욱정통 엽서. 정면으로 보이는 언덕이 객사 뒤편 언덕이다. 그 위에 취원루로 추정되는 누정이 보인다. (공주학아카이브 제공)

그림 3-11. 19세기 말 공주 시내 전경. 시가지 너머로 봉황산과 그 아래 충청감영이 보인다. 〈그림 3-10〉 사진의 취원루 위치에서 촬영한 것으로 추정된다. (『선남발전사』 수록, 서울역사박물관 소장)

응벽당(凝碧堂)은 취원루 곁에 있었다고 짧게 기록되어 있다. 당이라는 명칭으로 볼 때 충주객사의 청연당처럼 객사 기능의 보완이라는 측면으로 지어졌던 건물로 생각된다.

다음은 대구이다. 『신증동국여지승람』의 대구도호부 누정조에는 금학루(琴鶴樓) 한 곳만이 기록되어 있다. 금학루의 위치는 객사의 동북 모퉁이였고 김조(金銚, ?~1455)의 기문이 수록되었다. 김조의 글에 따르면 대구 지역에 금호(琴湖)라는 이름이 있고, 누에는 학이 춤추는 형상을 그린 그림이 있었던 까닭에 누정의 이름을 금학으로 지었다.

금학루에 대해서는 후대 지리지에 동일한 내용이 반복되고 '현재는 없다(今無)'는 기록이 덧붙여졌을 뿐, 조선 후기에 활용되거나 복구된 기록은 남아 있지 않다.

조선 전기 객사 원림의 특징

조선 전기의 감영 소재지에는 유영화 여부와 상관없이 대체로 3~4개의 누정이 객사의 부속 원림으로 조성되어 있었다. 감영 소재지로 선정되기 이전에도 규모가 크고 읍격이 높았던 공주목과 대구도호부의 경우 각각 2개, 1개의 객사 누정이 기록되었던 것으로 본다면, 감영 소재지의 객사 원림 수요가 상대적으로 많았음을 알 수 있다.

대략 15세기에 중심 누정이 창건되거나 중건된 기록이 다수인 것으로 볼 때, 객사 원림의 조성 시기는 조선 초기 각 군현에 객사가 건립되던 것에서 그리 멀지 않은 시점이라 생각된다. 중심 누정이 지어진 이후에는 중건하며 명칭을 바꾸거나 누정을 추가해 짓는 양상이 전개되었다. 누정을 추가한 경우 중심 누정은 누(樓), 부속 누정은 정(亭)이나 당(堂)으로 이름 지었던 경향도 엿보인다.

객사 원림의 형태는 입지와 환경에 따라 다양했다. 평양의 쾌재정이나 공주의 취원루처럼 객사가 언덕 가까이 있을 경우 조망을 강조한 원림이 조성되었으며 평지에 위치한 경우 전라감영의 진남루처럼 원(園)을 갖추거나 평양의 애련당이나 함흥의 칠보정처럼 연못 가운데 섬과 누정을 갖추기도 하였다. 연못의 형태는 전자와 같이 완전한 사각형을 띠기도, 후자와 같이 자연형 경계를 갖추기도 하였다.

중앙집권적 지방 제도와 밀접한 객사의 성격과 맞물려 왕실과 관련된 사건이나 상징이 원림의 정체성을 이루었던 경우도 주목된다. 「용비어천가」의 발표와 함께 조성된 함경감영의 문소루(聞韶樓)가 대표적이며 원주 객사의 봉명루(奉命樓)도 그러한 뜻을 담고 있다. 충주객사의 경영루(慶迎樓)는 태조의 영정이 임시 머문 것을 계기로 중건·개명되었고 망경루(望京樓)에도 왕실을 향한 마음이 직접 드러난다. 황해감영의 해주객사 부속 누정인 부용당에는 선조가 피난을 왔던 역사가 기입되어 왕실의 기념 공간으로 원림의 의미가 탈바꿈되기도 하였다. 반면 평양의 객사 원림 명칭에는 풍류 문화를 떠올리게 하는 경향이 있고 상주에는 유학자로서의 경계와 수양이 강조되는 면모를 특기할 수 있다. 원림의 정체성은 객사 본연의 기능과 연관을 갖되, 지역적 특수성이나 주도자의 의도, 혹은 예상치 못한 사건에 따라 달리 부여되곤 했던 것이다.

임란 이후 객사 원림의 쇠퇴

전후 복구 시기의 객사는 군현의 역량에 따라 짧게는 전쟁 직후, 길게는 한 세기 가량을 지나 재건되었다. 객사는 왕의 전패(殿牌)를 보관하고 망궐례를 시행하는 생사당이었으므로 지방 읍치에서는 사실상 종묘에 해당한다고 볼 수 있을 정도로 중요한 시설이었고, 그 때문에 가능하면 빠르게 복구되었다.[31] 그러나 중요한 만큼 제도를 갖추어야 했기 때문에 군현에 따라 재건 시기가 달랐던 것으로 보인다. 감영 소재지의 경우 손꼽히는 규모와 읍격을 갖추었으므로 비교적 빠른 시일에 객사를 재건했을 것으로 생각된다.

그렇기는 하나 객사는 전쟁 이전에 융성했던 제도를 그대로 회복하지 못했으며, 그러한 맥락에서 객사 원림이 복구되지 않는 경우도 많았다. 『여지도서』 등의 지리지 내용을 『신증동국여지승람』과 비교해 보면 객사 또는 객사 원림이 재건되지 않은 사례가 다수 확인된다. 네 곳이었던 평양의 객사는 18세기에 두 곳, 19세기에는 대동관 한 곳만 남게 되었다. 객사 원림은 대동관 동헌의 쾌재정(快哉亭)만 유지되었는데, 다만 흥미롭게도 애련당(愛蓮堂)은 그 배경이 되었던 객사인 풍월루가 복구되지 않았음에도 별도로 복구되어 조선 후기까지 명성을 이어갔다.

전주객사의 진남루(鎭南樓)도 복구되지 않은 것으로 보인다. 『완산지』(1905)에 따르면 객사의 중심 누정이던 진남루는 옛날에 객사 북쪽, 조산(造山) 뒤쪽에 있었고 지리지 편찬 당시에는 남아있지 않았다. 조선 후기 전주를 그린 회화식 지도들에는 객사 위로 '조산(造山)'이라는 표기와 함께 작은 동산과 나무가 그려져 있다[그림 3-12·13]. 이는 『신증동국여지승람』에 진남루의 위치로 기록된 객사 후원(後園)의 흔적으로 생각된다.

함흥객사와 해주객사의 누정은 누정이 아닌 관아 시설로 재건되어 원림으로서의 성격을 잃었다. 함흥객사의 문소루는 무너진 뒤 그 터에는 도사(都事)의 거처인 문소관(聞韶館)이 지어졌다. 문소관은 1738년(영조 14)에 고쳐 지었으며, 처음 지어진 때는 지리지에도 알 수 없다고 쓰여 있다.[32] 해주객사의 누정은 조선 전기에 봉지루(鳳池樓)에서 영해루(瀛海樓)

그림 3-12. 〈전주지도〉 객사 부분 (서울대학교 규장각한국학연구원 소장

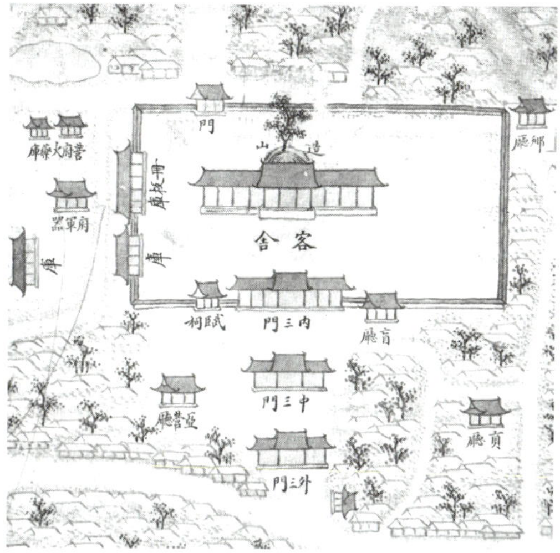

그림 3-13. 〈완산부지도 십곡병풍〉 객사 부분 (국립전주박물관 소장)

로 개칭되었는데, 조선 후기 그 터에는 대유당(大有堂)이라는 관아 시설이 지어졌다. 다만 선조가 피란길에 머물렀던 부용당은 기념 공간이 되어 중건, 중수를 반복하며 해주의 명승으로 자리매김하였다.

재건된 사례로는 원주객사와 공주객사를 들 수 있다. 원주객사 동쪽의 봉명루(奉命樓) 자리에는 부평각(浮萍閣) 원림이 새롭게 지어졌다. 부평각은 1639년(인조 17) 관찰사 이명한(李明漢, 1595~1645)이 창건하였다. 『관동지』(1830)에 따르면 이명한이 재임하던 당시에 동헌 동쪽 10여 보에 황폐한 연못과 섬이 있었다. 여기에 물이 들어와 연과 창포가 무성해져 대(臺)의 흥취가 없어 고을 사람에게 식생을 정리하고 섬을 정비한 후 작은 각(閣)을 세웠다. 이명한은 물에 뜬 부평초를 떠올리는 건물에 부평(浮萍)이라는 이름을 편액하였다. 부평각은 1695년(숙종 21), 1734년(영조 10), 1771년(영조 47), 1811년(순조 11) 등 연이은 수리를 거쳐 조선 후기 내내 자리를 지켰다. 『관동지』에 수록된 〈강원감영도〉를 보면 객사 동쪽 못 가운데 부평각을 확인할 수 있다[그림 3-14]. 객사 남쪽에는 청음당(淸陰堂)이 있는데, 『여지도서』에 따르면 도사(都事)가 근무하는 건물이다. 이 건물은 객사 부속 누정이던 청음정과 관계가 있었을 것으로 추정된다.

그림 3-14. 『관동지』 수록〈강원감영도〉의 객사 부분. 화면 우측 상단에 부평각이 있고 그 아래 심약당(審藥堂)과 청음당(淸陰堂)이 보인다. (국립중앙도서관 소장)

공주객사의 원림을 이루던 취원루(聚遠樓)와 응벽당(凝碧堂)은 여러 편의 기문이 남겨진 조선 전기에 비해 조선 후기에는 별다른 관련 기록이 전해지지 않는다. 그러나 앞에서 제시했듯 객사 뒤편 언덕에 취원루의 전통을 이었다고 볼만한 누정의 사진이 확인된다.

전후 복구 이후, 조선 후기의 객사는 조선 전기와는 다른 성격을 띠게 된다. 감영이 전국적으로 유영화됨으로써 접객의 수요가 줄어들었고, 예학의 발달과 함께 객사는 망궐례 중심의 의례 공간으로서 성격이 강화되었다.[33] 객사의 동헌은 여전히 사신의 숙소로서 기능을 했겠지만, 감영 소재지에서 관찰사의 접객 공간은 더 이상 객사에 종속될 필요가 없었다. 조선 후기의 관찰사는 읍성 내외 가까운 거리에 있는 인공 시설과 자연 경관을 고려해 원하는 장면을 택하여 원림을 조성하거나 활용할 수 있었다. 전쟁의 참화를 계기로 재촉된 지방 제도의 변화와 맞물려 감영 원림의 중심이 객사로부터 성곽과 감영 시설로 옮겨갔던 것이다.

성곽과 원림의 접목

성곽 위 장대와 누정의 결합

감영 소재지의 경우

경기감영과 강원감영을 제외한 조선 후기 여섯 감영 소재지에는 성곽이 있었다. 그중에서 산성을 가까이 둔 충청감영을 제외한 다섯 감영에서는 읍성이 도시를 둘러싸고 있었다. 다섯 감영을 지형 측면에서 구분해보면 양계 지방인 평안, 함경감영의 읍성은 산을 끼고 있었고 황해, 전라, 경상감영의 읍성은 평지에 있었다.

시가지에 단층 건물이 대부분이었던 조선시대에 성곽은 도시를 도시 내에서 조망할 수 있는 드문 시설이었다. 성곽의 높이는 시기와 지역에 따라 다양했지만, 아무리 낮더라도 시내의 단층 건물 높이를 상회할 정도는 되었다.[34] 게다가 감영 도시의 입지는 대개 산지를 포함하거나 산 또는 강 가까이에 있었고, 이러한 조건은 성곽에서 도시와 자연을 함께 조망할 수 있는 특별한 배경으로 작용했다. 성곽은 기본적으로 군사 시설이었지만 평시에는 지방관이나 유력 인사가 조망의 시선을 누릴 수 있는 감상 시설로서 의미가 있었다.

성곽 위 건축물이 누정으로 인식되었던 것은 이러한 맥락에서 자연스러운 일이었다. 특히 장수의 지휘소에 해당하는 장대(將臺)는 평시에 누정과 다름없었고, 군사 시설의 성격만으로는 설명하기 어려운 형식으로 지어지곤 했다. 누정을 겸한 장대, 즉 장대형 누정이 자리 잡는 시기적, 지역적 양상도 주목할 만하다. 감영 도시 중에서 조선 전기에 장대형

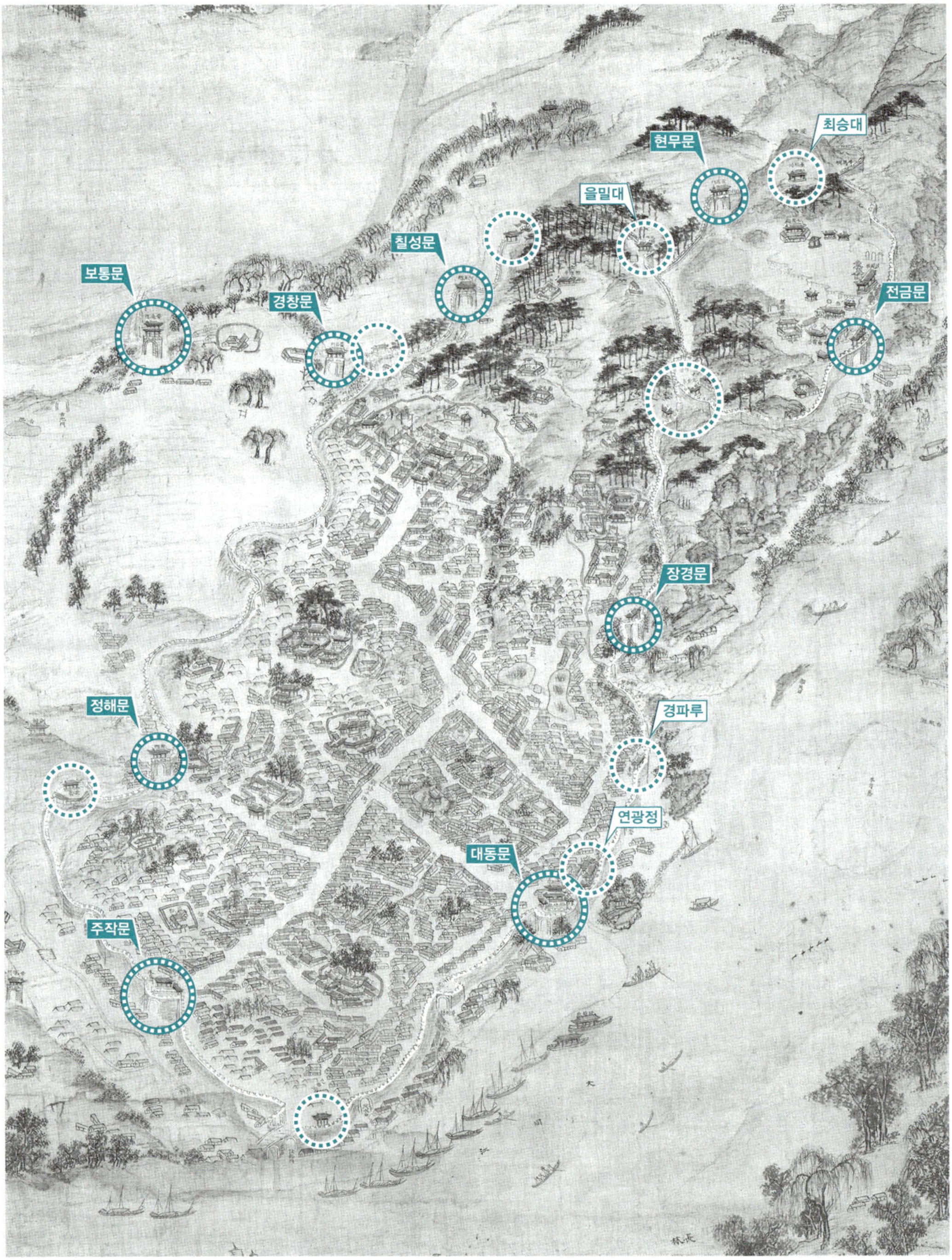

그림 3-15. 〈기성전도(箕城全圖)〉 부분. 성문과 장대를 구분하여 표기. 명칭은 규장각 소장 〈기성전도〉에 기입된 것을 그대로 쓰되, 경파루와 정해문은 『기성도병』(서울역사박물관, 2019)에서 따왔다. (서울대학교 규장각한국학연구소 소장)

누정이 확인되는 곳은 평양과 함흥 두 곳뿐이다. 전란 이후 읍성을 수축하면서 성벽을 돌출되게 쌓는 치성(雉城)이나 포를 쏘는 구멍을 내는 포루(砲樓)를 더하는 방식이 확산되는데, 이 시기에 평양, 함흥, 해주, 공주에 장대형 누정이 다수 등장한다. 즉, 장대형 누정은 제도의 측면으로 보면 유영화가 진행될수록, 입지의 측면으로 보면 주변 지형의 조망을 강조할수록 발달했던 것이다. 감영 소재지 중에서 성곽과 장대가 특히 발달했던 평양의 19세기 모습을 그린 〈기성전도(箕城全圖)〉를 보면 성곽 위에 일정한 간격을 두고 지어졌던 장대의 모습이 잘 나타난다[그림 3-15].

조선 전기 평안·함경감영의 성곽 누정

평안감영: 을밀대, 부벽루, 연광정

평양에는 고대부터 성곽이 존재했고 이를 활용한 누정도 일찍부터 있었다. 을밀대(乙密臺)는 그중에서도 가장 높은 곳에 위치했던 사례이다. 을밀대는 평양의 진산(鎭山)인 금수산 꼭대기에 있었다. 앞이 평탄하고 시야가 트여서 사허정(四虛亭)이라 불리기도 했다. 을밀대는 가장 높은 곳에서 가장 멀리 볼 수 있는 장대형 누정이었지만 부벽루에 비해 접근성은 떨어졌다[그림 3-16·17].

부벽루(浮碧樓)는 고구려 때인 393년에 지은 영명사의 부속 건물로서 영명루라고 불리다 12세기에 부벽루로 이름이 고쳐졌다.[35] 절벽 위에 자리한 부벽루는 평양에서 첫 손에 꼽히는 누정으로 유명세를 떨쳤다. 평양에 온 중국 사신도 부벽루에 올라 여러 편의 시문을 남겼다. 선조연간에 부벽루에 올랐던 한 중국 사신은 "그 경관이 중국의 소주와 항주와 서로 견줄 만하다."라며 소주와 항주의 경관이 인공적인 데 반해 부벽루의 경관이 자연스럽다고 높게 평하기도 했다.[36] 1460년(세조 6) 세조가 서쪽 지역을 순방할 때 직접 부벽루에 올라 활쏘기를 관람하고 과거시험을 본 적도 있다.[37] 부벽루는 임진왜란 당시 소실되었으나 바로 중건되었으며 조선 말기까지 지속적으로 수리되었다[표 3-3]. 부벽루는 고구려식 주초를 갖추고 있어 식민지시기에 주목받은 바 있으며, 바닥면

그림 3-16. 식민지시기 을밀대 전경 (국립민속박물관 소장)

그림 3-17. 식민지시기 을밀대에서 모란대를 바라본 전경 (국립민속박물관 소장)

이 마루로 구성되지 않고 석재 포장으로 이루어졌던 것이 사진으로 확인된다.

부벽루의 모습을 전하는 조선시대 그림은 다수가 남아 있다. 그림은 대부분 부벽루에 올라섰을 때 바라보이는 바깥 풍경을 포함한다. 그 풍경은 가까이로는 절벽 아래의 대동강, 멀게는 능라도(綾羅島)와 강 건너의 열지은 나무들, 중첩된 산세로 이루어졌다[그림 3-18].

표 3-3. **부벽루의 역대 공사 내역**

연도	내용	주관	출전	비고
(고려 시대)	창건	고려시대 승려 흥상(興上)	평양속지(1730)	
1105~1122(예종)	개칭	고려 왕 예종이 순시하며 개칭	여지도서(1760)	
1614년(광해군 6)	중건	관찰사 김신국(金藎國, 1572~1657)	평양속지(1730) 여지도서(1760)	『평양속지』에는 중수, 『여지도서』에는 중건
1672년(현종 13)	중수	서윤 윤이제(尹以濟, 1628~1701)	평양속지(1730)	
1696년(숙종 22)	중수	서윤 윤성우(尹聖瑀, 1638~?)	평양속지(1730)	
1808년(순조 8)	중수	관찰사 서영보(徐榮輔, 1759~1816)	평양속지(1892)	
1857년(철종 8)	중수	관찰사 서염순(徐念淳, 1800~?)	평양속지(1892)	

그림 3-18. 〈부벽루〉, 《관서명승도첩》 (서울역사박물관 소장)

그림 3-19. 식민지시기 대동강 건너에서 바라본 부벽루 전경 (국립민속박물관 소장)

그림 3-20. 식민지시기 부벽루에서 바라본 바깥 풍경 (『日本地理風俗大系』 제16권, 조선편 상, 新光社, 1930)

평양은 식민지시기에도 조선시대와 마찬가지로 수도에 버금가는 도시였으며 여전히 이름난 명승지였기 때문에 부벽루 등 감영 원림을 담은 사진이 다수 남아 있다. 강 건너에서 부벽루를 찍은 사진을 보면 절벽 위에 올라앉은 듯한 입지가 잘 드러난다[그림 3-19]. 부벽루 내부에서 바깥을 보고 찍은 사진을 보면 성곽의 여장이 건물 입면과 시야를 가리지 않고 트여 있는 모습을 볼 수 있다[그림 3-20].

연광정(練光亭)은 대동문 북동쪽의 덕암(德巖) 위 성곽에 자리했다. 1528년(중종 23) 관찰사 허굉(許硡, 1471~1529)이 처음 세웠다. 연광정은 부벽루와 함께 평양에서 손꼽는 누정으로, 1539년(중종 34) 조선에 왔던[38] 중국 사신 당고(唐皐)의 기문이 전한다.[39] 당고는 "움직이는 것은 물의 본성이요, 허(虛)한 것은 물의 체(體)요, 비단 같은(練) 것은 물의 형상이요, 빛나는(光) 것은 물의 용(用)이다. … 물이 항상 움직여 쉬지 않는 속성을 가지고 있지 않다면 비단 같은 빛깔 또한 때가 되면 사라질 것이고, 물이 텅 비어 받아들이는 속성을 가지고 있지 않다면 빛의 작용도 때가 되면 없어질 것"이라 하였다. 그에 따르면 '연광(練光)'이라는 이름에 담긴 비단 같고 반짝이는 강의 아름다움은 흐르고 비어있다는 물의 본성과 다름없는 것이다. 당고의 기문은 원림에서 바라보는 자연의 시각 이미지를 경유하여 그 본성을 논한 시도라는 점에서 신유학적 자연관이 잘 드러나는 글이라 할 수 있다.

이후 1577년(선조 10)에는 홍수로 무너진 연광정을 다시 지으며 부속 관청과 부엌을 옮기고 문을 멀리 두어 뜰을 확장하였다.[40] 연광정은 임진왜란으로 소실되지 않아서 수리하는 정도로 복구되었으며, 이후에도 여러 차례 수리되며 조선 말기까지 자리를 지켰다[표 3-4].

표 3-4. 연광정의 역대 공사 내역

연도	내용	주관	출전	비고
1528년(중종 23)	창건	관찰사 허굉(許硡, 1471~1529)	여지도서(1760)	
1542년(중종 37)	중수	서윤 홍신(洪愼, ?~?)	여지도서(1760)	
1577년(선조 10)	중건	관찰사 김계휘(金繼輝, 1526~1582)	평양지(1590)	성수익, 「연광정중수기」
1607년(선조 40)	중수	서윤 이홍주(李弘胄, 1562~1638)	평양속지(1730)	임란 때 파괴 X
1670년(현종 11)	중수	서윤 윤이제(尹以濟, 1628~1701)	평양속지(1730)	
1850년(철종 1)	중수	관찰사 홍종응(洪鍾應, 1803~1866)	평양속지(1892)	

연광정을 다룬 기문들에서는 연광정 앞의 못에 대해서는 별다른 언급이 없다. 그런데 〈전 김홍도 필 평안감사향연도〉[그림 3-21]를 보면 연광정 안쪽에 작은 못이 그려져 있다. 북한에 소장된 〈평양성전도〉에 기록된 못의 이름은 명월지(明月池)이다. 연광정에서는 당고의 기문에서 볼 수 있듯 대동강의 물을 한껏 감상할 수 있었는데[그림 3-22] 따로 못이

그림 3-21. 〈전 김홍도 필 평안감사향연도〉, 연광정 (국립중앙박물관 소장)

그림 3-22. 식민지시기 대동강변에서 바라본 연광정 (국립민속박물관 소장)

조성된 맥락은 무엇일까. 감상의 대상으로서 대동강과 명월지의 차이는 흐름과 멈춤에 있다. 멈춰 있는 물인 못은 빛을 반사하며 반짝이기보다는, 하늘을 반영하는 거울과 같다. 연광정은 벽월지로 인해 원경으로 흐르는 물을, 근경으로 멈춰있는 물을 양면으로 갖춘 원림이 되었던 셈이다. 이러한 원림 구성은 2-1장에서 제시했던 《김윤겸 필 영남기행화첩》의 〈환아정〉[그림 2-6]에서도 볼 수 있다.

<u>함경감영: 낙민루</u>

조선 전기 함흥을 대표했던 원림은 서쪽 성곽 위에 있었던 낙민정(樂民亭)이다. 『여지도서』에서 낙민정은 함경도 제일의 경치라고 소개되었다.[41] 낙민정이 처음 지어졌던 시기는 알려져 있지 않다. 낙민정은 임진왜란 때 불타 없어졌다가 1607년(선조 40) 관찰사 장만(張晩, 1566~1629)이 성을 개축하며 터에 중건하고 낙민루(樂民樓)라 편액하였다. 이때 중건을 기념하여 신흠(申欽, 1566~1628)이 지은 기문에는 낙민루의 경관과 함의가 잘 드러난다. 다음은 신흠이 지은 「낙민루기」의 일부이다.

가. ㉠-1 누대 아래 다리가 있는데 이름이 만세교(萬歲橋)다. 뭇 시냇물이 그곳을 돌아 흘러 다리 아래에 펑퍼짐하게 고였는데, 사방이 5리쯤 되는 규모로 파도가 넘실대어 바라다보면 마치 큰물과도 같고, 그 다리 밖에는 들이 있는데, 평평한 평야가 멀리 이어져 있으며 한 쪽 면은 바다에 닿아 있어 아무리 보아도 끝이 보이지 않는다. 그리고 들 밖으로 산이 있는데, 모두가 북쪽에서 달려온 산들로서 험준하고 장엄한 게 하늘에 닿을듯 치솟아 있다. 좌우로 줄서 있는 산은 병풍이고, 높이 솟은 것은 벽이 되어 주위를 감싸고 있는데, 이는 이 누대에 있어 최고의 명승인 것으로 이만하면 백성들이 즐거움을 느끼게 할 수 있을까? 아니다. ㉠-2 그러면 좋은 날 좋은 때에 손님 맞아 잔치를 열고, 날짐승 잡아 고깃국 끓이고 물고기 낚아 회치고, 거문고 피리 울리면서 술잔이 오가고, 곱게 단장한 계집들이 귀고리 떼고 비녀 빼고, 초가 다 닳고 밤이 깊었을 때 온갖 춤이 오락가락하면 그는 이 누대에서의 최고의 즐김일 것인데, 그만하면 백성을 즐겁게 만들 수 있을까? 그도 아니다. ㉠-3 그렇다면 휘하 장병이 다 모이고 동료 무리들이 함께한 자리에서 병사는 갑옷을 입고 달리고 말은 재갈을 물고 달리며, 말을 달렸다 멈췄다 하기 마치 날으는 듯 빠르고, 활 쏘고 짐승 쫓는 솜씨가 실을 다루듯 민첩하며, 꿩깃 달린 두 창을 좌우로 휘두르면서 초(楚) 나라 광거

(廣車) 오(吳) 나라 연졸(練卒)이 바람이 일고 번개가 치듯하여, 새로 잡은 고기에 국가가 내린 잔치로 자원한 졸병까지 배불리 먹이고, 어리진(魚麗陣)·아진(鵝陣)·관진(鸛陣)이 법도에 척척 들어맞으면 이는 이 누대에서의 최고 장관일 것이다. 그만하면 백성들이 즐거워할까? 그도 아니다.

나. 그렇다면 누대에 최고의 명승이 있어도 백성들을 즐겁게 하기에는 부족하고, 최고의 즐길 것이 있어도 백성들의 즐거움이 되지 못하며, 최고의 장관이 있어도 백성들이 즐거워하지 않는다면 백성들이 여기서 무엇을 즐긴다는 것인가? (중략) 그만하면 우리 백성들이 즐겁지 않겠는가. ㉡-1 배고픈 자도 때 되면 밥먹고, 추운 자도 때 되면 옷입고, 어린이는 때 맞게 기르고, 늙은이도 때 맞게 봉양하고, 죽으면 때 맞게 장례치르고, 법이 있어 속이지 않고, 영이 적중하여 범법하는 이가 없다. 살기가 평화로울 때는 따뜻한 햇볕이 되고, 일단 유사시에는 무서운 서리로 변하는 것이다. 그만하면 우리 백성들이 충분히 즐거워 않겠는가. ㉡-2 백성들이 이미 이 두 가지 즐거운 조건을 갖추고 있는 데다 공이 또 그 아름다운 누대까지 곁들여 마련하였으니 공이 백성들과 함께 즐기리라는 것은 너무나 뚜렷하고 자명한 일로서 백성들 스스로가 즐기는 것도 당연한 일 아니겠는가. ㉡-3 이야말로 맹자(孟子)가 말한, 어진 자라야만 이를 즐길 수 있다고 한 것이 아니겠는가.[42]

'가'에서는 낙민루에서 내려다보이는 만세교와 다리, 강, 들판, 바다, 산을 논한 후 누정에 있어 최고의 경관을 갖추었다 평하고[㉠-1 이하] 관영 누정에서 즐길 수 있는 연회의 즐거움과[㉠-2 이하] 군정의 훌륭함을[㉠-3 이하] 열거하지만 그러한 즐거움은 백성의 즐거움과는 다르다고 단언한다. 기문의 요지는 '나'에 서술된다. 그에 따르면 관찰사가 백성과 함께 즐기는 데는 두 가지 조건이 필요하다. 첫째는 생활의 안녕이고 둘째는 치안의 유지이다[㉡-1]. 이 조건이 충족된 상태에서 관찰사가 원림을 즐긴다면 함께 즐기는 것이라 말할 수 있다[㉡-2]. 이는 맹자가 주나라 문왕의 영대·영소 원림을 두고 "백성과 함께 즐기므로 즐길 수 있다"[43]라고 말하였으며, 후대에 주자가 "어진 자라야만 이를 즐길 수 있다"라고 풀이한 것[44]과 일맥상통한다[㉡-3].

낙민루는 관찰사 장만이 중건한 지 약 70년 후, 1671년(현종 12)부터 4년간 함경도 관찰사로 재직한 남구만(南九萬, 1629~1711)에 의해 함흥 10경에 포함되었다.[45] 남구만은 본인이 직접 창건한 감영 후원의 지락정(知樂亭)과 함께 10경을 설정하고 이를 〈함흥십경도(咸興十景圖)〉로 그렸다. 〈함흥십경도〉는 마찬가지로 남구만이 기획한 〈북관십경도(北關十景圖)〉와 함께 널리 알려져 이를 계승한 '남구만제 계열 관북명승도'로 전파, 확산되었다.[46]

1674년(현종 15) 남구만이 주문했던 그림은 전하지 않으나 그가 직접 그림에 붙였던 글이 문집에 남아 있다. 다음은 「함흥십경도기병서(咸興十景圖記并序)」의 낙민루 부분이다.

옛날 낙민정(樂民亭)이 함흥부의 성 서쪽 모퉁이에 있었는데, 임진왜란에 불타 없어졌다. 만력(萬曆) 정미년(1607, 선조 40)에 관찰사 장만(張晚)이 부성(府城)을 개축할 때에 옛 정자가 있던 터에 누각을 세워서 위는 잔치하고 노는 장소로 삼고 아래는 적을 막고 지키는 방비를 설치하고는 인하여 낙민루라 편액하였다.

누각 앞에는 성천강(城川江)이 흐르고 있는데, 흰모래가 평평히 깔려 있어서 양쪽 강 언덕이 백설처럼 희며, 강물은 너비가 5리쯤인데 잔물결이 일렁거려 저절로 비단 무늬를 이룬다. 이곳에 만세교(萬歲橋)라는 다리가 있는데, 큰 강을 가로질러 놓여 있어 숫돌처럼 평평하고 곧아서 수레와 말이 왕래하여 은은히 울리는 소리가 밤낮으로 그치지 않는다.

강의 동쪽과 서쪽에는 넓은 들이 수백 리에 걸쳐 아득히 펼쳐져 있으며, 상류에는 백악산(白岳山)과 천불산(千佛山)이 하늘을 찌를 듯하고 하류에는 점점이 보이는 산봉우리들이 빙 둘러서서 아양을 떨며, 선덕(宣德)과 광포(廣浦)가 또 아득히 펼쳐져 시야에 들어온다. 남쪽으로 먼 바다를 바라보면 아득한 물결이 끝이 없고, 화도(花島)와 죽도(竹島), 초도(草島) 등이 하늘과 물이 맞닿은 곳에 나타났다 사라지며, 낙민루 아래에는 강을 따라 여염집들이 십여 리에 걸쳐 비늘처럼 이어져 있어서 안개 낀 버드나무가 몽롱하고 노랫소리와 피리 소리가 들려온다. 그리하여 바다와 산의 높고 깊음과 강호(江湖)의 깨끗하고 아름다움과 교야(郊野)의 넓고 평평함을 이미 가려 뽑아 이 누대에 모았고, 인물의 많고 성함을 또 겸하여 소유하고 있으니, 낙민루라고 명명한 뜻은 이 때문일 것이다.[47]

남구만의 글은 '낙민(樂民)'의 의미를 민가들이 모여 이루는 도시경관의 측면으로 풀어냈다. "여염집들이 십여 리에 걸쳐 비늘처럼 이어져 있어서 안개 낀 버드나무가 몽롱하고 노랫소리와 피리 소리가 들려온다."라는 구절에 드러나듯, 남구만은 백성의 모습 자체를 경관 대상으로 삼음으로써 그 의미화를 시도했다. 신흠이 '낙민'의 의미를 누정의 기능 위

그림 3-23. 〈북관산수도 병풍〉의 낙민루 부분 (국립중앙박물관 소장)

그림 3-24. 낙민루와 만세교의 풍경 (속초시립박물관 소장)

주로 풀어낸 것과는 접근 방식이 다르다. 물론 두 기문이 '낙민'이라는 말을 통해 닿으려는 바가 결국 '좋은 정치'라는 점은 크게 다르지 않다. 다만 남구만의 글은 '십경도(十景圖)'라는 시각 이미지를 글로 표현하려는 목적이 강하기 때문에 차이가 발생했다고 볼 수 있다.

낙민루는 평양성의 연광정, 수원 화성의 방화수류정과 마찬가지로 성곽 위에 자리한 대표적인 누정이다. 이러한 누정은 성곽의 외관에서 중요한 위상을 차지한다. 이들은 단조로운 성곽의 형태를 변주하고 시선을 모으며, 올라선 사람에게 도시-자연의 전망을 제공함으로써 유람의 정취와 통치의 윤리를 함께 일깨운다. 또한 명칭과 기문을 통해 문화적·정치적 상징으로 작용하도록 설정되었다. 낙민루는 그중에서도 선정(善政)의 의지가 가장 직접적으로 표명된 사례라 할 수 있다. 그 의지는 신흠의 풀이처럼 기능을 매개로 구현되기도, 남구만의 풀이처럼 이미지를 매개로 구현되기도 하였다.

그림 3-25. 낙민루를 아래에서 올려다본 모습 (국제일본문화연구센터 소장)

남구만이 촉발한 관북명승도 계열의 회화 작품에는 돌출된 성곽의 포루 위에 자리한 낙민루와 그 아래 만세교를 비롯한 풍경들이 잘 그려져 있다[그림 3-23]. 근대 사진 역시 문헌과 회화 속 경관이 과장이 아님을 증언한다[그림 3-24·25]. 사진에서 한 가지 주목할 만한 점은 낙민루의 난간이다. 벽돌로 축조된 포루 상부에 여장이 있을 법한 자리에 목재 난간이 설치된 특이한 구조는 낙민루가 방어 못지않게 감상이 중요한 시설이었음을 드러낸다. 포루의 개구부가 여장으로 상당 부분 가려져 있는 수원 화성의 사례를 떠올리면 그 차이를 쉽게 알 수 있다. 낙민루의 난간은 장대와 누정의 결합 양상, 나아가 성곽과 원림의 접목 양상이 건축 형식으로 표출된 사례로서 흥미롭다.

조선 후기 성곽의 수축과 장대형 누정의 발달

평안감영

조선 후기 평양의 성곽 위에는 다수의 장대가 들어섰다. 이 장대들은 지리지의 성지(城池)와 누정(樓亭) 조목에 중복으로 기록된 사실이 단적으로 보여주듯 군사 시설이면서 감상 시설로 인식되었다. 그 목록은 초연대(超然臺), 집승대(集勝臺), 선승대(選勝臺), 공승대(供勝臺), 취승대(聚勝臺), 납승대(納勝臺), 최승대(最勝臺), 일승대(一勝臺)이다. 집승대는 중영(中營), 선승대는 전영(前營), 최승대는 후영(後營), 납승대는 좌영(左營), 공승대는 우영(右營)으로 불리기도 했다. 성곽 위에 선 대(臺)의 건축과 병사들이 모

그림 3-26. 〈평양성도 병풍〉의 집승대 부분 (송암미술관 소장)

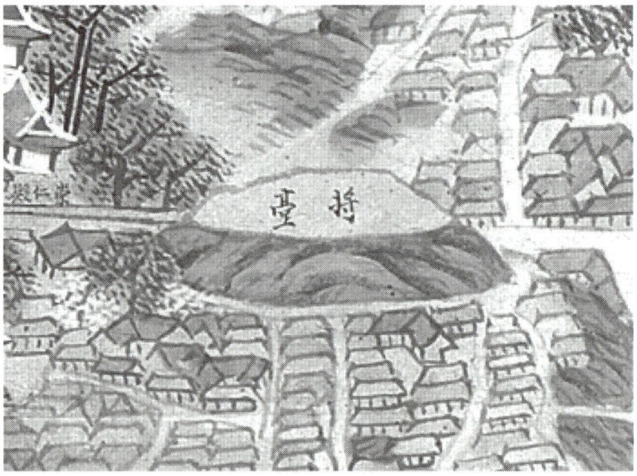

그림 3-27. 〈기성도병〉의 집승대 부분 (서울역사박물관 소장)

이는 영(營)의 건축이 동일했다고 보기는 어렵지만 장대 중 일부는 수원 화성의 동장대(東將臺)와 같이 다수의 병사가 모일 수 있는 넓은 공간을 갖추었던 것으로 이해된다. 초연대는 1712년, 집승대는 1714년, 최승대는 1716년 지어지는 등 평양성의 장대들은 대략 18세기 초에 구색을 갖추었던 것으로 보인다.

평양의 장대 혹은 장대형 누정 중에서 단연 돋보이는 것은 집승대다. 집승대는 1714년(숙종 40) 관찰사 민진원(閔鎭遠, 1664~1736)이 처음 세웠다. 송암미술관 소장 〈평양성도 병풍〉에서 쾌재정 뒤편의 언덕에는 사방에 담장과 출입문을 갖추고 육각 또는 팔각의 평면으로 이루어진 것으로 보이는 집승대의 모습이 확인된다[그림 3-26]. 이 건물의 지붕은 사모지붕을 더 잘게 분할한 형태인 여느 육각정이나 팔각정과 다르게 팔작지붕을 응용한 듯 합각면이 그려져 있어 특이하다. 또한 최상부에는 절병통이, 추녀마루에는 잡상이 그려져 있어 높은 수준의 의장을 갖추었던 것으로 보인다. 지붕 아래에는 단청을 한 공포까지 그려져 있으며, 건물 내부의 바닥면을 보면 내진과 외진을 따로 두었을 가능성도 보인다. 기둥은 높은 장주초를 썼고 그 수는 전면으로만 9~10개가 그려져 있다. 말하자면 집승대의 건축 양식은 조선시대 건축에서 보기 드문 복잡한 구조와 화려한 의장으로 꾸며져 있다. 장대의 입지가 도시 내부의 언덕보다는 성곽 위나 성 바깥의 언덕이었던 일반적 양상을 떠올릴 때 집승대는 입지의 측면에서도, 형식의 측면에서도 특별한 사례이다. 집승대는 1804년 대화재 때 소실되어 송암미술관 소장본 이후의 그림들에는 공터로 묘사되었다[그림 3-27].

함경감영

함흥성에서도 평양성과 마찬가지로 장대에 해당하는 성곽 시설이 누정으로 인식되었던 양상이 확인된다. 함흥성의 장대형 누정은 평양보다는 조금 이른 시기인 17세기 초에 어느 정도 구색을 갖추었다. 다음은 『함산지통기』 성곽조에 실린 관찰사 한준겸(韓俊謙, 1557~1627)의 글로, 그가 성곽 공사를 마치고 이를 기념하여 새긴 비문(碑文)의 일부이다.

선조 41년(1608)에 관찰사 이시발이 성이 넓어 수비하기 어렵다 하여 성안에 토성을 쌓았다. 다음 해에 관찰사 장만(張晩)이 외성이 너무 크고 내성이 좁다 하여 외성의 남쪽 면을 좁혔다. 또 성의 동쪽과 서쪽이 너무 낮으므로 아울러 다 수축하였다. 돌을 다듬어 대(臺)를 만들고 기와벽돌을 구워 활쏘는 구멍을 만드니 꼭 당제(唐制) 포루(炮樓)와 같았다. 이리하여 성곽은 마침내 마치지 않은 곳이 없었다. 그 축성의 공역을 감독한 사람은 전 부사(府使) 백사림(白士霖)이었다. 나는 관찰사 장만이 온 다음에 그를 대신하여 동북쪽 구석에 두 개의 큰 포루를 더 설치하였다. 그것은 북산이 높아서 적에게 그곳이 먼저 점령될 것이 두려워서였다. 이에 이르러 성의 제도는 비로소 갖추고 거의 만세불발(萬世不拔)의 기지가 되었다.[48]

함흥성은 1608년(선조 41) 관찰사 이시발(李時發, 1569~1626)의 토성 축조를 시작으로 관찰사 장만(張晩, 1566~1629)과 한준겸을 거치며 다수의 포루(炮樓)를 갖추었다. 인용문 아래에 달린 성곽 시설 목록에서 '루(樓)'로 끝나는 건물명이 10개, '정(亭)'으로 끝나는 건물명이 2개 등장한다.[49] 이중 명검루(鳴劍樓)에 임진왜란 때 왜인이 현판을 보았다는 기록이 있는 것으로 볼 때, 연혁은 명확하지 않지만 16세기 전부터 장대형 누정들이 있었을 가능성이 있다.

그림 3-28. 〈북관별과도(北關別科圖)〉, 1731년 (국립중앙박물관 소장)

인용문에서 '포루(炮樓)'라고 표현한 시설에 모두 누정으로 볼 만한 목조 건축물이 건립되었는지는 명확하지 않다. 다만 뒤에서 살펴볼 「구천각기(九天閣記)」 당시에 이미 누각이 지어졌다는 기록으로 볼 때 중요 시설에는 이미 지어져 있었다고 생각된다. 『함산지통기』의 누정조에는 조선 전기에 지어져 있던 낙민루와 17세기 초 새로 지어진 북산루만이 포함되어 있긴 하나 1731년에 그려진 〈북관별과도(北關別科圖)〉에는 다수의 건물이 성곽 상부에 지어져 있던 모습이 확인된다[그림 3-28].

이 건물들은 대체로 조선 말까지 유지되었다. 1890년(고종 27)부터 이듬해까지 함경도 관찰사를 지낸 한장석(韓章錫, 1832~1894)의 문집에 "성을 수리하고 다리를 만들어 준공을 고하자 단출한 가마로 둘러가며 살펴보고 간검루·의운루·명검루·무검루·낙민루·구천루·북산루에 두루 올라갔다가 송간정에 이르러 저물녘에 돌아와 두보의 〈추흥〉시의 운을 뽑아 짓다"[50]라는 제목의 시가 있다. 성곽과 장대형 누정들, 아래로 내려다보이는 만세교는 17세기부터 조선 말까지 대도시 함흥의 기반 시설이자 경관 요소로 유지되었다.

장대형 누정이 자리 잡던 시기, 문인 관료들이 이러한 시설을 인식했던 방식을 잘 드러내는 사례가 있다. 다음은 한준겸이 구천각과 북산루를 건립한 뒤 조익(趙翼, 1579~1655)에게 의뢰했던 기문인 「구천각기(九天閣記)」이다. 이 기문은 군사 시설로서 장대와 감상 시설로서 누정의 결합을 이해하는 데 적절한 내용을 담고 있어 다소 길지만 전문을 싣는다.

㉠-1 성곽에 누각을 설치하는 목적은 대체로 높은 곳에 올라가서 적의 동태를 살피기 위한 것이다. 그 제도가 있게 된 것은 대개 오래 전부터의 일이니, 즉 진나라 때의 초문(譙門)이라고 하는 것이 바로 그것이다. ㉠-2 명나라 때에는 또 포루(砲樓)의 제도가 있었다. 에워싼 성곽 사이에 수십백 첩(堞)마다 하나의 누각을 설치하고 그 누각 아래에 포혈(砲穴) 수십 개를 뚫은 것인데, 이렇게 함으로써 누각이 서로 바라보이게 하면서 화포의 화력을 서로 보강하게 하였으니, 이에 이르러서는 수어(守禦)의 대비책이 더욱 정밀해졌다고 하겠다. 그래서 ㉠-3 우리나라에서도 난리를 겪은 뒤로는 중국의 제도를 상당히 모방해서 변진(邊鎭)과 요해처(要害處)에 왕왕 포루를 설치하곤 하였다.

함흥은 순찰사(巡察使)의 감영이 있는 곳이요, 남과 북을 잇는 요충지에 해당하는 곳으로서, 관북 지방의 하나의 큰 도회지이다. 옛날부터 성곽이 있긴 하였으나 그 높이가 낮은 데다가 허물어져 있었는데 오랫동안 보수하지 못하다가, 근래에 한두 명의 지휘관이 와서 꽤나 정비하여 새롭게 단장하였지만 완전하게 되지는 못하였다.

그러다가 금상(今上)이 즉위한 지 3년이 되는 해에 서원(西原) 한공(韓公)이 전임 대사헌의 신분으로 북쪽 지방을 살피러 오게 되었다. 공은 덕성이 두텁고 도량이 큰 분으로서 일찍이 외방에 나가 중병(重兵)을 거느리다가 조정에 들어와 나라의 기강을 담당하는 등 명망과 실력이 평소에도 훌륭하였다. 그렇기 때문에 이 지방에 임했을 때도 목소리나 기색을 드러내지 않고도 위엄과 신망이 저절로 행해진 결과, 장교와 관리들은 두려워하는 마음을 가졌고 병사와 백성들은 편안하게 여겼으며, 북쪽의 오랑캐 역시 숨을 죽이고 납작 엎드려서 전쟁의 북소리가 울리지 않았으므로, 1000여 리에 달하는 관북 지방 일대가 수개월 사이에 모두 자연스럽게 안정을 취하게 되었다.

그 뒤 3년이 지난 어느 달에 공이 나가서 성지(城池)를 살펴보다가 "편안할 때에도 위태함을 잊지 않는 것이 옛날의 도이니, 생각을 멀리하지 않으면 안 된다."라고 하고는, 담장을 올리고 성가퀴를 보수하여 낮은 곳은 높이고 좋지 않은 곳은 개선하면서, 예전의 지휘관들이 미처 하지 못했던 것들을 모두 일신(一新)하였다.

이전에 <u>ⓛ-1 이순찰(李巡察)이 설치한 포루(砲樓)는 그 이름을 구천각(九天閣)이라고 하였다. 높은 산위에 있어서 사방의 들판을 굽어보고 있었으나 그 공간이 협소해서 많은 사람들을 수용하지 못하였으므로, 공사 계획을 세우고 자재를 조달하여 그 규모를 넓히게 되었다. 그리하여 난간을 몇 층으로 하고 마룻대를 높이 하는 한편 기둥에 채색하고 용마루를 조각하여 웅장하고 아름답게 꾸미니 하늘 위로 날아오르는 듯하였다.</u>

그리고 거기에서 <u>ⓛ-2 북쪽으로 약 30보 되는 거리에 산이 또 높이 솟아 성안을 내려다볼 수 있었다. 따라서 적이 이곳을 점거하면 성이 위태로울 것이므로, 다시 성을 넓혀 산마루까지 확장한 뒤에 정상에 하나의 누각을 세웠으니 이것이 이른바 북산루(北山樓)이다.</u> 이쯤 되어서는 성곽이 완비되어 흠이 없게 되었으니, 그야말로 금성탕지(金城湯池)로서 오래도록 견고하게 되었다고 할 만하다.

내가 지난해 겨울부터 처벌을 받고 고산 찰방(高山察訪)으로 내려가서는 일 때문에 몇 번이나 감영에 가곤 하였다. 그런데 누각이 준공되자 공이 나에게 기문을 지으라고 명하였는데, 내가 사양을 해도 받아들여지지 않았다. 그래서 다음과 같이 쓴다.

이곳에서 북청(北靑)까지 가려면 이틀이나 걸리는데, 북청에 있는 절도사의 군영이 이곳 감영의 울타리 역할을 해 주고 있다. 그리고 북청에서 삼수(三水)·갑산(甲山)까지는 수백 리나 떨어져 있는데, 모두 묏부리가 중첩해서 솟아 있는 산악지대로서 험준하기 이를 데 없는 곳만 10여 군데나 되니 많은 병력이 이동할 수가 없으며, 육진(六鎭) 역시 먼 곳은 천리나 떨어져 있는 상태이다. 따라서 오랑캐가 침범하여 변경에 비상사태가 어쩔 수 없이 발생한다 하더라도, 이 감영이 어찌 갑자기 적의 침입을 받기야 하겠는가. 그럼에도 불구하고 공이 성곽을 정비한 것이 바로 이와 같이 주도면밀하였으니, 공의 생각이 참으로 깊고 원대하다고 말해야 할 것이다.

그리고 ㉢ 내가 일찍이 이 누각에 올라가서 굽어보니, 읍치의 가옥들이 마치 물고기 비늘처럼 이어지면서 번화하게 밀집되어 있었고, 큰 벌판을 가로질러 흐르는 큰 강은 둘로 나뉘어 마치 뱀처럼 꿈틀꿈틀 감싸고 돌면서 남쪽을 향해 바다로 들어가고 있었다. 그리하여 바다의 푸른빛이 하늘까지 잇닿아 한없이 펼쳐지고, 강 너머로는 들판이 수십백 리에 걸쳐 한눈에 들어오는 가운데, 사방을 돌아보면 뭇 산들이 겹겹이 둘러싸고서 모두 눈 아래에 엎드리고 있었으니, 참으로 천하의 절경이 따로 없었다.

㉣ 공이 이 누각을 지은 것은 물론 적의 침입을 막기 위함이지 경치를 감상하며 노닐려고 함이 아니었다. 그렇긴 하지만 아래를 굽어보노라면 그 경치가 그야말로 이처럼 워낙 뛰어나기만 하였다. 대저 등왕각(滕王閣)과 악양루(岳陽樓)가 양자강(揚子江) 남쪽에 수천 리나 멀리 떨어져 있는데도, 지금껏 천하에서 승지(勝地)를 일컬을 때면 반드시 등왕각과 악양루를 들먹이곤 한다. 지금 이 누각이 비록 관북 지방에 천리나 멀리 떨어져 있다 해도, 그 형승을 논한다면 실로 나라 안에서 견줄 곳이 없다고 해야 할 것이다. 따라서 장차 나라 안에 그 이름이 퍼지면서 백 세대 뒤에도 일컬어질 것이 분명하니, 그러고 보면 이곳은 단지 견고한 성지(城池)에 그치지 않는다고 하겠다.

대체로 이곳에 감영이 설치된 지 200년이 넘었으니, 그동안 거쳐 간 지휘관들도 헤아릴 수 없이 많을 것인데, 이 누각이 지금에 와서야 비로소 완성을 보게 되었다. 그러고 보면 사람의 지혜가 이처럼 뚜렷이 차이가 난다고 할 것인데, 어느 지역이 세상에 드러나고 묻히는 것 역시 때가 작용하는 것인지도 모를 일이다. 따라서 이 모두를 기록해서 후세에 보여 주는 것이 마땅하다고 하겠다.

그런데 ㉤-1 나는 또 이와 관련하여 걱정되는 점이 있다. 성곽과 누각이 참으로 견고하고 아름다운 것은 사실이지만, 내가 들은 바에 의하면 "땅은 사람만 못하고, 험함은 덕(德)보다 못하다."라고 하였다. 따라서 뒤에 계속해서 이곳을 담당하는 자들을 모두 적임자를 얻어서, 그 은혜가 한 지방을 보살피기에 충분하고 그 위엄이 오랑캐를 진압하기에 충분한 것이 모두 우리 공처럼 될 수만 있게 한다면 자연히 장성(長城)의 형세를 은연중에 갖게 될 것이니, 그때에는 비록 이 성곽이 없다 하더라도 괜찮다고 하겠지만, ㉤-2 불행히도 임명된 사람이 적임자가 못 되어서 그저 누각에 올라 경치나 구경하고 주연을 베풀며 즐길 줄이나 알 뿐, 병사를 보살필 줄 몰라서 병사들의 원망[祈父之怨]을 초래하기라도 한다면, 성안에 오랑캐가 없으리라고 어떻게 보장할 것이며, 이 승경을 또 어떻게 혼자서 즐길 수가 있겠는가. 또 혹시라도 오랑캐를 막을 계책을 세우지 못하고 있다가, 우레가 치고 폭풍이 몰려오듯 오랑캐가 침입했을 경우에, 당황한 나머지 적절한 대책을 세우지 못한 채 성을 버리고 달아나기라도 한다면, 아무리 견고하다 한들 어떻게 성곽만으로 오랑캐를 막아 낼 수가 있겠는가.

그리고 천하의 일은 오랜 시간이 흐르다 보면 반드시 무너지게 되는 법인데, 무너지는데도 이를 보수하지 않으면 폐기되게 마련이다. 따라서 천하의 걱정거리는 처음 시작하는 자가 완전하게 하지 못하는 데 있다기보다는, 언제나 그 뒤에 이어서 행하는 자가 게을러서 폐기하는 데 있다고 할 것이다. 이 성곽과 이 누각이 비록 견고하고 완전하다 할지라도 세월이 흐르는데도 보수하지 않는다면, 건물이 기울어지지 않는다고 어떻게 보장을 할 것이며, 성곽이 무너지지 않는다고 어떻게 보장을 하겠는가. 그렇게 되면 또 영원히 견고한 금성탕지(金城湯池)가 되기를 어떻게 기대할 수 있겠는가. 이렇게 만드는 자들은 모두 우리 공의 죄인이 될 것인데, 이것이 바로 내가 두려워하는 점이라고 하겠다. 그래서 이 점을 함께 기록해서 뒤에 오는 자들이 경계하도록 하는 바이다. 만력(萬曆) 40년 임자년(1612, 광해군 4) 납월(臘月) 모일에 짓다.[51]

조익은 성곽 누각의 조성 목적이 "적의 동태를 살피기 위한 것"임을 분명히 한다[㉠-1]. 그 제도는 명나라 때의 포루(砲樓)를 본딴 것이라 할 수 있는데, 일정한 간격을 두고 누각을 설치한 후 누각 아래에 포혈을 다수 뚫는 구조이다. 즉, 포루의 기본 구조에는 상부에 목구조를 갖춘 누각이 있었다[㉠-2]. 중국을 모방한 포루의 제도는 조선에서 국경 지대와 중요한 군사 요점의 성곽에 적용되었다[㉠-3].

구천각(九天閣)이라 명명된 포루는 관찰사 이시발의 성 수축 공사 때 만들어진 것으로 보인다.[52] 구천각은 높은 지대에 위치해 조망이 좋았으나 규모가 작았다. 이를 개선하고자 공간을 확장하는 한편 단청과 용마루 조각 등을 새롭게 하여 의장을 보완하였다[㉡-1]. 구천각에서 북쪽 30보 거리에는 산 능선이 솟아 있어 성을 내려다볼 수 있었는데, 그러한 자연 지형은 군사적 측면에서 위험 요소였다. 때문에 산 가까이 성을 확장해 쌓고 포루를 세워 북산루(北山樓)라고 이름 지었다[㉡-2].

여기까지가 군사 목적에 기초한 구천각과 북산루의 조성 배경에 해당한다면, 이어지는 내용에는 원림으로서의 인식이 본격적으로 드러난다. 구천각에서 바라보는 도시경관은 남구만의 낙민루 감상과 유사하게

"읍의 가옥들이 마치 물고기 비늘처럼 이어지면서 번화하게 밀집"했다고 묘사되었고 이러한 도시경관은 강, 바다, 하늘, 들판, 산으로 이어지는 자연경관과 조화를 이루었다[ⓒ]. 조익은 이처럼 인상적인 경치의 감상이 누각을 짓는 본연의 목적은 아니라는 점을 짚는 한편, 그로 인해 고사 속 등왕각과 악양루를 불러일으킬 정도로 특별함을 역설한다[ⓔ]. 이 누각에서 군사적 기능과 특별한 경치의 공존이 인정되고 결국 주체에 따라 그 가치가 결정되기 때문에[ⓜ-1] 조익은 그 본연의 목적과 아름다움이 실추되지 않기를 바랄 뿐이다[ⓜ-2]. 조익의 기문은 통치자이자 문화인, 지식인이었던 관원들이 장대형 누정을 바라보았던 복합적 내막을 잘 드러낸다.

조익의 글이 관원의 시선을 대변한다면, 1769년(영조 45) 함흥 판관으로 부임한 남편을 따라 함흥에 온 의유당(意幽堂) 의령 남씨(宜寧南氏, 1727~1823)가 언문으로 쓴 일기인 『의유당관북유람일기(意幽堂關北遊覽日記)』는 관원의 가족이 이러한 시설을 어떻게 느끼고 활용했는지를 보여준다.[53] 의유당은 「낙민루」와 「북산루」라는 두 글을 통해 낙민루, 북산루, 무검루에 올랐던 감상을 기록했다. 여기에서는 「북산루」라는 글에 담긴 북산루와 무검루의 감상에 대해 살펴보겠다. 먼저 북산루 부분이다.

북산루는 구천각이란 데 가서 보면 예사 퇴락한 누각이라. 그 마루에 가서 마루 구멍을 보니 사닥다리를 놓았는데 거기로 내려가니, 성을 짜갠 모양으로 갈라 구천각과 북루(北樓)에 붙여 길게 쌓아 북루로 가는 길을 삼고 뽑아내어 누각을 지었으니, 북루를 바라보고 가기 육십여 보(步)나 되더라.

북루문(北樓門) 역시 낙민루문과 같되 많이 더 크더라. 반공(半空)에 솟은 듯하고, 구름 속에 비치는 듯하더라. 성 두둑[성벽]을 구천각으로부터 빼어 내어 누각을 지었으니 의사(意思)가 공교하더라.

<u>㉠ 그 문 속으로 들어가니 고요하고 쓸쓸한 굴 속 같은 집인데, 사닥다리를 놓았기에 사닥다리 위로 올라가니 광한전(廣寒殿) 같은 큰 마루더라. 구간대청(九間大廳)이 넓고 환하고 단청분벽(丹靑粉壁)이 황홀한데, 앞으로 내밀어 보니 시야가 훤칠하여 탄탄한 벌판이니, 멀리 바라보이는 데가 말 타는 터이기에 기생들을 (말 타게) 시키려 하되 멀어서 못 시켰다.</u>

<u>㉡ 동남편을 보니 무덤이 겹겹이 이어져 별을 벌려 놓은 듯하였으니 감창(感愴)하여 눈물이 나 금억(禁抑)지 못하겠더라. 서편으로 보니 낙민루 앞 성천강 물줄기 갯벌까지 창일(漲溢)하고, 만세교 비스</u>

듬히 뵈는 것이 더욱 신기하여 황홀하게 그림 속 같더라.

풍류를 일시에 연주하니 대무관풍류(大廡官風流)라, 소리 길고 조화로워 가히 들음 직하더라. 모든 기생을 쌍지어 대무(對舞)하게 하여 종일 놀고 날이 어두워 돌아오는데, 풍류를 교전(轎前)에 길게 연주하게 하고 청사초롱 수십 쌍을, 곱게 입은 기생이 쌍쌍이 들고 섰으며 횃불을 관청 하인이 수없이 들고나니 가마 속 밝기가 낮 같으니 바깥 광경을 호말(毫末)을 헤아릴 정도더라. 붉은 비단에 푸른 비단을 이어 초롱을 만들었으니 그림자가 아롱지니 그런 장관이 없더라.

군문대장(軍門大將)이 비록 야행(夜行)에 비단 초롱을 켠들 어찌 이토록 장(壯)하리오? 군악(軍樂)은 귀를 진동시키고 초롱 빛은 조요(照耀)하니, 마음에 규중소녀자(閨中小女子)임을 아주 잊고 허리에 다섯 인(印)이 달리고 몸이 문무를 겸전(兼全)한 장상(將相)으로 훈업(勳業)이 고대(高大)하여 어디서 군공(軍功)을 이루고 승전곡(勝戰曲)을 연주하며 태평궁궐을 향하는 듯, 좌우 화광(火光)과 군악이 내 호기(豪氣)를 돕는 듯, 몸이 육마거중(六馬車中)에 앉아 대로를 달리는 듯, 용약환희(踊躍歡喜)하여 오다가 관문에 이르러 관아 안의 마루 아래 가마를 놓고 장(壯)한 초롱이 군성(群星)이 양기(陽氣)를 맞아 떨어지는 듯 없어지니, 심신이 황홀하여 몸이 절로 대청에 올라 머리를 만져보니 구름머리 꿴 것이 곱게 있고, 허리를 만지니 치마를 둘렀으니 황연(晃然)히 이 몸이 여자임을 깨달아 방중(房中)에 들어오니 침선방적(針線紡績)하던 것이 좌우에 놓였으니 박장하여 웃다. 북루가 불타서 다시 지었으니 더욱 굉걸(宏傑)하고 단청이 새롭더라.

특기할 사항은 북산루에 오르는 과정을 묘사한 부분과[㉠] 바라보이는 경치를 묘사한 부분[㉡]이다. 북산루에 도착하기 위해서는 문루의 좁고 어두운 통로를 지난 뒤 사다리를 올라야 했다. 사다리를 통해 마루 위에 오르면 대공간이 펼쳐졌으며, 그 바깥으로 벌판을 향해 시야가 넓게 트였다. 공간감의 대비를 동반하는 이러한 체험의 과정은 북산루의 광경을 더욱 강조하는 효과를 발생시켰을 것이다. 북산루 위에서 바라보이는 경관에서 의유당에게는 벌판과 성천강, 갯벌, 만세교와 함께 말타는 곳과 무덤들이 눈에 띄었다. 성곽 주변으로 민가가 가득했기 때문에 수많은 사람과 사물을 한꺼번에 내려다볼 수 있었고 이는 다른 도시에서 경험하기 어려운 것이었음을 짐작할 수 있다.

도시경관에 대한 의유당의 감상이 보다 직접적으로 드러나는 것은 북산루에 이어 서술된 무검루의 기록이다.

그림 3-29. 《1872년 지방지도》의 〈함흥부지도〉에서 북산루와 구천각 부분 (서울대학교 규장각한국학연구원 소장)

그림 3-30. 식민지시기 북산루와 구천각 사진. 화면 오른쪽의 구천각은 거의 허물어진 모습이다. (독립기념관 소장)

㉠ 채순상(蔡巡相) 제공(濟恭)이 서문루를 새로 지어 호왈(號曰) 무검루(舞劍樓)라 하고 경치와 누각이 기이하다 하니 한 번 오르고자 하되 여염총중(閭閻叢中)이라 하기에 못 갔더니, 신묘년 시월 보름에 달빛이 낮과 같고 서리가 이미 내려 낙엽이 모두 떨어졌으니 경치가 소쇄(瀟灑)하고 풍경이 가려(佳麗)하니 달빛을 타 누각에 오르고자 원님께 청하니 허락하시거늘 독교(獨轎)를 타고 오르니 누각이 아득하여 하늘가에 빗긴 듯하고 팔작지붕이 가볍게 날아갈 듯하여 가히 봄직한데 달빛에 보니 희미한 누각이 반공(半空)에 솟아 뜬 듯 더욱 기이하더라.

누 가운데 들어가니 여섯 칸은 되고 새로 단청을 하였으며 모통이모퉁이 구석구석에 초롱대를 세우고 쌍쌍이 초를 켰으니 불빛이 조요(照耀)하여 낮 같으니 눈을 들어 살핌에 단청을 새로 하였으니 채색 비단으로 기둥과 반자를 짠 듯하더라.

㉡ 서편 창문을 여니 누 아래에 저자 벌였던 집이 서울 밖의 지물(紙物) 가게 같고 곳곳에 가게 집이 얽어 있는데, 시정(市井)들의 소리 고요하고 모든 집을 빽빽하게 얽어 가며 지었으니, 높은 누상에서 즐비한 여염집을 보니 천호만가를 손으로 셀 듯하더라. 성루를 굽이 돌아보니 빽빽하고 가득하기가 서울과 다름이 없더라.

이렇게 웅장하고 거룩하기가 서울 남문루라도 이에 더하지 아니할지라, 심신이 뛸 듯이 기뻐서 음식을 많이 하였다가 기생들을 실컷 먹이고 즐기더니, 중군이 장한 이 달빛을 띠어 좋은 말을 타고 누하문을 나가는데, 풍류를 연주하며 만세교로 나가니 시끄럽게 외치는 소리가 또한 신기롭더라. 시정(市井)이 서로 손을 이어 잡담하여 무리지어 다니니 서울 같아서 무뢰배가 기생의 집 다니며 호강을 하는 듯싶더라.

이 날 밤이 다하도록 놀고 오다.

의유당은 경치와 누각이 기이하다는 말을 듣고 무검루에 가보고 싶었으나 주위에 민가가 많아 허락받지 못하다가 함흥에 온 지 2년이 지난 1771년 한밤 중에야 구경을 갔다[㉠]. 성곽의 누정은 조망이 좋은 만큼 외부에 쉽게 노출되었다. 판관의 부인이라는 신분은 의유당이 누정에 오르는 기회인 동시에 금지의 이유로도 작용했던 것이다. 서문 옆에 위치한 무검루에는 창문이 설치되어 있었고, 창문을 여니 성곽 아래에 빽빽한 시장과 민가가 내려다보였다[㉡]. 밤이었기 때문에 사람들의 천태만상을 살필 수는 없었으나, 의유당은 대신 자신을 수행했던 기생들과 음식을 즐겼으며 중군이 말을 타고 만세교를 건너는 풍경과 늦은 밤의 무뢰배들을 구경했다. 19세기 말 함흥에서 활동했던 선교사 던칸 맥레(Duncan M. McRae)가 촬영한 사진을 통해 의유당이 무검루에서 내려다보았던 시장의 전경을 상상해볼 수 있다[그림 3-31].

그림 3-31. 함흥성 서쪽의 무검루와 장터 전경. 사진 중앙 상단의 성곽 모서리 부분에 무검루가 보인다. (독립기념관 소장)

황해감영: 공해대

조선 전기에는 별다른 누정이 기록되지 않았던 해주의 성곽에는 남문인 정해루(靜海樓)와 함께 북쪽 성곽의 망루인 공해대(控海臺)가 조성되었다. 공해대는 1747년(영조 23) 관찰사 이천보(李天輔, 1698~1761)가 성곽을 수축하며 새로 지은 것으로 보인다. 이천보의 문집에 직접 쓴 「공해대기(控海臺記)」가 전한다. 기문에 따르면 공해대가 놓인 장대의 규모는 길이 120보, 너비 15보, 높이 30척이며 성곽이 굴곡지게 튀어나온 부분에 있었고, 도시와 바다를 조망할 수 있었다.[54] 해주의 회화식 지도에 공해대의 모습이 담겨 있는데, 돌출된 장대의 형태와 계단을 올라 삼문을 거쳐 들어가는 진입 공간이 특별히 인식되었음을 알 수 있다[그림 3-32·33]. 18세기 후반의 인물인 유만주(兪萬柱, 1755~1788)의 일기 『흠영(欽英)』에는 그가 1782년(정조 6) 해주목 판관으로 부임한 부친을 찾아뵙기 위해 해주를 다녀온 기록이 있다. 당시 유만주는 해주의 여러 명소를 돌아보았는데, 공해대에 올라 달빛을 보았던 일을 여러 차례 일기에 썼다.[55]

그림 3-32. 〈해주성도병풍〉 부분 (국립중앙박물관 소장)

그림 3-33. 《1872년 지방지도》의 〈해주목지도〉 부분 (서울대학교 규장각한국학연구원 소장)

충청감영: 공산성

충청감영은 공주로 감영 소재지가 정해진 이후로도 여러 차례 위치를 옮겼다. 최종 확정된 위치는 주변이 성으로 둘러싸여 있지 않은 봉황산 아래였다. 이는 공산성으로부터 약 1킬로미터 떨어진 곳이었다. 고대부터 자리해온 공산성은 잠시 감영이 입지하기도 했으며, 금강과 감영 사이에 위치함으로써 조선 후기 내내 감영의 부속 시설로 적극 활용되었다. 규장각 소장 《1872년 지방지도》에 수록된 〈공주목지도〉를 보면 감영과 객사를 중심으로 하는 공주목 읍치 일대와 함께 공산성이 그려져 있다. 봉황산 아래 감영 건물들은 모두 동향으로 묘사되었고, 공산성 일대의 건물들은 모두 북향으로 묘사되었다[그림 3-34].

충청감영의 관영 누정은 대부분 공산성에 있었다. 감영 내에는 관풍루 외에 누정으로 분류할 만한 건물이 보이지 않고, 장대도 감영 바깥에 있었다. 공산성에는 금강과 마주한 북문루와 읍치로 이어지는 남문루를 비롯해 다수의 누정이 있었다. 충청도 관찰사는 필요시 공산성의 누정을 적극적으로 활용했으며, 그런 까닭에 선화당 뒤에 조망의 시야를 갖추기 좋은 언덕이 있었지만 별도의 후원이 발달하지 않았다.

두 문루 외에 산성 내 높은 지대를 이용한 누정은 쌍수정(雙樹亭), 만하루(挽河樓), 후락정(後樂亭) 셋이 있었으며, 가장 높은 곳에는 건물 없이 마련된 장대가 있었다. 쌍수정은 인조가 1624년(인조 2) 이괄의 난으로 공주로 피신하였을 때의 일을 기념해 지은 누정으로 1734년(영조 10) 관찰사 이수항(李壽沆, 1685~?)이 창건했고 1787년(정조 11) 관찰사 홍억(洪檍, 1722~1809)이 중건하였다. 금강에서 쌍수정을 바라보고 촬영한 식민지시기 사진을 보면 쌍수정은 공산성 내에서도 도드라진 지형 위에 건립되어 트인 조망을 가졌던 것을 가늠할 수 있다[그림 3-35]. 만하루는 성곽 동쪽에 있었고 후락정은 성의 북서쪽, 중영(中營) 청사 가까이에 있었다. 〈공주목지도〉에 누정들의 위치와 지형적 특징이 표현되어 있다.

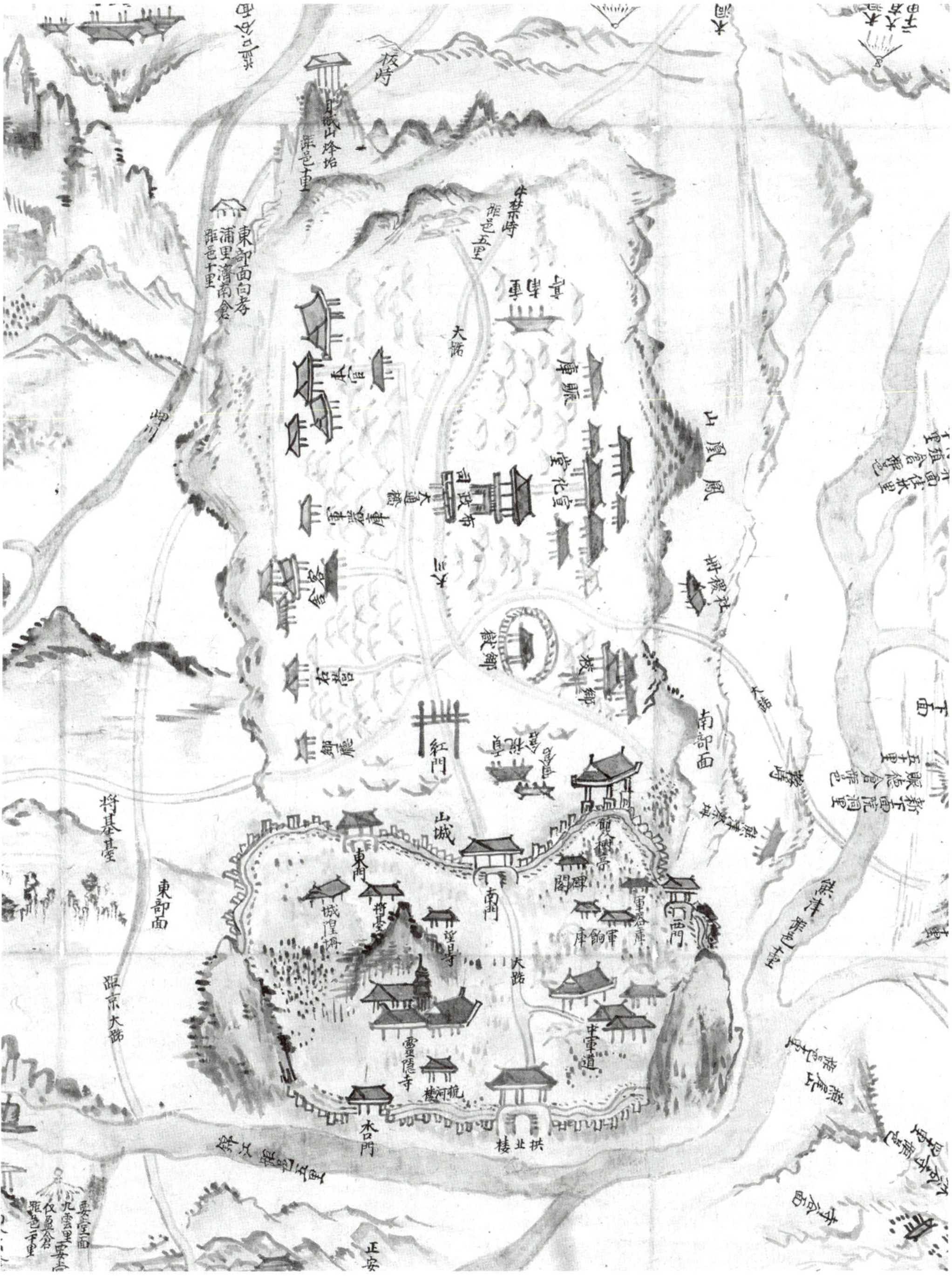

그림 3-34. 《1872년 지방지도》의 〈공주목지도〉 부분. 봉황산을 뒤로 한 감영 일대와 금강변 산성 일대의 지형지물이 향을 달리하여 그려져 있다. 화면 아래 방향이 북쪽이다. (서울대학교 규장각한국학연구원 소장)

그림 3-35. 식민지시기 금강에서 바라본 공북루와 쌍수정. 사진 중앙 상단의 고지대에 있는 누정이 쌍수정이다. (국립중앙박물관 소장 유리건판)

그림 3-36. 공산성 내 장대 위치에서 내려다본 전경. 좌측의 건물군은 중영(中營)이며 우측에 금강을 마주한 문루가 공북루이다. (공주학아카이브 제공)

경상감영

조선 후기 대구의 읍성은 1736년(영조 12)과 1870년(고종 7)에 대대적인 수리가 이루어졌다. 대구 읍성의 장대형 누정은 1870년 공사에서 신축되었다. 관찰사 김세호(金世鎬, 1806~1884)가 시행한 이 공사에서는 성벽의 규모 확장과 함께 동서남북의 성문루를 개건하고 성곽 위에 네 개의 누각을 세웠다. 이 누각을 장대라고 볼 수 있는데 동쪽은 정해루(定海樓), 서쪽은 주승루(籌勝樓), 남쪽은 선은루(宣恩樓), 북쪽은 망경루(望京樓)라 이름 지었다. 일본 가쿠슈인대학 동양문화연구소 등에 남아 있는 주승루와 망경루의 모습은 정면 2칸 측면 2칸 규모에 팔작지붕을 올리고 창호는 달지 않았던 모습으로 유사하다. 평지성이었던 대구 읍성에서 이 누각들은 다른 장대형 누정들과 마찬가지로 도시 전경을 바라보는 감상 시설로도 쓰였을 것으로 생각된다.

성문 상층부의 누정화

성의 문루는 장대형 누정과 마찬가지로 군사 시설인 동시에 조망 경관을 보유한 감상 공간으로 인식되었다. 성문은 주로 목구조 측면에서 연구 대상으로 다루어졌지만 조경사 연구에서 관영 원림의 유형으로도 다루어진 바 있다.[56] 이 책의 앞부분에서 정의하였듯 원림의 범주를 담장과 식재의 관념 안에 가두지 않고 경관 조작술이 발현된 감상 공간으로 확장해 본다면, 문루는 가장 무거운 재료와 견고한 구축의 기법으로 만들어진 조선시대 도시 특유의 조경 시설로 재고해볼 수 있다.

『신증동국여지승람』의 영해도호부 누정조를 보면 성의 서쪽 문루인 서루(西樓)의 기문이 있다. 이 기문은 권근(權近, 1352~1409)이 쓴 것으로 성문루의 조성과 감상에 관련된 요지가 적절히 제시되어 있다. 서두와 말미를 제외한 나머지 전문을 옮긴다.

또 여러 사람에게 의논하기를, '서문(西門)은 이미 화재로 인하여 막아버린 채 쓰지 않는데 어찌 또한 이것을 구축(構築)하지 않을 수 있는가'하니, 여러 사람들이 기꺼이 명령을 들었다. 몇 날이 못 되어서 다시 지으니, ㉠ 위는 누(樓)이고, 아래는 관문(關門)인데, 견고하게 되었다. 성에 세 문이 있는데, 동문은 땅이 낮고 누추하며, 남문은 산이 가깝고 좁다. ㉡ 오직 서문만이 넓은 들을 향하여 버티고 서서 훤하게 통하고 시원스럽게 트였다. 산은 멀고 첩첩하며, 바다는 넓고 평평하다. 굽이치기도 하고 트이기도 하면서 멀고 아득하여 한눈으로 천 리를 볼 수 있으니, 실로 한 고을의 좋은 경치를 독차지하고 있다. 만약 ㉢ 봄·여름·가을의 농사철이 되어, 모든 집들이 일제히 일하는 때에 이 누에 오르면, 남편은 밭을 갈고 아내는 점심을 가져가며, 아침에 나가 김을 매다가 저녁에 돌아온다. 어떤 이는 짝지어 일하고 어떤 이는 떼를 지어 일하며, 어떤 때는 심고, 어떤 때는 수확한다. 서쪽 들에 일하며 남쪽 밭에 힘쓰는 자들은 진흙이 묻고 바람과 햇볕에 그을리면서, 부지런히 일하여 피곤하고 초췌한 모습의 온갖 상태가 모두 누의 헌창(軒窓)과 좌석 아래 있어서 모두가 눈앞에서 떠나지 아니한다. 그러니 ㉣ 농사를 권장하는 직책을 가진 자는 마땅히 날마다 이 누에 올라서 때대로 살펴보아야 하겠다. 그렇게 한다면 오직 부지런하고 게으른 것을 알아서 권장하고 징계할 수 있을 뿐 아니라, 농사에 힘쓰는 자로 하여금 더욱 힘쓰게 하고, 또한 농사짓는 일의 어려움과 밥상 위의 밥알이 낱낱이 농부들의 수고로움에서 온 것을 알게 될 것이다. 그리하면 부역을 가볍게 하고 부세(賦稅)를 적게 하며, 비용을 절약하여 백성을 아끼려는 마음이 왕성하게 자라서, 반드시 백성의 힘쓴 결과를 먹으면서 백성을 위한 일은 게을리하는 데에 이르지는 않을 것이다. 그러니 하물며 그들의 껍질을 벗기고 골수를 부수어서 그의 기름과 피를 빨아 먹으며, 쓰는 것을 사치하게 하여 재물을 손상시킴으로써 백성을 병들게 하는 일이야 차마 어찌 하겠는가. 만약 그렇다면, 이 누를 지은 것이 우리 농민에게 유익함이 크다. ㉤ 따라서 저 산 모양과 바다의 빛 같은 경치 좋은 것은 이 누에 있어서 중요한 것이 될 수 없다. 어째서 그런가, 옛일에 징험하여 지금을 알 수 있으며, 전의 일을 거울 삼아 뒷일을 경계 할 수 있는 것이다. 예전에 노래와 춤을 즐겼던 곳도 본래 같은 산과 바다였고, 중간에 폐허가 되었던 것도 또한 같은 산과 바다였으며, 이제 이 성루(城樓)를 복구한 것도 또한 같은 바다와 산인 것이다. ㉥ 산과 바다는 변천함이 없는데, 인간 세상은 폐(廢)함도 있고 흥(興)함도 있으니, 즐거움이란 산이나 바다 그 자체에 있는 것이 아니고 사람의 마음이 느끼는 바에 달려 있는 것이다. 예전 일을 생각하면 마땅히 즐길 만하고, 뒷일을 생각하면 또한 상심할 만하다. 예전에 이미 음란하고 사치하며 안일하고 향락을 즐김으로써 망하는 데에 이르렀다. 그러니 이제 도로 안정하고 다시 진기(振起)하는 초두(初頭)에 불현듯 엎어진 앞 수레의 자국을 밟아서 뒷날의 근심을 생각하지 않을 수 있겠는가. 이것도 또한 훗날 이 누에 오르는 자들이 마땅히 알아서 경계해야 할 바이다.[57]

성문의 "위는 누(樓)이고, 아래는 관문(關門)"이다[㉠]. 하부 석축에 포혈이 뚫려 있던 낙민루 등의 장대형 누정처럼 성문루 역시 기능과 형태가 위아래로 구분되는 중층의 구성을 갖추었던 것이다. 동문, 남문과 달리 "오직 서문만이 넓은 들을 향하여 버티고 서서 훤하게 통하고 시원스럽게 트여" 있어 서문은 그중 가장 수려한 경관을 갖추었다[㉡]. 서문에서는 원경으로 산과 바다를 보는 한편 성 밖에 펼쳐진 농경지를 내다볼 수 있었는데, 흥미롭게도 권근은 산수보다 논밭으로 시선을 집중한다. 권근에게 "누(樓)의 헌창(軒窓)과 좌석 아래 있어서 모두가 눈앞에서 떠나지 않는" 것은 일하는 백성들에게 묻은 진흙과 그을린 피부, 피곤하고 초췌한 모습이다[㉢]. 노동의 풍경에 맺혔던 시선은 그 시선의 주체로 되돌아온다. 권근은 지방관을 "농사를 권장하는 직책"으로 규정하고 날마다 문루에서 농업 경관을 바라봄으로써 본연의 임무를 다해야 한다고 역설한다[㉣]. 이러한 시각으로 보면 자연 산수의 아름다움은 누각의 조성을 촉발한 계기였을 뿐 궁극적으로는 중요한 요소가 아니게 된다[㉤]. 변하지 않는 자연과 달리 인간 세상은 흥폐가 있고, 진정한 즐거움은 결국 변하지 않는 자연이 아니라 사람의 마음에 달려 있기 때문이다[㉥].

도시경관을 가장 가까이에서 체감하는 관영 원림이라 할 수 있는 성문루의 감상 원리는 위 기문에서 제시한 것에서 크게 벗어나지 않는다. 내려다보이는 도시경관이 시장, 민가, 논밭이든 간에 성문루의 경관에서 중요한 것은 자연과 인간의 병치이고, 그중에서도 자연보다 가까이에서 감각을 자극하는 인간의 삶에 대한 관심이 강조되는 것이다.

감영 소재지의 성문이 누정화된 양상은 조선 전기부터 다수 보인다. 가장 대표적인 사례는 역시 평양성의 동문인 대동문(大同門)이다. 대동문은 1361년(공민왕 10) 홍건적의 침입 때 파괴되었다가 개국 초인 1394년(태조 3)에 중층 문루로 새로 지어졌다. 대동문의 기문 또한 권근이 썼다. 권근은 "이 문루에 올라 긴 강을 굽어보면 넓은 들판이 멀리까지 있어서 아침 햇살과 저녁 달빛의 온갖 경치가 모두 난간 아래 가깝게 모여드니, 수고롭게 멀리 수레나 말을 타고 가서 부벽루에 오르지 않고서도 한 지역의 뛰어난 경치를 모두 얻게 될 것이다."[58]라고 그 경치의 아름다움을 묘사하였다. 해당 기문은 기자의 유풍을 강조하는 방식으로 선정의 의지를 표방함으로써 산수 못지않게 평양의 역사와 문화적 전통을 고려하였다. 1515년(중종 10) 관찰사 안윤덕은 난간을 갖춘 2층 누각 부분에 읍호루(挹灝樓)라는 이름을 붙였다. 대동문은 중건 초기부터 아

표 3-5. **대동문의 역대 공사 내역**

연도	내용	주관	출전	비고
1394년(태조 3)	중건	부윤 조온(趙溫, 1347~1417)	여지도서(1760)	
1515년(중종 10)	개칭	관찰사 안윤덕(安潤德, 1457~1535)	평양지(1590)	2층 누각을 읍호루로 명명
1577년(선조 10)	중건	관찰사 김계휘(金繼輝, 1526~1582)	여지도서(1760)	
1682년(숙종 8)	중수	서윤 홍유구(洪有龜)	평양속지(1730)	
1810년(고종 7)	중수	관찰사 서영보(徐榮輔, 1759~1816)	읍호루중수기	김조순, 『풍고집』 수록

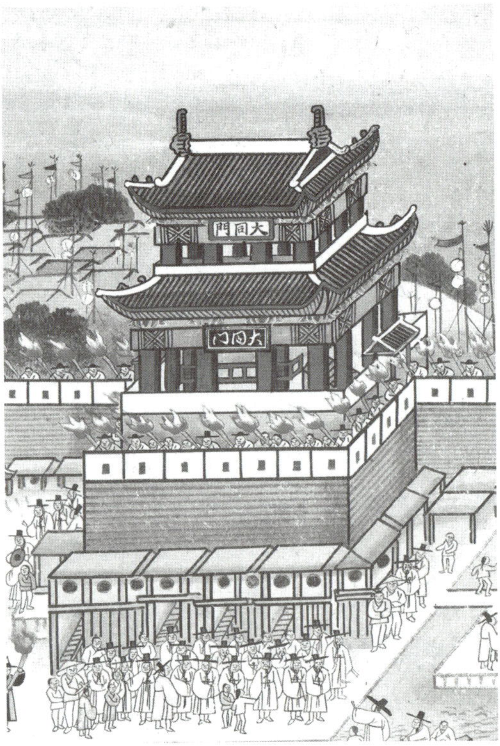

그림 3-37. 《전 김홍도 필 평안감사향연도》의 연광정 그림 중 대동문의 바깥 부분 (국립중앙박물관 소장)

그림 3-38. 《전 김홍도 필 평안감사향연도》의 연광정 그림 중 대동문의 안쪽 부분 (국립중앙박물관 소장)

름다운 경치로 주목 받았으나 이때부터 보다 분명하게 누각으로서 정체성을 갖추었던 셈이다. 대동문은 이후에도 1577년(선조 10), 1682년(숙종 8), 1810년(고종 7)에 중건과 중수된 바 있다[표 3-5].

《전 김홍도 필 평안감사향연도》의 연광정 그림을 보면 대동문의 바깥면에는 '大同門(대동문)'이라고 쓴 편액이 하층에는 검은 바탕에 흰 글자, 상층에는 흰 바탕에 검은 글자로 제작돼 각각 걸렸으며[그림 3-37], 안쪽면에는 상층에만 '挹灝樓(읍호루)'라고 쓴 편액이 걸렸다[그림 3-38]. 두 층 모두 입면에 창호나 판문을 설치하지 않은 상태로 묘사되었다. 하층 가운데 칸에는 바닥을 돋우고 난간을 두른 모습이 눈에 띈다. 성문은 기본적으로 방어시설이다. 한양의 남대문과 동대문, 수원 화성의 장안문 등 우리에게 익숙한 중층 성문들은 상층부의 기둥 사이 입면에 판문을 설치하였으며, 하층은 입면을 채우지 않되 육축부 위에 설치된 여장이나 담장으로 가려 개방성이 떨어진다. 상층에 판문을 설치하지 않고, 하층에 난간을 단 대동문의 모습은 언급한 중층 성문들과 비교하면 상당히 독특하다.

근대 사진 속 대동문은 《전 김홍도 필 평안감사향연도》와 난간이 설치된 위치가 다르긴 하나 역시 문루 하층에 난간이 설치되어 있다[그림 3-39]. 누정의 성격이 부여된 대동문의 차별성은 한양의 숭례문과 비교해보면 쉽게 드러난다[그림 3-40]. 대동문에서는 개방감을 확보하기 위

그림 3-39. 평양 대동문 전경 (국립중앙박물관 소장 유리건판)

그림 3-40. 서울 숭례문 전경 (국가유산청 국가유산포털)

그림 3-41. 평양 대동문 종단면도 (국립중앙박물관 소장 조선총독부박물관 문서)

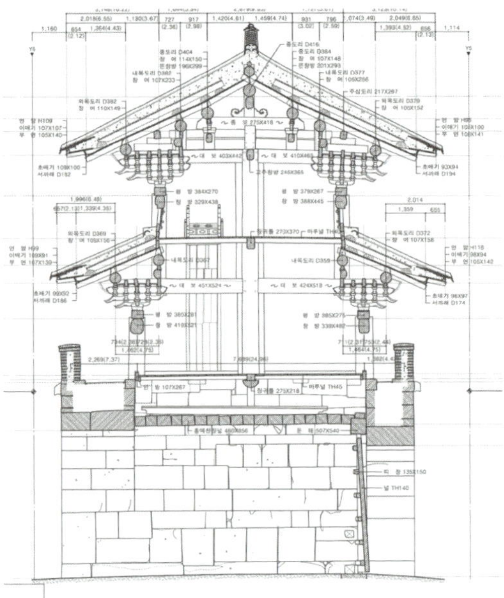

그림 3-42. 서울 숭례문 종단면도 (서울특별시 중구, 『숭례문 정밀실측 조사보고서』, 2006)

해 마루를 들어 올려 석축 담장이 시야를 가리지 않도록 했을 뿐 아니라, 측면 칸수를 3칸으로 늘려 충분한 실내 공간을 확보하도록 했다[그림 3-41·42].

함경감영이 위치한 함흥성의 남문도 『신증동국여지승람』의 함흥부 누정조에 '남화문루(南華門樓)'로 기록되어 있다. 남화문도 평양 대동문과 같이 성문인 동시에 누정으로 인식되었던 것이다. 다만 근대 사진 속 남화문을 대동문과 비교하면 규모가 작고 난간이 없는 등 의장 또한 간소했다[그림 3-43].

황해감영의 경우 『신증동국여지승람』 해주목 누정조에는 성문이 없다. 그런데 1709~1710년 황해도 관찰사로 재임했던 이제(李濟, 1654~1714)의 『해서일기』에 예하 관원과 남문에 올라 연회를 했던 기록이 있다.59 또한 홍경모의 「벽성기(碧城記)」를 보면 1726년(영조 2) 남문과 동문을 짓고 남문을 정해루(靜海樓), 동문을 향일루(向日樓)로 이름 지었으며, 1747년(영조 23) 네 문을 모두 짓되 남문만 중층으로 짓고 이름을 순명(順明)으

그림 3-43. 성 바깥에서 바라본 함흥 남화문 전경 (국제일본문화연구센터 소장)

그림 3-44. 〈해주성도 병풍〉의 해주 남문 부분 (국립중앙박물관 소장)

로 하였으며 나머지 문은 단층으로 짓고 동서북 순으로 이름을 영양(迎陽), 선위(宣威), 공극(拱極)으로 하였다는 기록이 있다.[60] 해주성의 정문인 순명문에 올라서면 하천과 다리, 주변 민가를 내려다볼 수 있었다[그림 3-44]. 18세기의 문인 유만주는 문루에 올라 도성 안팎 시장거리와 사람들의 모습을 바라보고는 제법 서울과 비슷한 분위기라는 인상을 기록하기도 했다.[61] 대동문과 같은 규모와 격식은 아니었지만, 순명문 역시 연회를 열고 도시경관을 조망할 만한 문루였음을 알 수 있다. 근대 사진을 통해서도 조선시대 문헌과 회화 자료에서 상상할 수 있듯 시가지 가운데 높게 솟아 있는 순명문의 모습을 확인할 수 있다[그림 3-45].

충청감영의 경우, 조선 전기 감영 소재지였던 충주목의 남문인 남풍루(南風樓)와 북문인 공신루(拱宸樓)는 『신증동국여지승람』 누정조에 포함되었다. 감영 소재지가 공주로 옮겨진 이후, 『여지도서』 공주목의 누정조에는 공산성의 북문인 공북루(拱北樓)와 남문인 진남루(鎭南樓)가 포함되

그림 3-45. 남쪽에서 바라본 식민지시기 해주 전경. 사진 중앙에 해주성 남문인 정해루가 보인다. (국제일본문화연구센터 소장)

었다. 공북루는 금강이 내려다보이는 수려한 경관을 갖추고 있었다[그림 3-46]. 공북루는 1602년(선조 35) 창건되었고[62] 관찰사 오정위(吳挺緯, 1616~1692)가 1662년(현종 3)에 수리하였으며, 공북루 동쪽에는 월파당(月波堂)이라는 부속 건물이 있었다. 2-2장에서 언급했듯 1704년 충청도 관찰사 이제는 여름철인 7월 어느 날 공북루에서 업무를 보기도 하였으며, 1780년 충청도 관찰사 심이지는 공북루에서 전임 관찰사와의 교대 의식을 치르기도 했다. 공북루는 단층 문루이지만 여느 단층 문루와 다르게 정면 5칸 측면 2칸의 규모를 갖추었으며, 근대 사진상으로는 하얗게 장지를 바른 창호가 설치되었던 모습이 확인된다. 단순 방어시설로 보기 어려운 형태이다. 감영과 객사가 있는 읍치 안쪽으로 이어지는 공산성의 남문인 진남루(鎭南樓)는 산성의 성문답게 우거진 산길을 따라가다 보면 만날 수 있는 작은 문루였다[그림 3-47]. 공산성의 북문루는 강의 경치를, 남문루는 산의 경치를 누릴 수 있는 곳이었다.

그림 3-46. 금강에서 바라본 공산성 북문인 공북루 전경 (부여고적보존회, 『백제구도고적명승사진첩』, 1934. 공북루를 중심으로 크랍)

그림 3-47. 감영이 있는 읍치 내부로 이어지는 공산성 남문인 진남루 전경 (국제일본문화연구센터 소장)

전라감영의 경우 『신증동국여지승람』 전주부 누정조에는 성문이 포함되지 않았다. 그러나 18세기에 읍성을 수축하며 네 개의 성문을 모두 문루의 형식으로 다시 지었으며 태조의 관향이 갖는 상징성을 고려해 이름을 붙였다. 누정조가 객사 원림 위주로 구성되었던 『신증동국여지승람』과 달리 1905년 발행된 『완산지』에는 사방의 성문루가 모두 누정조의 앞머리에 서술되었다.

전주성의 네 문 중에서 가장 주목되는 것은 현재에도 남아 있는 풍남문(豐南門)이다[그림 3-48]. 본래에는 별도의 명칭이 없었으나 1734년(영조 10) 성곽을 중건하며 명견루(明見樓)로 이름 지었다. 명견루는 서문과 함께 1767년(영조 43) 화재로 소실되었다가 관찰사 홍낙인(洪樂仁, 1729~1777)이 재건하면서 개국 군주의 고향을 뜻하는 '풍패(豐沛)'의 글자를 따서 남문은 풍남문, 서문은 패서문(沛西門)으로 다시 이름 지었다. 다음은 홍낙인이 쓴 「풍남문상량문」 부분이다.

그림 3-48. 현재의 풍남문 전경 (국가유산청 국가유산포털)

완산부의 10리 성은 곧 풍패지향(豊沛之鄕)이며 만세의 땅이오, 신령스런 선원(璿源)이 발상한 용비어천(龍飛御天)의 산천이 완연하고, 어진(御眞)이 모셔진 경기전은 엄숙하며, 달빛 임하여 노니 의관을 갖춘 귀인이 가까이 하도다. 국가의 근본이 된 전주의 집들은 즐비하여 비늘같이 이어지고 호남과 영남의 요충으로 마땅하니 장사꾼들이 계속 이르러 모여들도다. 무릇 갑인년(1734)의 개축에 이르러 거기에 남문이 가장 높이 있도다. (중략) 경각산(鯨角山)은 남쪽 언덕을 향하여 불난 흔적을 씻어내 버리고 흐릿한 기운 날라 상감의 은덕 위에 군자의 도가 왕성한 형상의 법을 얻었도다. 장사꾼들은 저자에 모여들고, 나그네들은 이 길을 통하여 나가니 모두 이 문으로 연유치 아니함이 없고, 아전들은 뜰에서 손뼉을 치고 백성들은 들에서 경하하니 어찌 다만 이 고을만의 경사만 되리요. 산자를 엮어 완성하는 데 이르고 아름다운 이름을 내리니, 멀리 동쪽 물을 바라보고 또한 왕적(王跡)의 처음 터를 생각하며 곁에서 남쪽을 다스리는 기풍을 가려내니 민심이 단단히 결부된 바를 볼 수 있도다. 견고한 성벽이 찬란하니 한 지역의 산하가 더욱 빛나고, 난간에 오르니 만 채의 집이 이루는 마을이 눈에 가득하도다.[63]

그림 3-49. 18세기 〈전주지도(全州地圖)〉의 풍남문 일대. 풍남문에 오르면 바라보였을 풍경을 가늠할 수 있다. (서울대학교 규장각한국학연구원 소장)

인용문의 서두에서 전주의 읍성은 '풍패지향(豐沛之鄕)'으로, 산천은 '용비어천(龍飛御天)'으로 표현됨으로써 도시경관과 자연경관이 모두 태조와 결부되어 있다는 점이 강조된다. 시선은 읍성과 산천으로부터 경기전, 달빛, 민가, 장사꾼으로 이어진다. 모두 풍남문에 올랐을 때 눈에 들어왔을 것들이다[그림 3-49]. 문루 위에 있던 시점은 문루 밖으로 옮겨져 높이 솟아 있는 문루의 모습이 언급되며 장사꾼과 나그네, 아전과 백성이 각자의 공간에서 문루를 바라보는 듯한 시선이 그려진다.

경상감영의 경우 『신증동국여지승람』을 비롯해 1899년 지리지인 『대구부읍지』에도 누정조에 성문은 포함되지 않았다. 대구의 경우 성이 없다가 비교적 늦은 시기인 1736년(영조 12) 돌로 쌓았는데, 사방의 문 중 남문의 이름이 영남제일관(嶺南第一關)으로 지어진 점이 독특하다.[64] 1870년(고종 7) 읍성 공사와 함께 새로 지어진 남문은 중층 문루였다[그림 3-50]. 통판 이협(李浹, 1663~1737)의 상량문과 관찰사 정존겸(鄭存謙, 1722~1794)

그림 3-50. 식민지시기 대구 남문 전경 (국제일본문화연구센터 소장)

과 김응순(金應淳, 1728~1774)의 「남루가(南樓歌)」가 『대구부읍지』에 전한다. 특히 정존겸의 「남루가」에서는 고대로부터 중국의 가장 유명한 누정 중 하나인 황학루(黃鶴樓)를 언급하고 주변 풍경을 읊는 등 남문에서의 감상이 잘 드러난다. 도쿄국립박물관 사진에서 하층에는 '嶺南第一關(영남제일관)', 상층에는 '洛瑞樓(낙서루)' 편액이 걸렸던 모습이 확인되고 이승희(李承熙, 1847~1916)의 문집에 낙서루가 언급된 바 있다.[65] 다른 감영 도시의 문루보다는 기록이 적지만, 안에서 바라보고 밖에서 바라보이는 풍경은 다른 감영 도시와 유사한 감상과 활용을 자아냈던 것으로 보인다.

감영 후원의 형성

다수의 누정을 갖춘 집합적 원림: 평안·함경·강원감영

평안감영

16세기: 감영 원림의 시초

객사와 성곽에 부속되지 않은 임란 이전의 감영 원림은 평안감영의 추향당(秋香堂)이 유일하다. 추향당은 『평양지』의 감사본아 항목에 총 16칸으로 기록되어 있다.[66] 그 구성을 보면 적어도 두 채 이상의 건물이 하나의 영역을 이루었던 것을 알 수 있다. 추향당의 위치는 〈평양관부도〉로 볼 때 감영 본아와 떨어져 있었으나 『평양지』에 실린 작자미상의 「추향당발(秋香堂跋)」을 보면 본아와 그렇게 멀지는 않았던 것으로 보인다. 발문에 따르면 "당의 터는 본 관아에서 기르는 뒤의 밭"이었고 1513년(중종 8) 관찰사 이계맹(李繼孟, 1458~1523)이 담장 안에 작은 당(堂)을 짓고 각종 국화 뿌리를 동서에 나누어 심은 뒤 추향당이라 이름을 붙였다.[67] 이계맹은 공무가 끝난 뒤 거문고와 술을 가지고 꽃이 있는 저녁 경치를 즐겼다. 발문의 필자는 국화를 좋아했던 도연명이나 매화를 좋아했던 임포(林逋), 연꽃을 좋아했던 주렴계(周濂溪)를 언급하며 그들은 완물(玩物)로 흘러갔으나 이계맹은 그렇지 않았다고 언급하였다. 이러한 서술은 표면적으로는 이계맹에 대한 상찬이지만, 궁극적으로는 이계맹을 비롯한 원림 주인들이 완물에 빠지지 않도록 경계하고자 하는 의도로 읽힌다.

그로부터 약 60년 후인 1571년(선조 4), 추향당 원림 안에 군자루(君子樓)라는 누정이 추가로 지어졌다. 관찰사 윤의중(尹毅中, 1524~?)은 관아가

성 서쪽 모퉁이 궁벽한 곳에 있어 형세가 좁고 건물이 낮으며 민가로 둘러싸여 있어 한가할 때 바람을 쐴 곳이 없어 추향당 서북쪽 깊숙한 곳에 건물을 세웠다고 썼다.[68] 군자루에 오르면 서쪽으로 대동강이 보이고 동남쪽 산과 평양 시내가 내려다보였다.

후대의 평양 지리지에는 추향당과 군자루에 대해 추가된 기록이 없다. 다만 이정귀(李廷龜, 1564~1635)의 문집에 임란 직후에 쓴 「추향당기」가 남아 있어 전쟁 직후에 복구가 되었던 것은 확인된다.[69] 기문에 따르면 관찰사 김신원(金信元)[70]은 폐허가 된 평양을 복구할 때 추향당을 가장 먼저 중건하였다. 이정귀에게 기문을 부탁하며 그는 "땅은 그윽히 깊고 형세는 넓게 트였으며, 위치는 낮고 주위는 고요하다"[71]라고 땅의 모양과 분위기를 전했다. 성을 등진 고지대에 자리했던 추향당은 자연경관과 도시경관을 고루 볼 수 있는 원림이었으며, 다른 한편으로는 깊고 조용한 정취가 있어 뜰 안의 꽃을 즐기는 원림이었다.

그림 3-51. 〈관서도지도(關西都地圖)〉 평안감영 부분. 이미지 상단 중앙에 지붕이 삼각형으로 간단히 그려진 작은 정자가 좌소정, 중단 좌측의 사각형 못 아래 건물이 반구정이다. (장서각 소장)

18세기: 후원의 형성

1694년(숙종 20) 평양 내 감영의 입지가 확정되며 감영 본청 내 원림이 본격적으로 발달하기 시작했다. 『여지도서』의 공해(公廨)조와 『평양속지』의 공서(公署)조에는 감영에 속한 건물의 명칭 중에 누정으로 분류할 만한 것이 세 가지 확인된다. 바로 좌소정(坐嘯亭), 소요각(逍遙閣), 반구정(反求亭)이다. 18세기 중반의 상황을 담고 있는 장서각 소장 〈관서도지도(關西都地圖)〉에는 감영 내 좌소정과 반구정의 위치가 표시되어 있다[그림 3-51]. 좌소정은 선화당 뒤편으로 연신당(燕申堂)과 응수당(應酬堂) 사이를 지나면 도달했을 후원 영역에 그려져 있다. 이 지도에서 흥미로운 점은 후원 일대가 말끔하게 정리된 듯 비워진 모습으로 묘사된 것이다. 凸자 형태와 같이 윗부분이 직각으로 돌출된 부분도 눈여겨 볼만하다. 다른 자료들을 검토해보면 실제 경계가 이처럼 직각으로 되었을 가능성은 낮지만, 가운데 영역의 깊이감에 대한 인식이 엿보인다. 반구정의 위치는 선화당 서쪽이며 네모난 못과 함께 그려져 있다. 반구정 자리에는 훗날 오순정이 지어졌다.

좌소정에는 못과 석가산이 있었다. 조태채(趙泰采, 1660~1722)의 문집에서 조성 기록을 찾을 수 있다. 다음은 시 「평안감영에 가산과 작은 못을 만들다. 이로 인하여 작은 정자를 짓고 흥에 겨워 읊다」 전문이다.

돌로 산봉우리 만들고 판축하여 연못을 만들며	石作崗巒板作塘
작은 정자를 새로 지으니 다시 빛을 더하는구나.	小亭新構更添光
바람이 수면 위를 스치니 서늘함이 자리를 침범하고	風來水面凉侵席
비가 산의 모습을 씻으니 푸른 물방울이 옷을 적시네.	雨洗山容翠滴裳[72]

조태채는 1700년(숙종 26) 평안도 관찰사로 부임했다. 1730년 작 『평양속지』의 공서조에도 좌소정에 "석가산과 작은 연못이 있다."라고 주가 달려 있다. 1774년(영조 50) 평안도 관찰사로 부임했던 채제공(蔡濟恭, 1720~1799)의 「관서록(關西錄)」에도 좌소정에 올랐던 감상을 적은 시가 있다. 좌소정은 1700년에 처음 건립된 이래 1774년까지는 명맥을 유지했던 것으로 보인다.

소요각(逍遙閣)은 『평양속지』와 『여지도서』에서 명칭을 찾을 수 있으나 실상을 전하는 기록은 찾기 어렵다. 누정의 입지와 성격이 19세기까지 지속되는 사례는 반구정(反求亭)이다. 반구정은 1707년(숙종 33)에 처음 지어졌다. 1776년(정조 즉위년) 관찰사 서명응(徐命膺, 1716~1787)이 새로 건립하고 이름을 오순정(五詢亭)으로 고쳤다. 1892년 작 『평양속지』에 따르면 처음 지을 때 활쏘기 시험을 염두에 두고 지었다고 전한다.

19세기에 이르면 좌소정, 소요각, 반구정이라는 이름은 감영 내 시설의 명칭으로 등장하지 않는다. 세 누정은 사라졌지만, 대로변 오순정과 후원 일곽으로 크게 나뉘는 평안감영 원림의 배치 구도는 대략 18세기에 틀이 잡혔다고 볼 수 있다.

19세기: 후원의 재건과 확장

1804년(순조 4) 평양에서는 민가 5천 호와 관청 107개소가 불타버린 엄청난 화재가 있었다.[73] 재난의 슬픔과 재건의 활기가 만연했을 19세기 초, 좌소정이 있던 뒤편 언덕에 다경루(多景樓)와 평원당(平遠堂), 지희정(至喜亭)이 들어서고 오순정이 다시 지어졌다. 먼저 자리 잡았던 오순정 외에 다경루, 지희정, 평원당 순으로 누정이 지어져 1826년(순조 26)에는 후원의 구성이 대략 완료되었다고 볼 수 있다.

권복(權馥, 1769~?)의 기행문집인 『곡운공기행록(谷耘公紀行錄)』에는 평안감영에 방문한 사대부가 감영 내 원림을 차례로 유람했던 기록이 남아 있다. 1828년(순조 28) 11월 5일, 종3품 사헌부 집의(執義)였던 권복이 정쟁으로 유배를 가는 길에 평양에 들렀던 기록에 후원 일대의 누정이 모두 등장한다.[74]

오순정에 나와 앉아 있던 관찰사는 권복에게 편지를 보내 오순정의 위치를 "영 밖의 길가"로 안내한다. 오순정에서 관찰사와 잠시 이야기를 나눈 권복은 추사 김정희(金正喜, 1786~1856)와 만나 후원 누정에 오른다. 권복과 김정희는 다경루[75]를 거쳐 만수문을 지나 지희정에 올랐다가 헤어진다. 권복은 칠성문을 통해 성 밖으로 나가 유배지로 향한다.

위 기록은 간략하지만 후원 일대의 누정들이 하나의 경로로 연결되어 유람의 대상이 되었음을 말해준다. 높은 지위의 사대부였던 권복은 관찰사를 대동하지 않고 감영의 담장 내외 여러 누정을 차례로 다녔으며, 마지막 누정인 지희정에서 내려와 곧바로 북쪽 성문을 통해 평양을 빠져나갔다. 규장각 소장 〈기성전도〉를 보면 대로변에 위치한 오순정에서 시작해 더 깊고 높은 곳으로 점진적으로 이동했던 후원 유람의 과정을 상상할 수 있다[그림 3-52].

오순정은 1776년 서명응이 중건한 이후로도 두 차례 재건되었다. 1810년(순종 10) 발생한 화재로 소실되어 1811년(순조 11) 관찰사 이만수(李晚秀,

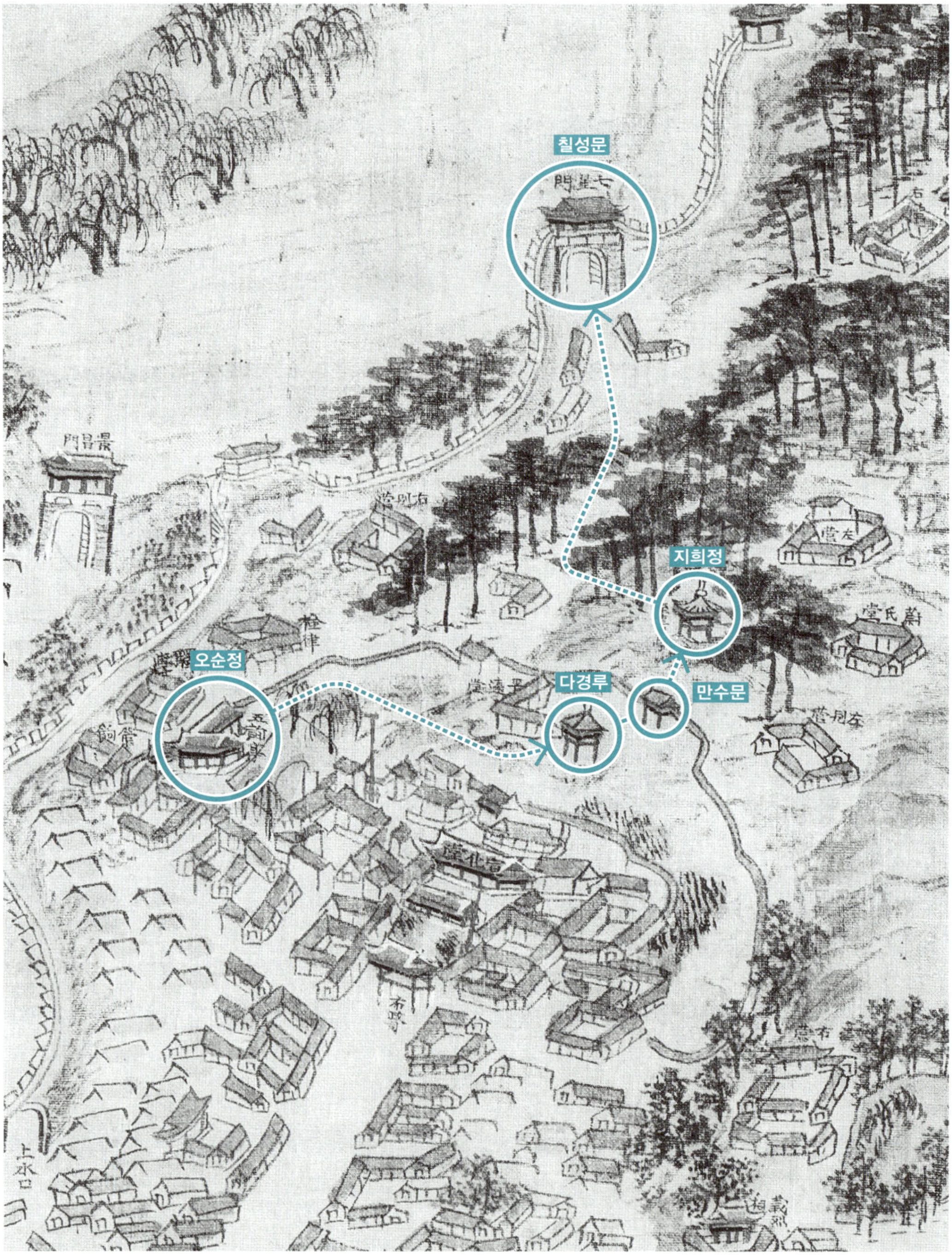

그림 3-52. 〈기성전도〉 감영과 후원 일대 부분. 그림 위에 권복의 유람 동선을 표시 (서울대학교 규장각한국학연구원 소장)

1752~1820)가 중건했으며, 1834년(순조 34) 발생한 화재로 1836년(헌종 2) 중건되었다. 대화재가 있었던 1804년 이전에 제작된 송암미술관 소장 〈평양성도〉에는 서명응이 중건했던 오순정의 모습이 그려져 있다[그림 3-53]. 이 그림에서 오순정은 정면 5칸, 측면 3칸에 누마루나 난간이 그려져 있지 않은 모습이다. 송암미술관 소장본을 제외한 평양성도류 회화에서 오순정은 꺾인 평면을 갖추었으며 못 가까이에 장주초를 세워 누마루를 내민 모습으로 그려져 있다[그림 3-54]. 1811년 중건으로 인해 오순정은 평면이나 의장면에서 많은 변화가 있었음을 알 수 있다.

오순정 아래에는 벽월지(璧月池)라는 못이 있었다. 이 못의 형태도 송암미술관 소장본과 그 밖의 그림에서 차이를 보인다. 송암미술관 소장본에서는 반원형의 모습으로 그려져 있는데, '벽월(璧月)'이라는 이름과 그러한 형태가 관련되었을 가능성이 있다. 그러나 이 외의 도상 자료에서는 모두 네모난 형태로 그려져 있다. 벽월지를 사이에 두고 오순정 건너편에는 담장이 디귿자로 꺾인 부분이 있고 그 부분에는 석등 또는 비석과 같은 형태의 물체가 그려져 있다. 1892년 『평양속지』에 따르면 벽월지에는 큰 글자 셋을 새긴 비가 세워져 있었다.[76]

그림 3-53. 〈평양성도〉의 오순정 부분 (송암미술관 소장)

그림 3-54. 〈기성도병〉의 오순정 부분 (서울역사박물관 소장)

그림 3-55. 오순정의 식민지시기 모습 (국립중앙박물관 소장 유리건판)

그림 3-56. 〈필자미상 서경명승첩〉의 오순정 (국립중앙박물관 소장)

중건된 오순정은 벽월지를 향해 내민 누마루나 계자난간, 지붕의 형식 등으로 볼 때 상당한 격식과 규모를 갖추었다[그림 3-55]. 연꽃을 심은 방지에는 섬과 초정이 후대에 추가된 것으로 보이며, 뒤편에 언덕이 있었고 주변으로 활쏘기를 할 만한 공터가 펼쳐져 있었다[그림 3-56].

오순정을 제외한 감영 본청 내 누정은 모두 선화당 뒤편 언덕, 즉 후원(後園)에 있었다. 평안감영이 자리한 지형은 뒤로 갈수록 서서히 높아지다가 선화당 뒤편 응수당과 연신당을 지나면 다소 가파르게 올라갔으며, 그 위에 대지를 다듬어 다경루와 평원당을 세웠던 것으로 보인다. 성신여대박물관 소장 〈평양전도〉를 보면 후원의 지형을 두 줄의 선으로 표현한 부분이 있다[그림 3-57]. 국립고궁박물관 소장 순종 서북순행 사진 중에 평안감영의 중심 영역을 측면에서 촬영한 것이 있는데, 뒤로 갈수록 상승하는 지형과 식재 없이 정리된 후원 일대의 지표 상태가 잘 드러난다[그림 3-58]. 서울역사박물관 소장 《관서명승도첩》의 〈선화당〉은 선화당 후원에서 평양 시내와 자연을 조망한 광경을 그린 그림이다[그림 3-59]. 후원의 누정들은 교목 사이에 있어 산의 정취를 느끼게 해주는 한편, 시야가 트여 있어 평양을 대표하는 명소로 인식되었다.

그림 3-57. 성신여자대학교 박물관 소장 〈평양전도(平壤全圖)〉 평안감영 부분 (자료를 바탕으로 필자 재작도)

그림 3-58. 1909년 순종 서북순행 사진 중 평안감영의 측면 모습. 화면 우측 건물이 선화당. (국립고궁박물관 소장)

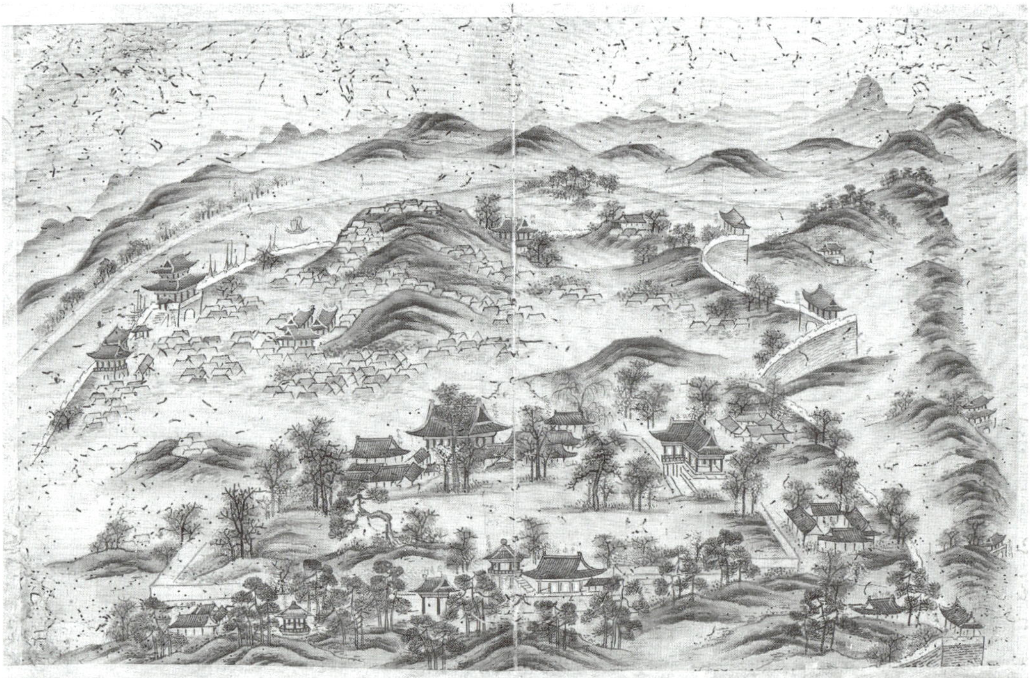

그림 3-59. 〈선화당〉, 《관서명승도첩》 (서울역사박물관 소장)

다경루(多景樓)와 평원당(平遠堂)은 다른 시기에 지어졌지만 계단 내지 사다리로 결합될 만큼 붙어 있었다. 다경루는 육각정으로 1800년경 처음 지어졌으며 1888년(고종 25) 관찰사 민영준(閔泳駿)이 중수하였다.

다경루에 오른 홍경모(洪敬謨, 1774~1851)는 "깊구나, 누대와 못, 둘러싼 숲의 자태여. 넓구나, 산천과 먼 들의 전망이여"[77]라고 썼다. 다경루의 경치가 근경의 인위 경관과, 원경의 자연 경관을 모두 갖추었음을 말한 것이다. 홍경모는 또한 "뜰에는 기이한 풀이나 색다른 꽃이 없고 다만 소나무와 전나무 십여 그루가 주변을 둘러섰다."[78]라고 썼다. 또한 "한성의 구름안개와 만 집의 연깃불이 모두 책상자리에 들어온다."[79]라고 표현했다. 근경의 식재에 있어 세세하게 초화류를 가꾸기보다는 키 큰 침엽수로 숲을 이루었고, 원경으로는 자연 못지않게 도시 전경이 한눈에 들어왔던 장면이 잘 드러난다.

그림 3-60. 1909년 순종 서북순행 중 평원당 기념촬영 (국립고궁박물관 소장)

평원당(平遠堂)은 1826년 관찰사 박종훈(朴宗薰, 1773~1841)이 지었다. 평원당은 박종훈의 호이며 다경루의 서쪽에 짓고 일곽을 이루었다. 순종이 1909년(순종 2) 평원당과 다경루에 오른 적이 있다[그림 3-60].[80] 다경루와 평원당을 지나 후원 담장의 문인 만수문 밖으로 나서면 지희정(至喜亭)이 있었다. 지희정은 1811년 이만수(李晚秀, 1752~1820)가 지었으며 1888년(고종 25) 관찰사 민영준(閔泳駿)이 중수하였다. 숲으로 둘러싸인 동시에 멀리 내다보는 조망 경관을 갖춘 점이 다수의 시에서 언급된다.

함경감영

『여지도서』, 『함산지통기』 등 지리지에 등장하는 함경감영 본청의 누정은 이화정(梨花亭), 옥소정(玉簫亭), 지락정(知樂亭) 셋이다. 이화정의 연혁은 지리지에 자세하지 않으나 1731년 작 〈북관별과도(北關別科圖)〉의 상영(上營) 뒤쪽에 작게 그려진 모습이 확인된다[그림 3-61]. 이 그림에는 비슷한 위치에 있었을 법한 옥소정이 그려져 있지 않기 때문에 이화정은 옥소정 건립 전에 없어졌을 것으로 보인다.

함경감영 후원을 대표하는 누정인 옥소정과 지락정의 연혁과 배치에 대해서는 홍경모(洪敬謨, 1774~1851)의 「함산기(咸山記)」가 좋은 참고가 된다. 이 글에서 홍경모는 함흥객사인 풍패관에서 수령으로서 부임 의례를

그림 3-61. 1731년 작 〈북관별과도(北關別科圖)〉의 이화정 부분 (국립중앙박물관 소장)

치른 뒤, 다음 날 아침 관찰사의 안내를 받아 함경감영의 후원을 탐방한다.

㉠ 다음 날 아침, 관찰사 정공(鄭公)이 나를 홍엽루(紅葉樓)에서 맞이했다. 누는 징청각(澄淸閣) 뒤 기슭에 있었는데 그 위치가 매우 높고 시야가 실로 탁 트여 있었다. 성시에 피어오르는 연기가 앉은 자리에서 한눈에 들어왔다. 산천, 구름, 나무들이 앞다투어 주렴에 어른거렸다. 이는 극옹(屐翁) 이상서(李尙書)가 관찰사일 때 지은 것이다. 누가 이루어졌을 때 평안도 관찰사 서상서가 지은 홍엽(紅葉)의 시가 알맞게 이르렀던 까닭에 그렇게 이름을 지었다. 옥소정(玉簫亭)이라 부르기도 하며 주자의 철적정(鐵笛亭)의 뜻을 취한 것이다.

㉡ 조금 후에 관찰사와 함께 누의 동각문을 나오니 지락정(知樂亭) 앞 뜰에 이르렀다. 반룡산은 서쪽으로 경사져 내려오고 동쪽은 굴곡진데, 중간에 언덕이 구불구불 내려온 곳에 관찰사의 정아(正衙)가 있다. 관아 뒤 수십 보 거리에 평평한 언덕이 넓고 트여 있어서 마땅히 성의 중앙이라고 할 만 했다. 약천(藥泉) 상공이 그 위에 정(亭)을 세워 노닐고 연회하는 곳으로 삼았다.

㉢ 동·남·서 삼면으로 큰 들이 평평하고 고랐으며 긴 물줄기가 주변을 감쌌다. 강 밖 수천리에 막힌 것이 없었으며 산의 모습과 바다의 색이 구름낀 하늘가에 반짝거렸다. 성가퀴와 망루, 수풀과 대나무, 안개와 나무가 즐비하게 늘어서서 명함을 바치는 듯 했다. 가깝게는 하나의 성 안, 멀게는 백리 밖까지, 아름다운 경치라 말해지는 것들을 모두 이곳에 앉아 대략 관망할 수 있다. 정(亭)에서 바라보는 형승을 이곳에 미치게 할 수는 없다.[81]

홍경모는 1819년(순조 19) 함경도 내 안변(安邊) 부사로 부임했던 기록이 있고, 실록에 1819년 함경도 관찰사로 부임한 인물은 정상우(鄭尙愚, 1756~?)로 확인되므로[82] 홍경모가 이 글을 쓴 것은 1819년이다.

홍경모는 관찰사를 따라 홍엽루(紅葉樓)를 지나 지락정(知樂亭)으로 갔다. 먼저 ㉠은 홍엽루에 대한 내용이다. 홍엽루는 징청각 뒤 기슭에 위치했다. "성시에 피어오르는 연기가 앉은 자리에서 한눈에 들어왔다. 산천, 구름, 나무들이 앞다투어 주렴에 어른거렸다."라는 표현에서 엿보이듯 높은 지대에 위치한 홍엽루에서는 도시경관과 자연경관이 함께 조망되었다. 홍엽루를 건립한 극옹(屐翁) 이상서(李尙書)는 극옹을 호로 썼던 이만수(李晩秀, 1752~1820)로 확인된다. 이만수는 1806년(순조 6) 함경도 관찰

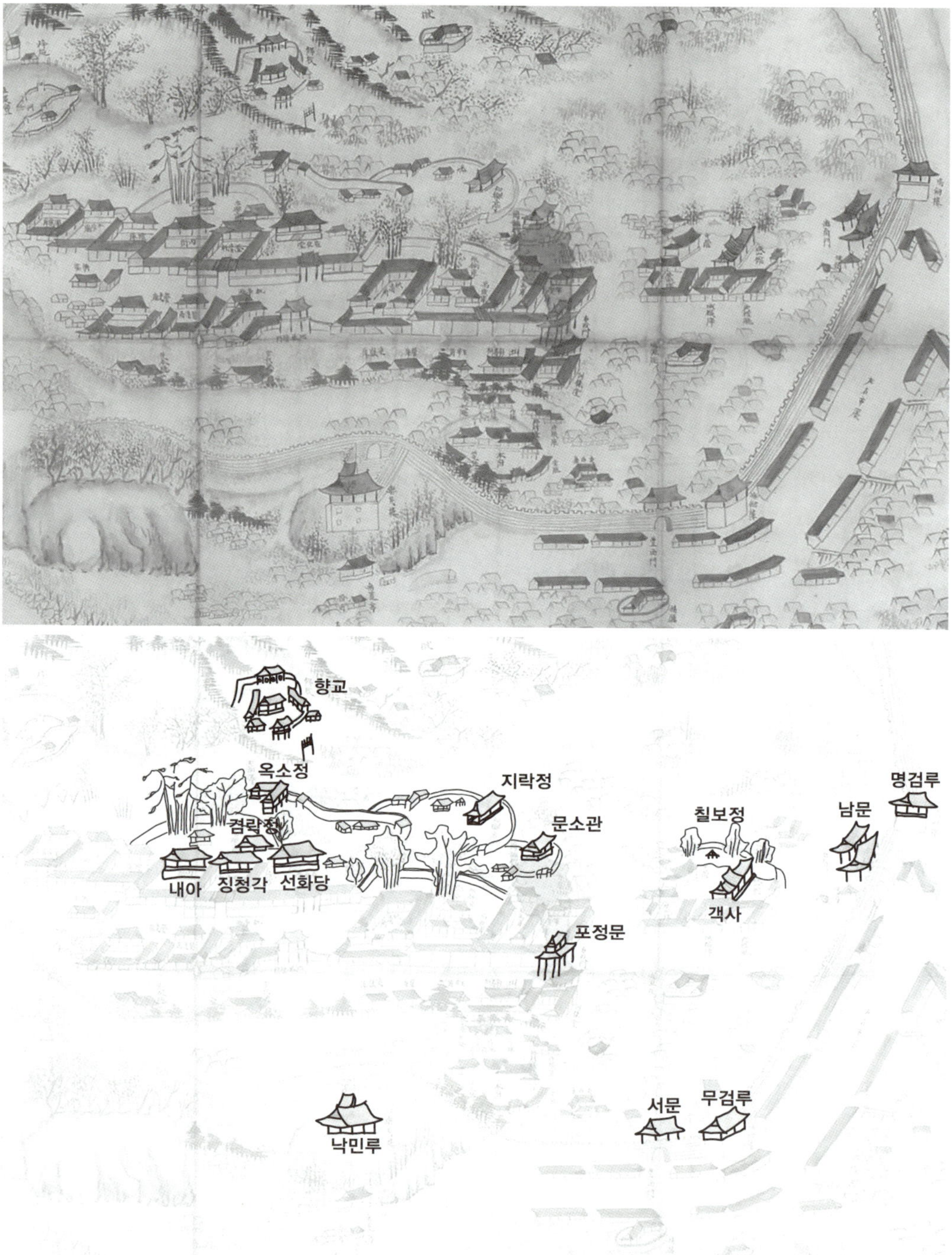

그림 3-62. 〈함영읍지도(咸營邑地圖)〉 부분. 감영 원림과 관련된 주요 건물을 필자가 아래에 표기하였다. (국립중앙박물관 소장)

사로 부임했다.[83] 홍엽루의 다른 이름은 옥소정(玉簫亭)이었는데, 주자의 무이정사에 있었던 철적정(鐵笛亭)을 본딴 것이다. 요컨대 1806년 창건된 옥소정은 징청각 뒤편 높은 언덕의 입지에서 너른 시야를 갖추었던 누정이며 주자의 전거를 바탕으로 이름 지어졌다.

ⓛ은 지락정의 입지, ⓒ은 그곳에서 바라보는 경관에 대한 내용이다. 홍엽루, 즉 옥소정에서 동쪽 문을 통과하면 지락정 앞뜰로 연결된다. 지락정은 반룡산을 배경으로 하여 함흥성의 전경을 균형감 있게 볼 수 있는 조망점이었다. 자연과 도시의 경관을 논한다는 점에서 홍경모의 경관 서술은 옥소정과 유사하나 보다 적극적으로 그 아름다움을 찬양한다. 지락정은 함흥 전경을 고르게 볼 수 있는 조망점일 뿐 아니라 백리 밖까지 내다보이는 트인 경관을 갖추었다.

홍경모는 옥소정을 경유해 지락정을 방문했지만 지리지에서 지락정의 위치는 대개 "선화당 뒤 50보"로써 선화당을 기준으로 표현되었다. 지락정은 관찰사 남구만(南九萬, 1629~1711)이 건물을 짓고 송시열(宋時烈, 1607~1689)이 기문을 썼다. 명소화된 탓에 옥소정보다 관련 기록이 많다. 국립중앙박물관 소장 〈함영읍지도(咸營邑地圖)〉에서 내아, 징청각, 선화당이 나란히 위치한 뒤편 영역에 곡선으로 그려진 담장이 연달아 겹쳐 있고, 그 안에 겸락정, 옥소정, 지락정 등이 자리한 모습을 볼 수 있다[그림 3-62].

송시열은 지락정 기문에서 경치보다 학문을 강조한다.[84] 기문에 따르면 지락정이라는 이름은 중국 변방의 옛 지역인 경주(瓊州)의 태수가 장자(莊子)에서 말을 따와 지었던 같은 이름의 누정에서 따왔다. 송시열은 그 누정을 두고 주자가 기문에 썼던 다음 문장을 인용한다. "나라의 남녀 백성들에게 시와 노래를 부르며 북치고 춤추게 하여 천자의 교화를 받은 것을 스스로 즐겁게 여기게 한다면 임금의 백성들에게 부끄럽지 않을 것이다."[85] 즉, 송시열이 주자를 경유해서 말하는 '지락(知樂)'에서 '락(樂)'의 의미는 교화에서 비롯된 백성의 즐거움이다. 덧붙여 송시열은 주자가 지락정 기문에 앞서 같은 고을의 학교 기문을 썼으니, 누정의 교화와 학교의 교화가 다르지 않음을 제시한다. 그리고 지락정의 입지가

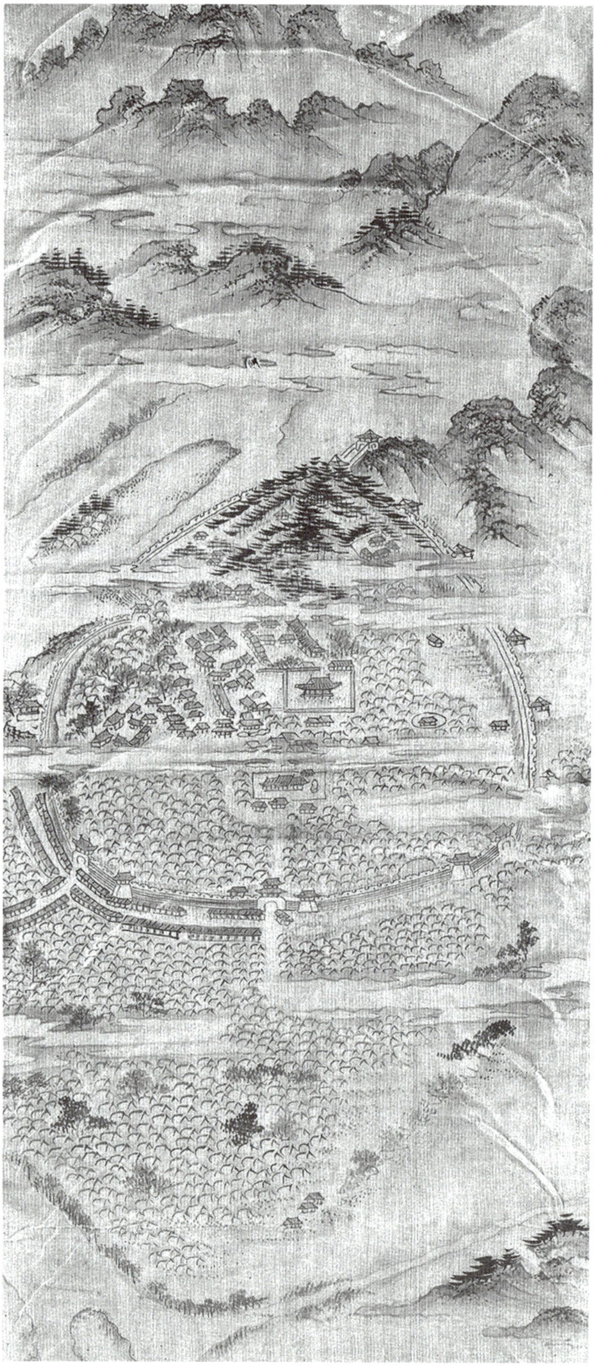

그림 3-63. 〈북관산수도 병풍〉의 〈지락정〉 부분 (국립중앙박물관 소장)

그림 3-64. 《함흥내외십경도》, 〈지락정〉 부분. 중앙의 건물이 지락정이다. (국립중앙박물관 소장)

문묘, 즉 향교 가까이에 있음을 말함으로써 지락정의 입지가 갖는 경관적 특성보다는 향교와의 연계성에 방점을 찍는다. 지락정 언덕에서 선화당 반대편으로 내려가면 향교에 닿았다는 것은 후대의 지리지에서도 확인된다. 『함산지통기』에 따르면 지락정 동쪽의 소문(小門)이 향교의 동각(東閣)으로 통했다. 그런데 언젠가부터 문이 잠겨 있었고 아예 흙을 쌓아 막아두었다가 문을 폐쇄해버렸는데, 언덕에 무사들의 활쏘기 훈련장을 만들어놓아 문묘에 위협적이기까지 하였다. 〈함영읍지도〉를 보면 감영 본청의 중심 영역과 지락정이 향교와 작은 능선을 사이에 두고 상당히 가까이 있었음을 알 수 있다.

남구만 이래 함경도와 함흥의 명승지들은 십경(十景)의 이름으로 널리 알려졌고 그림도 다수 그려졌다. 그중 한 작품인 국립중앙박물관 소장 〈북관산수도 병풍〉은 상하로 기다란 화폭의 한가운데 지락정을 배치하고 이를 둘러싼 관영 시설들과 민가의 지붕들, 성곽과 산수를 첩첩이 그려냄으로써 그 물리적 배치와 시각적 장관을 효과적으로 재현하였다[그림 3-63]. 지락정은 함흥을 대표하는 누정으로 낙민루와 함께 그림의 소재로 곧잘 선택되었다. 식민지시기의 사진 중에서 남문과 객사, 포정문이 한눈에 내려다보이도록 감영 후원 일대에서 촬영한 사진이 남아있다[그림 3-65]. 사진에서 홍경모가 묘사한 것처럼 아득한 풍경이 잘 드러난다.

〈그림 3-65〉가 객사 뒤에서 내다보듯 촬영한 사진이라면, 〈그림 3-66〉은 반대로 객사 앞에서 지락정이 있는 후원 언덕을 바라보며 촬영한 사진이다. 이 사진에서 주목할 부분은 우측 상단에 보이는 한 건물이다. 자연 지형이라기보다 축대를 쌓아 돌출된 언덕 위에 자리한 이 건물은 입면이 뚫린 마루 두 칸과 입면이 채워진 방 한 칸으로 이루어진 정면 세 칸의 구성이 눈에 띈다. 이러한 입면 구성은 18세기 그림인 〈북관별과도〉[그림 3-61]나 《함흥내외십경도》의 〈지락정〉[그림 3-64]에서 보이는 입면과 유사하다. 이 건물은 입지와 형식으로 볼 때 지락정이 확실해 보인다. 함흥 시내를 바라보고 함흥 시내에서 바라보이는 지락정의 외향성이 사진을 통해 잘 드러난다.

그림 3-65. 함경감영 후원 일대에서 함흥 시내를 내려다본 전경 (속초시립박물관 소장)

그림 3-66. 함흥객사 앞에서 바라본 전경. 화면 우측 상단의 언덕 위에 자리한 정면 3칸 누정이 지락정이다. (독립기념관 소장)

강원감영

강원감영의 후원은 17세기 말 봉래각으로 시작해 연못에 섬과 누정을 추가해 나가는 방식으로 발달하였다. 흥미로운 것은 강원도 내 금강산을 신화 속 삼신산의 하나인 봉래산으로 믿는 문화가 있었고, 후원 누정의 명칭이 이와 결부되어 대부분 도가적 상징을 뜻한다는 점이다.

봉래각(蓬萊閣)은 1684년(숙종 10) 관찰사 신완(申琓, 1646~1707)이 창건했다. 『관동지』에 수록된 신완의 「봉래각상량문」에 따르면 봉래각을 짓기 전에도 못과 섬과 집터가 있었는데 그 유래는 알 수 없다. 봉래각은 1704년(숙종 30)과 1745년(영조 21), 1875년(고종 12)에도 중수되었다. 봉래각 다음으로 1746년(영조 22) 연못 밖에 환선정(喚仙亭)이 지어졌다. 정확한 시기는 알 수 없으나 18세기 중반에는 봉래각 외에도 섬이 하나 더 있었고, 여기에는 영주사(瀛洲榭)라는 누정이 있었다. 1771년(영조 47)에는 섬을 하나 더해 삼신산을 상기시키는 세 개의 섬이 이루어졌고 이 섬에는 육각정인 채약오(採藥塢)가 지어졌다. 1796년(정조 20)에는 영주사 자리에 관풍헌(觀風軒)이 지어졌다. 관풍헌은 관풍각(觀風閣)이라고도 했다. 19세기 후반 이 건물에는 바깥에 관풍각, 안쪽에 영주관이라는 편액이 달려 있었다.[86] 『관동지』에 수록된 〈강원감영도〉와 『평원합집(平原合集)』에 수록된 〈봉래각전도〉에 그 구성 요소들이 잘 드러난다[그림 3-67·68].

그림 3-67. 『관동지』 수록 〈강원감영도〉의 선화당 후원 부분 (국립중앙도서관 소장)

그림 3-68. 『평원합집』 수록 〈봉래각전도〉 (개인소장, 원주시청 촬영, 이상균, 「조선후기 강원감영의 후원조영(造營)과 신선세계」, 『문화재』 49(3), 국립문화재연구소, 2016에서 재인용)

그림 3-69. 식민지시기 강원감영 영주관(관풍각) 모습. 섬과 섬을 잇는 다리와 주변을 둘러싼 교목, 화면 하단의 학에 주목할 만하다. (국립민속박물관 소장)

그림 3-70. 강원감영 후원의 섬 기단석축 발굴 모습 (강원문화재연구소·원주시, 『江原監營: 원주 강원감영 원주우체국청사 부지 발굴조사 보고서』, 2014)

그림 3-71. 2018년 복원된 강원감영 후원의 현재 전경 (필자 촬영)

강원감영 후원은 주변 경치보다 담장 안의 인위 자연에 집중하는 원림이다. 세 개의 섬 위에 누정을 지었으며 사이에 다리를 놓고 배를 띄웠다. 원경 위주의 정적인 감상을 유도하는 조망 중심의 원림과 달리, 강원감영 후원은 섬을 중심으로 물을 건너고 다리를 오르내리며 몸의 움직임을 동반하는 감상을 일으킨다는 점이 특징이다. 후원에서 가장 큰 누정인 영주사 또는 관풍각은 정면 3칸 측면 3칸 규모의 건물이었다. 식민지시기 사진을 보면 방 없이 입면이 모두 열리고 지면에서 마루가 살짝 띄워진 관풍각의 모습을 확인할 수 있다[그림 3-69]. 이 사진에서는 못을 건너는 간소한 다리의 모습과 함께 사진 하단에 학 두 마리가 있는 모습이 눈에 띈다. 학은 조선시대 원림의 요소로 인식되기도 했다. 깃촉을 자르고 먹이로 길들였으며, 조건반사를 이용해 춤을 추도록 훈련했다.[87]

양계 지방과 황해도를 제외한 다섯 감영 중에서 못을 중심으로 선화당 후원을 갖춘 사례로는 경기감영과 강원감영 두 곳이 있다. 경기감영 후원의 소규모 방지가 최근 온전한 형태로 발굴된 바 있고, 강원감영 후원의 못 또한 발굴되어[그림 3-70] 2018년에 복원까지 완료되었다[그림 3-71]. 강원감영 후원의 못은 전반적으로 방형에 가깝지만 〈봉래각전도〉와 발굴조사 결과에서 볼 수 있듯 중간에 약간 돌출된 부분이 있다.

하나의 누정을 갖춘 간결한 원림: 황해·경기감영

황해감영

황해감영 선화당 뒤쪽에 위치한 백림정(柏林亭)은 1675년(숙종 1) 관찰사 윤계(尹堦, 1622~1692)가 창건하고 윤세기(尹世紀, 1647~1712)가 중수했다.[88] 당시 김유(金楺, 1653~1719)가 쓴 기문에 백림정의 경치가 다음과 같이 쓰여 있다.

해서 지방의 산수는 해주에서 극에 달한다. 때문에 그 기이한 절경이 일로(一路)에서 제일이다. 관찰사가 다스리며 재물이 아주 많아서 관우(館宇)를 꾸미고 대사(臺榭)를 갖출만하다. 때문에 노닐고 구경하는 승경이 지방에서 제일이다. 백림정은 높은 곳에 홀로 자리하여 사방을 바라봄에 막힘이 없다. 북쪽으로는 수양산이 구름에 닿을 듯해 키 크고 절개 있는 선비 같고 벽이 천길 높이로 서 있다. 남쪽으로는 큰 물과 파도가 있어 성난 물결이 시끄러운 소리를 내어 만 마리 말이 나아가 대적하는 듯하다.[88]

기문에 따르면 백림정은 고지대에 위치하여 뒤로는 산, 앞으로는 바다를 조망할 수 있는 누정이었다. 위 인용문과 함께 후대의 기록인 홍경모의 「벽성기(碧城記)」 한 구절을 참고하면 백림정 일대의 경관을 보다 구체적으로 상상할 수 있다.

선화당 뒤 북쪽 언덕에 오래된 잣나무가 6~7그루가 늘어서 있고 가운데 작은 정자가 있는데 백림이라 한다. 땅의 형세가 넓고 시원하며 시야가 평원(平遠)하다.[90]

백림정의 위치는 선화당 뒤 언덕이었다. 주변으로 오래된 잣나무가 둘러 있었고, 김유의 표현처럼 조망하는 시야를 갖추고 있었다. 〈해주성도병풍〉과 《1872년 지방지도》 등의 그림과 지도에서 백림정은 선화당 뒤편에 지대가 약간 높은 모습으로 간략히 그려져 있다[그림 3-72]. 백림정 터는 피란 가던 선조가 부용당에 머물 때, 임시로 종묘를 모셨던 곳으로도 중요한 의미가 있었다.[91]

경기감영

도성의 서대문 밖에 위치했던 경기감영은 중앙관아와 지리적, 기능적으로 밀접했을 뿐 아니라 중심건물 뒤편 가까이에 소규모의 방지를 둔 후원의 배치도 유사했다. 또한 18세기 후반에 조선 초기 도성 원림의 하나인 모화관 서지 가까이에 중영(中營)을 두고 누정을 지어 감영 원림으로 삼고 관리했던 양상이 있어 주목된다.

19세기 서대문 밖 경기감영 일대의 모습을 그린 것으로 알려진 리움미술관 소장 〈경기감영도〉를 보면 두 곳에서 원림의 모습을 확인할 수 있다. 하나는 경기감영 선화당 바로 뒤에 있는 못과 누정이고, 다른 하나는 경기감영 서쪽으로 길 건너[92]에 그려져 있는 서지(西池)와 그에 인접한 천연정(天然亭)이다[그림 3-73].

그림 3-72. 〈해주성도병풍〉의 백림정 부분. 감영 본청에서 선당(宣堂)이라 적힌 중심건물 뒤에 백림정(栢林亭)이 있고, 그 뒤에 '백림관덕(白林觀德)'이라는 글자가 보인다. (국립중앙박물관 소장)

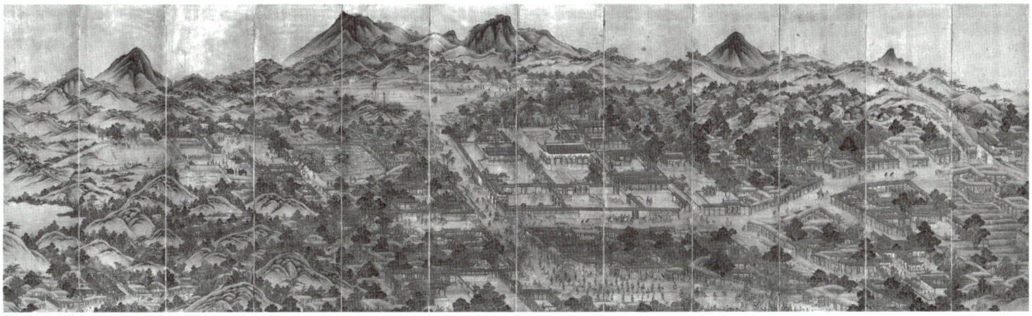

그림 3-73. 〈경기감영도〉, 19세기. 화면 중앙의 감영 중심건물 뒤에 작은 못 일대가 후원이다. 감영에서 화면 좌측으로 시선을 옮겼을 때 보이는 큰 못이 서지이다. (리움미술관 소장)

다른 감영들에는 감영 뒤편의 산자락이나 성내 언덕과 성곽을 활용해 시가지나 주변 산수를 조망하는 원림을 갖춘 경우가 많았지만 한성부에 위치했던 경기감영은 사정이 달랐다. 애초에 산을 배후로 한 읍치 중심을 입지로 삼지 못 했을뿐더러 서대문 밖은 교통량이 많아 상업 활동이 활발하고 토지이용 밀도가 높아 가용 대지가 적었다. 도성을 수호하고 왕릉을 관리하는 등 왕실을 보좌하는 특수 역할을 맡았던 경기감영이 온 도시에서 바라보이는 화려한 원림을 조성하는 것도 이치에 맞지 않았을 것이다.

조선 중기까지는 경기감영의 관아 시설에 관한 기록을 찾기 어렵다. 17세기 이후 전국 감영의 유영화가 진행되며 경기감영 역시 새로운 국면을 맞았다. 병자호란으로 큰 피해를 입었던 경기감영은 도성 내 서북부의 사천감(司天監) 터에 임시로 자리 잡았다가, 1641년(인조 19) 관찰사 박노(朴魯, 1584~1643)의 주도로 재건이 추진되었다.[93]

보다 구체적인 감영의 변화를 알 수 있는 기록은 『경기감영각방중기(京畿監營各房重記)』라는 문헌이다. '중기(重記)'는 관청의 인수인계 문서에 해당한다. 이 문헌의 공방색(工房色) 항목에는 1741년(영조 17) 이후의 크고 작은 건축공사 내역이 쓰여 있다. 대표적으로 영조연간인 1743~44년에 대지를 사서 관청 터를 넓히는 기록이 있고, 정조연간인 1785년과 1790년에 다수의 건물을 새로 짓고 고친 기록이 있다.[94] 이 과정에서 모화관 서지 앞 천연정은 1790년 중영을 수리하며 신축되었다. 선화당이 등장하는 가장 빠른 중기 기록은 관찰사 정기선(鄭基善, 1784~1839)이 재임했던 1832~1833년에 해당하는데, 이때 선화당의 실내 장식인 포진(鋪陳)을 새롭게 하고 풍량각(風凉閣)이라는 건물 3칸을 지었다.

선화당 후원과 유금정

『경기감영각방중기』에서 풍량각에 대한 정보는 3칸이라는 점, 그리고 서술 순서상 선화당과 내아 사이에 끼어 있다는 점뿐이다. 관찰사 정기선 당시의 수리 내역 외에서는 그 이름이 등장하지 않고, 고전 문헌 데이터베이스에도 확인되지 않는다. 그런데 1889년(고종 26) 제작된 『경기감영각방중기』에서 1869년(고종 6) 관찰사 박영보(朴永輔, 1808~?)가 경기감영을 대대적으로 중수했던 기록을 보면 선화당 영역에 유금정(留錦亭)이라는 새로운 누정이 등장한다. 박영보의 감영 중수는 흥선대원군의 명으로 재원을 경기도가 자체 조달하지 않고 영건도감에서 받아 썼다. 이때 공사 범위는 선화당, 관풍각, 내아 등 감영의 중심영역을 비롯해 집사청, 중군영, 빈관, 고마청 등 본청 바깥의 부속 시설을 모두 포함하였으며 대부분 신축한 것으로 보인다.[95]

중기에 기록된 유금정의 규모는 1칸이다. 위치는 따로 기록되어 있지 않지만, 〈경기감영도〉의 선화당 후원에서 못의 한쪽 구석에 기와를 올린 한 칸짜리 정자가 보인다. 선화당, 관풍각, 내아 등 건축물의 그림 속 규모와 중기의 기록을 비교해볼 때 〈경기감영도〉는 흥선대원군이 주도한 대규모 중수 이후의 경기감영을 그렸을 가능성이 있으며, 이를 전제한다면 그림 속 1칸 정자는 유금정일 것으로 판단된다.

〈경기감영도〉의 선화당 후원에는 육조거리 중앙관아의 당상대청 후원과 유사하게 중심 건물 가까이 방형에 가까운 못이 배치되어 있다[그림 3-74]. 유금정으로 추정되는 정자 뒤쪽으로는 담장과 함께 차폐용 교목들이 울타리 안팎으로 심겨져 있어 담장 너머의 민가와 경계를 이룬다. 못을 기준으로 유금정 반대편에는 내아가 위치한다. 내아에서 협문 하나를 나서면 바로 선화당 후원으로 들어서게 되는 배치인 셈이다.

그림 3-74. 〈경기감영도〉 선화당 후원 부분 (리움미술관 소장)

그림 3-75. 경기감영 터 못의 발굴 모습 (동북아문화재연구원, 『서울 평동 222번지 유적』, 2019)

경기감영이 있던 자리는 서울시 종로구 평동 22번지로 현재 고층건물이 들어서 있다. 재개발을 앞두고 2016~2017년 발굴조사가 진행되었는데, 조사 결과 〈경기감영도〉에 그려진 건물지 일부와 후원의 못이 확인되었다[그림 3-75]. 발굴된 못의 모양은 방형이고, 인근에 견치석 한 단으로 이루어진 석렬이 출토되었다. 이 석렬을 포함한다면 유구의 모양과 〈경기감영도〉의 못 모양이 일치하게 된다. 조사단은 못의 석축에서 상부와 하부의 쌓기 방식이 다른 것에 근거해 못의 일부가 후대에 축소되는 평면 변화가 있었다고 추정하였다. 또한 입수구 없이 출수구만 발굴되어 별도의 물 유입 없이 지하수로 수량을 확보하고 출수구로 수위 조절만 했던 것으로 보았다.[96]

모화관 서지와 천연정

경기감영은 한성부에 위치해 있어 관찰사가 읍치의 수령을 겸하지 않았고 객사와 읍성을 갖추고 있지 않아 상대적으로 감영 원림의 가용 자원이 적었다. 이러한 조건에서 경기감영이 도성의 세 누각 원림 중 하나인 모화루의 서지를 관리하고 활용했던 점은 경기감영만의 특별한 양상으로서 주목된다.

『경기감영각방중기』에 따르면 서지는 19세기에 네 차례 준설되었다. 경기감영이 서지의 활용과 관련해 보다 직접적으로 개입했다고 볼 만한 사안은 천연정(天然亭)의 건립이다. 천연정은 서정수(徐鼎修, 1749~1804)가 관찰사로 재임하던 1790~1793년의 중영 신축 내역에 처음 보이며 규모는 5칸이다. 천연정에 대해서는 추사 김정희(金正喜, 1786~1856)가 관찰사로 부임한 종형인 김도희(金道喜, 1783~1860)를 대신해 쓴 중수 기문이 있어 18세기 말~19세기 전반기의 내력을 알 수 있다.

㉠ 경기감영의 새로운 병영에 정자가 있으니 천연정이라 이른다. 이 누정은 못으로써 이름났으며 못은 도성 근지에서 제일 크고 또 연꽃이 많으므로 이백(李白)의 시 구절인 "자연스러워 꾸밈이 없다(天然去雕飾)"의 뜻을 취하여 누정을 이름 지었다고 한다. 그러나 화현(華峴)이 특별히 빼어나 자각봉(紫閣峯)과 더불어 먼 형세를 끌어당겨 좌우로 다투어 일어났으며, 서쪽 성곽은 하얗게 앞

을 두르고 백악(白嶽)의 머리는 반만 살짝이 성 위에 드러나 마치 부처의 곱슬머리와도 같아서 모두 누정으로 향해 쏠리어 끼고 어울리며 상쾌하고 뛰어나게 아름다워 그림 같으니 천연정의 뛰어난 경치가 꼭 못으로만 이름났다고는 못하겠다.

ⓛ 경기감영의 본청은 돈의문(敦義門) 밖에 있는데 동서로 길이 나뉘어 새 병영은 그 서쪽에 있으며 조금 돌아서 북으로 가면 누정이 보이는데 감영 본청과의 거리는 한 마장도 못 되는 가까운 곳이다. 관찰사가 손님을 이끌고 잔치놀이를 하면 반드시 이 누정에서 하며, 고위 관원의 수레가 화현(華峴)으로부터 오갈 적에 경사대부(卿士大夫)들이 전별연을 벌여 맞이하고 보낼 적에도 반드시 이 누정에서 한다. 심지어 주객(酒客)과 시인들은 무리를 나누고 대오를 벌여 기이한 경치을 각축하며 홍의(紅衣)를 걷어잡아 읊조림을 의탁하고 옥퉁소를 끌어당겨 술을 마시면서 그 사이에 둥둥 떠다니며 실컷 노닐고 즐기어 태평세월을 뽐내고 자랑하는 것도 반드시 이 누정에서 한다. 이 까닭에 누정의 뛰어난 경치가 더욱 드러나 있는 것이다.

ⓒ 누정은 정종(正宗) 계축년(1793)에 창건되어 사십여 년의 사이에 가끔 수리를 가하여 이제까지 폐기되지 않았다. 그러나 세월이 차츰 오래되어 기둥이 기울고 주초가 허물어지며 못도 메워지고 묵어 혹은 침범해 들어와 가게 자리를 만들기도 하니 눈에 가득 쓸쓸하기만 하여 지나는 자가 슬퍼하고 탄식하곤 하였다. 나는 부임하여 기보를 다스린 이듬해 병신년(1836)에 재목을 모으고 공장(工匠)을 모집하여 비로소 경영에 착수했는데 정실(亭室)의 위치는 하나도 더 늘린 바 없고 못을 파서 일천경(一千頃)을 만들어 다 이전 경계대로 돌려놓음과 동시에 제방을 빙 둘러 버드나무를 심었다.[97]

㉠에서 천연정의 경치는 연꽃이 피는 대규모의 못과 화현, 자각봉, 백악으로 대변되는 산의 자연경관이 한양 도성의 서쪽 성곽이 조화를 이룬 것으로 묘사되었다. ㉡에 따르면 서지는 감영과 가깝고 관찰사를 비롯한 사대부의 연회 장소이자 도성을 오가는 사람들을 맞이하고 배웅하는 곳이었다. 저자는 그 쓰임 때문에 경치가 더 유명했다고 보았다. ㉢에 따르면 관찰사 서정수의 재임기간 마지막 해인 1793년에 천연정이 새롭게 지어졌다. 그로부터 40여 년이 지난 뒤 1835년(헌종 1) 관찰사 김도희가 부임해 보니 누정과 서지가 퇴락해 있어 원래 형식 그대로 보수하였다.

『경기감영각방중기』에서 반송연지(盤松蓮池)라 쓰인 서지와 천연정, 그리고 중영 내 활을 쏘는 정자인 읍승정(揖升亭)을 짓거나 고친 기록을 정리하면 아래와 같다. 서지는 『천연정중수기』의 의뢰인인 김도희 이후로도 세 차례 더 준설되었다. 중기에 등장하는 천연정은 이후 읍승정과 함께 총 네 차례 보수되었다[표 3-6].

〈경기감영도〉에 서지는 규모가 큰 방지(方池)로 묘사되었으며 가운데 식재된 섬이 있다[그림 3-76]. 이는 1-2장에서 제시했던 서지의 전경 사진과 흡사한 모습이다. 중영은 서지보다 높은 대지 위에 지어져 있었으며, 경사지에는 큰 교목이 심겨 있었다. 천연정은 중영의 담장 내 북쪽에 위

표 3-6. 『경기감영각방중기』의 서지와 천연정, 읍승정 보수 기록

관찰사명	재임기	공종	건물명	규모/내역
서정수(徐等鼎)	1790~1793	신건(新建)	천연정(天然亭)	5칸
김도희(金道喜)	1835~1837	중수(重修)	천연정(天然亭)	5칸
			읍승정(揖升亭)	5칸
			반송연지(盤松蓮池)	일신소준(一新疏浚)
김보근(金輔根)	1845~1846	중수(重修)	천연정(天然亭)	5칸
			읍승정(揖升亭)	5칸
			반송연지(盘松蓮池)	일신소준(一新疏浚)
김기만(金箕晩)	1848~1850	수개(修改)	반송연지(盘松蓮池)	일신소준(一新疏浚)
김병운(金炳雲)	1858~1860	수비(修備)	천연정(天然亭)	–
			읍승정(揖升亭)	–
			반송연지(盘松蓮池)	일신소준(一新疏浚)
박영보(朴永輔)	1869~1872	신건(新建)*	천연정(天然亭)	5칸
			읍승정(揖升亭)	4칸 반

* 박영보 당시 천연정과 읍승정은 신건(新建)된 목록에 포함돼 있으나, 실질적으로는 완전한 신축이 아니었을 가능성이 높다.

그림 3-76. 〈경기감영도〉 서지와 천연정 부분. 화면 좌측 상단에 기역자로 꺾인 평면의 건물이 천연정이다. (리움미술관 소장)

그림 3-77. 식민지시기 천연정 모습 (국사편찬위원회 소장)

치하여 서지를 내다보기 좋게 배치되어 있었다. 중영은 일제가 조선에 들어온 초기에 일본공사관인 청수관(淸水館)으로 쓰였으며, 1882년(고종 19) 임오군란 당시 불에 탔다. 이러한 과거로 인해 천연정은 식민지시기에 기념과 보존의 대상이 되어 사진과 도면 등 다수의 자료가 남아 있다[그림 3-77].

도성으로 접근하는 중국 사신의 접객을 위해 만들어졌던 조선 초기 원림인 모화관 서지는 조선 후기에 이르러 중국과의 대외 관계 변화와 감영 제도의 전환을 맞아 경기감영의 원림으로 새롭게 활용되었다. 이 원림은 왕실의 진상품인 연꽃의 부산물을 생산하는 장소이자[98] 감영의 관리 대상 겸 연회 공간이었으며, 담장이 없고 민가 가까이 있어 누구나 찾아올 수 있는 열린 공간이었다는 점에서 특별하다. 경기도 관찰사는 선화당 후원과 서지, 천연정을 감영 원림으로 활용함으로써 다른 도와 차별되는 경기감영만의 원림 문화를 향유하였다.

후원이 발달하지 않은 삼남 지방의 감영

대규모 후원이 일곽을 이루며 여러 채의 누정을 거느린 평안·함경·강원 감영, 비교적 소규모의 후원에 한 채의 누정이 있었던 황해·경기감영과 달리 충청·전라·경상도 삼남 지방의 감영 본청에는 별도의 원림 영역이 뚜렷하게 보이지 않는다.

앞에서 충청감영의 원림이 공산성을 중심으로 발달했음을 검토한 바 있다. 공산성은 말 그대로 산성이기 때문에 언덕 지형에서 금강을 내려다볼 수 있어 감상에 유리한 입지 조건을 갖추었고 감영 본청과 가까웠다. 그런데 봉황산 바로 아래 위치한 감영 본청의 입지 조건도 그 못지 않았다. 1917년 작성된 공주 지도를 보면 감영 본청의 입지가 쉽게 파악된다[그림 3-78]. '道廳(도청)'이라 쓰인 건물군이 조선시대 감영 본청의 위치에 해당한다. 평안감영과 함경감영이 성곽과 접목된 원림을 충분히 갖추었으면서 동시에 감영 후원도 발달했던 것을 떠올릴 때, 충청감영

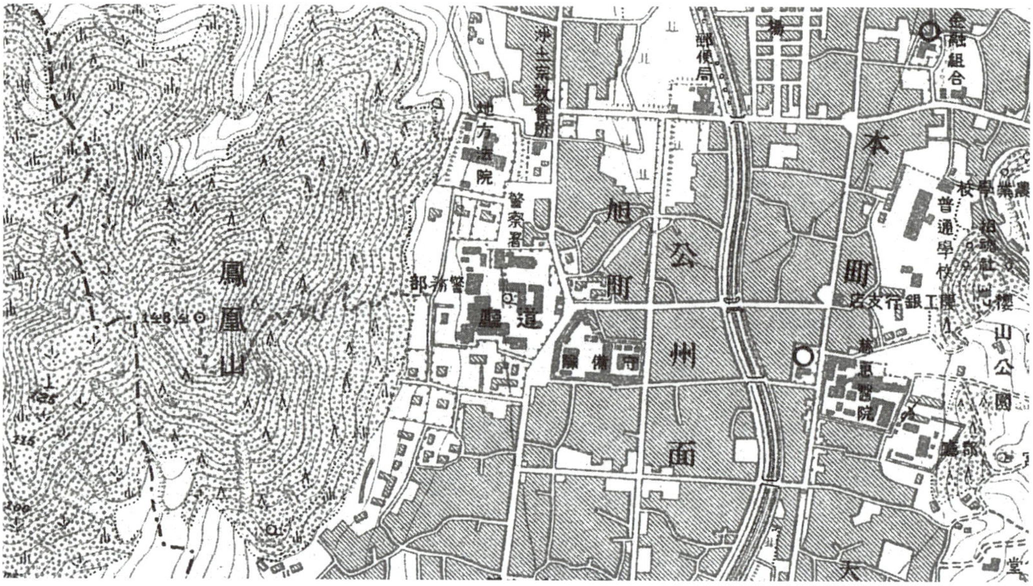

그림 3-78. 1917년 1:10000 공주 지도. 화면 중앙에 '都廳(도청)'이 적힌 부분이 감영 본청이다. 배후에 봉황산이 있으며, 앞으로는 시가지가 펼쳐져 있었다. 시가지 맞은편에 객사와 취원루가 있었다. (국립중앙박물관 소장)

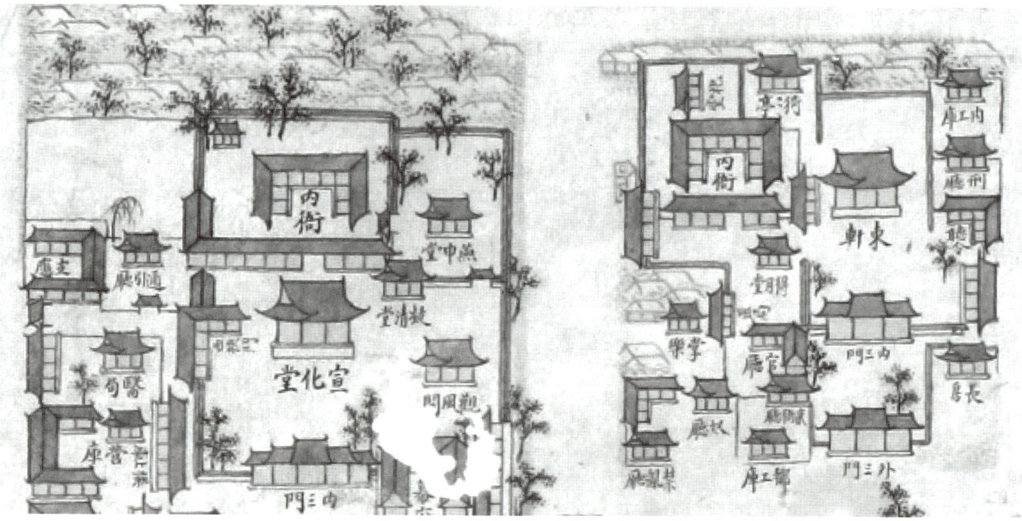

그림 3-79. 〈완산부지도 십곡병풍〉에서 감영 본청(왼쪽)과 판관 청사(오른쪽) 부분. 감영 본청에서 선화당(宣化堂) 뒤 내아(內衙)와 연신당(燕申堂)이 병렬적으로 연결되는 구도가 판관 청사에서 동헌(東軒) 옆 내아(內衙)와 의의정(猗猗亭)이 병렬적으로 연결되는 구도와 유사하다. (국립전주박물관 소장)

역시 산성을 활용한 원림과 함께 감영 후원을 발달시켰을 만한 환경 조건은 여실히 갖추고 있었던 것이다. 그럼에도 불구하고 감영 내에는 관찰사의 처소를 겸하는 관풍루 외에 누정의 성격으로 볼 만한 건물이나 별도의 원림 영역이 확인되지 않는다.

전라감영에는 선화당 동쪽에 관풍각(觀豐閣), 관풍각 북쪽에 연신당(燕申堂)이 있어 두 건물이 감영 내에서 관찰사의 휴식과 감상이라는 누정·원림의 역할을 수행했던 것으로 보인다. 연신당은 관찰사가 휴식을 취하는 곳으로 1688년(숙종 14) 관찰사 이유(李濡, 1645~1721)가 창건하였다. 송시열의 기문에 따르면 관찰사 이유는 "이곳은 내가 일을 보다가 나머지 시간에 편히 앉아서 심신을 즐겁게 하고, 고요한 가운데 있으면서 움직임을 보는 곳이다."[99]라고 하였다. 이윽고 송시열은 동(動)과 정(靜)에서 '정'의 우위를 설명하는데, "하루 종일 정무를 처리하여 심기를 소모하면 조용하고 한가한 곳에 물러나 본심을 보존하고 천성을 길러야 하며, 다만 확 트인 넓은 들을 보면 일을 처리하고 사람들과 교제하는 데 있어 모두 적당한 데 이를 것이다."[100]라고 하였다.

기문을 통해 연신당이 휴식과 감상의 기능을 위해 지어졌음은 알 수 있지만, 원림이라고 보기에는 구성이 다소 단출했던 것 같다. 기문에서 두 인물은 '정(靜)'이라는 추상적 관념을 거론할 뿐 실물에 해당하는 감상 요소를 언급하지 않는다. 이를 통해 가늠하자면 연신당은 담장으로 둘러싸인 고요한 정취가 있었으나 조망의 경관이나 연못, 식재와 같은 인위 자연 요소를 갖추지는 않았던 것으로 보인다.

원림의 기능을 수행하는 공간은 있되 원림의 구색을 갖추었다고 보기는 어려운 양상은 감영 길 건너에 위치한 판관의 근무처에서도 유사하게 관찰된다. 감영에 연신당이 있었다면 판관의 근무처에는 의의정(猗猗亭)이 있었다. 국립전주박물관 소장 〈완산부지도 십곡병풍〉에서 연신당과 의의정의 위치는 공통적으로 중심인 선화당과 동헌 뒤편, 내아 근처로 그려져 있다[그림 3-79].

경상감영에서 누정의 역할을 했던 건물로는 여수각(如水閣)이 있다. 여수각이 지어진 연대는 1739년(영조 15)으로 추정된다. 1899년 작성된 『대구부읍지』에 관찰사 이기진(李箕鎭, 1687~1755)이 썼다고 전하는 글이 실려 있는데, 여기에 "징청각과 선화당 사이에 작은 누각이 있는데 편액은 여수각이다. 북쪽을 향하고 있어 바람이 많으니 더운 여름날 피서하기에 가장 좋아 영풍(迎風)이라는 편액을 걸었다."라는 내용이 있다. 그 아래 두 편의 시가 실려 있고 끝에 "기미년 늦여름"이라 쓰였다. 여수각이 건립된 기미년은 이기진이 경상도 관찰사로 재임했던 1736~1739년에 해당하는 1739년이라 볼 수 있다. 여수각은 1806년(순조 6)에 소실된 이후 관찰사 윤광안(尹光顔, 1757~1815)이 다시 세웠으며, 1767년(영조 43) 관찰사 이은(李溵, 1722~1781)이 기우제로 비가 내린 일을 기념해 경우각(慶雨閣)이라 이름 짓고 편액을 걸기도 했다. 여수각 북쪽 끝과 이어진 징청각의 동쪽에는 옥령루(玉靈樓)라는 편액이 따로 걸려 있었다고 전한다.[101] 기존 연구에서 여수각은 선화당과 징청각을 연결하는 형식의 건물로 추정되었다[그림 3-80].[102] 근거로는 선화당과 징청각 사이에 있었다는 지리지의 기록, 1806년 화재 당시 여수각의 칸수가 12칸이었다는 것, 오횡묵이 1888년 대구감영의 배치를 글로 기록한 『자인총쇄록』, 1903년 대구읍성의 배치를 드러내는 〈한국경성정도〉 등이 있다. 여수각으로

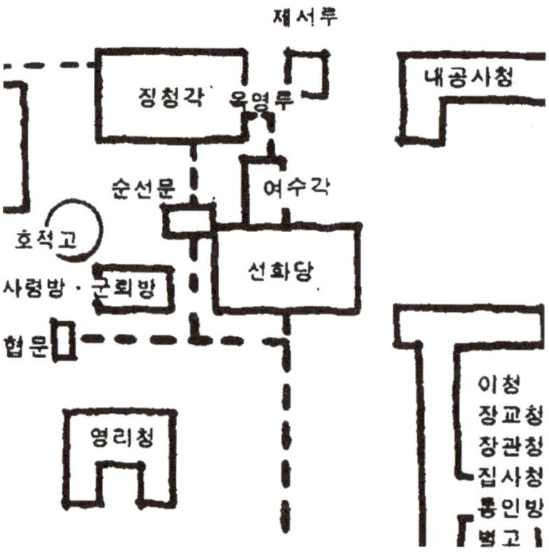

그림 3-80. 기존 연구에서 추정한 여수각의 위치 (조영화, 「19세기말 경상감영건축의 배치구성에 관한 연구」, 『건축역사연구』 9(2), 2000, 45쪽)

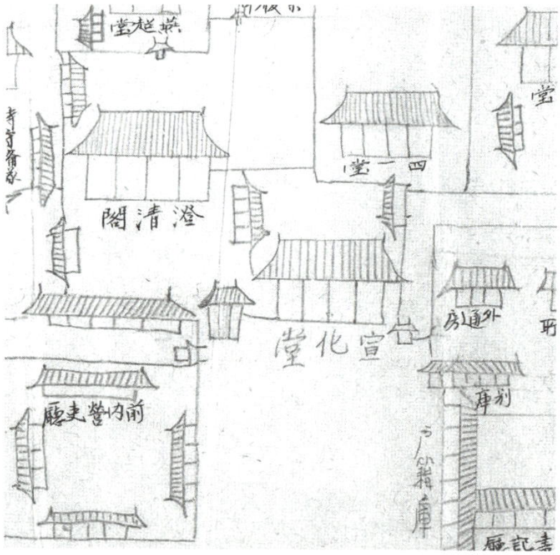

그림 3-81. 「각관찰도거래안(各觀察道去來案)」에 수록된 경상감영 공해도에서 선화당·징청각 부분. 두 건물 사이에 놓인 건물이 여수각으로 추정된다. (서울대학교 규장각한국학연구원 소장)

추정되는 건물은 복도각처럼 두 건물 사이를 남북으로 연결하는 특이한 배치를 보인다. 1907년(광무 11) 경상감영 시설의 전용과 관련해 작성된 수기 도면이 규장각 소장 「각관찰도거래안(各觀察道去來案)」에 수록되어 있다. 이 배치도에는 기존 연구의 추정과 유사하게 선화당과 징청각 사이를 연결하는 여러 칸의 건물이 확인된다[그림 3-81]. 이 건물에는 별도의 명칭이 기입되어 있지 않으나, 여수각의 배치를 추정하는 기존 연구의 근거를 보완하는 자료라 할 수 있다.

경상감영에서도 판관 관아에 주목할 필요가 있다. 전라감영과 마찬가지로 누정의 구성에서 유사성을 보이기 때문이다. 판관의 청사인 선칠당(宣七堂)과 매죽헌(梅竹軒)에는 각각 척금루(滌襟樓)와 점풍루(占豊樓)라는 누정이 연접해 지어져 있었다. 척금루는 1730년(영조 6) 판관 이세윤(李世玧)이 창건하고 1768년(영조 44) 판관 김로(金魯)가 재건하였는데, 선칠당과 지붕이 잇닿아 있었다.[103] 점풍루는 1765년(영조 41) 판관 이성진(李成鎭)이 재건했으며, 매죽헌과 동쪽에 지붕이 잇닿아 있는 작은 누였다.[104] 관찰사의 선화당 북쪽에는 여수각이 연접해 지어진 것처럼, 판관의 청사에도 작은 누정이 연접해 지어졌던 것이다.

대구는 다른 감영 소재지에 비하면 조선 전기에 관영 원림 문화가 발달하지 않았던 읍치였다. 『신증동국여지승람』 대구도호부 누정조에 금학루라는 객사 누정 하나만 기록되었는데 그마저도 조선 후기까지 유지되지 못했다. 토성이던 성곽이 18세기 들어 개축되었지만 장대나 성문이 누정으로 기록되지 않았으며, 후대로 갈수록 다른 감영 도시에 비해 관영 누정이 아닌 개인 소유 누정이 지리지에 다수 기록되는 점도 눈에 띈다. 관아의 중심건물에 소규모 누정이 접붙는 형식으로 지어졌던 특이한 양상은 관영 원림 문화가 비교적 두드러지지 않았던 대구의 독특한 건축적 현상이었던 것으로 이해된다.

이상으로 살펴본 삼남 지방의 세 감영에서 본청의 후원은 배후에 산을 갖추었음에도 발달하지 않았거나(충청감영), 담장으로 둘러싸인 별당 형태로 소극적으로 조성되었거나(전라감영), 중심건물 가까이에 누정을 연접해 짓는 방식으로 구현되었다고(경상감영) 요약할 수 있다.

04

감영 원림의 역사와 미학

감영 원림의 전개 양상

유형으로 살펴본 감영 원림

감영 원림은 조선시대 전반에 걸쳐 전국 여덟 개 도에 조성되었다. 상당히 많은 사례가 다양한 양상으로 이루어졌다고 말할 수 있다. 이 장에서는 감영 원림의 전모를 일목요연하게 살피기 위해 유형, 시기, 지역을 소주제로 삼아 전개 양상을 정리하고자 한다.

이 책에서 감영 원림의 유형을 나누는 기준으로 삼은 객사, 성곽, 감영 본청은 감영 원림이 자리하는 물리적 입지인 동시에 감영 원림을 짓고 경영하게 한 성립 조건이다. 감영 원림의 입지는 대부분 세 가지 시설의 대지 영역에 포함되어 있거나 붙어 있었다. 관영 건축에서 원림은 필수 시설이라기보다 수요에 맞춰 짓는 시설이었다. 또한 감영 원림은 관찰사의 전용 공간으로서 각종 문화적 행위가 이루어졌던 고급 시설이었다. 이러한 맥락으로 볼 때 어떤 시설의 부지 일부를 할애하거나 영역을 확장하여 원림이 지어졌다면, 당시에 해당 시설이 발달해 있었다고 이해할 수 있다.

중앙집권화와 맞물려 객사의 위상이 높았고 관찰사가 순행 중심으로 근무했던 조선 전기에는 객사 원림이 성행했으며, 임란 이후 방어 체제를 정비하며 성곽을 고쳐나갔던 17세기 초에는 장대의 건립과 성문의 누정화가 촉진되었다. 감영의 유영화가 이루어진 17세기 후반부터는 감영 본청의 제도가 갖추어지고 규모가 확장되며 점진적으로 후원이 발달했다. 말하자면 객사, 성곽, 감영 본청이라는 도시 기반시설의 존재는 감영 원림을 조성하는 물리적 배경이자 실질적 동인이었으며, 감영 원림은 그 시설들을 매개로 시대·지역과 긴밀하게 관계 맺으며 전개되었다.

객사, 성곽, 감영 본청은 배경과 동인인 동시에 형식을 결정 짓는 요인이기도 했다. 감영 원림의 구체적 형상과 감상 방식은 모체가 되는 시설의 입지와 형태, 기능에 많은 영향을 받았다. 각각의 전반적 양상을 그려보면 다음과 같다.

객사는 읍치 내에서도 접근성이 좋은 평지에 자리한 경우가 많았다. 이에 따라 객사 원림에는 담장을 두르고 못을 갖추거나 가산을 만드는 등 뜰 안에 인위 경관을 꾸민 사례가 많은 편이었다. 평양의 쾌재정과 공주의 취원루처럼 객사 가까이 언덕이 있다면 지형을 활용한 조망형 누정이 조성되기도 했지만 주를 이루지는 않았다. 객사의 원림은 관에서 대접하는 손님이 머무는 곳이었던 만큼 숙식이 편하도록 실내 공간을 갖춘 누정과 욕실을 마련하기도 했다. 그 영역의 규모는 대체로 객사 옆에 작게 마련된 편이었다.

성곽 위 장대는 기본적으로 장수의 지휘소였다. 따라서 성이 돌출되거나 시야가 좋은 곳, 배후 능선과 마주한 곳 등 군사적 요충지에 위치하였다. 장대는 자연스레 성 밖을 멀리 바라보고 시가지를 가까이 내려다보는 경관을 갖췄다. 성내에 두드러지게 솟아오른 고지대가 있으면 성곽 위가 아니더라도 장대가 마련되기도 하였다. 성문루의 경우 그 자체로 읍치를 오가는 사람들이 지나는 관문이었다. 그러다 보니 장대보다도 민가, 농경지, 노동의 풍경 등 보통 사람들의 일상생활을 경관의 대상으로 삼는 경향이 강했다. 성곽의 장대와 성문루는 방어와 치안을 목적으로 하는 군사 시설이었지만 뛰어난 경관을 갖춘 까닭에 누정으로 인식되곤 했다. 그러한 인식은 형식에도 반영되어 장대에서 석축 상부의 여장과 누정의 난간이 결합하고, 성문루에서 천장이 높아지고 난간마루가 설치되어 개방성이 강화되는 사례가 등장하기도 하였다. 성곽과 원림의 접목, 군사 시설의 누정화라는 현상을 잘 드러내는 흥미로운 지점이다.

감영 본청은 객사와 성곽보다 시기적으로 늦게 자리 잡았지만 넓은 영역을 차지하고 복합적인 구성을 이루었다. 그 구성은 입지 특성 중에서도 지형에 결정적 영향을 받았으며 감영 고유의 복합적 공간 구성과 접목되기도 하였다. 평안·함경·충청감영은 배후에 산을 두었으며 황해감영 뒤에는 나지막한 구릉이 있었다. 나머지인 강원·전라·경상감영은 평지에 자리했다. 배후에 산이나 구릉이 있는 경우 충청감영 외에는 모두 조망을 갖춘 후원이 발달하였으며, 평지에 입지한 경우 못을 갖춘 후원이 조성되거나 선화당 가까이 소규모 별당 또는 누정이 지어졌다. 의례와 접객 중심의 공간이었던 객사와 군사 목적의 선형 공간이었던 성곽에 비해 조선 후기의 감영 본청은 훨씬 넓고 복잡한 시설이었다. 기본적으로 지방행정을 총괄하기 위한 갖가지 부속 시설들이 들어섰으며, 그 모두를 지휘하는 관찰사의 전용 공간이 대규모로 지어졌다. 고위 관원인 관찰사가 한 도시에 상주하게 되면서 그를 찾아오는 사람이 몰려들었고, 관찰사의 가족이 함께 살게 되며 가족 숙소인 내아(內衙)가 마련되었다. 평안감영과 함경감영처럼 후원이 크게 발달할 만한 제반 조건이 갖춰진 경우 선화당과 내아를 아우르는 후원이 언덕을 활용하여 넓게 발달하였다. 관찰사의 원림 문화가 객사와 성곽 시설을 활용해 조선 전기부터 어느 정도 정립돼 있었던 만큼, 조선 후기 감영 본청의 원림은 기존의 원림 문화를 계승하고 조건에 맞게 적용하여 이루어진 유형으로서 의미가 있다.

다음쪽에 제시한 〈그림 4-1〉과 〈표 4-1〉은 감영 원림의 세 가지 유형과 여덟 개 도별 사례의 전모를 한눈에 보기 위해 만든 것이다.

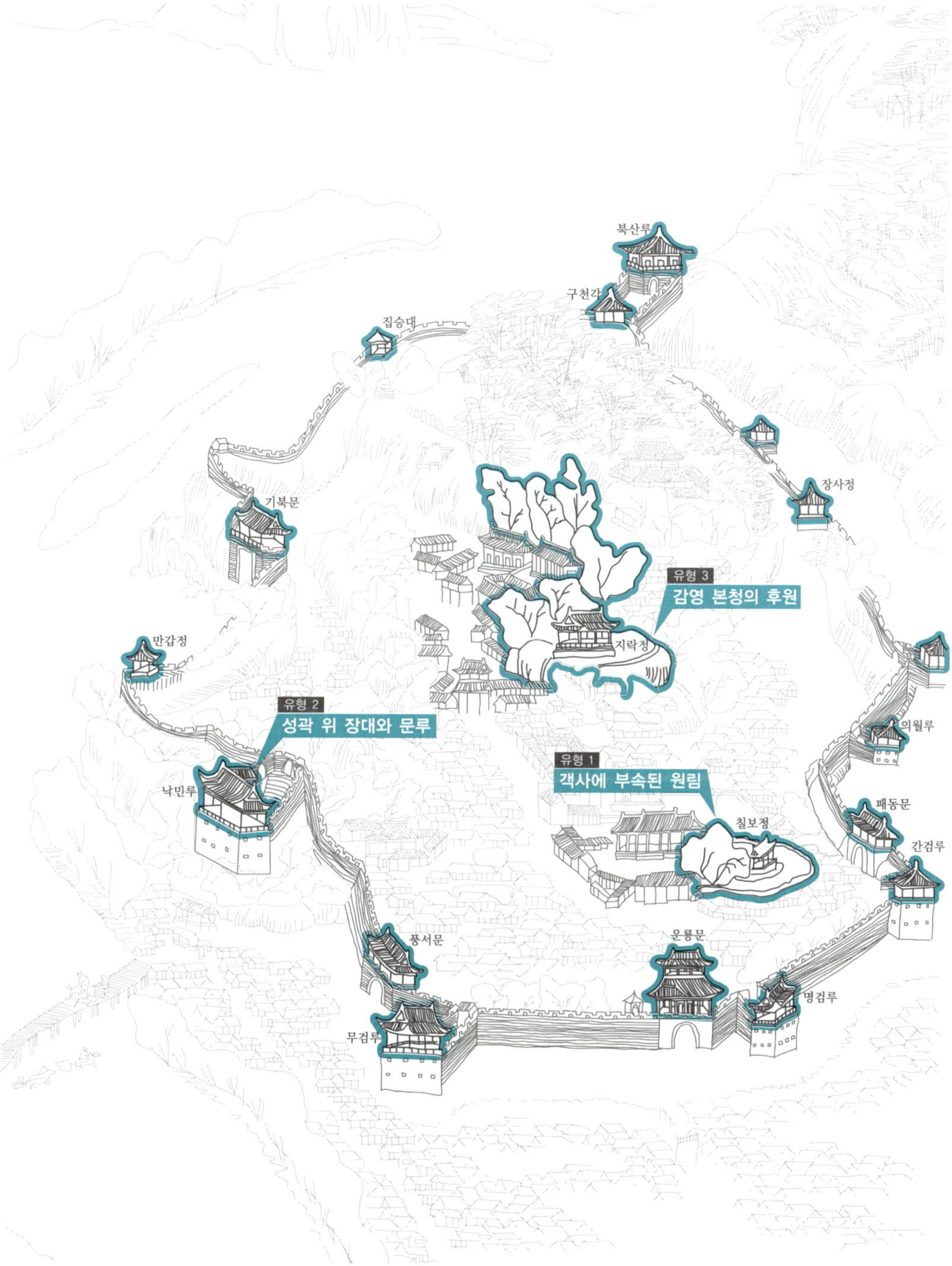

그림 4-1. 충청남도역사박물관 소장 〈함흥읍도〉를 바탕으로 그린 함흥의 감영 원림과 유형 (원화를 바탕으로 필자 재작도)

표 4-1. 도별 감영 원림의 유형과 건립 시기

분류	객사	성곽	감영 본청
평안감영	풍월루(風月樓) 1370 애련당(愛蓮堂) 1542 망월루(望月樓) 쾌재정(快哉亭) 1531 중건	을밀대(乙密臺) 공금정(控襟亭) 부벽루(浮碧樓) 득월루(得月樓) 함벽정(涵碧亭) 읍호루(挹灝樓) 1394 중건 보통문루(普通門樓) 연광정(練光亭) 1528 영귀루(詠歸樓) 초연대(超然臺) 1712 집승대(集勝臺) 1714 최승대(最勝臺) 1716 선승대(選勝臺), 공승대(供勝臺) 취승대(聚勝臺), 납승대(納勝臺) 경파루(鏡波樓), 일승대(一勝臺)	추향당(秋香堂) 1513 군자루(君子樓) 1571 좌소정(坐嘯亭) 1700 소요각(逍遙閣) 반구정(反求亭) 1707 → 오순정(五詢亭) 1776 중건 징청각(澄淸閣) 다경루(多景樓) 1800 천일루(天一樓) 지희정(至喜亭) 1811 평원당(平遠堂) 1826
함경감영	문소루(聞韶樓) 1448 중건 관풍정(觀風亭) 선경루(仙景樓) 칠보정(七寶亭)	남화문루(南華門樓) 낙민루(樂民樓) 1607 중건 구천각(九天閣) 1608 북산루(北山樓) 1613	이화정(梨花亭) 지락정(知樂亭) 1673 겸락정(兼樂亭) 1763 옥소정(玉簫亭) 1806
황해감영	봉지루(鳳池樓) → 대유당(大有堂) 사황재(思皇齋) 은행정(銀杏亭) 모란정(牧丹亭) 부용당(芙蓉堂) 1526	정해루(靜海樓) 1726 → 순명문(順明門) 1747 공해대(控海臺) 1747	백림정(栢林亭) 1675
강원감영	봉명루(奉命樓) → 부평각(浮萍閣) 1639 쌍수대(雙樹臺) 청음정(淸陰亭)	–	봉래각(蓬萊閣) 1684 환선정(喚仙亭) 1746 채약오(採藥塢) 1771 관풍헌(觀風軒) 1796
경기감영	–	–	풍량각(風凉閣) 1833 → 유금정(留錦亭) 천연정(天然亭)[서지 옆] 1793
충청감영	경영루(慶迎樓)[충주] 1442 중건 망경루(望京樓)[충주] 청연당(淸燕堂)[충주] 관정정(觀政亭) 1415 → 취원루(聚遠樓) 1473 응벽당(凝碧堂)	망북루(望北樓) 공북루(拱北樓) 1602 진남루(鎭南樓) 쌍수정(雙樹亭) 1734 만하루(挽河樓) 후락정(後樂亭)	–
전라감영	진남루(鎭南樓) 1409 매월정(梅月亭) 1483 청연당(淸讌堂) 1510	풍남문루(豊南門樓) 1734 패서문루(沛西門樓) 1734 완동문루(完東門樓) 1734 공북문루(拱北門樓) 1734	연신당(燕申堂) 1688
경상감영	풍영루(風詠樓)[상주] 1370 응신루(凝神樓)[상주] 청량각(淸涼閣)[상주] 추월당(秋月堂)[상주] 금학루(琴鶴樓)	영남제일관(嶺南第一關) 1736 정해루(定海樓) 1870 주승루(籌勝樓) 1870 선은루(宣恩樓) 1870 망경루(望京樓) 1870	여수각(如水閣) 1739 옥령루(玉靈樓)

* 연도는 창건연대를 확인한 경우만 썼고, 창건연대가 없다면 가장 이른 중건연대를 썼다. 관련 내용은 부록 참고.
* 충청감영과 경상감영에서 임란 이전 감영 소재지였던 충주와 상주의 객사 원림을 추가하였으며, 경기감영의 경우 객사·성곽·감영 본청이라는 분류에는 해당하지 않지만 함께 살펴볼 필요가 있는 서지 옆 천연정을 추가하였다.

시대의 흐름과 감영 원림의 전개

관찰사 제도가 조선이 개국하며 확립되었으므로 '감영 원림'이라는 개념 자체는 조선시대부터 성립한다고 볼 수 있지만 전사(前史)라 할 만한 공간들이 있었다. 대표적 사례가 평양의 성곽에 위치한 부벽루(浮碧樓)와 대동문(大同門)이다. 부벽루는 4세기에 영명사(永明寺)의 누정으로 지어져 12세기에 부벽루로 이름이 바뀌었다. 평양은 6세기에 고구려의 수도로 지정되었는데, 당시 대규모로 성을 짓는 공사를 하면서 대동문도 지었으리라 짐작된다. 고대로부터 내력이 직접 이어지는 감영 원림은 평양 외엔 찾아보기 어렵다. 전국에서 가장 화려한 감영 원림이 평양에 만들어졌던 것은 문화가 번성하고 오래된 수도였던 평양의 내력이 작용했으리라 생각된다.

관찰사 제도가 시험되던 고려 말에도 객사에 누정을 건립했던 기록이 전한다. 1370년(공민왕 19) 객사 옆에 지어진 상주 풍영루(風詠樓), 1371년(공민왕 20) 누각으로 지어졌다가 훗날 객사 자체로 지리지에 기록된 평양 풍월루(風月樓)가 이에 해당한다. 군현마다 모두 객사가 지어지는 것은 조선시대에 이르러서지만, 평양이나 상주처럼 훗날 감영 소재지가 되는 대도시에는 그전부터 객사와 부속 누정이 있었음을 알 수 있다.

조선 초기에 해당하는 15세기에는 새로운 국가의 모습이 갖추어지던 개국 초의 상황과 밀접한 원림 사례들이 많았다. 이 시기에 가장 크고 활발한 원림 공사가 이루어졌던 곳은 단연 한양이다. 일련의 도성 원림은 감영 원림에 속하지는 않지만 통치와 원림을 연결하는 유력한 사례이자 감영 원림의 원형으로서 중요한 의미가 있다. 태종연간인 1406년(태종 6) 광연루(廣延樓), 1407년 모화루(慕華樓), 1412년 경회루(慶會樓)가 차례로 지어졌으며 15세기 후반에 이르면 육조거리 중앙관아의 후원도 모두 구색을 갖추었다. 감영 소재지에서도 개국 직후에 원림과 관련된 공사가 있었다. 평양에서는 홍건적의 난으로 30여 년 동안 폐허로 남아 있던 대동문을 1394년(태조 2) 중층 문루로 중건했으며, 태조의 관향(貫鄕)인 전주에서는 1409년(태종 9) 객사 후원에 진남루(鎭南樓)가 건립되었다. 진남루에는 1464년(세조 10) 실록이 임시로 봉안되기도 하였으며, 가까이에 진남루의 기능을 보조하는 매월정(梅月亭)과 청연당(淸讌堂)이 각각 1483년(성종 14)과 1510년(중종 5)에 지어졌다. 충주와 함흥에서도 왕실의 역사를 기념하는 객사 원림이 지어졌다. 1442년(세종 24) 충주 경영루(慶迎樓), 1448년(세종 30) 함흥 문소루(聞韶樓)가 각각 중건되었다. 경영루는 어진을 봉안했던 일을, 문소루는 「용비어천가」가 반포된 일을 이름에 담았다.

16세기에도 객사 원림이 활발히 건립되었다. 전란 이후에도 명맥을 유지하게 되는 대표적 객사 원림들이 이 시기에 조성되었다. 1526년(중종 21) 해주객사 부근에는 훗날 선조가 피란길에 머물러 기념 공간화된 부용당(芙蓉堂)이 지어졌다. 1531년(중종 26) 평양객사 대동관 뒤 언덕에는 조망을 갖춘 쾌재정(快哉亭)이 중건되었으며, 1542년(중종 37) 풍월루 앞 못의 섬에는 애련당(愛蓮堂)이 지어졌다. 해주 부용당과 평양 애련당은 여러 차례 수리, 재건되어 조선 말까지 감영 도시의 명소로 널리 알려졌다. 이 외에도 구체적 연혁은 전하지 않으나 1530년 간행된 『신증동국여지승람』에 기록된 다수의 객사 누정이 15~16세기 초에 지어졌다.

순영 체제가 유지되던 당시, 평양에 건립된 추향당(秋香堂)과 연광정(練光亭)은 전란 이후 본격화되는 성곽과 감영 본청의 원림을 예고하는 사례로서 중요하다. 1513년(중종 8) 지어진 추향당은 객사와 성곽의 영역에 속하지 않은 감영 본청의 원림 중 임란 이전에 지어진 유일한 사례다. 1528년(중종 23) 대동문 옆 성곽 위에 지어진 연광정은 장대형 누정으로 볼 만한 사례가 드물었던 시기에 지어졌던 초기작이라 할 수 있다. 추향당은 임란 이후 재건되었지만 오래 유지되지 않은 것에 비해 연광정은 수려한 경관을 갖춘 전국적 명소로 오래도록 널리 알려졌다.

17세기에는 임진왜란 이후 정묘호란과 병자호란을 연달아 겪으며 성곽과 감영 본청을 배경으로 새로운 국면이 진행되었다. 임란 직후인 17세기 초에는 성을 고쳐 지으며 장대와 문루가 새롭게 지어지는 사례가 확인되는데, 공주와 함흥이 대표적이다. 공주 공산성의 공북루(拱北樓)는 1602년(선조 35) 지어졌으며, 같은 해 충청도의 감영 소재지가 공주로 최종 확정되었다. 함흥을 대표하는 성곽 위 누정인 낙민루(樂民樓)는 1607년(선조 40) 중건되었으며, 함흥성의 북쪽 고지대에 위치한 구천각(九天閣)과 북산루(北山樓)는 각각 1608년(선조 41)과 1613년(광해군 5)에 창건되었다.

감영 제도의 유영화가 이루어지는 17세기 후반에 이르면 드디어 감영 본청의 후원을 구성하는 누정이 하나둘씩 등장하기 시작한다. 1673년(현종 14) 함경감영 후원의 지락정(知樂亭), 1675년(숙종 1) 황해감영 후원의 백림정(栢林亭), 1684년(숙종 10) 강원감영 후원의 봉래각(蓬萊閣), 1688년(숙종 14) 전라감영 후원의 연신당(燕申堂)이 잇따라 지어졌다. 2-2장에서 다루었듯 관찰사의 임기가 1년에서 2년으로 늘어나는 감사구임제(監司久任制)는 1669년(현종 10) 공식적으로 시행되었고, 『승정원일기』에서 '선화당(宣化堂)'이라는 단어는 1686년(숙종 12) 처음 등장한다. 감영의 유영화가 시작되고 건축의 전형화가 이루어지던 초기부터 감영 후원의 누정들이 건립되었던 것을 알 수 있다.

18세기에 이르면 유영 체제가 확고히 자리 잡으며 성곽과 감영 본청의 원림이 더욱 온전하게 구성을 갖추었다. 성곽과 접목된 원림의 경우는 역시 성곽을 보완하는 공사와 연계해 조성되었다. 평양에서는 숙종 후반기에 성곽 공사가 활발했는데, 그 과정에서 1712년(숙종 38) 초연대(超然臺), 1714년 집승대(集勝臺), 1716년 최승대(最勝臺)가 지어졌다. 해주에서는 1726년(영조 2) 성 남문인 정해루(靜海樓)를 지었으며 1747년(영조 23)에는 이를 중건하고 이름을 순명문(順明門)으로 바꿨다. 또한 같은 해 북쪽의 돌출된 치성에 공해대(控海臺)를 새로 지었다. 공주에서는 과거 이괄의 난 때 인조가 잠시 머물렀던 일을 기념해 1734년(영조 10) 산성의 고지대에 쌍수정(雙樹亭)을 지었다. 같은 해 전주에서는 대대적인 성곽 공사가 이루어져 풍남문루(豐南門樓)를 비롯한 네 문루가 모두 새로 지어졌으며, 두 해 뒤인 1736년(영조 12)에는 대구에서도 성곽 공사가 있어 남문인 영남제일관(嶺南第一關)이 지어졌다.

18세기에는 감영 후원 중에서 가장 화려한 구성을 갖춘 평안·함경·강원 감영의 후원에 다수의 누정이 지어졌다. 평안감영 후원에는 1700년(숙종 26) 좌소정(坐嘯亭)이 지어졌으며 감영 앞쪽 대로변에 1707년(숙종 33) 반구정(反求亭)이 지어지고 같은 자리에 1776년(영조 52) 오순정(五詢亭)이 중건되었다. 함경감영에는 17세기에 건립된 지락정에 이어 1763년(영조 39) 내아 뒤편에 겸락정(兼樂亭)이 지어졌다. 강원감영에는 후원 못의 섬 안팎으로 1746년(영조 22) 환선정(喚仙亭), 1771년(영조 47) 채약오(採藥塢), 1796년(정조 20) 관풍헌(觀風軒)이 지어지며 못, 섬, 누정이 어우러지고 도가적 심상이 부여된 특유의 원림 구성이 이루어졌다. 경상감영에는 여수각(如水閣)이 선화당 북쪽에 연접하는 형식으로 1739년(영조 15) 지어졌다.

19세기는 감영 후원에 누정이 추가되며 구성이 더욱 풍부해지는 한편, 그간 구색이 갖추어지지 않았던 일부 사례가 보완되었다. 작은 못과 누정이 있던 평안감영 후원에는 1800년(정조 24) 다경루(多景樓), 1811년(순조 11) 지희정(至喜亭), 1826년(순조 26) 평원당(平遠堂)이 지어져 원경을 조망하고 산의 경치를 즐기는 방식의 원림이 완성되었다. 함경감영 후원에는 지락정과 겸락정 사이에 1806년(순조 6) 옥소정(玉籍亭)이 지어지며 구성이 보다 풍부해졌다. 그동안 감영 원림의 역사에 등장하지 않았던 경기감영의 선화당 후원에도 누정이 지어졌다. 가까운 거리에 있는 도성의 중앙관아와 유사하게 네모난 못이 간결하게 배치된 경기감영 후원에는 1833년(순조 33) 풍량각(風凉閣)이라는 누정이 들어섰다. 감영 원림이 전반적으로 두드러지지 않았던 대구에서는 비교적 늦은 시기인 1870년(고종 7) 읍성이 고쳐 지어지며 성문 외에도 정해루(定海樓)를 비롯한 네 개의 장대형 누정이 지어졌다.

지역에 따른 감영 원림의 차이

원림의 발생과 전개는 대상지의 지리와 직접적인 관련을 맺는다. 원림의 형식은 지형, 경관, 문화를 양분 삼아 이루어진다. 감영 원림도 그렇다. 감영이 위치했던 대지, 도시, 지역의 지리적 특성은 감영 원림이 이루어지는데 실질적 영향을 미쳤다. 그 요인은 도시 주변에 펼쳐진 경관부터 가시권을 벗어난 도 단위의 지역 정체성에 이르기까지 넓은 스펙

트럼을 갖는다.

감영 원림에서 지리의 영향을 조명하기 위해 입지 선정부터 논의를 시작해보자. 감영 원림의 입지는 일차적으로 객사, 성곽, 감영 본청과 같은 기반 시설의 입지에 종속되되, 선택의 여지가 있다면 그중에서도 풍경을 감상하기 좋은 장소가 우선되었다. 예컨대 성문 중에서도 경관이 가장 뛰어난 곳의 상층부가 누정으로 조성되었으며, 성곽 중에서도 조망이 가장 훌륭한 지점에 장대형 누정이 지어졌다.

기반 시설을 배경 삼고 자연과 도시의 조망을 두루 갖춘 감영 원림의 입지·경관 특성을 잘 드러내는 대표 사례는 함흥의 낙민루다. 낙민루에 오르면 함흥에서만 볼 수 있는 특유의 경관이 한눈에 들어왔다. 원경으로 평평한 들과 굽이치는 산, 끝없는 바다의 수평선이 바라보이는 동시에 근경으로 비늘처럼 이어진 민가의 지붕과 냇물을 건너는 다리, 북적거리는 인파가 보였다. 요컨대 낙민루에 오르면 산-들-바다-강-도시-사람의 장관을 한눈에 볼 수 있었다. 시점을 달리 해보면, 그러한 조망 경관을 갖추었다면 외부에서도 쉽게 바라보였으리라 예상할 수 있다. 3-2장에서 사진을 통해 제시하였듯 낙민루는 평양의 연광정처럼 성의 진입로, 즉 인구이동이 몰리는 동선 가까이 위치했다. 백성의 입장에서 보면 낙민루는 최고 권력자의 시선을 내재한 위락 시설에 가까웠을 것이다. 주목할 것은 통치자와 백성의 상반된 시선이 교차하는 자리에 '낙민(樂民)'이라는 이름이 붙여진 것이다. 함흥은 태조가 어린 시절을 보낸 고향이다. 그 역사가 깃든 도시의 랜드마크에 '백성의 즐거움'을 뜻하는 글자가 새겨진 것은 우연이 아니다. 낙민루는 감영 원림의 입지, 형식, 상징과 같은 특성에 지형, 경관, 역사와 같은 지리적 요인이 긴밀하게 결부되어 있음을 보여주는 흥미로운 사례다.

시선을 뒤로 물려 '도' 단위의 거시적 지역성이 감영 원림과 맺는 관련성을 살펴보자. 감영 도시 중에서 읍치의 지형이 관할 도 특유의 지형을 상기시킨다고 볼 만한 경우가 있다. 가령 양계 지방인 평안도와 함경도는 산악, 황해도는 해안, 전라도는 평야의 이미지가 강한데, 감영 소재지인 평양과 함흥, 해주, 전주의 지형에 그러한 특징이 어느 정도

드러나 있는 편이다. 평양과 함흥의 감영 원림은 유형을 가릴 것 없이 도시가 자리한 언덕 지형을 적극 활용하고 있다. 해서(海西) 지방으로 일컬어지던 황해도의 해주는 바닷길이 발달한 상업 도시였는데, 16세기에는 뜰 안의 연못을 감상하는 부용당이 조성되었고 조선 후기에는 바다를 내다보는 장대형 누정인 공해대(控海臺)가 건립되었다. 평지에 위치한 전주에는 조선 전기에 가산을 갖춘 객사 후원이 발달하였다가, 조선 후기에는 성 밖으로 나가 주변에 흩어진 명승들을 두루 활용하는 원림 문화가 발달하였다.

직접 가시권을 벗어난 광역적 지역 정체성의 반영이라는 주제에서 가장 흥미로운 사례는 강원감영이다. 강원도에는 금강산이 있다. 강원도가 수려한 자연경관으로 손꼽히는 지방임에도 불구하고 감영 소재지인 원주의 경관은 평범했다. 관찰사 서명선(徐命善, 1728~1791)은 객사 원림의 부평각을 중수하며 다음과 같은 글을 남겼다.

관동(關東)의 아름다움은 여덟 개 도에서 으뜸이다. 그런데 원주의 감영은 들판 한가운데 있어서 사방을 망연히 바라보아도 풀만 무성해 눈에 띄고 뜻에 즐거워할 만한 곳이 하나도 없다. 매년 봄가을에 신령스러운 곳과 훌륭한 경치를 순력할 때는 사람들을 응접하느라 여유가 없었고, 그러다 감영으로 돌아와서 아침저녁으로 이곳 궤안(几案, 의자)에서 보게 되는 것은 시골집과 논밭들뿐이다. 그리고 여러 읍을 순시하는 날은 짧고 감영에서 지내는 날은 길어져, 산수가 비록 가장 아름답다 할지라도 결국 내게 이 누각이 있는 것만 같지 못하니, 비록 연못은 깊지 않아도 공허하여 강과 바다의 뜻이 있고, 대(臺)가 높지 않아도 초연하여 언덕과 산의 기세가 있기에 짓는 까닭이 있다. 수림과 꽃과 돌들이 열을 지어 둘러 있어 모습을 감추었다 드러내었다 하는 송계(松桂)가 자라는 골짜기와 해당화가 피는 물가처럼 황홀하다. 이러한 부류에 닿아 잡아서 끌어당기면, 크고 작음이 일치하여 족히 발이 섬돌 아래로 내려가지 않아도 정신은 호수와 산에 두루 펼치게 된다.[1]

서명선에게 감영에서 바라보이는 원주의 풍경은 강원도 산수의 아름다움에 대한 아쉬움을 불러일으킬 뿐이었다. 매년 봄가을에 강원도를 돌아볼 때는 그 기간이 짧을뿐더러 사람들을 만나느라 풍경을 충분히 즐길 수 없었다. 돌아와서 느껴지는 아쉬움을 달래는 데는 누정과 못으

그림 4-2. 식민지시기 강원감영과 원주 시내 전경. 화면 가운데 높은 기와 건물이 강원감영 선화당이고, 그 뒤로 높은 교목이 보이는 부분이 감영 후원이다. 주변으로 민가와 농경지가 넓고 평탄하게 펼쳐져 있다. (국립민속박물관 소장)

로 이루어진 원림만한 것이 없었다. 비록 실제 산과 바다만은 못했지만, 서명선은 눈앞에 놓인 작은 자연을 바라보면서 정신을 환기하고 답답한 마음을 풀어내려 했다.

객사 원림인 부평각과 마찬가지로 강원감영의 후원 또한 같은 동인에서 비롯되었다고 볼 수 있다. 강원감영 후원의 경계에는 주변 경관의 조망을 고려하지 않고 안과 밖을 구분하려는 의도로 식재되었으리라 짐작되는 교목들이 확인된다[그림 4-2]. 내부에는 못과 섬, 누정을 여럿 마련하고 신선 세계의 상징을 부여하여 인위 자연을 한껏 내세운 원림이 조성되었다. 이처럼 경계 내부에 집중하여 다채롭게 원림을 꾸미는 경향은 다른 감영에서 찾기 어렵다. 강원감영에서 도의 지역 정체성은 후원을 조성하는 데 있어 감상의 방법을 결정하고 인위를 강화하는 강력한 동인이 되었으나, 주변 경관을 활용하지 않고 오히려 반동의 계기로 삼았다는 점에서 특별하다.

한성부에 위치한 경기감영의 원림도 지역성과 관련해 주목할 만하다. 경기감영 원림의 지역성은 도성의 경관 자원을 적극적으로 끌어온 것으로 요약된다. 우선 경기감영은 중앙관아와 유사하게 선화당 가까이 방지와 누정으로 이루어진 간결한 후원을 갖추었다. 이러한 유사성은 도성 옆이었던 경기감영의 위치와 특유의 위상과 관련이 있다. 경기감영은 도성과 매우 가까이 있어 왕이 관찰사를 부르면 바로 궁으로 들어갈 수 있었으며 그로 인해 법제상 외관직임에도 경관직과 다름없이 여겨졌다. 또한 경기감영은 수도 방위와 왕릉 관리와 같이 도성과 밀접한 직무를 수행하였다. 비교적 후대에 마련된 경기감영의 후원이 중앙관아와 유사한 것이 이러한 사실과 관련이 있을 것으로 생각된다.

또한 경기감영은 개국 초 왕실에서 조성한 도성 원림인 서지를 관리하고 활용하였다. 서지에서는 서대문 일대의 한양도성과 인왕산 자락이 눈앞에 펼쳐졌다. 서지에서는 높이를 전제한 수직적 구도가 아니라 경계를 허문 수평적 수도에서 백성과 원림이 관계 맺었다는 점이 주목된다. 서지는 인구이동이 많은 서대문 밖 교통로에 위치했다. 또한 별도의 담장을 두르지 않아 많은 사람이 즐길 수 있었다. 경기감영은 18세기 후반 못가에 천연정을 지음으로써 그 활용도를 높이고 경관을 주도하였으며, 특유의 접근성을 유지함으로써 왕실의 역사와 감영의 존재감을 가시화했다.

이처럼 감영 원림은 지역적 조건과 맥락에 대응하여 각기 다른 모습으로 이루어졌다. 그런데 전국의 감영을 나란히 두고 비교할 때 상대론적 접근을 유도하는 현상이 한 가지 있다. 바로 감영 후원의 발달 수준이다. 앞장에서 검토하였듯 각 도의 감영 후원은 비교적 넓은 영역에 여러 채의 누정을 거느린 평안·함경·감원감영과 소규모 영역에 한 채의 누정이 지어진 황해·경기감영, 원림보다는 누정의 차원에서 소극적으로 공간이 마련된 충청·전라·경상감영으로 나눌 수 있다. 위치에 따라 발달 수준의 경향을 제시하면 대체로 북쪽으로 갈수록 후원이 발달했고, 남쪽으로 갈수록 후원이 위축되었다. 이러한 경향은 다양한 요인이 복잡하게 얽혀 발생한 것으로 보인다. 단순화해 설명하기는 어려우나, 몇 가지 요인을 바탕으로 풀이를 시도해보면 다음과 같다.

우선 양계 지방인 평안감영과 함경감영의 후원은 다른 지방 감영보다 발달할 만한 조건을 두루 갖추고 있었다. 두 감영은 중국 사신의 접대비와 국방비를 명목으로, 거두어들인 세금의 운영권을 독자적으로 가지고 있었다. 백성들로부터 세금을 징수하되 중앙으로 상납하지 않았던 것이다. 징수한 세금의 액수는 삼남 지방의 감영이 전국에서 가장 많았다. 그러나 해당 지방에서는 상당 부분을 중앙에 상납했다. 반면 양계 지방의 감영은 상대적으로 적은 세금을 거두었지만 호조에 이를 상납하지 않았으므로 자체적으로 쓸 수 있는 자금은 많은 편이었다.[2] 특히 평안감영은 풍족한 재원으로 유명했다. 정약용에 따르면 평안도 관찰사가 매년 받는 돈은 24만 냥이었으며, 공용으로 쓰는 반을 제외하더라도 12만 냥이었다.[3] 이를 현재의 화폐 가치로 환산하면 64~65억 원에 달한다.[4] 게다가 평안감영이 위치한 평양은 오래된 상업 도시이자 감영 중 유일하게 중국과의 사행 경로에 위치한 곳으로 접대 문화가 발달한 도시였다. 앞에서 살폈듯 조선 전기 평양에는 무려 4개의 객사가 있었다. 양계 지방 중에서도 평양의 감영 원림이 다른 도에 비해 압도적으로 발달했던 까닭은 가용 재원과 사신 접대에 기인한다고 볼 수 있으며, 감영 후원의 발달 역시 같은 맥락으로 이해할 수 있다.

평안감영과 함경감영의 본청 배후에 산이 있었던 점도 후원이 발달할 수 있는 요인이었다. 산지에는 민가나 시전 같은 도시조직이 들어서 있지 않아 개발이 쉬웠으며 언덕 지형은 조망형 원림을 만들기에 적합했다. 그런데 배후의 산지라는 조건이 후원의 조성으로 이어지지 않은 사례가 있다. 바로 봉황산 바로 앞에 자리한 공주의 충청감영이다. 충청감영이 입지한 지형은 조망을 갖춘 후원을 가꿀 의지만 있었다면 실행하기 좋은 조건이었다. 그럼에도 불구하고 후원이 발달하지 않았던 이유는 공산성이 있었기 때문으로 판단된다. 공산성에 있던 다수의 감영 원림들은 감영과 가까웠으며 시가지나 금강을 내려다볼 수 있는 경치를 갖추고 있어 위치나 경관의 측면에서 부족함이 없었다.

충청감영이 유리한 입지 조건에도 불구하고 가용 원림 자원이 충분하기에 후원이 발달하지 않은 사례라면, 강원감영은 정반대로 입지 조건은 유리하지 않았지만 가용 원림 자원이 부족해 후원이 극도로 발달한 사례라 할 수 있다. 원주는 앞에서 다루었듯 경관이 평범한 편이었고 읍치를 둘러싼 성곽도 없었다. 유영 체제가 자리 잡은 이후 원주에 머무는 시간이 늘어난 강원도 관찰사의 입장에서 원림을 마련하려면 인위 자연을 꾸미는 방법이 최선이었고, 그 대상지로 감영 후원이 선택되었던 것이다.

지금까지 양계 지방인 평안감영과 함경감영의 후원 발달 요인을 먼저 살핀 후 지형 조건과 가용 원림 자원을 두고 충청감영과 강원감영 후원의 발달 차이에 대해 논하였다. 이로써 평안감영과 함경감영, 강원감영은 상대적으로 북쪽에 위치해 있었고 관할 도에 산악 지형이 발달했다는 지리적 공통점이 있지만 감영 후원이 발달한 요인은 서로 다르다는 것을 확인하였다.

감영 후원이 조성되었으되 비교적 규모가 작고 구성이 단순했던 경기감영과 황해감영, 그리고 후원이라기보다 선화당 가까이에 누정을 마련해 그 기능을 맡겼던 전라감영과 경상감영의 경우는 도시조직의 밀도와 도시의 문화적 여건을 유력한 설명 요인으로 들 수 있다. 경기감영 후원은 평지에 위치했으며, 서대문 밖 의주로변에 위치해 가까이에 민가가 가득 들어서 있었다. 앞에서 살핀 『경기감영각방중기』의 대지 구입 기록이 그러한 정황을 보여준다. 가용 대지가 좁은 상황에서, 경기감영의 후원은 빠르면 18세기, 늦으면 19세기 초에 중앙관아를 본떠 선화당 뒤에 마련되었던 것으로 생각된다. 황해감영 후원의 경우 17세기 후반에 쓰인 백림정 기문에 황해감영의 재력과 경관의 수려함이 언급되는 한편, 역시 상업 도시로서 도시조직의 밀도가 높고 읍성의 규모가 비교적 작은 편이며, 부용당 등 인근에 감영 원림이 건재했기 때문에 그 규모가 백림정 건립 이후로 확장되지 않았던 것으로 추정된다. 완전한 평지 읍성 한가운데 자리했던 전라감영과 경상감영은 다른 도시보다도 대지를 확장하기가 쉽지 않았을 것이다. 고지도를 보면 두 감영 모두 주변으로 민가와 다른 관아들이 빠짐없이 자리했던 상황이 엿보인다. 게다가 전주의 경우 개국 군주의 관향이었던 까닭에 왕실의 존재감이 강했고, 대구의 경우 감영 소재지가 되기 전부터 큰 도시였음에도 불구하고 즐길 만한 주변 경관을 갖추지 않은 탓에 관영 원림이 딱히 발달해 있지 않았다. 덧붙여 감영의 후원이 관찰사의 위상과 밀접하다는 것을 떠올리면, 지방에 본거지를 둔 사족의 위세가 특별했던 전라도와 경상도에서 관찰사가 감영 후원을 화려하게 조성하는 일은 시도되기도, 성사되기도 어려웠을 것으로 생각된다.

신유학적 실천으로서 감영 원림

감영 원림이라는 수레

'문이재도(文以載道)'에서 '문'과 '도'의 의미

이 책의 1-1장에서 조선의 원림을 '신유학적 실천'으로 규정하고 구체적 양상을 문이재도(文以載道)의 원림론, 격물치지(格物致知)의 원림술, 수기치인(修己治人)의 원림 활용으로 제시한 바 있다. 이번 장에서는 앞에서 제시한 세 가지 틀에 따라 감영 원림의 특성을 신유학 관점으로 정리해보고자 한다.

'문(文)이 도(道)를 실어 나른다'라는 뜻의 문이재도(文以載道) 관념을 통해 감영 원림의 특성을 모색하기 위해서는 감영 원림에서 '문'과 '도'에 해당하는 바가 무엇인지, '실어 나른다'라는 매개의 성격은 무엇인지 밝혀야 할 것이다. 신유학에서 '문이재도'라는 표현을 전면화해 널리 알린 문장에서 주돈이는 "문은 도를 실어 나르는 것이다. 수레의 바퀴와 끌채가 장식되어 있어도 사람들이 쓰지 않는다면, 헛된 장식일 뿐이다. 하물며 빈 수레의 경우는 어떻겠는가?"[5]라고 하였다. 주돈이의 비유에서 '문'은 수레의 형체를 이루는 바퀴와 끌채이다. '도'는 수레의 쓰임이라 할 수 있는 '운반'의 대상이 되는 무언가이다. 이 글에서 바퀴와 끌채라는 장식은 수레의 구조를 대변하는 주된 요소지만 운반이라는 기능을 수행하지 않는다면 헛될 뿐이다.

주돈이의 인용문에서 보듯 '도'는 '문'의 존재 이유이며 그만큼 중요하다. 그렇다고 '문'의 지위를 그리 가볍게 볼 수는 없다. 서거정은 『동문선』에 대한 해설에서 "문사(文辭)란 도(道)를 싣는 그릇"[6]이라 하였으며, 이이는 『성학집요』의 서문에서 "도는 오묘해서 형상이 없기 때문에 문으로써 도를 표현한 것이다. 사서육경(四書六經)에 이미 분명하고도 빠짐없이 적혀 있으니 문으로써 도를 구하면 이치가 나타날 것이다."[7]라고 하였다. 말하자면 '문'은 '도'를 형상화하여 현실 세계에 존재하게 하는 실체이다. 닭이 먼저인지 달걀이 먼저인지를 논하는 것에 한계가 있듯, '도'와 '문'의 상대적 중요성을 가르는 일은 그리 효과적이지 않다. 보다 나은 방법은 주장의 발화 배경을 주시하거나 사이의 관계를 구체화하는 것이다. 문이재도론은 결국 '문'을 중시하는 현실을 반면교사 삼아 '도'의 강조를 밀고 나가려는 태도를 보여주며, 그로 인해 '실어 나르는' 방법론의 심화를 추동하는 계기가 마련된다.

「풍영루기」에 드러난 감영 원림의 '문'과 '도'

그렇다면 감영 원림이라는 수레에서 바퀴와 끌채에 해당하는 '문'은 무엇일까. 이 질문에 대한 답을 가장 요약적으로 드러낸 문헌은 여말선초 신유학자들의 스승이었던 이색이 상주객사의 부속 누정인 풍영루(風詠樓)에 붙인 기문이다.

사계절의 기운이 하늘과 땅 사이에 흘러 춥고 덥고 따뜻하고 서늘한 게 다름이 마땅하니, 사람이 그에 반응하는 것도 각각 도(道)가 있는 것이다. 그런데 ㉠ 소나무와 바위, 시내와 샘물이 일으키는 흥과 현악기·관악기의 음악 소리, 술잔이 일으키는 즐거움에도 내 마음에 주인 됨이 있으면, 눈앞에 흐르는 차갑고 더운 것이 내 마음을 움직일 수 없다. 왜 그러한가? 마음을 잃게 하는 것은 마음 바깥의 사물이니, 그 두 가지를 내버려 두고 자연의 시절에 순응하며 내 뜻을 펼 수 있는 길은 오직 바람 쐬고 읊는 것 뿐이다. 무우(舞雩)에 바람 쐬고 읊고 돌아오면 가슴 속이 태연하여 작은 꾸밈도 없다. 하물며 여름 비나 심한 추위에 대한 원망이 이를 더럽힐 수 있겠는가. ㉡ 이 고을을 거치는 수령으로 하여금 봄옷이 이루어질 즈음 조화로운 기운이 넘쳐 흐르도록 하게 한다면 상주의 백성은 다행스러운 일이니, 감히 '풍영(風詠)'으로 이름짓기를 청한다. ㉢ 담장을 둘러 뜰을 이루고, 물을 끌어들여 못을 만들며, 씨앗을 심거나 나무를 심고, 둘러보고 바라보는데 탁 트이고, 여러 봉우리가 둘러 호위한 것 같은 따위는 이 정자의 부차적인 것이니 생략해도 될 것이다.[8]

이색은 온갖 아름답고 즐거운 것들과 차갑고 더운 세상의 변화에도 불구하고 마음의 중심이 잘 잡혀있으면 흔들리지 않을 수 있음을 말한 뒤[㉠] 지방을 다스리는 수령이 그러해야 한다는 뜻으로 풍영루의 이름을 짓는다[㉡]. 이상의 내용은 감영 원림의 '도'와 관련이 있는 부분이라 할 수 있다. 감영 원림의 '문'과 관련해 주목되는 부분은 다음이다. 인용문의 마지막 부분에서 이색은 담장, 뜰, 물, 못, 씨앗, 나무, 탁 트인 경관과 봉우리가 둘러싸인 경관을 열거한 뒤 그것들을 "이 정자의 부차적인 것이니 생략해도 될 것"으로 일축한다[㉢].

말하자면 이색의 글에서 풍영루의 '도'는 아름답고 변화하는 풍경 속에서도 흔들리지 않는 수령의 마음가짐이다. 원림이라는 수레는 이러한 마음가짐을 싣고 바람직한 정치, 백성의 행복을 향한다. 그리고 풍영루의 '문'은 열거된 여러 원림 요소이다. 영역의 한정, 못의 조성, 식재, 바깥의 경치로 이어지는 열거의 방식에는 원림을 형상화하는 '문'의 구조 또한 담겨 있다. 그런데 이색 본인의 말마따나 생략해도 될 것을 굳이 늘어놓은 까닭은 무엇일까? 그러한 원림 요소가 풍영루 주변에, 혹은 대부분의 관영 원림 주변에 '있었기' 때문으로 추측할 수 있다. '풍영(風詠)'에 담은 마음가짐에 비해 그러한 요소들이 중요하지 않다고 보긴 했으나 그것들이 원림의 '도'를 실현케 하는 '문'이었음을 간과하지 않고 은연중에 표출한 것이다.

2-1장에서 다루었듯 관영 원림은 단순히 유흥을 위한 공간이 아니라 좋은 정치의 표상으로 인식되었다. 당시의 관리들은 원림의 필요성과 의미를 인정하되 규모나 의장이 과하지 않도록 경계하였다. 위엄을 갖추고 정갈하게 관리하는 한편, 사치와 향락의 수단으로 읽히지 않도록 조성과 활용에 주의하였다. 감영 원림 중에서는 해주객사와 평안감영 추향당이 그러한 경계를 드러낸 대표적 사례다. 조선 전기 해주객사에는 두 개의 못과 못 사이를 연결하는 물계단을 갖춘 화려한 원림이 조성되어 있어 서거정이 이를 상당히 우려한 바 있다. 16세기 평안감영 추향당에는 국화를 심어 향을 즐기는 고요한 분위기의 원림이 조성되었는데, 지리지에 실린 발문에는 꽃을 좋아했던 과거 명사들의 폐단을 언

급하며 이를 우회적으로 경계한 내용이 담겨 있다[3-3장 참고]. 감영 원림 특유의 외향성으로 인해 시간이 흐를수록 강화되었을 검열과 경계의 인식은 원림의 '문'이 '도'를 실어 나르는 방법에 점진적으로 영향을 미쳤으리라 생각된다. 높은 시점을 쉽게 차지할 수 있는 입지 조건과, 지나친 감각의 추구나 풍경의 인위적 조작을 경계하는 태도가 만나 신유학의 '문이재도'론이 조선의 원림과 만나는 지점들이 이루어져 나갔을 것이다.

비우고 담아내는 틀의 조경

원경의 선호와 열어내는 식재

'문'을 통해 얻어내야 할 '도'에 형상이 없었기에 신유학자들은 역설적으로 머릿속 추상이 아니라 눈앞의 사물을 공부의 첫걸음으로 삼았다. 그러한 태도는 '사물의 이치를 파고들어 앎에 이른다'라고 풀이되는 '격물치지(格物致知)'라는 문구에 집약되어 있다. 이 책의 1-1장에서 격물치지의 관념이 원림 실천과 만나는 지점을 '격물치지의 원림술'로 가리키고 구체적 양상을 다음 두 가지로 정리한 바 있다. 첫째, 자연을 가능하면 조작하지 않고 있는 그대로 본다. 둘째, 도의 추구와 관련된 유비적 자연 현상을 인위로 구현한다. 여기서는 격물치지의 원림술이 감영 원림으로 드러난 사례와 특징을 제시해보고자 한다.

자연을 조작하지 않고 있는 그대로 보면서 감영 원림 특유의 입지 조건을 활용하는 효과적인 방법은 조망이었다. 성곽의 장대와 문루는 시야의 확보를 전제로 높은 인공지반에 건립된 시설이기 때문에 기본적으로 뛰어난 조망을 갖추고 있었다. 객사 원림과 감영 후원은 고지대에 위치한 경우 조망을 갖추었고, 평지에 위치한 경우 못이나 식재를 통해 원림의 경관을 보완하였다.

조망을 갖춘 사례가 많은 편이었으나 경계 밖의 원경을 조망하는 것과 뜰 안의 근경을 꾸미는 것 두 가지 양상이 모두 있었던 셈인데, 근경 위주의 원림을 원경 위주의 원림으로 재조성한 사례가 있어 주목된다. 바로 공주객사의 취원루와 평안감영 후원의 다경루·평원당이다.

공주객사에는 1415년에 물을 끌어 못을 만들고 섬 가운데 누정을 세운 소규모 원림이 지어졌다. 누정의 이름은 '못물을 보고 정치를 본받는다'라는 뜻을 담은 관정정(觀政亭)이다. 그로부터 반세기가 지난 1473년, 대지가 언덕 위로 이전·확장되며 '멀리 있는 경치를 모은다'라는 뜻을 이름에 담은 취원루(聚遠樓)가 지어져 관정정을 대체하였다. 담장 안의 못을 감상하던 원림이 주변 경치를 조망하는 언덕 위 원림으로 탈바꿈했던 것이다.

평안감영 후원에는 1700년에 작은 못과 석가산을 갖춘 원림이 지어졌다. 누정의 이름은 '앉아서 읊조린다'라는 뜻의 좌소정(坐嘯亭)이었다. 그로부터 약 100년 후인 19세기 초, 후원의 언덕 위에 조망을 강조한 누정인 다경루(多景樓)와 평원당(平遠堂)이 각각 1800년과 1826년에 지어졌다. 다경(多景)의 뜻은 '다양한 경치' 정도로 이해할 수 있다. 평원(平遠)이라는 표현은 조금 더 설명이 필요하다. 평원이라는 용어는 북송대 화론인 곽희(郭熙)의 『임천고치(林泉高致)』에 등장하는 삼원법(三遠法)의 하나로 쓰였으며 가까운 산에서 먼 산을 바라보는 수평시(水平視)를 뜻한다.[9] 평안감영 후원의 입지와 경관을 고려해 다경과 평원의 뜻을 연계해 보면, 다경은 비교적 가까이 보이는 도시경관의 다채로움을 가리키고 평원은 대동강 너머로 보이는 원경의 자연경관을 지시한다고 해석할 수 있다.

두 사례는 객사 원림과 감영 후원에서 뜰 안의 근경으로부터 경계 밖의 원경으로 원림 감상의 구심점이 옮겨진 경우에 해당한다. 감영 원림에서 그 반대 방향으로 원림이 재조성된 사례는 찾기 어렵다. 감상의 차이는 기법의 차이와 연결되어 있다. 조망 중심의 원림과 그렇지 않은 원림 사이에는 공간상으로도 분명 차이가 있었을 것이다. 가령 뜰 안의 근경을 중시한다면 못, 섬, 가산, 수경 시설, 초화류 식재와 같은 조경 요소가 발달했을 것이다. 앞 단락에서 언급한 공주객사 관정정과 평안감영 좌소정의 못, 섬, 석가산, 그리고 문이재도와 관련해 언급한 해주객사 물계단이나 평안감영 추향당의 국화를 예로 들 수 있다. 반면 경

그림 4-3. 던칸 맥레(Duncan Mcrae, 1868~1949)가 19세기 말~20세기 초 촬영한 것으로 추정되는 함흥객사와 감영 일대의 겨울 전경. 객사 뒤쪽 언덕이 감영 후원이며, 언덕 오른쪽에 지락정이 보인다. (독립기념관 소장)

그림 4-4. 던칸 맥레가 19세기 말~20세기 초 촬영한 것으로 추정되는 함흥 시내 전경. 〈그림 4-3〉의 객사 지붕 너머로 보이는 후원에서 바라본 모습이다. 사진 왼쪽에 지락정으로 짐작되는 누정이 보인다. (독립기념관 소장)

계 밖의 원경을 중시한다면 언덕 지형의 활용이나 조망점이 되는 누정의 건립, 식재를 통한 시선의 조정이 발달했으리라 짐작된다.

이 책에서 살핀 문헌과 회화 자료 중 감영 원림의 조경 기법을 구체적으로 전하는 기록은 많지 않지만, 조망을 고려한 원림의 식재 양상을 엿볼 수 있는 흥미로운 기록이 있다. 홍경모는 평안감영 후원의 다경루 기문에서 "뜰에는 기이한 풀이나 색다른 꽃이 없고 다만 소나무와 전나무 십여 그루가 주변을 둘러섰다. 한 성의 구름 안개와 수많은 민가에 피어오르는 연기가 앉은 자리로 실려온다."[10]라고 썼다. 그는 다른 글에서 황해감영 후원의 백림정을 두고 "선화당 뒤 북쪽 언덕에 오래된 잣나무가 6~7그루가 늘어서 있고 가운데 작은 정자가 있는데 백림이라 한다. 땅의 형세가 넓고 시원하며 시야가 평원(平遠)하다."[11]라고 썼다. 두 기록에는 일단 식재의 전모를 관찰해 기록하려던 의도가 드러난다. 특히 초화류가 없다고 언급한 부분이 그러하다. 홍경모의 눈에 들어온 두 원림의 식재 양상은 침엽교목이 주위를 둘러싼 것으로 요약된다. 식재 다음으로 원경에 대한 묘사가 이어지는데, 이로써 나무들이 누정의 앞을 가리지 않고 옆과 뒤에 자리했던 광경을 상상해볼 수 있다. 평안감영 후원의 전반적 식재 배치는 3-3장에서 제시한 〈기성전도〉(그림 3-15)에서 확인된다.

조망을 강조하는 감영 원림, 그중에서도 특히 경사지에 자리한 감영 후원에서 식재는 원경을 바라보기 좋게 시야를 열고 시선을 모으는 틀의 관점으로 다루어졌던 것으로 보인다. 두 근대 사진에 드러난 함경감영 후원의 교목들에서 그러한 양상의 실제를 엿볼 수 있다[그림 4-3·4]. 여기서 식재는 감상의 대상이 아니라, 전경으로부터 비켜서 공간감과 분위기를 자아내는 배경에 가깝다.

한눈에 들어오는 자연과 인간

지형과 식재를 활용해 열어낸 풍경에서 중요한 점은 많고 다양한 사물들이 한눈에 들어온다는 것이었다. 세상이 각기 다른 존재들로 이루어져 있고 시시각각 변한다는 점은 신유학자이자 통치자였던 문인 관료의 생각을 자극하는 중요한 지점이었다. 다음은 서거정이 쓴 공주객사 취원루의 기문 일부이다.

> 나는 말하기를, '이 정자의 좋은 것이 한둘이 아니나 먼 것을 모은 것[聚遠]보다 더 좋은 것이 없다.' 하였는데, 이는 멀리 있는 모든 좋은 경치를 이 한 누(樓)로 모아들였다는 것이다. 누에 올라 바라보면 좌우와 전후에 강과 산이 두루 비치니, 아래 위 수백 리 사이에 저 들판의 광활함이며, 여염집의 즐비함이며, 나루터와 다리에서 다니기 고생하는 모습과, 역원(驛院)에 드나드는 나그네의 힘든 형편과, 밭 가는 자, 누에 치는 자, 나무하는 자, 소 말 먹이는 자, 고기잡는 어부, 물건 파는 장수들, 사람들이 생활하며 오가는 것들이 끝이 없다. 아침에 볕 들고 저녁에 그늘지며 사계절이 서로 바뀌는 것과 비, 이슬, 서리, 눈의 변천이며 초목과 화훼가 피고 지는 것이며, 스스로 날고 스스로 울며 스스로 모양을 이루고 스스로 빛을 내는 것 등 형기(形氣) 속에 담겨 있는 것과 같은 데 이르러서는 그 기상이 각기 일정치 않음을 이 누에서 한 번 눈을 들어보면 모두 알 수 있다.
>
> 아, 어쩌면 멀리서 이 누에 모여드는 것이 이와도 같은가. 올라 구경하는 좋은 경치를 어찌 이루 다 말할 수 있으리오. 그러나 누각을 세운 것은 놀고 구경하자는 것만은 아니다. 여기 오르는 사람이 들판을 바라볼 때는 농사의 어려움을 생각하게 하고, 여염을 바라볼 때는 백성들의 고통을 알게 하며, 나루터와 다리를 바라볼 때는 어찌하면 내를 잘 건너게 할 수 있을까 하며, 나그네를 바라볼 때는 어찌하면 우리의 길에 나오기를 원하게 할까 하며, 곤궁한 백성들의 생업이 한 가지가 아님을 볼 때는 살을 붙게 하고 추위를 따뜻하게 함을 산천초목(山川草木)과 조수어별(鳥獸魚鼈)까지 생각하게 해 공경하지 아니함이 없도록 하기 위한 것이다. 이에 멀리는 사물에서 취하여 이 누에 모으고 이 누에 모은 것을 다시 마음에 모아서, 이 마음이 항상 주(主)가 되어 내 눈과 귀에 부딪치는 것이 마음을 흔들지 못한다면 이 누에 이름 붙인 뜻에 거의 가까울 것이며, 백성을 다스리는 사람의 책임에도 또한 멀지 않을 것이다.[12]

이 기문에서 서거정은 누에 올랐을 때 펼쳐지는 다채로운 풍경을 생생하게 묘사한다. 서거정의 시선은 자연[강, 산, 들]에서 인공 환경[집, 나루, 다리, 역원]을 거쳐 사람[나그네, 농사꾼, 장사꾼, 어부 등]으로 옮겨간다. 시선의 대상이 큰 것에서 작은 것으로, 먼 곳에서 가까운 곳으로, 아름답고 훌륭한 것에서 평범하고 일상적인 것으로 옮겨간 것이다. 이어지는 서술은 세상의 변화에 주목한다. 일주와 계절, 날씨, 식물, 동물의 다양한

양태를 일별한다. 관찰 끝에 쓰기를, "그 기상(氣象)이 각기 일정치 않음을 이 누에서 한 번 눈을 들어보면 모두 알 수 있다."

서거정이 묘사한 것처럼 자연과 도시, 산수와 인간이 어우러지는 풍경을 한눈에 볼 수 있는 원림은 쉽게 성사되지 않는다. 그 입지가 도시든 전원이든 원림이란 대개 어떤 경계를 전제하기 마련이며, 경계 바깥의 경치를 끌어오더라도 산이나 바다 같은 대자연이나 규모가 큰 건축물을 대상으로 삼기가 쉽다. 생동감을 느낄 만한 거리에서 자연과 인간을 고루 살피려면 도시 안에 위치하거나 도시에서 가까운 고지대를 점유해야 하는데, 개인이 그러한 땅을 갖기는 쉽지 않았다. 조선과 같이 관의 힘이 센 왕조 사회에서는 더욱 그러했을 것이다. 그런데 감영 원림에서는 그러한 풍경을 비교적 쉽게 볼 수 있었다. 공주객사 취원루 외에도 함경감영 낙민루와 지락정, 황해감영 백림정과 공해대, 전주객사 진남루, 각지의 성문루 등에 관한 기문에서 자연과 인간을 나란히 감상의 대상으로 그려낸 경우는 많다. 이는 감영 원림 특유의 미적 감상이자 조경 특성이라 볼 수 있으며, 덧붙이자면 산지를 끼고 있는 국내 도시들의 입지 특성과도 연관이 있는 부분이다.[13]

취원루 기문으로 돌아가서, 서거정은 사물들의 다양함과 달라짐을 짚은 뒤 자연과 인간을 포함한 모든 것이 더 나은 삶을 살기를 기원한다. 풍경을 보는 자가 사물들의 다양함과 달라짐에 휘둘리지 않고 오히려 이를 통해 마음을 다잡고 세상을 구석구석 살피며 통치자로서 더 나은 정치를 해내는 것을 '취원'의 궁극적 목적으로 제시한다.

서거정을 비롯한 문인 관료들이 감영 원림에서 자연과 인간을 함께 조망하며 떠올린 생각에는 어떤 보편성의 관점이 내재해 있다. 조망을 통해 사물들의 다름을 관찰하는 한편, 다름 속의 같음을 재발견해내는 것이다. 가령 도시를 이루는 민가의 지붕은 연기와 비늘이라는 표현을 통해 형상화되는 경향이 있다. 이는 문장이 문장을 타고 전해져 내려오는 관습 같은 표현이겠지만, 그 표현을 쓰는 자가 신유학의 소양이 있는 문인이라면 그 비유의 의미에 대한 고찰이 선행되었으리라 기대할 수 있다. 또한 산수는 산의 우뚝함이나 강물의 유유함을 통해 도덕적

지향으로 읽히는 경향이 있다. 말하자면 자연과 인간이 서로를 묘사하는 데 동원되는 교차의 경향은 '기(氣)'의 관찰을 통해 '리(理)'에 접근하고, 자연을 통해 인간을 읽어내는 격물치지의 관념과 밀접한 관련이 있다.

세상을 비추는 거울과 깨끗한 꽃

조망에 대한 선호가 두드러지는 한편, 뜰 안의 조경도 감영 원림 각각의 사정에 맞추어 과하지 않게 병행되었다. 뜰 안의 인위 경관은 신유학적 전거를 현실로 소환하는 장치로서 간략하게 구현되었다. 그중 가장 많이 쓰인 것은 네모난 못이다. 방지(方池) 또는 방당(方塘)으로 표현되었던 네모난 못은 도성의 세 누각 원림을 비롯해 평양의 애련당, 연광정, 오순정, 해주 부용당, 원주의 강원감영 후원, 한성부의 경기감영 후원 등에서 확인된다.[14] 네모난 못은 1-1장에서 언급했듯 주자의 시 「관서유감(觀書有感)」을 원전으로 삼는 조경 요소다. 「관서유감」 1수 전문을 다시 보자.

반묘(半畝)의 방당(方塘)에 하나의 거울이 열렸으니,	半畝方塘一鑑開
하늘빛 구름 그림자가 함께 떠도네.	天光雲影共徘徊
묻노라, 어떻게 이리 맑을 수가 있는가?	問渠那得如許淸
수원(水源)이 있어 흐르는 물이 나오기 때문이라네.	爲有源頭活水來[15]

시의 첫 행에서 묘(畝)란 논밭의 면적 단위로서 100평에 해당한다. 반묘에 해당하는 50평을 현대의 단위로 환산하면 대략 가로세로 13미터 크기의 정사각형을 그릴 수 있다. 13미터는 한식 목조 건물에서 5칸 가량의 길이가 된다. 사각형 못을 뜻하는 방당(方塘)에 이어 '하나의 거울이 열렸다'라는 표현이 등장한다. 거울은 반영을 위한 도구이며 움직이지 않는 고체에 해당한다. 다음 행에서는 열린 거울에 비친 장면이 그려진다. 하늘의 빛과 구름의 그림자가 못의 표면에 비쳐 천천히 움직인다. 못은 하늘의 풍경이 그대로 비칠 정도로 맑다. 그 까닭은 가만히 있는

듯 보이지만 고여 있지 않고 끊임없이 새로운 물이 들어오기 때문이다. 이 시는 퇴계 이황이 애호했던 것을 계기로 널리 알려져 문학과 조경 측면에서 활발히 응용되었다.[16] 시에 등장하는 못의 적당한 규모와 간명한 형태, 반영이라는 현상과 '고요하되 고이지 않은 마음가짐'은 조선시대 문인이 못을 조성할 때 어렵지 않게 적용하고 떠올릴 수 있는 전거로서 유력했을 것이다. 감영 원림과 관련해 더 자세히 들여다볼 만한 부분은 '거울'이다. 주자가 말하는 거울의 의미는 다음 글을 보면 더욱 분명하게 다가온다.

사람의 한 마음은 담연허명(湛然虛明)해서 텅 빈 거울 같고 평형의 저울 같은 것으로, 이것이 몸의 주재이고 진체(眞體)의 본래 모습이다. 하지만 기쁨·화남·근심·두려움[喜怒憂懼]의 감정이 감촉에 따라 응할 때는 마치 거울이 예쁘고 미운 얼굴을 그대로 비추고 저울대가 사물에 따라 위아래로 움직이는 것과 같이 그 작용이 없을 수 없다. 사물에 감촉하지 않을 때는 매우 허정(虛靜)하니 거울 같고 저울 같은 진체(眞體)는 귀신도 그 틈을 엿볼 수 없고 득실에 대해서도 말할 수 없다. 하지만 사물에 감촉된 즈음에 사물에 응하는 것이 모두 절도에 맞으면 이는 거울과 저울의 작용이 막힘없이 유행하여 광명정대(光明正大)할 것이니, 이것이 바로 천하의 달도(達道)가 되는 까닭이다. 그러니 그 바름을 얻지 못할 수 있겠는가?[17]

이 글에서 주자는 마음의 본래 상태가 텅 빈 거울이나 평형을 이룬 저울과 같다고 했다. 그 본래 상태를 유지할 때 내면에 고이고 치우침이 없으며 그럴 때만 대상에 정확히 부합하는 감정을 발현할 수 있다고 보았다.[18] 이는 앞서 이색의 「풍영루기」와 서거정의 「취원루기」에서 제시되었듯 도시-자연을 조망하는 지방관의 마음가짐을 떠올리게 한다. 시절이나 사정에 휘둘리지 않고 공명정대한 태도를 유지하는 마음가짐. 주자는 이를 거울 같은 못에서 찾았고 이색과 서거정은 조망의 풍경에서 찾았던 것이다.

네모난 못과 긴밀하게 결부되었던 인위적 조경 요소로 연꽃이 있다. 주돈이의 「애련설」에 따르면 연꽃은 군자를 상징하며, 그 이유는 더러운 진흙 속에서 깨끗하고 꼿꼿하게 피어나기 때문이다. 감영 원림의 미학을 주도하는 경계 밖 풍경과 뜰 안의 인위는 조망, 못, 연꽃을 중심으로 이루어지며 이는 고임과 치우침 없이 깨끗한 상태로 세상을 담아내는 마음가짐으로 연결되어 있다. 관찰사는 신유학의 가르침을 학문과 정치로 실현하는 인물이다. 그가 맡은 바는 예상치 못한 사건이 비일비재하게 발생하는 세상의 일에 권력과 판단력을 적절히 써서 사심 없이 관여하는 것이다. 감영 원림은 그가 세상과 약간의 거리를 두고 감상의 방식으로 그 복잡함과 아름다움을 느끼고 생각하도록 한다. 동시에 그가 흔들리거나 오염되지 않을 것을 주문한다. 마치 진흙에 핀 연꽃처럼 말이다.

원림으로 다스리는 자신과 세상

흔들리는 풍경, 흔들리지 않는 마음

신유학은 앎과 삶을 일치시키며, 그 올바름이 자신의 몸에 그치지 않고 세상으로 나아가는 방법을 공부하는 학문이다. 그러한 관념은 수기치인(修己治人)이라는 말에 집약되어 있다. 1-1장에서는 이를 원림 활용과 연관지어 다음 세 가지 양상을 제시한 바 있다. 첫째, 원림 주인의 덕성을 함양함으로써 사회에 긍정적 영향을 미치도록 한다. 둘째, 여러 사람이 원림에 와서 감상을 통해 덕성을 함양하거나 감상을 매개로 서로를 교화한다. 셋째, 그 자체로 상징화하여 도시·대중과 메시지를 주고받는다. 본 항목에서는 이상의 내용을 기반으로 수기치인의 원림 활용이 감영 원림에 발현되는 사례와 특징을 살펴보고자 한다.

감영 원림을 대상으로 한 많은 기문이 궁극적으로 수렴하는 사안은 결국 좋은 정치의 실현이다. 감영 원림은 조망을 동반하고, 조망은 자연-인간의 병치를 통해 신유학적 사유를 고취한다. 이때 촉발된 신유학적 사유는 자기 자신의 몸을 닦는 데[修己] 머물지 않고 최종적으로는 통치를 통해 세상을 다스리는[治人] 관념으로 나아간다.

1-1장 끝에서 다루었듯 『시경』의 「영대」나 범중엄의 「악양루기」는 선정

을 구현하는 통치자의 모습을 담고 있다. 감영 원림은 통치자의 원림이다. 그 존재 이유는 원림의 감상 주체가 선정을 펼치는 통치자가 되기를 돕는 것이다. 서거정이 「취원루기」에서 조망을 통해 사물의 다양성을 맞닥뜨린 다음 사유가 흘러간 방향이 이와 같다. 그런데 한편으로 이런 의문이 들기도 한다. 다양한 사물을 보는 이유가 결과적으로 보편성을 추구하고 마음을 올곧게 다잡기 위해서라면 굳이 그중에서도 가장 나은 경치, 훌륭한 경치를 고르는 이유는 무엇인가? 그러한 경험을 누정 또는 원림이라는 인위 환경으로 재단해내는 특별한 이유가 있는가? 조망의 신유학은 어쩌면 경치를 선택할 수 있는 권력자의 알리바이가 아닌가?

이러한 의문에 대한 하나의 답이 조선 전기 문인 관료인 성현(成俔, 1439~1504)의 글에 담겨 있다. 다음은 그가 친구인 홍귀달(洪貴達, 1438~1504)이 한양의 남산에 지은 누정에 관해 지은 「허백정기(虛白亭記)」의 전문이다. 이 글은 감영 원림을 대상으로 한 기문이 아니지만 수려한 자연경관과 비어 있는 건축 형태가 휴식과 위락의 차원에 머물지 않고 수기치인으로 이어지는 경로를 적절히 제시하는 것이므로 다루어 본다.

㉠ 허백정은 나의 친구 홍겸선(洪兼善)이 지은 정자이다. 어찌하여 정자의 편액을 '허백(虛白)'이라 하였는가. 장자[南華氏]의 말을 취한 것이다. 우리 유자(儒者)의 말을 취하지 않고 장자의 말을 취한 것은 무엇 때문인가? 말은 비록 같지 않지만 뜻은 다르지 않기 때문이다. 그 같다고 하는 것은 무엇인가? 『대학』에서 말한 "허령불매(虛靈不昧)하여 온갖 사물의 이치를 구비하고 있다."라는 것과 『장자』에서 말한 "비어 있는 방에 햇살이 비치니 길상(吉祥)이 와서 머문다."라고 한 것이 말은 비록 다르지만 뜻은 같은 것이다. 그렇다면 어째서 '밝다'라고 말하지 않고 '희다'라고 말한 것인가? 비어 있으면 빛나고 빛나면 밝음이 생기니, 밝음과 흼은 같은 것이지만 흼이야말로 밝음의 극치인 것이다. 그렇다면 이 방의 비고 흼[虛白]을 밖의 정자에 베풀면 될 것인가?

㉡ 정자는 남산 기슭에 있는데 구름에 닿을 듯이 자란 소나무 가지 끝 너머 북쪽으로 성곽을 조감해 보면 시가의 모습이 눈에 모두 들어오고, 동쪽으로 교문(郊門)을 바라보면 수십 리에 걸쳐 초목이 무성하고 짙푸르다. 그 형세가 높고 광활하여 눈앞에 펼쳐진 광경이 다함이 없다. 그렇다면 이 정

자가 '허백'이라는 이름을 받는 것은 이름과 실제가 너무 부합하지 못 하는 것이 아닌가?

ⓒ 저 텅 비어 있는 집을 보라. 빛나는 햇살이 들어와 해맑게 명랑하고 티끌과 먼지가 하나도 붙어 있지 않아 외물이 함께 서로 다투지 못 하는 것은 방의 허명(虛明)이요, 하늘의 빛이 아래로 내려오고 땅의 기운이 위로 올라가 한밤중의 이슬과 새벽녘의 청명한 기운이 구름 같기도 하고 아닌 것 같기도 한 것이 부옇게 공중에 떠다니는 것은 정자의 허백(虛白)이다. 대개 나의 마음이 이미 비고 희다면, 방에 있든 정자에 있든 장소가 무슨 상관이란 말인가?

ⓔ 사람들 중에 다음과 같이 그 까닭을 묻는 자가 있었다. "정자의 허백은 진실로 아름답습니다. 그대의 찬미하는 말도 역시 옳습니다. 그렇지만 부연 허공이 이미 열려서 해가 뜨고 구름이 걷히면 아지랑이가 일고 티끌과 먼지가 날며, 입김을 서로 내뿜는 살아 있는 생물들이 잔뜩 몰려와 차례대로 나아오면 장차 그것들을 응접하기에도 겨를이 없을 것입니다. 그러한 상황에서는 마음이 외물로 치달려서 호연지기(浩然之氣)를 억압하여 사라지게 하지 않겠습니까."

ⓜ 이에 대해 나는 다음과 같이 말하였다. "그렇지 않습니다. 나의 마음은 본래 비어 있고 만상(萬象)도 나의 마음과 더불어 비어 있는 것에 젖어 있으니[涵虛], 그 사물의 참다운 본체는 조금도 덜거나 더하는 것이 없고 오직 도만이 비어 있는 마음에 모여듭니다. 비면 채워지고, 채워지면 빈 것이 가득 차게 되니, 나의 마음은 곧 천지자연의 조화와 서로 표리가 됩니다. 그렇다면 그 비어 있는 것도 그냥 비어 있는 것이 아니요, 그 흰 것도 그냥 흰 것이 아닙니다. 이로 말미암아 천지의 화육(化育)에 참여하는 것이니 그 공을 세우는 것도 어렵지 않을 것입니다.

ⓗ 예전에 비침(裨諶)은 야외에서 내는 계책은 훌륭했지만 성읍에서 내는 계책은 그렇지 못하였습니다. 그에 비해 지금 이 정자에 있는 그대는 육착(六鑿)에 마음이 흔들리지 않고 기사(機事)에 골머리를 앓지 않고서, 마음의 방향을 정하고[能定] 마음의 동요가 없고[能靜] 마음이 편안하고[能安] 일에 대처하는 것이 정밀하고 자상하여[能慮] 마음이 머물러야 할 목표를 분명히 알고 있으며[知所止], 그 마음을 바르게 하고[正其心] 그 몸을 닦아서[修其身] 집안을 질서 있게 하고[齊家] 나라를 다스리고[治國] 천하를 태평하게 하는[平天下] 궁극적인 목표를 실천할 수 있으니, 그 밝은 덕과 길상이 어찌 크지 않겠습니까.

ⓢ 그렇다면 이 정자가 어찌 한낱 술 단지를 가져다 놓고 웃고 떠드는 곳이라고 말할 수 있겠습니까. 또한 어찌 뜻도 모른 채 글이나 외고 시가나 음영하는 곳이라 말할 수 있겠습니까. 능히 허백을 지켜서 끝내 천지자연의 위대한 경지에 이르는 것도 멀지 않을 것입니다." 경숙(磬叔)은 기문을 쓴다.[19]

이 글에서 누정의 이름인 '허백(虛白)'은 여러 가지로 해석된다. 허백은 기본적으로 장자에서 형상화된 '비어 있는 방의 흰 벽에 비친 햇살'을 떠올리게 한다[ㄱ]. 그런데 기문에서 인용의 형식을 빌려 말하는 아무개는 허백이 자연과 도시를 조망하는 남산 기슭의 누정에 어울리지 않는다고 주장한다. 벽에 가두어지지 않고 트여 있기 때문이기도 하고, 무엇보다도 바깥으로 바라보이는 광경이 수려하기 때문이다[ㄴ]. 그리고 그 수려함과 변화무쌍함은 마음을 쉽게 동요하게 한다[ㄹ]. 요컨대 겉으로 보기에 이 누정은 너무나 화려한 경관을 갖춘 나머지 '허백'하지 않다.

이러한 주장에 맞서 성현은 풍경과 그 변화를 받아들일 수 있는 비움으로써 허백을 해석해낸다. 성현의 주장에서 허백은 기둥 사이가 비어 있거나 흰 벽으로 구성되어 있다는 형상으로 정의되지 않는다. 도시와 산수를 포함한 천지자연은 늘 채워지고 고정된 존재가 아니라 비움과 채움을 반복하며 움직이고 변화하는 존재이다. 이를 깨닫는다면 장소를 막론하고 허백할 수 있고, 다양과 변화를 일상적으로 접할 수 있는 원림은 존재의 보편성을 공부하고 흔들리지 않는 마음을 수양하기에 적절한 공간이 된다.

감영 원림에서 바라보는 자연과 도시는 성현의 기문 속 아무개의 말처럼 동요를 유발할 수 있다. 그러나 신유학자로서의 소양과 통치자로서의 자의식은 동요를 의식하고 선정의 의지로 끌어가는 동인으로 작용했을 것이다. 또한 감각을 본능적으로 자극하는 풍경의 아름다움과 시시각각 달라지는 변화는 주자가 「관서유감」에서 언급했듯 고요하지만 고이지 않도록 하는 새로움의 원천으로 여겨졌으리라 본다. 그렇다면 서거정이나 성현 등의 선언처럼 원림은 단순하게 술과 이야기와 시와 노래가 지배하지 않는 공간에 그치지 않는다.

보편성의 탐구나 선정의 의지 외에 자연과 도시의 접합으로 인해 발생하는 효과를 한 가지 더 꼽을 수 있다. 바로 각인 효과이다. 미학자 마르틴 바른케는 『정치적 풍경』이라는 책에서 19세기 말 〈키프호이저 기념물〉에 새겨진 다음 글을 인용하였다. "외떨어진 산꼭대기에,

제국의 심장에, 자유로운 풍광 속에, 다시 말해서 일상에서 벗어난 장소에 기념물을 세운 이유는 잊을 수 없는 자연 체험과 기념물의 교훈적 가치가 잘 어울려서 영원히 잊혀지지 않도록 하려는 것이다."[20] 감영 원림에서 자연과 함께 도시를 내려다보는 문인 관료에게 숭고와 아름다움을 동반하는 경관 체험은 그 풍경에 깃든 가치를 잊을 수 없게 했을 것이다.

드러내고 다가서는 도시 원림의 경계

동아시아의 원림에서 출처(出處)와 은일(隱逸)은 원림의 조성 목적과 미적 취향을 설명하는 요인으로 폭넓게 전제된다. 이러한 관점에서 자연에 대한 추구는 속세로부터의 도피와 다르지 않다. 그런데 자연과 인간의 보편성과 연속성에 주목하는 신유학의 자연관과 스스로를 가꾸어 세상의 다스림으로 나아가는 신유학의 수양관에 비추어볼 때, 속세로부터의 도피를 원림의 전제로 두는 것은 다소 부합하지 않는 측면이 있다. 감영 원림은 출처와 은일이라는 전제를 벗어나 신유학적 사유를 통해 원림 미학의 재고를 요청하는 사례로서 주목할 만한 유형이다.

사대부의 처세에 대한 이해는 조정에 나가 뜻을 펼치는 출사(出仕)와 숨어 생활하는 은일(隱逸)로 양극화되어 있었다. 이러한 개념은 대은(大隱), 조은(朝隱), 시은(市隱), 중은(中隱), 소은(小隱)과 같은 사이의 파생 개념을 낳았다. 파생 개념들은 출과 처 각각의 장점을 담지한 채 중간 지대를 도모하고자 했던 일련의 태도를 나타낸다. 조정에 있으면서도 은일의 태도를 견지한다든지[大隱/朝隱], 적당한 벼슬자리를 유지하면서도 산림 생활을 동반한다든지[中隱] 하는 것인데, 이는 이율배반적인 두 사안을 포괄하려던 것으로서 그 자체로 모순을 품고 있었다. 그 모순을 견디려는 사대부는 양극단이 맞닿는 자신만의 균형점을 찾아야 했다. 이러한 맥락에서 원림은 출사와 은일의 공존이 동반하는 모순을 조절해 평형 관계를 유지하는 공간적 해법이었다.[21]

원림이 둘 사이의 모순을 조절하는 방식은 시공간적 경계를 활용하는 것이었다. 관청과 가까운 도심 주택에서 "문을 열고 출사(出仕)하면 반결음에 조정에 이르고, 문을 닫고 귀은(歸隱)하면 고개를 위아래로 움직이는 사이에 산림 아래에 이르는"[22] 식의 원림을 마련했던 것이다. 이러한 도시 원림은 출과 처의 모순을 융합하여 해소하기보다, 출과 처를 그대로 유지하되 시공간적 전환을 수월하게 하는 방식으로 공존을 가능케 했다. 중국 원림이 도시 경제가 번영했던 시대에 융성했던 것은[23] 이와 같은 '출처 공존의 원림'에 대한 수요와 밀접하다고 볼 수 있다.

그런데 조선의 도시 원림은 중국 도시의 사가원림과는 상황이 달랐다. 1부에서 다룬 도성 원림들은 모두 도성 한가운데 위치하면서 주변 풍경의 조망을 갖추었으며, 이는 감영 원림에서도 줄곧 선호되었던 방식이다. 도시 한가운데 위치한 원림이지만 중국의 사가원림처럼 시가지와 원림 사이를 가르는 높은 담장을 세우는 대신에 주변으로 열린 시야를 갖추었던 것이다. 감영 원림은 도시와 자연을 한눈에 조망하는 시야를 통해 성시/산림을 가르는 고전 원림의 경계를 일차적으로 해체하였다.

더욱 중요한 것은 감영 원림 특유의 외향성과 그로 인해 발생하는 일상성이다. 대로변 객사, 성곽의 장대, 성문의 상층에 위치한 감영 원림은 읍치의 주요 교통로나 시장과 매우 가까웠다. 예컨대 평양의 애련당, 연광정, 대동문루는 성의 주진입로 근처에 자리했다. 비교적 후대에 감영 본청에 마련된 오순정 역시 대로 가까이 위치해 모습이 외부로 드러나 있었으며, 활쏘기와 과거 시험 등 여럿이 모이는 행사 공간으로 쓰이기도 했다. 이러한 사례에서 감영 원림은 시야를 담장 너머로 개방하는데 그치지 않고 도시의 일상 공간과 마주함으로써 출처나 은일의 관념에 내재한 분리의 구도를 건너뛰어 버린다. 더군다나 관찰사는 지방의 통치자였다. '관풍찰속(觀風察俗), 승류선화(承流宣化)', 즉 풍속을 살피고 왕명을 받들어 교화를 펼친다는 관점으로 도시를 바라보았다. 백성의 존재를 가까이에서 느낄 수 있는 감영 원림의 입지는 통치라는 감영 본연의 역할과 맞물려 고유의 미적 경계(境界)를 발생시켰다. 그곳에서 느끼는 사람들의 소리와 움직임, 냄새와 진동은 관찰사가 도시를 멀리 떨어진 감상 대상으로 여기기보다 가까이 살아 있는 존재로 느끼게 했을 것이다.

때로는 멀리서 조망을 통해, 때로는 가까이서 말초적 감각을 통해 발현되는 감영 원림 특유의 경계는 관찰사 혼자만 누리는 것이 아니었다. 앞에서 일기와 문집류 문헌을 통해 살폈듯 관찰사는 접객와 연회를 매개로 다수의 인원과 함께 감영 원림을 활용하였다. 관원의 가족이거나 중요한 손님인 경우 관찰사 없이 감영 원림을 유람할 수 있었다. 평양, 함흥, 해주 등지에서 감영 원림의 일부는 팔경(八景) 또는 십경(十景)으로 설정되어 시문이나 그림을 통해 경치의 아름다움이 널리 공유되고 명승으로 유명세를 떨치기도 하였다.

여러 사람이 감영 원림을 함께 활용한다는 것, 특히 관찰사와 타인이 함께 활용한다는 것은 수기치인(修己治人)의 측면에서 어떤 의미가 있을까. 이와 관련해 정약용이 쓴 흥미로운 기문이 하나 있다. 다음은 정약용이 해주 부용당을 대상으로 쓴 「부용당기(芙蓉堂記)」의 전문이다.

황해도 관찰사 이의준(李義駿)이 부용당에서 잔치를 벌였는데, 수령으로서 이곳에 온 사람이 10여 인이나 되었다. 나는 사관(査官)으로 해주에 갔었는데, 이공이 편지로 초청하기를 "지금 연꽃이 한창 피어 있어서 이 연회를 마련하였으니, 함께 한잔했으면 합니다."하였다. 내가 잔치 자리에 도착하자 이공이 술을 권하며 말하기를, "이곳은 선화당과는 같지 않으니, 오늘은 마음 놓고 즐기십시다."하였다. 그래서 나는 말하기를, "참으로 좋은 말입니다. 하지만, 관찰사가 수령의 잘잘못을 살피는 것이 이 부용당이 선화당보다 낫다고 생각되는데, 공은 그 까닭을 아십니까?"하였더니, 이공이 무슨 말이냐고 물었다. 내가 말하기를, "수령이 선화당에 오게 되면 단정한 걸음걸이와 엄숙한 얼굴빛을 하고 말을 삼가며 예의에 맞게 공손히 행동을 하니, 한 사람도 훌륭한 관리가 아닌 사람이 없습니다. 그러나 이곳처럼 연꽃 향기가 코를 찌르고 버들 빛이 눈에 비치며, 죽순과 고기가 상에 그득하게 놓여 있으며, 화장한 기녀들이 모여 있으며, 진한 술로 창자를 적시며, 회나 구운 고기로 배를 채우는 장소에서는 상관(上官)은 안색을 좋게 하여 즐기고 지껄이기에 막힘이 없습니다. 이때 떠들고 웃으면서 멋대로 행동하는 사람이 있는데 이를 살펴보면 그 잡스러움을 알 수 있으니, 그는 반드시 유능하나 가볍게 법을 범하는 일이 있을 것입니다. 자기 몸을 낮추고 아첨하며 상관을 찬송하고 앙모하여 스스로 아부하는 사람이 있는데, 이를 살펴보면 그 비루함을 알 수 있으니, 그는 반드시 얼굴 앞에서는 아첨하나 백성들을 속이는 일이 많을 것입니다. 눈짓을 하여 뜻을 통하면서 부녀(婦女)에 대한 정을 잊지 못하는 사람이 있는데 이를 살펴보면 그 나약함을 알 수 있으니, 그는 반드시 직무에는 게으르고 요구하고 부탁하는 일은 많을 것입니다. 고래처럼 술을 흠뻑 마시며 이미 취했으면서도 술을 사양하지 않는 사람이 있는데, 이를 살펴보면 그 혼미함을 알 수 있으니, 그는 반드시 술주정으로 집무를 방해하게 되고 형벌을 남발할 것입니다. 이와 같으니 수령을 살핌에 있어 이곳이 선화당보다 낫지 않습니까?"하였더니, 이공이 이렇게 말하였다. "참 옳습니다. 그러나 감사의 일도 수령이 또한 살핍니다. 나는 공의 말씀을 듣고 스스로를 살피려 합니다. 어느 겨를에 다른 사람을 살피리까." 나는 마침내 묻고 대답한 말을 기록하여 「부용당기(芙容堂記)」라 한다.[24]

감영에서 원림은 정청(正廳)인 선화당보다 흐트러지기 쉬운 공간이다. 어쩌면 누군가에게는 긴장을 풀고 흐트러지기 위한 공간이었을 것이다. 감영 원림에서 열리는 연회에는 아름다운 꽃과 나무, 맛있는 음식과 술, 고급스러운 접대 인력이 마련되어 있고 약간의 흐트러짐을 용인할 만한 분위기도 팽배했다. 정약용은 이러한 이유로 관찰사가 수령을 판단하기에 원림이 선화당보다 좋은 곳이라 주장한다. 흐트러짐으로 인해 내면의 본색이 드러나기 때문이다. 정약용의 주장을 들은 관찰사는 수령에 앞서 스스로를 경계하는 지침으로 삼는다.

감영 원림에서 이루어졌던 많은 역사는 관찰사가 혼자 있을 때가 아니라 누군가와 함께 있을 때 대화 속에서 이루어졌을 것이다. 그러한 대화의 전제가 되는 접객과 연회의 문화가 좋은 정치라는 궁극적 순기능을 발휘하려면 관원들이 마음의 주도권을 놓지 않기 위해 상당한 노력을 해야 했을 것이다. 그러한 노력이 충분했을 때, 감영 원림은 풍경의 아름다움과 서로 간의 만남을 매개로 덕성을 기르고 상호 교화하는 수기치인의 계기로 작동했으리라 본다.

좋은 정치의 지표, 감영 원림

감영은 중앙과 지방, 왕과 백성을 매개했던 기관이다. 앞장에서 살폈듯 제도의 변화를 토대로 시기적 흐름의 정리가 가능한 동시에, 지역별 특성에 따라 다른 모습으로 이루어졌던 것이 그러한 특성을 잘 드러낸다. 통치 또는 매개라는 문제의식을 바탕에 깔고 실제 도시를 경험했던 사람들의 눈높이로 시선을 옮겨와 보자. 감영 원림이 중앙 권력을 드러냈

그림 4-5. 대동강 건너편에서 바라본 평양성 전경. 성곽 너머 대규모 건축물 중 가장 왼쪽에 보이는 중층문루가 대동문, 가장 오른쪽에 보이는 누정이 연광정이다. 사이에 객사인 대동관이 있는데, 지붕마루가 시옷 자 모양으로 보이는 건물이 애련당이다. (양상현·유영미 편, 『그리피스 컬렉션의 한국사진』, 눈빛출판사, 2019)

그림 4-6. 대동강 위에서 바라본 평양성 전경. 성곽 가까이에서 위를 올려다보는 시선에서 대동문과 애련당, 연광정의 모습이 확실하게 부각된다. (양상현·유영미 편, 『그리피스 컬렉션의 한국사진』, 눈빛출판사, 2019)

던 방식은 기본적으로 도시경관에서 눈에 띄는 외관에 기인한다. 감영 원림의 주요 요소였던 누정은 높이와 의장을 갖춘 까닭에 도시 내에서 특히 돋보이는 건축물이었다. 성문루나 성곽 위 장대는 물론이고, 평지에 지어진 누정 역시 높은 기단과 주초를 쓰고 공포(拱包)를 올리는 등 기본적으로 높이가 높았기 때문에 외부에 쉽게 노출되었다. 평안감영과 함경감영처럼 감영 후원이 언덕에 자리 잡은 경우나, 강원감영처럼 교목을 적극 식재한 경우에도 원림의 존재는 멀리서 한눈에 알아챌 수 있을 만큼 도시에서 눈에 띄는 존재감을 내보였다.

감영 원림이 입지한 도시 기반 시설인 객사, 성곽, 감영 본청은 백성이 일상적으로 이용하는 교통로에 가까이 있었다. 더구나 읍치의 관영 시설 근처에는 관에 복무하는 아전과 같은 사람들의 집이 분포해 있어 관영 시설의 규모가 더욱 커 보였을 것이다. 즉, 관영 시설 중에서도 감영 원림은 일종의 랜드마크로서 도시경관을 대표하는 요소로 모두에게 알려져 있었다.

감영 원림의 돋보이는 외관이 단적으로 드러나는 사례는 평양이다. 평양의 감영 원림은 평양성에 들어오기 전부터 뚜렷한 인상을 주었다. 평양성의 정문은 대동문이다. 대동문을 통해 평양에 진입하기 위해서는 먼저 대동강을 건너야 했다. 〈그림 4-5〉는 대동강 건너편, 〈그림 4-6〉는 대동강 물 위에서 평양성 방향을 바라보고 찍은 사진이다. 건너에서 바라본 평양 전경에 다수의 건물이 보이는데, 감영 원림과 객사의 모습이 단연 눈에 띈다. 강을 건너 성곽에 접근하면 배경을 이루던 민가들이 시야 밖으로 사라지고, 올려다보는 시선에는 대동문과 애련당, 연광정만이 남는다.

성곽 안으로 들어오고 나서도 감영 원림의 외관은 여전히 돋보였다. 〈그림 4-7〉은 평양성 내부에서 찍은 전경 사진이다. 사진에서 연광정과 대동문, 애련당은 인근의 민가보다 훌쩍 높은 곳에서 주변을 내려다보듯 솟아 있다. 일반적으로 원림이라 하면 자연적 요소로 채워진 공간을 떠올리기 쉽지만, 감영 원림의 외관은 그러한 통념이 무색하게 현대도시의 고층건물처럼 도시경관을 주도하는 듯 보인다.

그림 4-7. 평양성 내부에서 대동강 방향을 바라본 전경. 멀리 강변에 연광정과 대동문이 보이고, 중층 문루인 대동문에서 시선을 약간 밑으로 옮기면 애련당이 보인다. (손경석·이상규 해제, 『(사진으로 보는)近代韓國. 下, 산하와 풍물』, 서문당, 1987)

이름난 가문의 양반이거나 과거에 급제한 관원이 아닌 뭇사람들에게 감영 원림의 누정은 올라서는 장소가 아니라 올려다보는 대상이었다. 그곳은 어디에서나 보였지만 아무나 오를 수 없는 곳이었다. 심지어 관원이더라도 이용하려면 관찰사의 허락이 필요했다. 높이 솟은 누정의 존재는 누정에 오른 사람, 또는 오를 수 있는 사람의 시선을 의식하게 했다. 감영 원림의 주인은 넓게는 관(官), 좁게는 관찰사였다. 관찰사는 지방도시에서 보기 드문 최고위 관원인 종2품 당상관이었다. 즉, 누정으로부터 의식되는 시선은 지역 일대에서 견줄 사람이 없는 최고 권력자의 것과 다름없었다.

관찰사 일행이 누정에서 벌이는 행위는 백성들에게 지위의 격차를 더욱 강하게 느끼도록 했다. 권력자들이 값진 술과 음식을 차려두고 풍경과 함께 춤과 노래를 감상하는 모습이 감영 원림 특유의 외향성과 맞물려 바깥으로 전시되었다. 문자를 매개로 읽고 쓰고 토론하는 등 소양에 기반한 직능적 행위와 달리, 먹고 마시고 즐기는 것은 멀리서도 쉽게 인지하고 감응할 수 있는 원초적 행위다. 이러한 장면을 보는 백성들은 자신이 그들과 달리 피지배계층의 입장에 있다는 사실을 자각하곤 했을 것이다. 말하자면 감영 원림의 누정에서 열리는 연회는 최상위계층을 타고난 인물이자 지방행정의 결정권자에 해당하는 사람들이 높은 곳에서 공개적으로 고급문화를 향유하는 현장이었다. 감영 원림이 도시경관에 드러나 있는 구도에는 이처럼 권력의 비대칭성과 시선의 통치성에 관한 문제가 깃들어 있었다.

관찰사를 비롯한 관원들 역시 이러한 구도를 의식하고 있었다. 몇 차례 언급했듯 감영 원림의 화려한 형태와 활용 방식은 관료가 지양해야 하는 사치, 향락에 대한 비판으로 연결되기 쉬웠다. 감영 원림에 관한 기문들이 관료의 도덕적 해이를 경계하고 바람직한 태도를 강조하는 까닭이 여기에 있다. 그렇다면 예상되는 우려에도 불구하고 감영 원림이 외부로 노출되는 형식으로 발달했던 이유는 무엇일까? 휴식과 감상, 접객과 연회를 수행하는 장소가 굳이 바깥에 드러나도록 마련됐던 까닭은 무엇일까?

실마리는 감영 원림에 부여된 상징에서 찾을 수 있다. 감영 원림의 존재 목적은 단순히 무언가를 즐기는 데 그치지 않았다. 용비어천가의 역사를 소환하는 함흥객사의 문소루(聞韶樓), 왕의 고향을 뜻하는 풍패(豊沛)의 글자를 나눠 가진 전주읍성의 풍남문(豊南門)과 패서문(沛西門)은 이름에 담긴 뜻을 통해 왕실의 위엄과 업적을 전파했다. 황해감영의 부용당(芙蓉堂)과 백림정(柏林亭), 충청감영 공산성의 쌍수정(雙樹亭)은 왕이 피란길에 머물렀던 일화를 기념함으로써 전란과 복구의 역사를 되새기고 왕실의 존재를 가시화했다. 함흥성의 낙민루(樂民樓)와 함경감영 후원의 지락정(知樂亭)은 민생을 살피는 통치자의 온정적 시선을 직접적으로 드러냈다. 고유의 상징을 지닌 누정은 단독으로 건립되지 않고 성곽, 객사, 감영 본청이라는 기반 시설과 접합해 있었다. 감영 원림은 웅장하나 자칫 단조로워 보일 수 있는 기반 시설에 지역적 차별성과 상징적 의미를 부여하는 수단으로서 의미가 있었다.

여말선초 신유학을 이끌었던 이색은 관영 원림을 통해 정치의 현황을 알 수 있다고 했다.[25] 백성의 삶이 피폐하면 원림에서의 즐거움이 불가능할 것이고, 백성의 삶이 편안하면 원림에서의 즐거움이 태평성대를 대변할 것이라 보았다. 그로부터 두 세기가 흘러 조선 중기를 대표하는 문인 관료인 신흠은 관영 원림에서의 진정한 즐거움은 백성의 즐거움을 동반할 때 성립한다고 역설하였다.[26] 두 의견을 곱씹어보면, 이색과 신흠이 남긴 생각은 서로 통하면서도 미묘하게 다른 점이 있다. 관원이 지역을 잘 다스려 백성의 생활이 안정될 때 관영 원림의 진가가 발휘된다고 본 것은 같다. 문제는 백성의 생활이 불안할 때이다. 이색은 그런 상황이라면 관원이 "어찌 저만 즐길 수 있겠는가?"라며 관원이 원림을 활용하지 않을 것이라 단언한 반면, 신흠은 마치 반면교사를 제시하듯 백성의 안정과 별개로 관원이 누릴 만한 여러 즐거움을 늘어놓았다. 백성과 무관한 관영 원림의 즐거움에 대하여 이색은 불가능성의 관점으로, 신흠은 가능성의 관점으로 접근했던 셈이다.

동일한 이상과 상이한 현실을 제시한 두 관점 사이에 조선시대 감영 원림의 실제가 있다. 감영 원림은 풍부한 경관 요소와 문화 자원으로 인해 다양한 즐길 거리를 갖추었다. 동시에 백성의 생활공간을 바라보고 그로부터 바라보임으로써 관원이 마음을 다잡고 스스로 경계하는 동인을 제공하였다. 그 즐거움과 다스림이 서로 반목하지 않고 조화롭게 어우러지며, 원림의 주인이 백성과 함께하는 즐거움이라는 이상을 실현하고자 할 때, 감영 원림 고유의 미적 경계가 이루어지고 감영 원림은 좋은 정치의 표상 그 자체가 될 수 있었다.

맺음말

지금까지 조선시대 지방의 최고 행정기관인 감영의 원림이 이루어진 배경과 전개 양상을 밝히고 그 역사적 함의와 미적 성취를 살펴보았다. 조선의 개국과 통치는 사상과 제도에 큰 변화를 가져왔으며, 도성을 포함한 주요 도시의 관 주도 원림은 그러한 변화와 밀접하게 이루어졌다. 전국 여덟 개 도의 객사, 성곽, 감영 본청 일대에 지어진 감영 원림은 신유학이 반영된 조선의 원림관을 심화하고 확산시킨 관 주도 원림의 대표 사례로서 의미가 있다. 책의 전반적 내용을 요약하면 다음과 같다.

조선의 원림은 동아시아 타국이나 한반도 내 이전 왕조의 원림에 비해 형식이 단순하고 자연을 조작하는 데 소극적인 면모를 보인다. 조선의 사상적 기반이라 할 수 있는 신유학은 그러한 면모를 이해하는 데 중요한 실마리가 된다. 조선 원림의 특징은 자연과 인간의 성질을 하나의 원리로 설명하는 신유학의 자연관으로부터 출발한다. 신유학에서 자연 현상은 당연하고 명백한 것으로서 인간이 도덕 원리를 깨닫게 하는 비유적 도구로 인식되었다. 신유학의 원림관은 도덕을 추구하고 본성을 탐구하며 나아가 개인의 깨달음을 세상의 이로움으로 확장한다는 사유 방식에 기초하며, 이를 바탕으로 자연을 있는 그대로 두고 보거나 도덕적 깨달음을 주는 유비적 자연 현상을 간명한 형식으로 구현하고 활용과 감상, 교화와 같은 행위를 중시했다.

조선에서 신유학 원림관이 구체적 형상을 갖춘 초기 사례는 태종이 사신 접객을 명분으로 조성한 누각 원림이다. 도성의 기본 구조가 갖추어지던 시기에 연달아 지어진 창덕궁 광연루, 돈의문 밖 모화루, 경복궁 경회루는 네모난 못과 높은 누각이 대응하는 단순한 형식으로 지어졌으며 조망의 시야를 갖추었다. 15세기 후반에 이르러 육조거리 중앙관아에도 네모난 못을 배치한 후원이 조성되었다. 도성 원림은 조선시대 내내 유지되었으며 가장 오랫동안 가장 많은 관료가 접한 원림이라 할 수 있다. 도성 원림은 전국각지에 지어진 관영 원림의 지향이자 제약이었으며, 문헌 속 전거가 아니라 실재하는 원형으로 작용하였다.

조선 초기 중앙집권화의 일환으로 관찰사 제도가 도입되면서 주요 지방도시에 감영 원림이 조성되는 동인이 마련되었다. 지방 최고위 관원인 관찰사가 관할 지역을 돌아다니는 방식으로 운영되던 감영의 체제는 17세기를 거치며 관찰사가 한 도시에 머무는 방식으로 전환되었다. 이러한 변화는 감영 원림의 전개에 큰 영향을 미쳤다. 조선 전기의 순영 체제에서 관찰사는 각 읍치의 객사를 옮겨 다니며 근무했는데, 이에 따라 객사 원림이 관찰사의 집무처이자 휴식, 행사 공간으로 쓰이며 여러 지방도시에 활발하게 조성되었다. 또한 조선 후기의 유영 체제에서 관찰사가 감영 소재지에 마련된 고유의 관아에 머물게 되면서 도시가 발달하고 손님이 모여들게 되었는데, 이와 연계해 성곽과 접목된 원림과 감영 본청의 후원이 발달하였다.

객사, 성곽, 감영 본청을 바탕으로 건립된 감영 원림은 유형에 따라 다른 양상으로 전개되었다. 객사 원림은 조선 전기에 읍치마다 객사가 지어져 활발히 쓰였던 것을 바탕으로 부흥하였다가, 전란 이후 객사의 중요성이 약화되고 다른 유형의 감영 원림이 부상하며 쇠퇴하였다. 군사시설인 성곽은 높이와 전망을 매개로 원림과 접목되었다. 누정의 성격을 겸비한 장대가 성곽 위에 지어졌으며 성문의 상층부가 누정으로 인식되었다. 그러한 양상은 조선 전기부터 확인되며, 전란 이후 읍성이 보완되는 조선 후기에 더욱 강화되었다. 감영 본청의 후원은 조선 후기에 감영이 한 도시에 정착하고 본청 건물이 갖추어지며 조성되기 시작했다. 감영 후원은 복합적으로 구성된 시설과 연결돼 있고 촉발 시기가 늦었던 만큼, 대지 조건과 기능적 수요에 맞추되 객사, 성곽 원림의 기존 성취를 바탕으로 다채롭게 전개되었다.

감영 원림은 오랜 기간 많은 지역에서 여러 유형으로 전개되었기 때문에 사례가 다양하다. 동시에 감영 원림은 동일한 사상과 제도를 배경으로 이루어진 까닭에 고유의 미학이 성립하였다. 감영 원림의 특성을 신유학의 관점에서 정리하면 다음과 같다. 첫째, 감영 원림은 '좋은 정치'라는 목적을 위한 수단으로 인식되었다. 둘째, 그로 인해 지나친 꾸밈을 지양하고 조망을 중시하는 경향이 강했다. 식재는 시야를 열어내고 공간감을 부여하는 역할을 수행했으며, 못과 같은 조경 요소가 간명하게 만들어져 상징을 구현하는 장치로 기능하였다. 셋째, 감영 원림에서 바라보는 자연과 도시의 풍경은 원림의 감상자가 마음의 다스림과 지역의 다스림이 다르지 않음을 깨닫고 정신을 환기하도록 하였다.

이 책은 감영 원림의 역사와 미학에 주목하는 한편, 이를 통해 '조선 원림'의 정체를 헤아려 보고자 했다. 조선 원림의 특징은 대개 자연친화적이라 표현되곤 하지만 건축적[1]이라는 의견도 있다. 언뜻 보기에 두 표현은 양립 불가능하다고 여겨진다. 전자는 있는 그대로의 자연을 존중하고 인위를 지양하는 태도에 초점을 맞춘 것이고 후자는 인위를 숨기지 않은 재료와 형태에 초점을 맞춘 것이다. 그런데 조선의 원림에서 두 표현은 충분히 양립 가능하다. 있는 그대로의 자연을 중시하여 모방과 재현에 애쓰지 않되, 단순하고 간명한 조형을 통해 원림의 존재 의미를 실현하고 원 자연과의 조화를 의도했던 것이다.

감영 원림은 높은 곳에서 먼 풍경을 바라보는 조망의 구현에 집중함으로써 자연과 인위의 양립을 이루어낸 경우라 할 수 있다. 경계 바깥의 풍경을 바라보기 위해 입지를 선정하고 누정을 건립했으며, 뜰 안의 풍경은 필요에 따라 적절한 수준으로 다루어졌다. 감영 원림에는 주체의 내면으로부터 경계 바깥을 향하는 '시선의 조경'을 통해 자연의 존중과 단순한 인위의 공존을 꾀하는 조선 특유의 원림관이 잘 드러난다. 조선의 문인에게 예술에서 중요했던 것은 섬세하고 공교한 솜씨보다는 담아낸 뜻의 깊이와 정당함이었던 바, 원림과 문학, 회화가 긴밀하게 연동하고 현판과 병풍 같은 장치가 발달했던 것도 자연을 주시하되 지나친 조작을 멀리했던 조경 문화의 맥락에서 이해할 수 있다.

감영 원림은 널리 알려지고 많은 사람에게 노출되었던 조선의 대표적 도시 원림이지만 현재는 모습을 보기 어렵다. 남아 있는 유적이 많지 않고 무엇보다도 도시경관 자체가 당시와 비교할 수 없을 정도로 달라졌기 때문이다. 그런데 생각을 달리해보면, 자연과 도시를 한눈에 보던 감영 원림 고유의 시선은 현재에 더 익숙한 것이다. 조선시대에는 도심 고지대에 위치한 관찰사의 누정에 오르기 위해 특별한 권한이 필요했다. 현재는 고층 건물이나 전망대에 올라 도시와 자연이 어우러진 풍경을 보는 일이 어렵지 않다. 또한 자연을 있는 그대로 보존하고 감상하며 지나친 모방이나 훼손을 경계하는 것은 오늘날 상당히 중요하게 여겨지는 태도이다. 감영 원림의 존재와 부재, 고유의 미적 성취와 현재의 문화 동향 사이에 미지의 영역이 있다. 그 있음과 없음, 같음과 다름 사이에 새로운 지평이 있다. 천변만화의 풍경 속에서 마음을 다잡고 길을 찾는 것은 지금의 우리도 다르지 않다.

주석

머리말

[1]•고유섭, 『朝鮮建築美術史 草稿』, 又玄 高裕燮 全集 6, 열화당, 2010, 155~157쪽. 인용문의 괄호 안은 인용자; 유사한 견해로 주남철의 다음 서술을 참고할 수 있다. "원래 정원(庭苑)이란 동서양을 막론하고 모두 인공적인 공간에 자연적인 공간을 재생하고자 한 것이다. 그러면서도 도가사상(道家思想), 불가사상(佛家思想), 유가사상(儒家思想), 음양오행론(陰陽五行論) 등을 기반으로 한 인위적인 꾸밈이 있었다. 동양 삼국, 즉 한국, 중국, 일본은 정원을 자연스럽게 가꾸고 꾸미고자 한 것에는 서로 통하나, 중국의 정원은 모든 구성 요소들이 인간적인 척도(尺度)를 넘어 광대하고, 자연스러움을 잃은 반면, 일본의 정원은 인위적이고 작위적(作爲的)이다. 오직 한국의 정원만이 인간적 척도의 소박하고, 자연스러운 공간을 이루어, 사람과 자연이 하나[融合]되어 자연의 순리가 자재(自在)하는 정원이다." 주남철, 『韓國의 庭苑』, 고려대학교출판부, 2009, 70~71쪽.

[2]•다음의 저서들에서 사상의 측면은 간략한 지면으로 소개되거나 유형별·사례별 서술 아래에 필요에 따라 부가적으로 서술되어 있다. 정재훈, 『한국 전통의 원·苑』, 조경사, 1996; 홍광표·이상윤, 『한국의 전통조경』, 동국대학교 출판부, 2001; The Korean Institute of Traditional Landscape Architecture, *Korean Traditional Landscape Architecture*, Hollym, 2007; 한국전통조경학회 편, 『최신 동양조경문화사』, 대가, 2016.

[3]•1992년 IFLA를 맞이해 출판된 한국 전통조경 관련 단행본의 서론에서 양병이는 '한국조경에 영향을 끼친 사상'으로 은일(隱逸)사상, 신선사상, 음양오행사상, 풍수지리사상, 불교사상, 유교사상 여섯 가지를 제시하였다. '92IFLA 한국조직위원회 편, 『한국전통조경』, 조경, 1992, 12~18쪽; 신상섭은 조선시대 정원을 다룬 단행본에서 지형을 함부로 변형하지 않고 자연 요소에 과도한 조작을 취하지 않음으로써 자연과의 조화를 중시하게 하는 한국 정원의 관념적 속성을 "종교와 사상(자연숭배사상, 음양오행사상, 신선사상, 도가적 은일사상, 유가적 은둔사상, 풍수지리사상, 불교적 자연관 등)을 접합시켜 환경설계 원리로 승화시킨 자연관과 작정관"으로 제시하였다. 신상섭, 『선조들이 향유한 한국의 아름다운 옛 정원 10선』, 문화와 역사를 담다 014, 민속원, 2019, 293쪽.

[4]•정동오, 『한국의 정원: 韓國園林硏究』, 대우학술총서 인문사회과학 20, 민음사, 1986.

[5]•유병림·황기원·박종화, 『朝鮮朝 庭園의 原型에 관한 硏究』, 서울大學校 環境大學院 附設 環境計劃硏究所, 1989.

[6]•정동오의 저서는 본론에서 삼국시대와 고려시대를 다루지만 결론에서 인용한 사례와 내용 전반이 대부분 조선시대 원림을 겨냥하고 있다. 가령 세 번째 특징인 "園池의 형태와 구성의 단조로움"에서는 "한국의 원지를 보면 경주의 임해전지를 제외한다면 整形池나 非整形池나를 막론하고 매우 단조로움을 느낄 수 있다."라고 하며 한국 고대를 대표하는 원림 유적인 신라 동궁의 월지를 과감히 제외하고 있다. 이 외에도 결론에서 인용하는 문헌과 실물 사례 대부분이 조선시대 원림이기 때문에, 본 연구는 이 저서에서 결론 장의 성과를 조선시대에 한정된 것으로 본다.

[7]•여섯 항목은 다음과 같다. 1.신선사상의 배경 2.직선적인 윤곽선 처리 3.園池의 형태와 구성의 단조로움 4.修心養性의 場 5.풍류생활의 場 6.자연과의 일체감 형성.

[8]•가령 정동오는 "직선적인 윤곽선 처리"라는 항목 아래 "이러한 지형조건 같으면 중국인이나 일본인 또는 18세기 말의 영국인 같으면 원지이건, 원로이건, 화단이건, 축산이건 자연곡선에 의하여 처리했을 것이다. 그런데 우리는 화계나 원지를 만들 때 지형조건의 여하를 불문하고 직선적이며 기하학적인 처리를 습관적으로 하고 있다"라고 썼으며, "자연과의 일체감 형성"이라는

항목 아래 "jellicoe는 영국의 풍경식은 외향적이고 자기팽창형인데 대하여 일본은 내향적이고 자기수축형이라 표현하고 있다. 이러한 점에서 본다면 한국의 원림은 외향적이며 자연의 일부로서의 위치를 차지하고 있다고 말할 수가 있다"라고 쓴 바 있다. 정동오, 『한국의 정원: 韓國園林硏究』, 대우학술총서 인문사회과학 20, 민음사, 1986, 296; 318~319쪽.

[9] • 진상철, 「思想體系로 본 朝鮮時代 宮闕의 造景樣式」, 『서울학연구』 5, 서울시립대학교 서울학연구소, 1995, 239~278쪽; 진상철, 「조선조 궁궐조경양식에 나타난 유가·도가적 사상」, 『한국조경학회지』 22(4), 한국조경학회, 1995, 81~93쪽; 김영모, 「한국의 전통조경 미의식에 관하여」, 『東洋古典硏究』 51, 동양고전학회, 2013, 247~278쪽; 이욱, 「18,19세기 조선유학자의 정원 조영과 성격」, 『南道文化硏究』 26, 순천대학교 남도문화연구소, 2014, 243~267쪽.

[10] • 존 B. 던컨 저, 김범 역, 『조선 왕조의 기원: 고려-조선 교체의 역사적 의미를 실증적으로 탐구한 역작』, 너머북스, 2013, 335쪽.

[11] • 조선의 개국으로 인해 불교 국가가 신유학 국가로 반전되었다고 보는 견해보다 주체의 계보나 성향에 있어 연속성과 복잡성을 염두에 둔 다양한 논의가 전개되고 있다. 그러나 여말선초의 변화에서 신유학이 중요한 역할을 했다는 점은 대략 합의를 이루었으며, 개국 이후의 정신사적 전개에서 신유학의 높은 위상에 대해서는 이론의 여지가 없다고 볼 수 있다. 관련 논의는 다음 문헌을 참고. 존 B. 던컨 저, 김범 역, 『조선 왕조의 기원: 고려-조선 교체의 역사적 의미를 실증적으로 탐구한 역작』, 너머북스, 2013, 338~343쪽.

[12] • 김동욱, 「획일화되는 지방도시」, 『조선시대 건축의 이해』, 한국의 탐구 8, 서울대학교출판문화원, 1999, 36~43쪽.

[13] • 양계(兩界)지방, 즉 평안도와 함경도는 예외적으로 조선 전기부터 감영이 하나의 도시에 머물러 운영되는 유영(留營) 체제로 운영되었다. 관련 내용은 Ⅲ장에서 구체적으로 다루었다.

[14] • 이선희, 「조선시대 8도 관찰사의 재임실태」, 『한국학논총』 31, 국민대학교 한국학연구소, 223쪽.

[15] • 이 책의 '기존의 시선들' 항목에서 기존의 연구를 다루었으나 다른 유형에 비해 충분한 수량으로 보기 어렵고, 『최신 동양조경문화사』 등 유형론 중심의 통사류 단행본에서 관영 원림은 별도의 항목으로 서술되지 않았다.

[16] • 이은창, 「朝鮮時代의 官衙園林硏究 : 領湖南地方의 官衙園林遺跡을 中心으로」, 대구효성가톨릭대학교, 『연구논문집』 29(1), 1984, 185~256쪽.

[17] • 전영옥, 「조선시대 官營園林에 관한 연구」, 서울대학교 석사학위논문, 1991.

[18] • 전영옥은 이후에 박사학위논문에서 조선시대 관의 조경 생산조직을 다루었다. 이 연구는 관영 원림을 직접 다루지는 않지만 공문서를 포함한 사료의 범위, 그리고 행위와 제도에 주목한다는 측면에서 이 책의 시각에 시사점을 준다. 전영옥, 「조선 후기 苑囿의 營繕에 관한 연구」, 서울대학교 박사학위논문, 1998; 전영옥, 『조선시대 도시조경론』, 일지사, 2003.

[19] • 신상섭·김현욱·박영관, 「'숙천제아도'를 통해 본 조선시대 중앙관아의 공간구조와 조경기법」, 『문화재』 47(3), 국립문화재연구소, 2014, 42~59쪽; 신상섭·이승연, 「『숙천제아도(宿踐諸衙圖)』를 통해 본 조선시대 읍치(邑治)의 공간구조와 관아(官衙) 조경: 평안도 영유현과 황해도 신천군을 중심으로」, 『문화재』 49(2), 국립문화재연구소, 2016, 86~103쪽.

[20] • 김미정·소현수, 「조선후기 회화식 고지도를 통해 본 평양성의 인문경관 특성」, 『한국전통조경학회지』 38(2), 한국전통조경학회, 2020, 14~30쪽.

[21] • 황상돈, 「朝鮮時代 官衙庭園에 關한 硏究」, 영남대학교 석사학위논문, 1998; 황상돈·박찬용, 「조선시대 읍성의 관아정원에 관한 기초 연구」, 『한국정원학회지』 17(3), 한국정원학회, 1999, 53~66쪽.

[22]•성재만, 「조선시대 객사의 입지 및 공간구성에 관한 연구: 조경구성요소를 중심으로」, 성균관대학교 석사학위논문, 2009; 최종희·성재만, 「조선시대 객사의 입지 및 배치, 조경적 특성: 벽제관, 전주객사, 금성관, 진남관을 중심으로」, 『한국전통조경학회지』 27(1), 한국전통조경학회, 2009, 74~83쪽.

[23]•이상균, 「조선후기 강원감영의 후원 조영(造營)과 신선세계」, 『문화재』 49(3), 국립문화재연구소, 2016, 12~31쪽.

[24]•오창희, 「조선시대 관아의 지당 조성기법 연구: 의정부터 지당을 중심으로」, 세종대학교 석사학위논문, 2020.

[25]•이연노, 「2000년 이후 관아와 객사건축에 관한 연구성과 및 과제」, 『한국건축역사학회 춘계학술발표대회 논문집』, 2018, 287~288쪽.

[26]•학술논문 중 감영을 대상으로 한 것은 다음과 같다. 조영화, 「19세기말 경상감영건축의 배치구성에 관한 연구」, 『건축역사연구』 9(2), 한국건축역사학회, 2000, 33~48쪽; 김기덕, 「朝鮮後期 忠淸道 官衙建築의 配置體系」, 청주대학교 박사학위논문, 2002; 홍성호, 「江原監營의 建築的 特性에 관한 研究」, 삼척대학교 석사학위논문, 2005; 최장순, 「강원감영의 공간구성과 구성요소의 건축적 특징에 관한 연구」, 『농촌건축』 7(2), 한국농촌건축학회, 2005, 31~47쪽.

[27]•최영철, 「朝鮮時代 監營의 職制와 建築的 構成의 相關性에 관한 研究」, 홍익대학교 박사학위논문, 1994.

[28]•여상진, 「朝鮮時代 客舍의 營建과 性格 變化」, 서울대학교 박사학위논문, 2005.

[29]•여상진, 「18世紀 忠淸監司의 監營處 및 道內 邑治施設 利用: 交龜, 巡歷 및 行禮를 中心으로」, 『한국산학기술학회논문지』 9(1), 한국산학기술학회, 2008, 143~153쪽; 여상진, 「『完營日錄』에 나타난 19C초 전라감사의 집무와 전주부 관영시설 이용」, 『한국산학기술학회논문지』 11(2), 한국산학기술학회, 2010, 658~665쪽; 여상진, 「지방 邑治施設 복원 및 활용을 위한 조선시대 지방관의 日記類분석 기초 연구」, 『한국산학기술학회논문지』 11(7), 한국산학기술학회, 2010, 2676~2686쪽; 여상진, 「18C末 황해감사 徐邁修의 집무와 해주목 관영시설의 이용: "海營日記"(徐邁修)를 중심으로」, 『한국산학기술학회논문지』 13(9), 한국산학기술학회, 2012, 4244~4252쪽; 여상진, 「18~19C초 황해도 관찰사의 순력(巡歷)과 도내 읍치시설 이용」, 『한국산학기술학회논문지』 15(9), 한국산학기술학회, 2014, 5835~5843쪽; 여상진, 「18세기 함경도 관찰사의 순력(巡歷) 노정과 주요 업무」, 『한국산학기술학회논문지』 18(9), 한국산학기술학회, 2017, 84~91쪽.

[30]•이수건, 『조선시대 지방행정사』, 민음사, 1989; 이존희, 『조선시대 지방행정제도연구』, 일지사, 1990; 이희권, 『조선후기 지방통치행정 연구』, 집문당, 1999; 김운태, 『조선왕조 정치·행정사』, 박영사, 2002.

[31]•김태웅, 「朝鮮後期 監營 財政體系의 成立과 變化: 全羅監營 財政을 중심으로」, 『역사교육』 89, 역사교육연구회, 2004, 163~193쪽.

[32]•설현지, 「조선후기 감사 구임제(監司久任制) 논의와 시행」, 경북대학교 석사학위논문, 2019; 설현지, 「조선 후기 監司 久任制 논의와 시행」, 『조선시대사학보』 92, 조선시대사학회, 2020, 223~251쪽.

[33]•김경숙, 「16세기 전라도 관찰사의 순행길」, 『지방사와 지방문화』 13(2), 역사문화학회, 2010, 43~86쪽.

[34] • 이수환, 「조선전기 慶尙監司와 都事의 巡歷과 통치기능: 在嶺南日記를 중심으로」, 『민족문화논총』 34, 영남대학교 민족문화연구소, 2006, 513~541쪽.

[35] • 관련 연구의 동향은 2-2장의 '유영화에 따른 감영 도시의 변화' 항목에서 제시하였다.

[36] • 감영은 조선시대 지방행정구역 단위 중 등급이 가장 높고 넓은 단위인 도(道)를 총괄하는 기관이었다. 1413년(태종 13) 전국을 여덟 개 도로 나누는 제도가 확립되었고, 이후로 도의 명칭에 일부 변동이 있었으나 대체로 조선 말기까지 지속되었다. 여덟 개 도의 명칭을 나열하는 순서는 여러 방식이 있는데, 이 책에서는 감영 원림의 전개가 8도를 양계 지방(평안도, 함경도), 중부 지방(황해도, 강원도, 경기도), 삼남 지방(충청도, 전라도, 경상도)으로 묶어 나누는 지리적 구분과 유관하기 때문에 북쪽에서 남쪽 순으로 나열하는 방식을 택한다. 해당 순서에 따라 도를 나열하면 평안도(平安道), 함경도(咸鏡道), 황해도(黃海道), 강원도(江原道), 경기도(京畿道), 충청도(忠清道), 전라도(全羅道), 경상도(慶尙道)이다. 8도제의 개관은 다음을 참고하였다. 한국학중앙연구원, 「도」, 『한국민족문화대백과』.

[37] • 2-1장의 내용에 해당한다.

[38] • 3-1·2장의 내용에 해당한다.

[39] • 강원도의 원주, 경기도의 한성부(서대문 밖), 충청도의 공주, 전라도의 전주, 경상도의 대구에 해당한다.

[40] • 평안도의 평양, 함경도의 함흥, 황해도의 해주에 해당한다.

[41] • 강원문화재연구소·원주시, 『江原監營: 원주 강원감영 원주우체국청사 부지 발굴조사 보고서』, 강원문화재연구소 학술총서 132책, 2014.

[42] • 전주문화유산연구원, 『전라북도 기념물 제 107호 전라감영지 발굴조사 보고서』, 전주문화유산연구원 학술총서 제37책, 2018; 조선문화유산연구원, 『全羅監營址 추정 내아·내삼문터 일대: 전주 전라감영지 정비사업부지 내 문화유적 발굴조사』, 유적조사보고 제06책, 2020; 전주문화유산연구원, 『전라감영지 발굴조사 보고서: 추정 중삼문터·외행랑터』, 전주문화유산연구원 학술총서 제70책, 2021.

[43] • 동북아문화재연구원, 『서울 평동 222번지 유적: 서울 돈의문3구역 도시환경정비사업부지 내 유적 발굴조사』, 유적조사보고 제13책, 2019.

[44] • 재개발을 염두에 둔 구제발굴의 성격을 띠고 있기 때문에 경기감영의 현장 복원은 이루어지지 않을 예정이다.

[45] • 삼한문화재연구원, 『대구 경상감영공원부지 내 大邱 慶尙監營 試掘調查』, 학술조사연구총서 제78책, 2018.

[46] • 서울역사박물관, 『서울 의정부지 발굴조사 보고서』, 서울역사박물관 학술조사보고서 제18책, 2020.

[47] • 지리지 기록을 정리하여 각도의 감영별로 작성한 감영 원림 목록은 부록을 참조.

[48] • 문헌 검색에 활용한 대표적 데이터베이스는 다음과 같다. 한국사데이터베이스(http://db.history.go.kr/), 한국역사정보통합시스템(http://www.koreanhistory.or.kr/), 한국고전종합DB(https://db.itkc.or.kr/), 디지털 장서각(http://jsg.aks.ac.kr/), 규장각 원문검색서비스(https://kyudb.snu.ac.kr/index.jsp), 국립중앙도서관(https://www.nl.go.kr/).

[49] • 여상진, 「지방 邑治施設 복원 및 활용을 위한 조선시대 지방관의 日記類분석 기초 연구」, 『한국산학기술학회논문지』 11(7), 한국산학기술학회, 2010, 2676~2686쪽.

[50] • 한국민족문화대백과사전(http://encykorea.aks.ac.kr/); 두산백과(http://www.doopedia.co.kr).

[51]•세종대왕기념사업회, 「감영」, 『한국고전용어사전』, 2001.

[52]•"해서(海西)에 감영(監營)과 병영(兵營)을 설치하는 일은, 형세상 해주(海州)에는 병영을, 연안(延安)에는 감영을 설치해야 한다는 것은 다시 이론(異論)의 여지가 없습니다.[海西監、兵營設置事, 若以形勢, 則海州當爲兵營; 延安當爲監營, 更無他議.]" 『선조실록』 권40, 선조 26년 7월 29일.

[53]•국사편찬위원회가 제공하는 조선왕조실록 데이터베이스를 검색하면 선조 이전의 실록에도 '監營'이라는 말은 나오지만 뜻이 다르다. 선조 이전 실록의 용례에서 '營'은 '營造'나 '營繕'에서 사용되듯 '짓다'라는 행위의 의미를 담고 있으며, '監'은 짓는 행위를 감독한다는 의미로 쓰였다. 즉, 선조 이전 실록에서 '監營'은 공사를 감독한다는 뜻으로 쓰였을 뿐 관찰사와는 무관하다.

[54]•『신증동국여지승람』(1530)에도 감영이라는 용어는 등장하지 않으며 유형원(柳馨遠)의 전국 사찬지리지인 『동국여지지(東國輿地誌)』(1656)에는 관찰사영(觀察使營)으로 표현되어 있는데, 영조연간 편찬된 전국 관찬지리지인 『여지도서(輿地圖書)』(1760)에는 감영(監營)이란 말이 등장한다. 법전에서 역시 『경국대전(經國大典)』(1485)에는 등장하지 않던 감영이 『속대전(續大典)』(1746)부터 등장한다.

[55]•한국전통조경학회의 개명 전 이름인 한국정원학회(韓國庭苑學會)에 쓰였다.

[56]•정동오, 『동양조경문화사』, 전남대학교 출판부, 1996, 2~3쪽.

[57]•후자의 경향을 반영한 용어가 정동오가 제시한 경원(景園)인데, 이 용어는 현재 학술 용어로서 통용되고 있지 않기 때문에 제외하였다.

[58]•장지아지 저, 심우경·이창호·심현남 역, 『중국의 전통조경문화』, 문운당, 2008.

[59]•근대기 만주공업전문학교에서 건축학을 강의하고 중국 원림 개론서를 서술한 강대로(岡大路)는 성내에 위치하며 인위가 강조되는 것을 원(園), 성외에 위치하며 자연환경을 적극 활용하는 것을 원림(園林)으로 구분하였다. 岡大路, 김영빈 역, 『중국정원론』, 효성여자대학교출판부, 1987, 191~193쪽.

[60]•국립문화재연구소, 『한·중·일 정원원형에 관한 기초연구』, 2013, 14쪽.

[61]•피터 볼 저, 김영민 역, 『역사 속의 성리학』, 예문서원, 2010, 131쪽.

[62]•고문헌에서 '都市'의 용례는 중국의 『한서(漢書)』부터 보이지만 오늘날의 도시라는 용어와 동일한 의미는 아니었던 것으로 보이며, 국내에는 일제강점기에 '도시계획'이란 개념이 들어오면서 정립된 용어로 추정된다. 이용석, 「전통적인 취락의 입지 원리와 풍수」, 국사편찬위원회 편, 『삶과 생명의 공간, 집의 문화』, 한국문화사 33권, 경인문화사, 2010.

[63]•사전에서 고을의 의미는 "1.조선 시대에, 주(州)·부(府)·군(郡)·현(縣) 등을 두루 이르던 말; 2.군아(郡衙)가 있던 곳" 두 가지가 함께 제시된다. 「고을」, 『표준국어대사전』, 국립국어원.

01 감영 원림의 성립 배경

[1]•펑유란 저, 정인재 역, 『간명한 중국철학사』, 마루비, 2018, 46~51쪽.

[2]•김용옥, 「과학의 인식」, 야마다 케이지 저, 김석근 역, 『주자의 자연학』, 통나무, 1991, 20쪽.

[3]•마르티나 도이힐러 저, 이훈상 역, 『한국의 유교화 과정』, 너머북스, 2013, 48~49쪽.

[4]•김영식, 『주희의 자연철학』, 예문서원, 2005, 532~533쪽.

[5]•김세정, 『돌봄과 공생의 유가생태철학』, 소나무, 2017, 226쪽.

[6] • 펑유란 저, 정인재 역, 『간명한 중국철학사』, 마루비, 2018, 468쪽.

[7] • 朱熹, 『朱子語類』 券94. 번역문은 김세정, 앞의 책, 227쪽.

[8] • "理形而上者, 氣形而下者." 주희, 『주자어류』 권95.

[9] • 이때의 기를 넓은 의미의 기라고 할 때, 이는 형상을 갖춘 질(質)과 형상이 없는 기(氣)로 다시 나뉘기도 한다. 가령 주희는 "하늘은 기이고 땅은 질이다."라고 했다. 김영식, 앞의 책, 67쪽.

[10] • 야마다 케이지 저, 김석근 역, 『주자의 자연학』, 통나무, 1991, 351쪽.

[11] • 주희는 정이(程頤)의 리 중심 철학과 장재(張載)의 기 중심 철학을 종합하여 리와 기의 개념을 정리한 것으로 평가된다. 조선 유학사의 유명한 철학 논쟁인 사단칠정론(四端七情論)은 인간의 마음이 발현될 때 리와 기의 움직임이 어떠한가를 두고 이루어진 논쟁이다.

[12] • 몽배원 저, 홍원식 외 역, 『성리학의 개념들』, 예문서원, 2008, 49쪽.

[13] • "人得其氣之正且通者, 物得其氣之偏且塞者" 주희, 『주자어류』 권1.

[14] • 이 내용은 『주자대전』 권59의 「答余方叔」에 근거하며, 김세정의 책 242~243쪽을 참고하였다.

[15] • 김영식, 『주희의 자연철학』, 예문서원, 2005, 68쪽; "땅 표면의 특성들에 대한 주희의 논의는 산과 강에 집중되었다. 그는 땅이 물의 혼탁한 부분의 찌꺼기에서 형성되었다고 믿었기 때문에 산도 역시 물로부터 형성되었다고 생각했다. 그는 이에 대한 증거로 "높이 올라가서 둘러보면 여러 산들이 물결 모양으로 되어 있으니 이것은 물이 이와 같이 (찌꺼기들을) 떠올렸(기 때문이)다"라고 말했다. 그리고 그 과정이 "조수(潮水)가 모래를 솟아오르게 하는 것"과 비슷하다는 이야기에 동의했다. 또한 산은 바다 밑바닥의 상승에 의해서도 형성되었는데, 그는 산꼭대기에 존재하는 조개껍질들이 이를 증명해 준다고 말했다." 김영식, 같은 책, 253쪽.

[16] • 김영식, 『주희의 자연철학』, 예문서원, 2005, 72~73쪽.

[17] • 이 관념은 고대부터 존재했으나 신유학 학파의 전환적 성취로 보기도 한다. 김영식, 『주희의 자연철학』, 예문서원, 2005, 16~17쪽.

[18] • "니덤은 '왜 근대 과학이 중국에서 발전하지 못하였는가?'라는 문제에 많은 설명들을 제시했다. 그는 중국에서 근대 과학의 발전이 실패한 한 가지 원인을, 윤리적·사회적인 문제에만 거의 전적으로 몰두하는 신유학자들의 편향성에서 찾을 수 있다는 다른 많은 사람들의 견해에 동의한다. 그는 주희가 물질적인 것을 윤리적인 것에 복속시켰고, 사물을 탐구하라[格物]는 그의 가르침도 사실상 인간사와 관련한 탐구에 초점이 맞추어져 있으며, 자연세계의 관찰 같은 것은 그리 중요하지 않은 부차적인 문제로 취급되었다는 점을 지적한다." 진영첩 저, 표정훈 역, 『진영첩의 주자 강의』, 푸른역사, 2001, 154쪽.

[19] • 김영식, 『주희의 자연철학』, 예문서원, 2005, 18쪽.

[20] • 안은수, 『주희의 자연관 형성의 두 원천』, 문사철, 2010, 54쪽.

[21] • 김영식, 『주희의 자연철학』, 예문서원, 2005, 19쪽.

[22] • 안은수, 『주희의 자연관 형성의 두 원천』, 문사철, 2010, 25쪽.

[23] • 진순 저, 박완식 역, 『(原文 對譯)性理字義: 성리학의 이해』, 여강출판사, 2005, 88~89쪽.

[24] • "水性周流無滯, 而體則本虛, 虛故能涵物。一有潢潦、濁流, 浮苴漂梗於其流而汨其性, 則安能涵得如許哉? 夫人之一心, 用則動而無窮, 體則靜而本虛。虛故具五德而備萬物, 天地日月皆吾方寸中物也。一有邪思干其方寸, 則失本體之虛, 而爽萬事之用, 應乎心而達乎政, 莫非污下矣。公餘吏散, 群囂頓息, 岸巾登亭, 風月雙淸, 水涵虛耶? 虛涵水耶?" 『신증동국여지승람』 권32, 경상도, 김해도호부, 누정.

[25] • 장파 저, 백승도 역, 『장파 교수의 중국미학사: 살펴보다 맛보다 깨닫다』, 푸른숲, 2012, 536쪽.

[26] • 장파 저, 백승도 역, 『장파 교수의 중국미학사: 살펴보다 맛보다 깨닫다』, 푸른숲, 2012, 537쪽.

[27] • 박원재, 「예술사상: 도덕주의적 심미의식의 발현」, 한국국학진흥원 국학연구실 편, 『한국유학사상대계Ⅰ: 총론편』, 한국국학진흥원, 2010, 593~594쪽.

[28] • 홍선표, 「조선전기 회화의 사상적 기반」, 『한국사상사대계』 4, 한국정신문화연구원, 1991; 다음에서 재인용. 조민환, 「제1장 한국유학과 회화사상」, 『한국유학사상대계 XI: 예술사상편』, 한국국학진흥원, 2009, 249쪽.

[29] • 정동오, 『한국의 정원』, 민음사, 1986, 312~314쪽.

[30] • "山水能使人移情。登斯亭者。見山之高。見水之淸。植本洗垢。仁可益厚。知可益周。使君之築此." 『여지도서』, 황해도, 해주, 누정(서종태 역주, 『여지도서 23: 황해도 1』, 디자인흐름, 2009, 109~111쪽).

[31] • "惟仁者然後能樂山, 惟智者然後能樂水。三月不違者殆庶幾於仁, 百世可知可謂智。未及於此, 而徒馳情於山水, 不幾於自誣乎? 夫人莫不具仁智之性, 而鮮能充仁智之端, 能充其仁智, 非吾分外之物。體山之靜而不遷, 體水之流而不滯, 安一心之德, 周萬物之變, 則二者之眞樂, 吾得而兼之矣." 『신증동국여지승람』 권14, 충청도, 단양군, 누정.

[32] • "觀古之有樂於山林者。亦有二焉。有慕玄虛。事高尙而樂者。有悅道義。頤心性而樂者。由前之說。則恐或流於潔身亂倫。而其甚則與鳥獸同群。不以爲非矣。由後之說。則所嗜者糟粕耳。至其不可傳之妙。則愈求而愈不得。於樂何有。雖然。寧爲此而自勉。不爲彼而自誣矣。又何暇知有所謂世俗之營營者。而入我之靈臺乎." 李滉, 『退溪集』 券3, 陶山雜詠并記.

[33] • 강희안 저, 이종묵 역, 『양화소록: 선비, 꽃과 나무를 벗하다』, 아카넷, 2012, 32쪽.

[34] • "若夫繚垣爲圃, 引水爲池, 以種以樹, 顧瞻敞豁, 衆峯拱衛, 斯亭之羽翼也, 略之可也." 『신증동국여지승람』 권28, 경상도, 상주목, 누정.

[35] • 몽배원 저, 홍원식 외 역, 『성리학의 개념들』, 예문서원, 2008, 832~834쪽.

[36] • 물론 신유학적 수양이 정적인 것과 무욕을 강조한다고 해서 동적인 것과 인욕을 완전히 배제하는 것은 아니다. 이는 역설적으로 인간의 일상 행위에서 동적인 것을 추구하고 인욕을 따르는 경향이 강하다는 관찰을 방증하며, 그러한 경향을 완전히 배제하기보다 조절이 필요하다고 주장하는 것에 가깝다. 문이재도의 관념이 완물상지(玩物喪志)라는 배타적 관념을 거쳐 완물적정(玩物積精)의 경계를 낳는 것을 떠올릴 필요가 있다.

[37] • 자연물에 부여한 이름을 직접 새겨버리는 과감한 각자 문화가 발달한 것은 이러한 문자 중심의 조경 문화가 조선 후기에 과열된 결과라고 생각된다.

[38] • 朱熹, 『朱子大全』 券2.

[39] • 주자의 시 「관서유감」에 대한 이황과 후대의 활동은 다음 논문에 자세히 정리되어 있다. 윤호진, 「정원을 통해 본 영남선비의 思惟樣式과 價値志向: 연못을 중심으로」, 『영남학』 18, 경북대학교 영남문화연구원, 2010, 199~203쪽.

[40] • "水陸草木之花 可愛者甚蕃 晋陶淵明 獨愛菊 自李唐來 世人 甚愛牧丹 予獨愛蓮之出於淤泥而不染 濯淸漣而不夭 中通外直不蔓不枝 香遠益淸 亭亭淨植 可遠觀而不可褻翫焉 予謂菊 花之隱逸者也 牧丹 花之富貴者也 蓮花之君子者也 噫 菊之愛 陶後 鮮有聞 蓮之愛 同予者何人 牧丹之愛 宜乎衆矣" 『古文眞寶後集』 券10, 愛蓮說. 번역문은 장파 저, 백승도 역, 『장파 교수의 중국미학사: 살펴보다 맛보다 깨닫다』, 푸른숲, 2012, 635쪽.

[41] • 장파 저, 백승도 역, 『장파 교수의 중국미학사: 살펴보다 맛보다 깨닫다』, 푸른숲, 2012, 635~636쪽.

[42] • "고을의 치소(治所)에 놀이 구경하는 장소를 두는 것은 진실로 논의할 일이 못 된다. 그러나 기운이 번거롭고 정신이 산란하며 보는 것이 막히고 뜻이 걸릴 때를 당하면 군자는 반드시

놀고 쉴 만한 물건과 높고 상쾌한 도구가 있어서, 군자로 하여금 이리저리 바라보고 거닐며 정신을 맑히도록 한 뒤에야 번거로운 것이 간단해지고 산란한 것이 안정되며 막힌 것이 소통되고 걸린 것이 트이게 되는 법이다. 또 더구나 끝없는 바다를 바라보고 하늘과 물이 아득한 데를 엿보아 만물의 처음과 기운의 시초에 마음을 노닐어 나의 호연(浩然)한 기운을 기르고, 또 그것을 사람들과 같이 하면 즐겁지 않겠는가." 『신증동국여지승람』 권12, 경기, 강화도호부, 누정.

[43]•"昔。裨諶謀於野則獲。在邑則否。今君之在亭。不爲六鑑所擾。不爲機事所惱。能定靜安慮。能知所止。正其心修其身。施之於齊治平之極。其爲明德吉祥。豈不大歟。然則是亭也豈徒樽酒笑談云乎哉。佔畢諷詠云乎哉。能守虛白。而終至於大全之域不遠矣。" 成俔, 『虛白堂集』 券4, 記, 虛白亭記.

[44]•丁若鏞, 『茶山詩文集』 券14, 記, 芙蓉堂記.

[45]•박소동 역, 『시경집전』 중권, 전통문화연구회, 2019, 387~388쪽.

[46]•"靈沼 囿之中有沼也" 박소동 역, 『시경집전』 중권, 전통문화연구회, 2019, 388쪽.

[47]•『시경집전』의 「영대」에서 여조겸은 위 인용문에 대해 "앞의 두 장은 문왕이 대지(臺池)와 조수(鳥獸)의 즐거움을 지닌 것을 즐거워한 것이고"라고 주를 달았다. 이 주에서 영대와 영소는 '대지(臺池)'로 접합되고 유(囿)의 존재는 '조수(鳥獸)'로 지칭된 것으로 볼 때, 영유는 원림 형식의 측면보다는 기능이나 프로그램의 측면으로 이해된 것으로 보인다.

[48]•박소동 역, 「대아 영대」, 『시경집전』 중권, 전통문화연구회, 2019, 386쪽.

[49]•박소동 역, 「대아 영대」, 『시경집전』 중권, 전통문화연구회, 2019, 387쪽.

[50]•"其無淫于觀于逸于遊于田", 『書經』, 無逸.

[51]•徐居正, 『四佳集』 券3, 記類, 環翠亭記.

[52]•『태종실록』 권33, 태종 17년 3월 22일.

[53]•『문종실록』 권10, 문종 1년 11월 26일.

[54]•『성종실록』 권97, 성종 9년 10월 23일.

[55]•범중엄은 주희가 편집한 『송명신언행록(宋名臣言行錄)』에 수록되었으며 주희에 의해 "제일류인물(第一流人物)"로 평가된 것으로 널리 알려져 있다.

[56]•『고문진보』는 고려 말에 수입되어 조선시대에 문장을 익히는 교과서로 널리 쓰였다. 가령 유몽인(柳夢寅, 1559~1623)은 "우리나라의 어린이가 공부할 때에는 모두 『십구사략(十九史略)』과 『고문진보』를 배움의 길에 들어서는 문으로 삼고 있다."라고 하였으며, 선조가 이이(李珥, 1536~1584)의 문장실력을 칭찬하며 이전에 배운 적이 있는지 물으니, "일찍이 『고문진보』와 『시경(詩經)』, 『서경(書經)』을 공부했다."라고 답했다. 김시내, 「한국에서 「古文眞寶」의 유입과 간행: 고려 말·조선 초 「諸儒箋解古文眞寶」를 중심으로」, 『서지학연구』 80, 한국서지학회, 2019, 79~111쪽.

[57]•『古文眞寶後集』 券6, 岳陽樓記(성백효·이영준·박민희 역, 『고문진보 후집 2: 附 문장궤범』, 한국인문고전연구소, 2021, 32~34쪽).

[58]•『태종실록』 권10, 태종 5년 10월 19일.

[59]•『태종실록』 권11, 태종 6년 4월 28일.

[60]•『태종실록』 권11, 태종 6년 1월 16일.

[61]•『태종실록』 권13, 태종 7년 3월 21일.

[62]•『태종실록』 권11, 태종 6년 3월 28일.

[63]•『태종실록』 권13, 태종 7년 5월 27일.

[64] •『태종실록』 권23, 태종 12년 2월 15일.
[65] •『태종실록』 권25, 태종 13년 5월 16일.
[66] •『태종실록』 권11, 태종 6년 4월 1일.
[67] •『태종실록』 권17, 태종 9년 3월 26일.
[68] •『태종실록』 권14, 태종 7년 8월 22일.
[69] •『태종실록』 권15, 태종 8년 5월 19일.
[70] • "태조(太祖)께서 도읍을 세우고 제도를 창안(創案)하였는데, 무릇 궁궐·창고·조방(朝房)·행랑(行廊)의 토목의 역사(役事)가 내 때에 이르러 다 경영되었다. 기타 미비한 일은 내 자손에게 달려 있다."『태종실록』 권32, 태종 16년 10월 19일.
[71] •『태종실록』 권23, 태종 12년 4월 3일.
[72] •『태종실록』 권1, 태종 1년 2월 6일.
[73] •『태종실록』 권1, 태종 1년 윤3월 11일.
[74] • 무일전과 청화정에서 열린 사신 연회의 비율은 대략 유사하며, 때로는 태상왕인 태조가 자신의 거처인 개성 덕수궁(德壽宮)에 사신을 초대하는 경우도 있었다.
[75] •『태종실록』 권15, 태종 8년 5월 7일.
[76] •『태종실록』 권23, 태종 12년 5월 16일.
[77] • "모화루(慕華樓) 같은 것은 내가 놀고 구경하는 곳이 아니라, 조정 사신을 영접하는 곳이니, 하나는 국가의 체면을 보인 것이고, 하나는 사대(事大)의 성의를 보인 것이다. 본궁(本宮)의 못과 정자 같은 것은 다만 휴식하기 위한 곳이나, 준우(峻宇)·조장(彫墻)에 비할 바는 아니다."『태종실록』 권22, 태종 11년 10월 4일.
[78] •『태종실록』 권23, 태종 12년 6월 1일.
[79] •『태종실록』 권10, 태종 5년 10월 19일.
[80] •『태종실록』 권11, 태종 6년 4월 1일.
[81] •『태종실록』 권11, 태종 6년 4월 9일.
[82] •『태종실록』 권11, 태종 6년 4월 23일.
[83] •『태종실록』 권17, 태종 9년 3월 26일.
[84] •『태종실록』 권27, 태종 14년 6월 20일.
[85] •『태종실록』 권33, 태종 17년 윤5월 8일.
[86] •『단종실록』 권5, 단종 1년 1월 24일.
[87] •『세조실록』 권1, 세조 1년 윤6월 27일; 『세조실록』 권1, 세조 1년 7월 6일.
[88] •『세조실록』 권1, 세조 1년 7월 11일; 『세조실록』 권2, 세조 1년 10월 5일.
[89] • 세조가 훗날 "광연전 별실(廣延殿別室)을 구현전(求賢殿)이라 칭하도록 하라."라고 명한 것으로 볼 때 단종이 지었던 건물은 과거 광연루나 경회루와 같은 중층 누각은 아니었던 것으로 보인다.『세조실록』 권26, 세조 7년 12월 19일.
[90] • 박희용, 「창덕궁 정전 영역의 구성과 운영」, 서울시립대학교 박사학위논문, 2008, 46~47쪽; 정우진·권오만·심우경, 「고종 연간에 조성된 궁궐 후원 다용도 공지(空地)의 활용양상」, 『한국조경학회지』 41(3), 한국조경학회, 2013, 59쪽; 김버들 · 조정식, 「朴子靑의 궁궐건축 감역 연구」, 『건축역사연구』 26(1), 한국건축역사학회, 2017, 97쪽.
[91] •『세종실록』 권9, 세종 2년 9월 28일.
[92] •『태종실록』 권15, 태종 8년 5월 24일.
[93] •『태종실록』 권21, 태종 11년 5월 25일.

[94] •『세종실록』 권8, 세종 2년 7월 4일.
[95] •『태종실록』 권25, 태종 13년 4월 12일.
[96] •『태종실록』 권13, 태종 7년 4월 18일.
[97] •『태종실록』 권21, 태종 11년 6월 14일.
[98] •『태종실록』 권23, 태종 12년 4월 1일.
[99] •『태종실록』 권23, 태종 12년 4월 12일.
[100] •『태종실록』 권17, 태종 9년 4월 13일.
[101] •『세종실록』 권8, 세종 2년 7월 7일.
[102] •『태종실록』 권19, 태종 10년 4월 28일.
[103] •『태종실록』 권14, 태종 7년 8월 22일.
[104] • 연빈관(延賓館)은 조선왕조실록이나 고려사 등의 고려시대 사료에 등장하지 않으나 영빈관(迎賓館)을 검색하면 같은 데이터베이스에서 다수의 기록들을 찾을 수 있다.
[105] •『고려사』 권4, 현종 2년 4월 24일.
[106] • 태종의 개성 시절에 사신을 맞이하던 곳은 선의문(宣義門) 밖, 서교(西郊), 서보통(西普通)으로 기록되어 있다. 『태종실록』의 1403년 3월 13일 기사에 "임금은 영빈관(迎賓館)에서 전송하고, 의정부(議政府)는 서보통(西普通)에서 전송하였다."라는 내용이 있어, 서보통이 더 먼 곳임을 알 수 있다. 돌아가는 사신을 배웅하던 곳은 역시 선의문 밖이나 서교로 기록되었으며, 맞이할 때와 달리 영빈관(迎賓館)이었다는 기록도 보인다. 한양에서의 사신 영접은 돈의문 바깥에 위치한 반송정에서 시작되었다. 개성 시절 서교와 유사한 위치와 기능을 했던 것으로 볼 수 있다.
[107] •『태종실록』 권15, 태종 8년 5월 7일.
[108] •『태종실록』 권15, 태종 8년 5월 19일.
[109] • 길지혜, 「한성부 내 연지(蓮池) 연구: 동시, 서지, 남지, 어의동지, 경모궁지를 중심으로」, 서울대학교 박사학위논문, 2017, 122쪽.
[110] •『세종실록』 권4, 세종 1년 5월 22일.
[111] •『세종실록』 권49, 세종 12년 8월 19일.
[112] •『세종실록』 권48, 세종 12년 4월 15일.
[113] • 모화관은 연산군, 현종, 영조, 정조연간 등을 거치며 여러 차례 수리되었다. 김세민, 「迎恩門, 慕華館의 건립과 獨立門, 獨立館으로의 변천」, 『향토서울』 82, 서울역사편찬원, 2012, 165쪽.
[114] • 세종연간의 1430년 수리 이후 모화루를 모화관으로 개칭하였다. 『세종실록』 권148, 지리지, 경도 한성부.
[115] •『태종실록』 권15, 태종 8년 5월 7일.
[116] • 환산 규격과 지적원도 비교값은 다음에서 인용하였다. 길지혜, 「한성부 내 연지(蓮池) 연구: 동시, 서지, 남지, 어의동지, 경모궁지를 중심으로」, 서울대학교 박사학위논문, 2017, 66~67쪽.
[117] •『세종실록』 권148, 지리지, 경도 한성부.
[118] • 서긍, 『선화봉사고려도경(宣和奉使高麗圖經)』 권27, 館舍, 順天館.
[119] • 김버들·조정식, 「실록에 나타나는 15세기 태평관·모화관 건축과 관련 인물연구」, 『건축역사연구』 25(4), 한국건축역사학회, 2016, 20~22쪽.
[120] • 영접의의 채비에 대해서는 『세종실록』에 다수의 기사가 보이며, 다음 연구에서 대략적으로 그 내용을 정리하였다. 김경록, 「조선시대 서울의 외교활동 공간」, 『서울학연구』 31, 서울시립대학교 부설 서울학연구소, 2008, 1~46쪽.

[121] • 길지혜, 「한성부 내 연지(蓮池) 연구: 동시, 서지, 남지, 어의동지, 경모궁지를 중심으로」, 서울대학교 박사학위논문, 2017, 147~159쪽.

[122] • 『태종실록』 권27, 태종 14년 6월 11일.

[123] • 『명종실록』 권3, 명종 1년 4월 27일.

[124] • 『동문선』 권81, 「경회루기」.

[125] • 『태종실록』 권27, 태종 14년 6월 28일.

[126] • 『태종실록』 권21, 태종 11년 5월 7일.

[127] • 『동문선』 권81, 「경회루기」.

[128] • 『태종실록』 권22, 태종 11년 7월 30일.

[129] • 『태종실록』 권22, 태종 11년 8월 22일.

[130] • 『태종실록』 권22, 태종 11년 9월 5일.

[131] • 『태종실록』 권23, 태종 12년 4월 2일.

[132] • 『태종실록』 권23, 태종 12년 5월 15일.

[133] • 『태종실록』 권23, 태종 12년 5월 16일.

[134] • 『태종실록』 권23, 태종 12년 6월 9일.

[135] • 『세종실록』 권44, 세종 11년 5월 15일.

[136] • 『세종실록』 권61, 세종 15년 7월 21일; 『세종실록』 권61, 세종 15년 7월 26일.

[137] • 『성종실록』 권52, 성종 6년 2월 8일.

[138] • 『성종실록』 권37, 성종 4년 12월 13일.

[139] • 『성종실록』 권55, 성종 6년 5월 17일.

[140] • 『漢京識略』 券1, 宮闕, 景福宮.

[141] • 우종훈, 「경회루전도(慶會樓全圖) 해제(解題) 및 역주(譯註)」, 『건축역사연구』 26(3) 자료편, 한국건축역사학회, 2017, 69~78쪽.

[142] • 『연산군일기』 권62, 연산 12년 4월 8일.

[143] • 『연산군일기』 권63, 연산 12년 9월 2일.

[144] • 『중종실록』 권84, 중종 32년 3월 14일.

[145] • 경회루 연못의 규격은 동서 128미터, 남북 113미터이다.

[146] • 『태종실록』 권17, 태종 9년 4월 13일.

[147] • 徐兢 『宣和奉使高麗圖經』, 館舍.

[148] • 『태종실록』 권23, 태종 12년 5월 16일.

[149] • 『태종실록』 권34, 태종 17년 7월 16일.

[150] • 이 통계는 당시에 CD-Rom 버전의 조선왕조실록 국역본을 이용했다고 서술되어 있다. 통계를 낸 기사의 총 수량이 현재의 조선왕조실록 웹사이트의 검색 결과와 다르고, 분류 과정에 대한 구체적 내용이 서술되어 있지 않아 재론의 여지가 있지만, 사신 접객 이외의 다양한 용도를 제시한다는 점에서는 유효하다고 판단하여 본고에 인용하였다. 김진균, 윤정현, 황정현, 「경회루 공간의 시각적 특성에 관한 연구」, 『대한건축학회지』 14(1), 대한건축학회, 1998, 160~161쪽.

[151] • 모화루 못의 규격은 실록 기사를 기반으로 한 길지혜의 추정에서 최소 규모를 선택한 후 소수점 버림하였다. 광연루 못의 규격은 〈동궐도〉와 〈동궐도형〉의 옛 동궁 영역의 연지를 기준으로 하여 경회루, 모화루 못과의 차이를 보기 위해 대략 제시하였다.

[152] • "慶會樓廣延樓, 崔嵬敞豁, 軼烟氛納灝氣, 遊目天表, 江山風月, 景槩萬千, 宣暢鬱堙, 偉登覽景其何如." 卞季良, 「華山曲」, 『春亭集』, 春亭續集 券1, 樂章.

[153] • 태종이 제시했던 이름의 후보는 "경회(慶會)·납량(納涼)·승운(乘雲)·과학(跨鶴)·소선(召仙)·척진(滌塵)·기룡(騎龍)"이다. 『태종실록』 권23, 태종 12년 5월 16일.

[154] • 『태종실록』 권23, 태종 12년 6월 4일.

[155] • 하륜의 「경회루기」 번역문과 원문은 한국고전종합DB에서 가져왔으며, 번역문은 원문을 검토는 과정에서 다르게 해석한 부분은 수정하고 일부는 윤문하였다.

[156] • "殿下之十三年春二月。景福宮提擧司。以其後殿西樓傾且危。報議政府以聞。殿下驚嘆曰。景福宮。我先考創業之初所建。今遽若是歟。遂幸而觀之曰。樓之傾。地潤而基不固也。乃命工曹判書臣子靑等曰。農時向近。宜役游手者。亟修之。子靑等度地。移之小西。因其基。稍廣其制而新之。又慮其地潤。環樓而池焉。旣成矣。乃幸而登臨之曰。予欲仍舊而修耳。無乃過於舊制乎。子靑等。府伏而對曰。臣等恐後日。又且傾危。故至如此。於是。召集親勳耆舊。而與之爲樂。名樓曰慶會。仍命臣崙爲記。臣不敢以文拙辭。"

[157] • "臣嘗聞。孔子對哀公之問曰。爲政在人。蓋人君之政。以得人爲本。得人然後可謂之慶會矣。恭惟太祖康獻大王。以聖文神武之德。嘉靖一方。天子賜國號朝鮮。遂定都于華山之陽。乃建宮室。以勤政名殿。且以名門。其所以爲有國之本者至矣。今我殿下。克肖其德。纘承丕緖。事大益虔。天子錫之誥命。治敎休明。境內乂安。今修一樓。尙慮農時之近。役以游手者。不日有成。且以慶會名之。蓋欲以淸燕之暇。引見群臣之有道德而識治體者。察納謨猷。講論道義。以正出治之源。尤有以見殿下眞知勤政之本矣。臣竊嘗論之。慶會者。君臣之相遇以德也。有若乾之九五。以其大德。利見九二之大德。志同而氣合。以行其道。則群賢類進。而國家明昌。所謂雲從龍風從虎者也。若不以其德。則群邪類進。而國家晦冥矣。間有以德而進者。用之不盡其才。雜之以群邪。則亦於晦冥同歸矣。稽之前古。堯舜禹湯高宗文武之爲治。皐夔益伊傅呂周召之爲輔。則眞可謂慶會矣。若漢高之蕭曹。唐宗之房魏。宋祖之趙普。亦可謂慶會矣。然不純於德。可能肩於三代哉。至若武帝之公孫弘。神宗之王安石。亦可謂相遇矣。飾詐釣名之譏。大姦似忠之誚。尙不能免矣。何有於慶會哉。又若玄宗之於宋璟張九齡。眞宗之於寇準。亦不可謂不相遇矣。代之者林甫。而雜之者欽若。涇渭之分。薰蕕之辨。尙不敢望。況以慶會言之哉。以是觀之。則君臣之慶會。從古以來。實未易多見矣。幸而千載一遇焉。則其樂爲如何哉。"

[158] • "惟我太祖。旣以勤政。爲有國之本而治之矣。殿下又以慶會爲勤政之本而懋之。刱業之美。繼述之善。吁盛矣哉。其能追三代之慶會。致三代之治效。以貽謀於永世。享景福於無疆者。端可知矣。若夫山岳之奇秀。園池之窈深。冰雪生乎几案。江湖接乎軒墀。松栢之薈欝。花卉之敷榮。風煙雲月。朝暮陰晴之景物。在乎觀覽之間者。不敢形容之悉矣。第其樓之興復。有類於爲國焉。傾者以正。危者以安。保先業也。築土以密。除潤以深。固丕基也。樑棟柱石之欲其壯。負重者不可劣也。欂櫨椳楔之取其備。任小者。不可大也。敞軒楹。廣聰明也。峻階梯。嚴等威也。下臨必悚。存敬畏也。遐瞻不遺。尙包荒也。燕之相賀。庶民悅也。蠅之不止。讒邪去也。繪畫不侈。制度文爲之得中也。觀游以時。文武張弛之適宜也。苟於升降之際。有是思焉。而以之施焉。則樓之益。誠亦不少矣。敢以此并記云。" 『동문선』 권81, 「경회루기」.

[159] • 최충성의 생애와 문집 구성에 대한 내용은 다음을 참고하였다. 김우재, 「최충성(崔忠成)의 생애와 《산당집(山堂集)》에 대하여」, 최충성 저, 김남중·김우재·성창훈 역, 『산당집』, 한국고전번역원 한국문집번역총서, 한국고전번역원, 2020, 11~27쪽.

[160] • 김우재, 앞의 글, 13~14쪽.

[161] • 조위·최충성·신용개 저, 이종묵·장유승 편역, 『안대회·이종묵·정민의 매일 읽는 우리 옛글 28』, 민음사, 2014.

[162] • 최충성의 「경회루기」 원문은 번역문은 한국고전종합DB에서 가져왔다으며, 번역문은 한국고전번역원 한국문집번역총서로 출판된 국역 『산당집』에서 가져왔다. 원문을 검토하며 다르게 해석되는 부분은 수정하고 일부는 윤문하였다.

[163]•"維年月日。聖主臨御于上。賢臣布列于朝。虎嘯而風。龍興而雲。朝無讒佞。士無役勞。群臣百姓。相與賀明良相遇之樂。恨不得報聖上之德。而咸進於朝。願營高樓。以爲吾王會群臣施政之所也。王曰毋。秦皇疲阿房之役而亡。漢文惜露臺之費而興。茅茨可以興化。卑宮足以宣政。何必勞民以營樓觀哉。群臣百姓。咨嗟而言曰。周文興化。民感其德。七十之里。猶以爲小。靈臺之築。不以爲勞。況我聖上。德配文王。顧余小民。豈以一樓爲勞哉。於是工師得木。匠石鳩材。王曰勿營。庶民子來。經之營之。王曰勿亟。庶民攻之。不日成之。王亦不能拂民之意而樓已成焉。則會燕而落之。遂命臣某記之。"

[164]•백성(百姓)이라는 말은 조선 전기에 지배계급으로서의 양반(兩班)과 구별되는 피지배계층 일반을 가리키는 용어로 정착되어 있었다. 「백성」, 두피디아(www.doopedia.co.kr), 2024.5.30. 검색.

[165]•『세종실록』 권20, 세종 5년 4월 19일.

[166]•"臣某伏觀。南山崔崔。北岳嵬嵬者。樓之前樓之後也。百卉爭榮。萬樹蔥龍者。樓之左樓之右也。樓之下則池水盈盈也。樓之上則群臣慶會也。群臣慶會而名之以實。此亦因民之請也。嗚呼。垂拱於上。旣有堯舜之主。承化於下。豈無伊周之臣哉。其慶會於此。則論道經邦。燮理陰陽者。三公也。貳公弘化。寅亮天地者。六卿也。賢人在野。我將進之。輕徭薄賦。我將行之。五品不遜。是余之咎。三軍未整。是余之責。奸慝思所詰之。百工思所釐之者。庶官之職也。賢人在野。我將進之。輕徭薄賦。我將行之。五品不遜。是余之咎。三軍未整。是余之責。奸慝思所詰之。百工思所釐之者。庶官之職也。溫溫恭人者。藝苑之士也。赳赳武夫者。羽林之將也。逆鱗龍顔。則有霜臺之吏。出納君命。則有銀臺之史。蹐蹐蹌蹌。戰戰慄慄。揖讓而有吁咈之聲。歡娛而無擊柱之亂。虞之賡歌。歌之於此。周之鹿鳴。詠之於此。亦或遊豫於此則民皆曰。吾王不遊。吾何以休也。鼓樂於此則民皆曰。吾王庶幾無疾病與。何以能鼓樂也。鼓之舞之。與民同之。君君臣臣。慶會之樂。不亦樂乎。雖然。豈徒樂其樂而已哉。"

[167]•"瞻望南山之屹屹聳立。則可以戒太行之摧車。而思措民於太山之安。俯觀池水之淵淵湯湯。則可以懼巫峽之覆舟。而思欲澄其民水也。百卉爭榮於階上。則恐至於花石之網。而於是乎戒焉。於牣魚躍於池中。則可以想夫魚水之相得。而慶會之名。信不苟矣。仁而樂山。智而樂水。所感非一。而亦莫非民事也。民亦賀聖上之樂。而亦自樂其樂也。豈可以賞花釣魚。而忘其民哉。其必曰。先萬民之憂而憂之。後萬民之樂而樂之。噫。微斯樓之作。吾民其誰依乎。臣某記。"

[168]•"門南左右, 分列議政府, 三軍府, 六曹, 司憲府等各司公廨."『태조실록』 권8, 태조 4년 9월 29일.

[169]•『경국대전』에 기록된 수도의 도로 폭은 대로 56척(17.48미터), 중로 16척(5미터), 소로 11척(3.42미터)인데 육조거리의 도로 폭은 대략 58미터로 추정된다. 이상협, 「조선시대 육조거리에 대한 고찰」, 『향토서울』 81, 2012, 91~94쪽.

[170]•정2품아문이라는 육조의 직급과 속아문을 관장하는 역할은 이후에도 유지된 반면, 육조가 의정부의 지휘를 받는 의정부서사제(議政府署事制)와 육조가 독자적 권한을 부여받는 육조직계제(六曹直啓制) 사이의 교체는 조선 전기에도 반복되었다. 의정부의 위상은 1555년(명종 10) 문무를 총괄하는 막강한 권한의 비대위라 할 수 있는 비변사(備邊司)가 상설기구화 된 이후로 더욱 불명확해졌다. 한국학중앙연구원, 「육조」, 『한국민족문화대백과』 참고.

[171]•한충희, 『조선초기 관아연구』, 국학자료원, 2007, 59~60쪽.

[172]•『東文選』 券22, 七言絕句, 議政府蓮亭.

[173]•"景福宮西邊多水脉。慶會樓池水。雖古之昆明太液不能過也。西門外有泉濫出。淸冷如氷。人皆染藍。故謂之藍井。禮曹之井。亦澄澄不竭。流爲大池。雖盛旱如舊。池南尺地。斗入中樞府。沮洳荒穢。今上己未年樞府啓曰。犬牙入吾司。宜割爲吾池。禮曹曰。外夷接待之處。不可狹隘。相爭

不已。上命承旨內豎等審之。割分與之。樞府鑿其池爲西池。改搆大廳。連廳作西軒。樹石柱於水中。彫欄影落波上。西望峯巒峭崒。人家甲第。樹木葱鬱。風景甲於都中。其下司憲府古兵曹刑曹工曹掌隷院皆有池種蓮。東邊議政府吏曹漢城府戶曹。雖有池。不如西池之盛。" 成俔, 『慵齋叢話』 券10.

[174] • 동서방향 너비가 더 긴 사헌부와 중추원은 예외이다.

[175] • 의정부의 경우 상대적으로 떨어져 있지만 사인사와 별도의 정자가 못 가까이에 있기 때문에 당상대청에 근접할 필요도가 낮았을 것으로 생각되며, 사헌부의 경우 당상대청이 아닌 다른 건축물과 인접해 있어 못의 배치가 예외적 양상을 띤다.

[176] • 호조, 형조의 당상대청은 사면에 퇴를, 한성부의 당상대청은 전후에 퇴를 갖추었으며 세 건축물은 모두 좌우에 방(아방/협방)을 갖추었다. 역사건축기술연구소, 『의정부(議政府) 터 정비 및 활용 방안 마련 종합학술연구』, 서울특별시 2016, 121~140쪽 참고.

[177] • "開窓坐見小池平。風動荷花香益清。始信濂溪君子說。令人相對絕塵情。其二。漁村筆法世無倫。灑灑風儀亦出人。壁上忽看遺迹在。悵然難禁一傷神。" 權遇, 『梅軒集』 券5, 七言絕句, 惠民局廳事後。有小池種蓮。花方盛開。壁上有周濂溪愛蓮說。乃漁村孔伯拱所書也。悵然有懷。書二絕.

[178] • "此亭前臨南山後有北塘而幾間彩閣飄然廣闊是漢都一勝景也" 『御製中書堂述盛事』, 御製舍人亭記.

[179] • 전영옥·양병이, 「조선시대 조경행정기구로서 장원서의 기능에 관한 연구」, 『한국조경학회지』 24(4), 한국조경학회, 1997, 92쪽.

[180] • "又就後苑茅亭。脫衣偃臥。院中淸冷無物。或用先生案。或用豹鹿皮。或摘苑中梨棗。循環賣於各司。如得布物。必充酒食費。" 성현, 『용재총화』 권1.

[181] • 洪貴達, 『虛白集』 卷5, 記, 舍人司蓮亭記.

[182] • "지금 예조는 바로 예전의 삼군부(三軍府)이다. 정삼봉(鄭三峯)이 군국(軍國)의 중대한 일을 맡았을 때 의정부의 제도를 보고 말하기를, "정부와 군부는 일체이다." 하고 드디어 그 제도에 의하여 만드니 높다랗게 동서가 상대가 되어 그 청사가 굉장한 것이 다른 관부와 비할 바가 아니었다." 성현, 『용재총화』 권10.

[183] • 한충희, 「조선초기 의정부사인, 검상의 관인적 지위 : 사인 , 검상의 역관과 그 기능의 분석을 중심으로」, 『역사교육논집』 13·14, 역사교육학회, 1990, 557쪽.

[184] • "自署事罷。府庭公事少。舍人尊俎管絃於其中。以娛賓客而樂太平。得與客席者。非六卿。卽銀臺金閨之彥。客雖尊。常與抗禮。不相高下。蓋朝廷敬三公。故亦皆重其僚佐也。" 洪貴達, 『虛白集』 卷5, 記, 舍人司蓮亭記.

[185] • "사인사의 고풍에 전임자[先生]가 아니면 잔치에 참여하는 것을 허락하지 않았다. 그래서 혹 전임자가 아니면서도 무릅쓰고 들어오는 자가 있으면, 아전이 길을 막고 들이지 않았다." 柳夢寅, 『於于野談』, 社會篇, 古風.

[186] • "사인사의 연정에는 연못과 누대(樓臺)의 좋은 경치가 있고, 사인(舍人)은 직무가 없으므로 매양 선생(先生, 사인사의 전직자)들을 청하여 음악과 기녀들의 풍악을 울렸는데, 재상도 많이 오므로 사람들은 이를 영주(瀛洲, 신선 있는 곳)에 오르는 것에 비유하였다." 沈守慶, 『遣閑雜錄』.

[187] • 『중종실록』 권4, 중종 2년 11월 15일.

[188] • 그러나 임란을 겪고 조선후기에 이르러 의정부기능의 약화에 따라 기능이 쇠퇴하고 관직의 중요도가 떨어지면서 찬성, 참찬, 사인, 사록은 궐직 또는 인원이 감축되었다. 한충희, 「조선 중·후기 의정부제(議政府制)의 변천연구」, 『한국학논집』 43, 계명대학교 한국학연구원, 2011, 289쪽.

[189] • "齊坐之日。飮藥行公。一如臺府。餔完議席設酌。以鵝卵盃相酬酢。酣醉乃已。又就後苑茅亭。脫衣偃臥。院中淸冷無物。或用先生案。或用豹鹿皮。或摘苑中梨棗。循環賣於各司。如得布物。必充酒食費。常時所需。專仰於憲府。拜諫職者。必依例設宴。請同僚而飮之。諸處會飮。亦往參焉." 성현, 『용재총화』 권1.

[190] • 柳希春, 『眉巖集』 劵6, 日記, 刪節○上經筵日記別編, 戊辰下.

[191] • 柳希春, 『眉巖集』 劵8, 日記, 刪節○上經筵日記別編, 庚午.

[192] • 柳希春, 『眉巖集』 劵7, 日記, 庚午.

[193] • 유만주 저, 김하라 편역, 『일기를 쓰다 2: 흠영 선집』, 돌베개, 2015, 171쪽.

[194] • 徐命膺, 『保晩齋集』 劵8, 中書堂謎盛事記.

[195] • 이 내용은 한국고전종합DB에서 다음 문집의 각주를 참고하였다. 李睟光, 『芝峯集』 劵15, 禁中錄, 번역문 [주-D003] 봉지(鳳池).

[196] • "及其居官任職。施於爲政。則又却精密嚴恕。務盡道理。然其光霽氣像。固應隨處自若。不以應接之煩而有損也."

[197] • 김동욱, 「조선초기 창건 경복궁의 공간구성: 고려 궁궐과의 관계에 대해서」, 『건축역사연구』 7(2), 한국건축역사학회, 1998, 9~27쪽.

[198] • 고려 후기의 문신인 이승휴(李承休, 1224~1300)의 『동안거사집(動安居士集)』과 탁광무(卓光茂)의 『경렴정집(景濂亭集)』 등에 주자의 전거와 밀접한 방지(方池)에 관한 기록이 등장한다. 이창업, 「高麗時代 別墅建築의 造營 手法에 關한 硏究: 垈地 選定과 建築 計劃을 中心으로」, 『대한건축학회논문집』 20(11), 대한건축학회, 2004, 206쪽.

[199] • 김동욱, 『조선시대 건축의 이해』, 서울대학교출판문화원, 1999, 36~43쪽.

[200] • 세종은 가사 규제에 대한 명에서도 집의 칸수 외에도 "주춧돌을 제외하고는 다듬은 돌을 쓰지 말 것"과 "화공(花拱)과 진채(眞彩)·단청(丹靑)을 쓰지 말고 되도록 검소·간략한 기풍을 숭상"할 것을 언급하였다. 『세종실록』 권51, 세종 13년 1월 12일.

02 감영 제도와 원림 형성

[1] • 김창현, 『누정 산책』, 민속원, 2019, 21쪽.

[2] • 김동욱, 「朝鮮初期 地方都市內 樓亭의 形成過程과 建築特性」, 『경기대학교 논문집』 37, 경기대학교, 1995, 544쪽.

[3] • 박준규, 「韓國의 樓亭巧」, 『호남문화연구』 17, 전남대학교 호남문화연구소, 1987, 9쪽. 이 외에도 조선 후기의 지리지인 『신증문헌비고』, 『대동지지』, 『동국여지비고』를 발췌하여 포함시킨 국역본 『신증동국여지승람』을 조사한 기존 연구에서는 누정의 수량을 각각 885동(한국민족문화대백과), 847동(한동수)으로 집계하였다. 한국학중앙연구원, 「누정」, 『한국민족문화대백과』; 한동수, 「신증동국여지승람(新增東國輿地勝覽) 누정조의 사적(史的) 연구」, 『한국건축역사학회 2021년도 춘계학술발표대회 논문집』, 한국건축역사학회, 2021, 15쪽.

[4] • 『세조실록』 권31, 세조 9년 8월 20일.

[5] • 『세조실록』 권31, 세조 9년 9월 3일.

[6] • 박종기, 『새로 쓴 5백 년 고려사』, 푸른역사, 2008, 204쪽.

[7] • 박종기, 『새로 쓴 5백 년 고려사』, 푸른역사, 2008, 217쪽.

[8] • 윤경진, 「지방 제도의 다원적 편성」, 『고려시대사 1: 정치와 국제 관계』, 한국역사연구회시대사 총서 03, 푸른역사, 2017, 165쪽.

[9] • 물론 경·목·도호부와 같은 대읍을 계수관이라는 이름으로 특정하고 지방을 지배하는 통치 중심으로 삼기도 하였으나, 조선시대에 관찰사의 통치 행정 구역으로서 '도'와 같이 광역 관할지를 관장하는, 군현의 상위 개념은 아니었다.

[10] • 김순남, 『조선초기 體察使制 연구』, 경인문화사, 2007, 13~16쪽.

[11] • 관찰사의 명칭은 안찰사(按廉使), 도관찰출척사(都觀察黜陟使) 등으로 쓰이다 태종에 의해 '도관찰출척사'라는 명칭이 정립된 이후로도 안렴사, 도관찰출척사, 관찰출척사, 도관찰사가 혼용되었다. 이 명칭은 세조 12년(1466)에 '관찰사'로 확립되었다.

[12] • 고려 후기 사신의 증가에 관한 내용은 다음 글에 자세하다. 임용한, 『조선전기 수령제와 지방통치』, 혜안, 2002, 37~58쪽.

[13] • 김동욱, 「朝鮮初期 地方都市內 樓亭의 形成過程과 建築特性」, 『경기대학교 논문집』 37, 경기대학교, 1995, 549쪽.

[14] • 조선 후기의 경우이지만 다음 논문에 따르면 경기도 관찰사는 수도의 방위와 능묘 관리, 왕의 수행과 같이 다른 지방 관찰사와 구분되는 직무가 있었다. 이선희, 「18세기 경기도관찰사의 업무 실태와 특징: 『畿營狀啓謄錄』을 중심으로」, 『장서각』 23, 한국학중앙연구원, 2010.

[15] • 이수건, 『조선시대 지방행정사』, 민음사, 1989, 191쪽.

[16] • 『신증동국여지승람』 권10, 경기, 용인현, 누정.

[17] • 다음 항목에서 살핀 전라도 관찰사 유희춘의 『미암일기』와 경상도 도사 황사우의 『재영남일기』를 보면 관찰사가 병사(兵使), 수사(水使)와 연락을 나누고 만나는 일이 비일비재하게 등장한다.

[18] • 서거정의 기문에 언급된 해주객사 동헌의 경관에 대해서는 3-1장에서 구체적으로 서술하였다.

[19] • "世之尙論者皆以謂「官廨之修否, 不係於守令賢否」, 是大不然。上古無宮室, 巢居野處, 聖人取諸《大壯》以營宮室。況官廨者, 非吾私有, 接賓客, 尊王人, 以嚴官府。是烏可因循苟且, 弊弊焉坐視不治乎?予觀今之守令, 罷軟迂闊者, 雖簿書文字, 尙懵然罔措, 又遑暇於修擧廢墜乎?修擧廢墜, 實賢者能者之事, 吾於兩使君益信之矣。然海州山水之勝旣如彼, 官廨之美又如此, 吾恐居於斯者, 有流連翫愒之弊。夫如此, 則官廨之修, 適足爲妨政害治、玩物喪志之具矣, 其可乎哉?" 『신증동국여지승람』 권43, 황해도, 해주목, 궁실.

[20] • "池臺陂榭, 遊翫之所也, 於世道何與焉?然國家理亂之迹, 州縣興廢之由, 於是乎在。蓋朝廷淸明, 上下豫安, 則吏樂其職, 民安其生, 非有池臺陂榭, 何以形容大平之盛觀哉?法令苛暴, 賦斂繁重, 則民咨於野, 吏困於官, 雖有池臺陂榭, 豈能獨樂哉?" 『신증동국여지승람』 권9, 경기, 수원도호부, 누정.

[21] • "지방의 관아 건물은 왕에게 보고한 뒤에 영선(營繕)한다. 수리할 경우에는 다만 관찰사에게 보고하고 인리(人吏)·일수(日守)·관노(官奴)를 부린다." 『經國大典』 卷6, 公典, 營繕.

[22] • "건국(建國) 초기에는 무릇 청사를 사사로이 영선하는 일은 국가의 법령으로 엄금하였다. 까닭인즉, 부정한 관리들이 그 영선비를 도둑질하기 때문이다. 그러나 청렴하고 유능한 관리들이 금령을 무릅쓰고 영선한 것이 많아 그 사적이 모두 명사들의 서(序)나 기문(記文) 가운데 나타나 있다. 지금은 나라의 금령도 없고, 백성들은 청사의 퇴락을 탄식하고 있는데 이 어찌 팔장을 끼고 보고만 있겠는가." 丁若鏞, 『牧民心書』, 工典, 繕廨.

[23] • "어쩌다가, 한 관원이 수선하는 경우가 있게 되면 그 공사를 핑계 삼아 사리를 영위하여 경비를 남용하는 설계를 만들어 가지고 영문(營門)의 보조를 구걸하는가 하면 창고를 제멋대로 농간하며 백성들의 고혈(膏血)을 거둬들인다. 그리고, 아전과 공모하여 그 남는 것을 가로채어 제 사복을 채웠다가 발각되면 그만 법의 그물에 걸리고 만다. 이래서, 청사를 수선하는 일은 죄에 빠지는 함정이 되니, 비록 청렴하고 유능한 인사라 할지라도 경계하고 조심하면서 가만히 있는 것이 오히려 좋은 것이라고 생각하게 된다." 정약용, 『목민심서』, 공전, 선해.

[24]•정약용은 조선 법전의 토대가 되었던 『대명률(大明律)』에서, 관아 공사가 있을 경우 마땅히 상사에게 보고하고 답을 기다려야 하며, 시설이 파괴되었을 때 임기응변으로 수리하는 것을 예외로 하되 어길 경우 처벌한다는 조항을 제시하였다. 그러나 그대로 내버려는 것보다 회계를 정당하게 하여 공사를 실행하는 것이 낫다는 견해를 보였다. 정약용, 『목민심서』, 공전, 선해.

[25]•세종 22년(1440) 예조에서 제시한 민간 주택의 규모 제한에서 집의 전체 칸수와 함께 누(樓)의 칸수를 특정하였으며 주요 부재의 치수 제한을 설정하는 내용에서도 누(樓)의 높이를 포함하였다. 『세종실록』 권90, 세종 22년 7월 27일.

[26]•조선시대 관청 의례에서는 문과 마당, 기단, 바깥 기둥을 기준으로 외부 공간의 위계를 나누고 동서남북의 방위를 기준으로 내부 공간의 위계를 나누었다. 법전과 관서지류 문헌에 기록된 관청 공간과 의례에 관한 내용으로 다음을 참고. 임한솔, 「조선시대 육조거리 중앙관아의 관청 의례와 건축 공간: 법전과 관서지에 기록된 좌기 의례를 중심으로」, 『대한건축학회논문집』 40(5), 대한건축학회, 2024, 107~118쪽.

[27]•누에 오르는 데는 최상급자의 허락이 필요한 일이었으며, 유희춘이 전라도 관찰사 시절, 보좌관인 도사에게 했던 다음 지시가 그 일면을 보여준다. "진상 방물을 봉하는 것을 감독하는 것은 사례(事禮)가 지극히 중대하므로 특별히 도사더러 누에 올라서서 하라고 했다." 유희춘, 『미암일기초』 권3, 1571년 10월 15일.

[28]•김경숙, 「16세기 전라도 관찰사의 순행길」, 『지방사와 지방문화』 13(2), 역사문화학회, 2010, 47쪽.

[29]•가마를 탈 수 있는 권한은 양반인 관료 중에서도 문신 당상관에게만 주어졌다. 그러다가 숙종 37년에 이르면 감사와 유수에 한해서는 무관이나 음관이라도 가마를 타는 것이 허락되었다. 정연식, 「조선조의 탈것에 대한 규제」, 『역사와현실』 27, 한국역사연구회, 1998, 187~190쪽.

[30]•김경숙, 앞의 글, 45~52쪽.

[31]•『미암일기초』 1571년 8월 27일자를 보면, 전라도 관찰사 유희춘은 조정에서 내려온 특수한 사정으로 인해 소읍에 하루를 더 머물러야 하는 상황이 되었지만 소읍에 더 머무는 것이 폐가 된다고 판단하여 더 머물지 않고 떠나기로 결정을 번복하였다.

[32]•이수건, 『조선시대 지방행정사』, 민음사, 1989, 207쪽.

[33]•"以爲余不留列邑, 而驅馳劇務之中, 小邑只留一日, 大府亦不過數三日, 路險且長, 氣因容悴, 甚非養生之道" 유희춘, 『미암일기초』, 1571년 8월 25일.

[34]•"始離劇就閑, 於身亦幸" 유희춘, 『미암일기초』, 1571년 10월 17일.

[35]•"감사에 임명되는 자는 거개가 나이 늙은 사람들이어서, 이들로 하여금 2주년간에 걸쳐 온 도내를 순행 발섭(跋涉)하는 노고를 겪게 한다는 것은 사실 어려운 일이오니, 구제에 의하여 1주년으로 정하게 하옵소서." 『세종실록』 권82, 세종 20년 8월 6일.

[36]•김경숙, 앞의 글, 60쪽.

[37]•유희춘, 『미암일기초』, 1571년 3월 21일. 관찰사의 순행과 고을 백성의 소지 접수에 관한 내용은 다음 논문에 자세하다. 김경숙, 「15세기 정소(呈訴) 절차와 관찰사의 역할」, 『역사와 현실』 59, 한국역사연구회, 2006, 77~82쪽.

[38]•유희춘, 『미암일기초』, 1571년 8월 10·11일.

[39]•"백성을 친애하는 자로는 수령보다 더 가까운 것이 없으나, 수령 또한 자유로이 못하는 것이 있으니, 이는 위에 방백과 어사가 있기 때문이다. 방백의 임무가 어찌 한 곳에만 앉아 있는 것이겠는가. 말로는 감영(監營)에 머물러 수작하며 문부(文簿)만 왕래하면 된다고 하지만, 반드시 궁벽한 산골이나 멀리 떨어진 지역까지 두루 편력하여 한결같이 질고(疾苦)를 위문하고 폐단을 제거해야 할 것이다." 『선조실록』 권72, 선조 29년 2월 25일.

[40]•『미암일기』 원문은 국립중앙도서관 웹사이트에 공개된 조선사편수회 영인본으로 검토하였고, 번역문은 다음을 참고하였다. 유희춘 저, 담양향토문화연구회 편역, 『眉巖日記草』 제1~5집, 1992~1996; 『미암일기』의 서지 정보와 이본에 관한 사항은 다음 논문을 참고하였다. 송재용, 「『미암일기』의 서지와 사료적 가치」, 『퇴계학연구』 12, 단국대학교퇴계학연구소, 1998, 117~151쪽. 본문에 일기 내용과 함께 날짜를 쓴 경우에는 따로 인용을 표시하는 각주를 따로 달지 않았다.

[41]•유희춘, 『미암일기초』, 1571년 10월 16일.

[42]•유희춘은 일기에서 9개 고을을 돌지 못했다 쓰고 10개 고을의 이름을 언급하였으며 『신증동국여지승람』의 군현과 비교해보면 실제로는 12개 고을을 돌지 못했다. 김경숙, 「16세기 전라도 관찰사의 순행길」, 『지방사와 지방문화』 13(2), 역사문화학회, 2010, 60~61쪽.

[43]•『신증동국여지승람』 권34, 전라도, 여산군, 누정.

[44]•1571년 5월 9·11·12·13·18·19·22·23·24·25·26·27·28·29일, 6월 3·5·6·8·9·10·12·13·14·16·17·19·20·21·22·23·24·25·26·27·28·29·30일, 7월 2·5·6·8·9·12·14·15·16일.

[45]•유희춘, 『미암일기초』, 1571년 5월 14일.

[46]•유희춘, 『미암일기초』, 1571년 5월 11·16·17일.

[47]•"有樓隱映於林木間", 成俔, 『虛白堂文集』 券5, 記, 鎭南樓記.

[48]•"同登鎭南樓, 其高爽廣闊, 可坐百數十人." 유희춘, 『미암일기초』, 1571년 5월 12일.

[49]•"至亭, 俯臨大川, 上有寒碧堂." 유희춘, 『미암일기초』, 1571년 5월 12일.

[50]•"午時初, 四使會于喜景樓, 余先升, 兵使次之, 俱坐北壁, 左右水使次之, 俱坐東壁, 設樂與酒, 迭爲行酒." 유희춘, 『미암일기초』, 1571년 7월 28일.

[51]•"外方, 則觀察使·節度使竝北, 正三品節度使則東." 『經國大典』 券3, 禮典, 京外官會坐.

[52]•"南北五東西四, 宏敞壯麗, 甲於東方。東臨大路, 西俯脩篁, 鑿池其北, 種以芰荷, 又作射場於東, 以爲觀德之所." 『신증동국여지승람』 권35, 전라도, 광산현, 누정.

[53]•"以誕日進上方物監封, 事禮至大, 故余特令都事登樓而爲之." 유희춘, 『미암일기초』, 1571년 10월 15일.

[54]•『신증동국여지승람』 권35, 전라도, 나주목, 누정.

[55]•유희춘, 『미암일기초』, 1571년 5월 25일.

[56]•유희춘, 『미암일기초』, 1571년 5월 29일. 이곳에서 봉안사의 전별연을 했다. 동정은 『신증동국여지승람』의 나주목 누정조에 정도전의 글이 전하는 성의 동쪽 문루인 동루(東樓)일 가능성이 있다.

[57]•"到南原廣寒樓而坐, 其廣大開豁, 無與爲比." 유희춘, 『미암일기초』, 1571년 6월 30일.

[58]•"遂入官府, 登竹亭, 改修小舍, 甚蕭洒, 登眺望遠, 西指海浦, 東通金堤泰仁, 地勢亦頗高爽, 甚可喜也. 己巳年, 縣令李慶元所作也. (중략) 延見縣令崔遇慶, 語及此亭, 余命名聚遠." 유희춘, 『미암일기초』, 1571년 7월 14일.

[59]•具鳳齡, 『栢潭集』 券4, 七言律詩, 萬頃聚遠閔恕初忠元韻.

[60]•金齊閔, 『鰲峯集』 券1, 七言四韻, 萬頃聚遠亭次盧士雅韻.

[61]•洪迪, 『荷衣遺稿』, 七言律, 題萬頃聚遠亭.

[62]•"遂日坐高樓納涼, 外雖可喜, 而下實踈冷, 請自今以葱鹽, 蒸熱熨之, 更不宜坐樓, 只坐窓外受禮數, 還入房決公事." 유희춘, 『미암일기초』, 1571년 7월 18일.

[63]•"坐太高之軒, 受海風, 夕覺不安." 유희춘, 『미암일기초』, 1571년 7월 21일.

[64]•"以畏冷, 不敢出坐大廳, 只坐房內溫突." 유희춘, 『미암일기초』, 1571년 7월 22일.

[65]•도사로서 황사우의 임기는 1519년(중종 14) 12월 22일에 끝났지만 후임 도사가 오지 않았기 때문에 경상도에 머물러 직무를 계속 수행하였다.

[66]•『在嶺南日記』의 원문과 번역문은 다음을 참고하였다. 황위주 역, 『(脫草譯註)在嶺南日記』, 嶺南文化研究院, 2006.

[67]•『재영남일기』의 기본 사항은 다음 논문을 참고하였다. 이수환, 「조선전기 慶尙監司와 都事의 巡歷과 통치기능: 在嶺南日記를 중심으로」, 『민족문화논총』 34, 영남대학교 민족문화연구소, 2006, 513~541쪽.

[68]•도사로 제수되어 한양을 떠나 문경에 도착하기까지의 날은 제외하고, 임기가 끝났다고 일기에 적은 이후에도 관찰사 곁에 남아 일을 처리했던 날은 포함한다.

[69]•황사우의 재임 기간에는 비교적 복잡한 상황과 일정 때문에 경상도를 크게 돌고 상주에 돌아와서도 상주를 잠시 떠났다가 다시 들어오는 경우가 많았다. 여기서는 대략 한 달 이상 상주를 떠나 있었던 여정을 '순행' 개념으로 보고 그 수를 6차례로 제시하였다.

[70]•1519년 4월 25일에 전임 감사 한세환이 한성판윤으로 옮기고 신임 감사 문근이 부임하였다.

[71]•1519년 6월 9일에서 12월 1일까지 약 6개월간 도가 좌우로 나뉘어, 황사우와 관찰사 문근은 서쪽에 해당하는 경상우도를 맡았다. 이 기간에 좌도 관찰사로 부임했던 참판 이항(李沆, 1474~1533)과 만나 협의하고 좌도에 해당하는 군현을 도는 등 순행 일정이 교란되었다.

[72]•85개 군현은 『신증동국여지승람』과 일치하는 65개, 병영 2개(좌병영과 우병영), 속현 14개(내성현, 다인현, 단밀현, 수산현, 신번현, 약목현, 은풍현, 팔거현, 풍산현, 하빈현, 해안현, 해평현, 화원현, 효령현), 폐현 1개(공성현), 『신증동국여지승람』에서 확인되지 않는 지명 3개(일선현, 장천현, 진천군)에 해당한다.

[73]•황사우는 11월 10일부터 16일까지 관찰사와 갈라져 서로 다른 경로로 순행을 하고 17일에 다시 만나는데, 관찰사의 경로 중에서 황사우가 기존에 돌지 않았던 고을은 하동현 한 곳뿐이다.

[74]•이수환, 「조선전기 慶尙監司와 都事의 巡歷과 통치기능: 在嶺南日記를 중심으로」, 『민족문화논총』 34, 영남대학교 민족문화연구소, 2006, 530쪽.

[75]•『재영남일기』에서 황사우가 도사로 재직했던 기간 중에 누정/누의 활용이 기록된 날짜는 다음과 같다. 1519년 2월 1·6일, 5월 5·8·10·16·17·18·19·21·22(관어대)·24·26·28일, 6월 3·5·7·8·9·10·11·13·14·15·16·18·19·20·21·22·23·24·25·26·27일, 7월 3·4·6·7·8·9·10·12·14일, 8월 9·20일, 9월 12·20·22·23일, 10월 26일, 11월 21일.

[76]•황사우, 『재영남일기』, 1519년 5월 5일.

[77]•황사우, 『재영남일기』, 1519년 5월 21일.

[78]•황사우, 『재영남일기』, 1519년 5월 24일.

[79]•황사우, 『재영남일기』, 1519년 6월 5일.

[80]•황사우, 『재영남일기』, 1519년 6월 7일.

[81]•황사우, 『재영남일기』, 1519년 6월 20일.

[82]•황사우, 『재영남일기』, 1519년 6월 23일.

[83]•황사우, 『재영남일기』, 1519년 6월 26일.

[84]•황사우, 『재영남일기』, 1519년 7월 4일.

[85]•"諸道觀察使量擇道內校生, 每六月, 設都會所, 差文官三員(教授或閑散), 或講論或製述, 優等者(慶尙道·全羅道·忠淸道, 各五人, 其餘道, 各三人), 啓聞, 直赴生員或進士覆試." 『經國大典』 券3, 禮典, 獎勸.

[86]•관찰사의 고강 관련 내용은 동시기 『중종실록』 기사에도 등장한다. 『중종실록』 권33, 중종 13년 5월 28일; 『중종실록』 권63, 중종 23년 10월 28일; 『중종실록』 권89, 중종 34년 1월 19일.

[87]•이연진, 「인조-숙종대 교생고강(校生考講) 제도 연구」, 『교육사학연구』 23(2), 교육사학회, 2013, 95~131쪽.

[88]•황사우, 『재영남일기』, 1519년 5월 1일.

[89]•"使相至嶺南樓 時 右兵相金克成先入 下北別室 左水使 偕僕以下後北別室 皆議春秋也 使相下望湖堂 僕下小樓 三使坐樓 僕及諸公皆請謁 出" 황사우, 『재영남일기』, 1519년 7월 8일.

[90]•이호열, 「밀양 영남루 연혁 및 건축형식 변천에 관한 연구」, 『건축역사연구』 9(1), 한국건축역사학회, 2000, 12~13쪽.

[91]•"至州四十餘里 到官 夜已三更 御使自永昌還入 下雙淸堂 使相下矗石小樓 兼執義南下淸心堂 僕下日月堂宿 昆陽入 與兼執義同宿" 황사우, 『재영남일기』, 1519년 9월 20일.

[92]•『新增東國輿地勝覽』 券30, 慶尙道, 晉州牧.

[93]•"東爲淸心涵玉, 西爲觀水雙淸, 皆拱揖斯樓, 若賤幼者之朝尊貴也." 河受一, 『松亭集』 券4, 記, 矗石樓重修記.

[94]•"坐光風樓 僕寄霽月堂 (중략) 使相宿光風樓 僕宿霽月堂" 황사우, 『재영남일기』, 1519년 6월 21일.

[95]•명원루는 1368년(공민왕 17) 부사 이용(李容)이 창건하였다가 임진왜란 때 소실되었고, 1637년(인조 15) 군수 한덕급(韓德及)이 누각 15칸, 협각 3칸을 중창하여 이름을 '조양각'이라 고쳤다. 한국학중앙연구원, 「영천조양각(永川朝陽閣)」, 『한국민족문화대백과사전』.

[96]•황사우, 『재영남일기』, 1519년 5월 5일.

[97]•"改構東別室, 翼以小軒, 名曰淸涼堂. 又闢西別室增大之, 翼以小軒, 名曰雙淸堂, 皆極精微." 『신증동국여지승람』 권22, 경상도, 영천군.

[98]•"使相坐小樓 (중략) 行公事于矗石樓 使相命也 日暮 下淸心堂" 황사우, 『재영남일기』, 1519년 9월 22일.

[99]•"使相以腫氣蛭仍留 僕終日在館大廳行公" 황사우, 『재영남일기』, 1519년 9월 18일. "早朝 謁使相于逆旅 退在大廳 行公事" 황사우, 『재영남일기』, 1519년 9월 19일.

[100]•"午後 白使相 歸賞嶺南樓 坐望湖堂 設小酌從簡 只彈琴獨歌 李軌 李遠 金時弼 孫台弼 李騰 柳世湄 梁澹 日晩 郭宇亦來 僕只設初筵 未暮而還上幕" 황사우, 『재영남일기』, 1519년 2월 6일.

[101]•황사우, 『재영남일기』, 1519년 7월 6일.

[102]•"亦絶勝也 大抵此水源淸潔 山亦奇秀 土地亦饒 甲於道內" 황사우, 『재영남일기』, 1519년 6월 23일.

[103]•"月明漁棹泊空江 天影潭光鎖霧窓 客到更尋奇色處 碧山飛割白鷗雙[달빛 아래 고기잡이배 빈 강에 정박하고 / 하늘 빛 못물 빛이 쌍청당 창을 가리네 / 나그네로 와서 다시금 명승처를 찾으니 / 푸른 산 가로질러 한 쌍의 백구 날아가네]" 황사우, 『재영남일기』, 1519년 6월 26일.

[104]•"以茅盖焉 臨水極靜" 황사우, 『재영남일기』, 1519년 6월 20일.

[105]•"無樓故只坐東軒, 不免便服." 유희춘, 『미암일기초』, 1571년 7월 4일.

[106]•"只有東軒, 無樓可避暑, 乃設平床於房內." 유희춘, 『미암일기초』, 1571년 7월 10일.

[107]•"登樓, 以微雨濕氣還下房." 유희춘, 『미암일기초』, 1571년 7월 16일.

[108]•"是日, 以庭濕, 不爲出坐, 只在房內." 유희춘, 『미암일기초』, 1571년 6월 2일.

[109]•『경국대전』에는 관찰사가 처음 관할지에 왔을 때 6품 이상의 지방관은 조복(朝服)을, 향리(鄕吏)의 대표자는 공복(公服)을 입고 관찰사를 맞이한다는 규정이 있다. 관찰사의 방문이 처음이 아닐 경우 지방관은 오리정에 나오지 않아도 되고 향리는 시복(時服)을 입고 맞이하도록 되어 있다. 『經國大典』, 禮典, 京外官迎送.

[110]•유희춘, 『미암일기초』, 1571년 3월 22일. 후대청은 망궐례를 하는 객사의 중앙 대청으로 생각되며, '후(後)'를 쓴 것은 '중대청(中大廳)'과 구분하기 위한 표현으로 추정된다.

[111]•이선희, 「조선후기 한성부 내 京畿監營의 입지 연구」, 『서울학연구』45, 서울시립대학교 서울학연구소, 2011, 151~155쪽.

[112]•"경기 관찰사가 새로 임명되면 매양 경기 지역에 있는 고마청(雇馬廳)에 갔다가 그 길로 대궐에 들어와 숙배(肅拜)하고 집에서 사무를 처리하곤 하였다. (중략) 경기 감찰사만 유독 외임(外任)으로 여기면서도 대궐에 들어와 숙배하는 일을 폐지하지 않는 것은 참으로 당치 않은 일이다." 李裕元, 『林下筆記』 券27, 春明逸史, 畿營古事.

[113]•이수환, 「조선전기 慶尙監司와 都事의 巡歷과 통치기능: 在嶺南日記를 중심으로」, 『민족문화논총』 34, 영남대학교 민족문화연구소, 2006, 521쪽.

[114]•이은주의 연구에 따르면 평양지는 1590년, 1730년, 1837년, 1855년, 1892년, 1905년, 1906년 총 7차례 간행되었다. 이은주, 「평양 읍지를 어떻게 읽을 것인가」, 『한국한문학연구』 77, 한국한문학회, 2020, 115~146쪽.

[115]•대동관에는 칙서각과 향실, 제위판봉안실 외에도 악(樂)과 관련이 있는 구 교방(舊教坊), 연향을 맡는 토관 관청인 정설청(正設廳), 역시 토관 관청인 수지국(收支局)이 있었다. 청화관에는 조현당(調絃堂)과 삼청각(三淸閣), 풍월루에는 악공청(樂工廳)과 기생청(妓生廳)을 갖춘 전례서(典禮署), 신관에는 좌익옥약시(左翼屋藥市)와 우익옥서사(右翼屋書肆), 작청루옥(作廳樓屋)이 있었다.

[116]•상아는 감사본아, 이아는 서윤본아, 삼아는 판관본아에 해당한다. 다음 장에서 살펴보겠지만 〈평양관부도〉에서 상아(上衙)의 위치는 조선 후기 평양 지도에서 이아(二衙)의 위치와 같다. 이를 통해 〈평양관부도〉의 상아가 감사본아임이 확인된다.

[117]•이수건, 『조선시대 지방행정사』, 민음사, 233쪽.

[118]•영(楹)은 독립 기둥을 가리킨다. 즉, 영 1칸이란 벽체 없이 기둥만으로 외곽 입면을 구성한 1칸을 말한다.

[119]•조선 전기에 동헌(東軒)이라는 말은 일기 등 관찰사 관련 기록에서 대개 객사의 동쪽 날개채를 가리키는 경우가 많다. 그런데 여기에서 중동헌은 별도 건물로 쓰였으며 '중(中)'이라는 말이 쓰였다는 점이 흥미로운데, 가령 일기 자료에서 중문이자 실내공간의 역할을 수행했던 것으로 추정되는 객사의 중대청(中大廳)에 해당하는 건물이 중동헌이 아니었을까 생각된다. 다만 여기서는 통과하는 문의 형식이기보다는 대문에서 상방으로 가는 동선 가운데에 있던 건물이었을 가능성이 높다. 송암미술관 소장 〈평양성도〉에서 이전에 감영으로 쓰였다고 기록된 이아(二衙)를 보면, 중동헌으로 추정되는 부분이 있다.

[120]•방과 청 뿐만 아니라 영(楹)과 누옥(樓屋) 등을 비교적 상세히 구별해 기록한 『평양지』 공서조의 서술 수위를 고려하면, 중층이거나 누를 갖추었는데 이를 기록하지 않았을 가능성은 매우 낮다.

[121]•최영철은 『평양지』 공서조의 감사본아 구성을 분석하며 내아가 생략되었을 것으로 추정하였다. 최영철, 「朝鮮時代 監營의 職制와 建築的 構成의 相關性에 관한 研究」, 홍익대학교 박사학위논문, 1994, 45~49쪽.

[122]•윤두수, 『평양지』 권1, 공서(이은주 역, 『평양을 담다: 역주 『평양지』·『평양속지』』, 소명출판, 2016, 76쪽)

[123]•"素幔首陽館" 尹斗壽, 『梧陰遺稿』 券2, 俞政丞泓挽章.

[124]•"宣化堂。 觀察使營。 一名首陽館。" 『여지도서』, 황해도, 관찰영, 공해(서종태 역주, 『여지도서 23: 황해도 I』, 디자인흐름, 2009, 29쪽).

[125] • "首陽館。 在安西館西。 監司按營處。" 『여지도서』, 황해도, 해주목, 공해(서종태 역주, 『여지도서 23: 황해도 I』, 디자인흐름, 2009, 98쪽).

[126] • "首陽館, 卽舊時方伯聽事之堂, 先君按道時, 所嘗宿處之室也。今以新有挈眷之令, 作爲內室, 而兒適産於此." 李宜顯, 『陶谷集』 券20, 行錄, 亡子行錄.

[127] • "奉殿牌而迎使華之所曰安西舘曰首陽舘。 詔使程龍書其扁。 觀察使之正衙曰宣化堂。 在首陽舘之東." 洪敬謨, 『冠巖全書』 冊18, 記, 碧城記.

[128] • 『선조실록』 39권, 선조 26년 6월 26일. 기존 연구에서는 이 기사를 근거로 해주부터 유영화가 시작되었다고 보았다. 설현지, 「조선 후기 監司 久任制 논의와 시행」, 『조선시대사학보』 92, 조선시대사학회, 2020, 231~232쪽.

[129] • 이희권, 「朝鮮後期의 觀察使와 그 統治機能」, 『전북사학』 9, 전북대사학회, 1985, 112쪽.

[130] • 세종연간에 관찰사가 목사를 겸임하고 임기가 3년으로 연장되는 겸목구임제(兼牧久任制)를 도입하며 시도된 바 있으나 단종연간에 혁파되었다. 중종연간에도 같은 시행착오를 반복하였으며, 선조연간에 율곡 이이가 겸목구임제를 강력하게 주장하였으나 전라도와 경상도에 시험하였다가 다시 혁파되었다. 조선 전기 감사구임제 논의에 대해서는 다음 논문을 참고하였다. 설현지, 「조선 후기 監司 久任制 논의와 시행」, 『조선시대사학보』 92, 조선시대사학회, 2020, 223~251쪽.

[131] • 감사구임제의 찬반론에 대한 내용은 다음 논문을 참고하였다. 설현지, 「조선후기 감사 구임제(監司久任制) 논의와 시행」, 경북대학교 석사학위논문, 2019, 6~13쪽.

[132] • 유영화와 감사구임제의 전개에 대한 본 단락의 내용은 다음 논문을 참고하였다. 설현지, 「조선 후기 監司 久任制 논의와 시행」, 『조선시대사학보』 92, 조선시대사학회, 2020, 231~235쪽.

[133] • 김태웅, 「朝鮮後期 監營 財政體系의 成立과 變化: 全羅監營 財政을 중심으로」, 『역사교육』 89, 역사교육연구회, 2004, 165~167쪽.

[134] • 『선조실록』 권138, 선조 34년 6월 23일. 이 기사에서 사헌부는 관찰사의 행차 중에서도 특히 말과 관련된 부분이 지나치다는 것을 왕에게 간언하였다.

[135] • 조선의 조세 제도는 이전 왕조와 마찬가지로 중국 당나라의 세제인 조·용·조(租庸調)를 기본으로 하였다. 조(租)는 토지세, 용(庸)은 부역세, 조(調)는 공납세라고 볼 수 있다. 공납제에서 거두어들이는 공물은 국가의 녹봉이나 관부운영비, 각종 제사 비용, 외교비용, 전쟁·군비 등에 소요되었다. 한국학중앙연구원, 「공납」, 『한국민족문화대백과』.

[136] • 공납제와 대동수미법 등 대동법과 관련된 이상의 내용은 다음 문헌을 참고하여 정리하였다. 한국학중앙연구원, 「공납」, 『한국민족문화대백과』.

[137] • 감영의 유영화에서 재정과 관련한 문제에 대해서는 다음 논문을 참고. 김태웅, 「朝鮮後期 監營 財政體系의 成立과 變化: 全羅監營 財政을 중심으로」, 『역사교육』 89, 역사교육연구회, 2004, 163~193쪽.

[138] • 이해준은 감영 문화에 관하여 "감영이 있었기 때문에 남겨진 역사유적과 사건, 또 인물관련 전설과 일화"라는 요소를 먼저 제시한 후, 감영과 관련된 "문학, 예술, 학문·사상, 인쇄·출판 문화, 물산과 경제 자료들"로도 관심을 확대할 수 있다고 제시하였다. 이해준, 「조선시대 감영 문화사와 자원의 성격」, 『지방사와 지방문화』 11(2), 역사문화학회, 2008, 7~28쪽.

[139] • 이해준, 「조선시대 감영 문화사와 자원의 성격」, 『지방사와 지방문화』 11(2), 역사문화학회, 2008, 14쪽.

[140] • 두 조건에 모두 부합하는 경우는 함경감영, 황해감영, 충청감영이며 전자에만 해당하는 경우는 원주감영, 경상감영, 전라감영을 꼽을 수 있고 후자에만 해당하는 경우는 평안감영을

들 수 있다. 경기감영은 후대에 빈관이 마련되기는 하나 한성부에 위치하기 때문에 예외로 둔다.

[141] •『함산지통기』 권1, 성곽.

[142] •『여지도서』, 평안도, 평양, 성지(이철성 역주, 『여지도서 18: 평안도 Ⅰ』, 디자인흐름, 2009, 92~95쪽).

[143] •『여지도서』, 황해도, 해주, 성지(서종태 역주, 『여지도서 18: 황해도 Ⅰ』, 디자인흐름, 2009, 73~74쪽).

[144] •조형래, 서치상, 「英祖初年 全州와 大邱邑城 築造工事 硏究: 새로운 城制 및 공사방식을 중심으로」, 『대한건축학회 논문집: 계획계』 21(3), 2005, 81~90쪽.

[145] •김기현, 장헌덕, 「조선시대 성곽 장대의 건축특성에 관한 연구」, 『문화재』 48(2), 국립문화재연구소, 120~141쪽.

[146] •김기현, 장헌덕, 앞의 글, 123쪽.

[147] •설현지, 「조선 후기 監司 久任制 논의와 시행」, 『조선시대사학보』 92, 조선시대사학회, 2020, 234쪽.

[148] •『여지도서』, 함경도, 감영, 공해(김우철 역주, 『여지도서 27: 함경도 Ⅰ』, 디자인흐름, 2009, 29쪽).

[149] •물론 감영의 유영화과 건축의 전형화가 한참 진행된 조선 말기라 하더라도 각 감영의 건축 형식을 상세히 살펴보면 다른 점이 많다. 그럼에도 불구하고 최영철(1994)의 연구에서 정리해 제시한 바와 같이 세부는 다르지만 어느 정도 유사한 패턴으로 전반적 배치 구성과 건축 양식이 이루어졌다는 것은 충분히 인정할 만한 현상이다. 관련 내용은 다음 논문에 자세하다. 최영철, 「朝鮮時代 監營의 職制와 建築的 構成의 相關性에 관한 硏究」, 홍익대학교 박사학위논문, 1994.

[150] •『숙종실록』 권17, 숙종 12년 9월 21일 임인 2번째 기사.

[151] •"宣化堂卽監司布政之所也" 『승정원일기』 책318, 숙종 12년 9월 21일 임인 10/10 기사.

[152] •"宣化堂卽監司坐起之外軒" 『승정원일기』 책318, 숙종 12년 9월 28일 기유 13/13 기사.

[153] •4년 뒤인 1745년(영조 20)에는 『속대전』에도 관찰사 임기 2년제가 명시되어 법제화를 이루었다. 이상의 내용은 다음 논문을 참고하였다. 설현지, 「조선후기 감사 구임제(監司久任制) 논의와 시행」, 경북대학교 석사학위논문, 2018, 22쪽.

[154] •최영철, 「朝鮮時代 監營의 職制와 建築的 構成의 相關性에 관한 硏究」, 홍익대학교 박사학위논문, 1994. 책의 머리말에서 인용한 최영철의 다이어그램을 참고.

[155] •徐命膺, 「兼樂亭記」, 『保晩齋集』 권8, 記.

[156] •각 일기에 기록된 순행 기간은 다음과 같다. 이제, 『관서일기』: 1711년 3월 27일~4월 6일, 4월 24일~7월 21일, 1712년 2월 27일~3월 17일; 이제, 『해서일기』: 1709년 9월 21일~10월 10일; 이제, 『호서감영일기』: 1704년 8월 28일~9월 25일, 10월 4~24일; 심이지, 『금영일기』: 1780년 8월 16~27일, 9월 13일~10월 1일; 이상황, 『호남일기』: 1810년 9월 1~21일, 1811년 2월 22일~3월 4일, 8월 19~27일; 조재호, 『영영일기』: 1751년 7월 28일~8월 19일, 9월 2~24일.

[157] •이선희, 「18세기 수령과 관찰사의 행정마찰과 처리방식: 『가림보초(嘉林報草)』를 중심으로」, 『고문서연구』 27, 한국고문서학회, 2005, 5쪽.

[158] •여상진, 「18世紀 忠淸監司의 監營處 및 道內 邑治施設 利用: 교구(交龜), 순역(巡歷) 및 행례(行禮)를 중심(中心)으로」, 『한국산학기술학회 논문지』 9(1), 한국산학기술학회, 2008, 148쪽.

[159]•수령과 관찰사가 업무 때문에 만나는 일은 순행이나 감영 방문을 통해서였는데, 수령이 감영을 방문하는 이유는 신년하례와 조세 및 환곡 경부 등의 보고였다. 황윤석(黃胤錫, 1729~1791)의 『이재난고』를 보면 수령이 관찰사를 직접 대면한 경우는 1년에 5회 남짓이었다. 이선희, 「18세기 수령과 관찰사의 행정마찰과 처리방식: 『가림보초(嘉林報草)』를 중심으로」, 『고문서연구』 27, 한국고문서학회, 2005, 14쪽.

[160]•여상진, 「지방 邑治施設 복원 및 활용을 위한 조선시대 지방관의 日記類분석 기초 연구」, 『한국산학기술학회논문지』 11(7), 한국산학기술학회, 2010, 2683쪽.

[161]•조재호, 『영영일기』, 1751년 6월 22일.

[162]•조재호, 『영영일기』, 1752년 2월 27일.

[163]•조재호, 『영영일기』, 1752년 3월 6·21일.

[164]•이제, 『관서일기』, 1711년 3월 17일.

[165]•이제, 『해서일기』, 1710년 4월 13·15·22·25일; 5월 21·22·25; 6월 1일에는 선화당에서 대좌기.

[166]•이제, 『관서일기』, 1711년 11월 9일.

[167]•이제, 『관서일기』, 1712년 6월 23·25일.

[168]•이제, 『호서감영일기』, 1704년 6월 18일; 8월 1일; 8월 5일

[169]•이제, 『호서감영일기』, 1704년 8월 17일.

[170]•이제, 『호서감영일기』, 1704년 7월 4일.

[171]•"留全州宣化堂." 물론 이 표현을 말 그대로 선화당 건물에서 업무를 보았다고 해석하는 데는 이견이 있을 수 있다. 다만 이상황이 퇴근 후 돌아가는 공간을 '영헌(營軒)'이라고 따로 표기하고 있어 선화당이라는 말을 단지 상징적으로만 쓰지 않았을 가능성이 있으며, 일기 내에서 다른 시설에 대한 지칭어가 곧잘 등장하는 것으로 볼 때 그가 선화당 건물을 다른 관찰사보다 적극적으로 활용했다고 볼만한 여지는 충분하다.

[172]•조재호, 『영영일기』, 1751년 7월 12일.

[173]•조재호, 『영영일기』, 1752년 4월 8일.

[174]•이제, 『관서일기』, 1711년 11월 3일; 1712년 6월 9일; 7월 17일 등.

[175]•이제, 『관서일기』, 1711년 3월 23·25일; 7월 22·25일; 8월 22일; 1712년 11월 10일 등.

[176]•여상진, 「18世紀 忠淸監司의 監營處 및 道內 邑治施設 利用: 교구(交龜), 순역(巡歷) 및 행례(行禮)를 중심(中心)으로」, 『한국산학기술학회 논문지』 9(1), 한국산학기술학회, 2008, 149쪽.

[177]•이제, 『관서일기』, 1712년 6월 21일.

[178]•이제, 『호서감영일기』, 1709년 12월 11일.

[179]•이상황, 『호남일기』, 1810년 10월 7일(장대 시사); 10월 19일(제남정 시사, 한벽당 유람).

[180]•이상황, 『호남일기』, 1811년 4월 8일.

[181]•심이지, 『금영일기』, 1780년 4월 15일.

[182]•심이지, 『금영일기』, 1780년 10월 9일.

[183]•심이지보다 이른 시기인 18세기 초에 관찰사를 했던 이제는 임기를 마치고 돌아갈 때 강머리[江頭]에서 신 감사와 교귀를 했다고 썼다. 금강과 공산성이 면해 있고 강에서 뭍으로 올라오는 곳에 산성의 문인 공북루가 있다는 점을 상기하면, 충청도관찰사가 공주에서 교귀하는 장소로서 공북루 일대가 활용되었던 것에 어느 정도 전통이 있었다고 볼 수 있다. 이제, 『호서감영일기』, 1705년 2월 16일.

[184]•이제, 『관서일기』, 1712년 9월 18일.

[185]•丁若鏞, 『茶山詩文集』 券14, 記, 芙蓉堂記.

03 감영 원림의 유형과 실제

[1] • 여상진, 「조선시대 객사의 영건과 성격 변화」, 서울대학교 박사학위논문, 2005, 106~121쪽.

[2] • 누정의 위치가 객사를 기준으로 표시되어 있었다고 해서 모두 객사 영역 내에 있었다고 보긴 어렵지만, 그러한 누정의 경우 최소한 읍성 내부에 있었고 객사와의 기능적 연계성이 있었으리라 짐작할 수 있다.

[3] • 『평양지』(1590)에는 서윤 홍신(洪愼)과 판관 이수견(李壽堅)이 지었다고 쓰여 있으나 『여지도서』(1760)에는 관찰사 안침이 세웠다고 써 있다.

[4] • 쾌재정은 『여지도서』(1760), 『평양속지』(1892) 등의 누정조에 등장하고 평양성도류 회화 작품에도 빠짐없이 그려져 있고 도산 안창호가 18세에 만민공동회 연사로 나섰던 장소로 널리 알려져 있다. 별다른 중건, 중수 기록이 보이지 않는 것으로 볼 때 오랜 기간 건물이 비교적 잘 유지되었던 것으로 보인다.

[5] • 서거정의 「풍월루중신기」에는 1371년 순문사 임후(林候)가 지었다고 쓰여 있다.

[6] • 고려 초에 설치되었던 서경의 관서. 『고려사』에 전하나 관장했던 업무는 자세하지 않다. 한국학중앙연구원, 「영선점」, 『한국민족문화대백과』.

[7] • 윤두수, 『평양지』 권9, 서경풍월루기(이은주 역, 『평양을 담다: 역주 『평양지』·『평양속지』』, 소명출판, 2016, 426~428쪽).

[8] • 윤두수, 『평양지』 권9, 풍월루중신기(이은주 역, 『평양을 담다: 역주 『평양지』·『평양속지』』, 소명출판, 2016, 434~436쪽).

[9] • "風月樓在朝鮮平壤城之東隅, 前臨通衢, 後瞰池水, 城闉候館夾峙乎東西。一望巍然, 如人正襟斂容端坐, 雖箕踞跛倚, 欹斜四出, 終莫之能亂, 朝鮮西京之第一勝槪也。西京亭館之留亦多矣, 大率皆隨山勢而爲向背, 其於所謂江上之淸風, 山間之明月, 可兼收竝蓄而無所障蔽, 則有得有不得者焉。斯樓獨能兼有之, 宜其巨扁之留不于他而必于此矣。" 『신증동국여지승람』 권51, 평안도, 평양부, 누정.

[10] • "車馬街頭敞綺樓" 『신증동국여지승람』 권51, 평안도, 평양부, 누정.

[11] • 이 못은 『평양속지』에 풍월지(風月池)라고 쓰였으며 둘레는 191보, 중앙의 작은 섬은 둘레가 34보라고 기록되었다. 윤유, 『평양속지』, 권1, 성지.

[12] • 윤두수, 『평양지』 권9, 애련당기(이은주 역, 『평양을 담다: 역주 『평양지』·『평양속지』』, 소명출판, 2016, 456~457쪽).

[13] • 윤유, 『평양속지』 권1, 성지(이은주 역, 『평양을 담다: 역주 『평양지』·『평양속지』』, 소명출판, 2016, 484쪽).

[14] • 남정철, 『평양속지』 권하, 애련당중건기.

[15] • "樓凡三間, 翼以簷牙, 軒楹敞豁, 面勢得宜, 一州之勝, 於是焉具。" 『신증동국여지승람』 권48, 함경도, 함흥부, 누정.

[16] • 『함산지통기』 권2, 누정.

[17] • "自軒少迤而北, 有臺高丈餘, 有兩枏樹, 蒨蔥蓊鬱, 層陰布地, 可坐數百人。又迤而西北, 有三槐亭, 其爲勝與枏亭相甲乙。其南有沼, 蒔以芙蕖, 紅香綠影, 映帶左右。前其軒有浴室數楹, 浴室上下皆鑿新池, 廣袤各十餘丈, 植蓮種魚。上池之水瀌瀌循階除, 入于下池。浴罷憑闌, 夷然豁然, 可以滌煩襟而消酷暑矣。軒之傍又有一樓, 高明爽塏, 使華、賓客之來止, 必觴詠於斯。此一州形勝之大槪, 而都諸勝者, 吾東軒也。" 『신증동국여지승람』 권43, 황해도, 해주목, 궁실, 객관 동헌.

[18] •『여지도서』, 황해도, 해주, 누정(서종태 역주, 『여지도서 23: 황해도 Ⅰ』, 디자인흐름, 2009, 105~108쪽).

[19] •"國之按察營凡八。而關西之練光亭。以江山之佳麗名。關北之樂民樓。以川野之廣漠稱。其名與稱固宜也。獨海之芙蓉堂。卽一小池閣。但以處於按察營之南。" 洪敬謨, 『冠巖全書』 册18, 記, 芙蓉堂記.

[20] •홍경모의 「부용당기」나 홍양호의 「부용당기」를 비롯해 다수의 시문을 보면 연광정이나 낙민루와 구분되는 경관의 감상 양상을 확인할 수 있다.

[21] •국립문화재연구소, 『북한 국보유적 연혁 자료집』, 2012, 170쪽.

[22] •"萬戶炊煙靑靄靄, 四山佳氣碧浮浮." 『신증동국여지승람』 권33, 전라도, 전주부, 누정.

[23] •"府之北有樓曰鎭南, 爲本朝實錄所庋藏。廷議以爲慢, 乃建閣而遷安之, 樓遂復舊." 『신증동국여지승람』 권33, 전라도, 전주부, 누정.

[24] •"梅兄.桂魄兩淸新, 笑占高亭作主人。湖畔舊聞林換骨, 屋梁今見李傳神。歲寒始得香分塢, 秋至方應影滿輪。墻角竹君亦蕭灑, 因風寄語欲相親." 『신증동국여지승람』 권33, 전라도, 전주부, 누정.

[25] •『신증동국여지승람』 권28, 경상도, 상주목, 형승.

[26] •"唯客舍完具, 輪焉奐焉, 甲於南方。其廳堂基位規模布置, 宏壯有裕, 各得其宜." 『신증동국여지승람』 권28, 경상도, 상주목, 객관.

[27] •"旣乃床席于小樓, 其制極瀟灑。房于樓心, 窓虛而簾疎, 當暑寢處之甚宜。直樓頭又有浴室淨便." 『신증동국여지승람』 권28, 경상도, 상주목, 누정.

[28] •정종보(鄭宗輔)는 한국역대인물종합정보시스템에 1320년(충숙왕 7) 생원시 1등을 한 인물 한 명만 검색된다. 고려시대 인물로 추정된다.

[29] •「관정정기」에 1~2묘(畝)로 기록되어 있다. 묘는 전토(田土)의 면적 단위로서 우리나라에서 세종연간 제시되었던 단위는 259.46제곱미터이다. 한국학중앙연구원, 「묘(畝)」, 『한국민족문화대백과사전』.

[30] •신용희 기자, "잊혀진 공주역사 취원루를 아시나요?", e-금강뉴스. 2019년 8월 21일자.

[31] •여상진, 「조선시대 객사의 영건과 성격 변화」, 서울대학교 박사학위논문, 2005, 143~152쪽.

[32] •『함산지통기』 권1, 관우.

[33] •여상진, 「조선시대 객사의 영건과 성격 변화」, 서울대학교 박사학위논문, 2005, 169~195쪽.

[34] •성곽의 높이에 대해 유형원(柳馨遠, 1622~1673)은 5장(丈) 이상으로 제안했고 『화성성역의궤』에서는 2장 5척(尺)을 표준으로 삼았다. 1척을 30센티미터로 환산하면 전자는 15미터, 후자는 7.5미터에 해당한다. 식민지시기에 전주성의 성곽 높이를 실측하니 약 4미터였다고 전하며, 평양의 을밀대에서는 11미터였다고 전한다. 전주성 높이는 다음 문헌에서 참고. 서치상·조형래, 「영조초년 전주읍성 개축공사에 관한 재고찰」, 『건축역사연구』 16(6), 한국건축역사학회, 2007, 33쪽; 평양 을밀대 성곽 높이는 다음 문헌에서 참고. 사회과학원 고고학연구소, 『고구려문화』, 사회과학출판사, 1975, 24쪽(손영식, 『한국의 성곽』, 주류성, 2011, 338쪽에서 재인용)

[35] •평화문제연구소, 「부벽루」, 『조선향토대백과』, 2008.

[36] •李裕元, 『林下筆記』 券13, 文獻指掌編, 平壤府.

[37] •윤두수, 『평양지』 권9, 부벽루기(이은주 역, 『평양을 담다: 역주 『평양지』·『평양속지』』, 소명출판, 2016, 437~438쪽).

[38] •당고가 조선에 처음 왔던 1521년에는 연광정이 없었다.

[39]•윤두수, 『평양지』 권9, 연광정기(이은주 역, 『평양을 담다: 역주 『평양지』·『평양속지』』, 소명출판, 2016, 445~448쪽).

[40]•윤두수, 『평양지』 권9, 연광정중수기(이은주 역, 『평양을 담다: 역주 『평양지』·『평양속지』』, 소명출판, 2016, 465~466쪽).

[41]•『여지도서』, 함경도, 함흥, 누정(김우철 역주, 『여지도서 27: 함경도 I』, 디자인흐름, 2009, 174쪽).

[42]•"樓下有橋日萬歲。匯衆流而瀦于橋下。方可五里。濤波淪漣。望之若巨浸也。橋外有野。平楚彌迤。一面際海。窮睇而不可極也。野外有山。皆自北而騖。磈砑穹窿。上摩霄漢。列者爲屛。峙者爲壁。輿衛於左右也。斯樓之至勝也。如是者可以使民樂乎。曰否。吉日良辰。賓筵旣張。遙羽割臛。游鱗入膾。絲管迭奏。觥籌交錯。佳娃爭艶。珥墮簪遺。燭跋宵分。萬舞縱橫者。斯樓之至娛也。如是者可以使民樂乎。曰否。部曲咸集。僚屬攸同。士介而馳。馬御而騰。磬控若翼。縱送若組。二矛重喬。左拔右抽。楚廣吳練。風起電激。擊鮮酺饗。飫及賤更。魚麗鵝鸛。罔不合度。斯樓之至觀也。如是者可以使民樂乎。曰否。樓有至勝而不足以爲民樂。有至娛而不之以爲民樂。有至觀而不足以爲民樂。則民固何樂乎此歟。其亦無待於此而有足以爲樂者歟。間者數年。邊吏傳一檄。則行齎居送。鷄犬不寧。而今公之來。虜牧不南矣。穲稏盈疇矣。布縷盈機矣。夜枕得高矣。晝行無警矣。是非吾民之足樂乎。飢者待以食。寒者待以衣。幼者待以育。老者待以養。死者待以葬。三尺立而不欺。三令申而不犯。居平則爲曝日。有事則爲嚴霜。是非吾民之足樂乎。民旣具二樂矣。公且侈之以斯樓之美。則公之與民共樂者。詎不彰明較著。而民之樂之也不亦宜乎。豈孟氏所謂賢者而後樂此者耶。" 申欽, 『象村先生集』 券23, 記, 樂民樓記.

[43]•"與民偕樂, 故能樂也" 『孟子集註』, 梁惠王章句 上.

[44]•"賢者而後樂此之意" 『孟子集註』, 梁惠王章句 上.

[45]•남구만이 꼽은 10경은 다음과 같다. 본궁(本宮), 제성단(祭星壇), 격구정(擊毬亭), 광포(廣浦), 지락정(知樂亭), 낙민루(樂民樓), 일우암(一遇巖), 구경대(龜景臺), 백악폭포(白岳瀑布), 금수굴(金水窟).

[46]•박정애, 「朝鮮 後半期 關北名勝圖 연구: 南九萬題 계열을 중심으로」, 『미술사학연구』 278, 한국미술사학회, 2013, 61~95쪽.

[47]•"古有樂民亭在府城西隅。燬於壬辰。萬曆丁未。觀察使張公晩改築府城。起樓於舊亭之基。而上爲燕遊之所。下設守禦之備。仍扁曰樂民樓云。樓前有江曰城川。白沙平鋪。兩岸如雪。而江流廣可五里。淪漣漾漪。自成錦縠之紋。有橋曰萬歲。橫跨大江。平直如砥。車馬往來。隱隱日夜不已。江之東西。廣野杳茫數百里。白岳, 千佛。揷天於上游。而點點螺鬟。環擁獻媚。於下流宣德, 廣浦。又演迤而入望。南臨遠海。浩渺無窮。而花, 竹, 草諸島出沒於天水之際。樓下緣江。閭閻鱗緝十餘里。煙柳朦朧。歌管沸咽。凡海岳之崇深。江湖之淸麗。郊野之廣衍。旣攬而集於玆樓。而人物之殷盛。又兼而有之。名樓之義。有以也夫。" 南九萬, 『藥泉集』 券28, 記, 咸興十景圖記并序.

[48]•『함산지통기』 권1, 성곽(증보함산지편찬위원회, 『(증보)함산지』, 1974, 156쪽).

[49]•한준겸이 기록한 성곽 시설의 목록은 다음과 같다. 명검루(鳴劍樓), 간인루(看釰樓), 동평문(東平門), 성동문(城東門), 의운루(倚雲樓), 의천루(倚天樓), 장사루(壯師樓), 대노루(待勞樓), 구천루(九天樓), 북산루(北山樓), 관어정(觀魚亭), 승류문(承流門), 중수문(衆水門), 낙민루(樂民樓), 만갑정(萬甲亭), 서문(西門), 무인루(撫釰樓). 이중에서 간인루와 무인루의 '釰'자는 '劍'자의 오기이거나, 후대에 '劍'자로 바뀐 것으로 보인다.

[50]•韓章錫, 『眉山集』 券3, 詩, 修城作橋告功便輿巡覽歷登看劍倚雲鳴劍撫劍樂民九天北山之樓至松間亭暮歸拈杜秋興.

[51]•"城之有樓閣。蓋爲乘高以望敵也。其制蓋舊。卽秦時所謂譙門。是也。明制又有砲樓。環城間數十百堞置一樓。樓下穿砲竅數十。使樓閣相望。砲勢相及。其爲守禦之備益精密矣。我國自亂後頗效華制。邊鎭及要害之處。往往設砲樓焉。咸興爲巡察營。當南北衝。嶺北一大都會也。舊有城卑且圮。久未脩。比一二帥來。頗脩而新之。尙未完。及今上之三年。西原韓公以前大司憲。來按朔方。公以厚德宏量。嘗出握重兵。入持邦憲。望實素著。及臨是道。不動聲氣。威信自行。將吏懾懼。兵民協和。山戎屏伏。抱鼓不鳴。從嶺以北千有餘里之地。咸自得於數月之間。越三年某月。公出按城池。謂安不忘危。古之道也。慮不可以不遠。乃崇其垣飾其堞。增其卑易其惡。凡前帥之所未及者。一新之。以前李巡察所置砲樓名九天閣。當山之高。俯臨四野。而其規模狹小。無以容衆。乃經工度材。用恢其制。層軒崇阿。畫棟雕甍。輪焉奐焉。飛出半空。又以其北。可三十步所。山復高起。可臨見城內。賊若據此。城其危矣。又斥其城。限以山頂。直山頂又起一樓。是所謂北山樓也。自是城完備無瑕。可爲金湯萬世之固云。翼自前年冬。謫察高山。數因事詣營下。樓成。公命以記。翼辭不獲則曰。從此至北靑兩日程。北靑節度營爲此營之捍蔽而從北靑至三甲數百里。皆層巒疊岫。絕大險十數。大兵不可行。六鎭又遠者千里。雖使虜人犯順。邊境不免有事。此營豈遽至受兵。而公之治城郭。乃如是其周悉。公之慮可謂深且遠矣。且翼嘗登是閣也。俯視邑屋相連。魚鱗雜襲。大江橫經大野。分而爲二。延委縈廻。南入於海。海蒼然極天無際。江外野一望數十百里。四望群山累累。皆在眼底。誠天下之絕境也。公之爲此閣。本爲備寇。非爲觀游也。而其臨觀之勝。乃特絕如此。夫滕王，岳陽。在江南數千里之地。而至今天下之稱勝地。必曰滕王，岳陽。此閣雖在嶺北千里之外。論其形勝。實國中無與之比。則其將名於國中。而稱於百代也。明矣。是又不特爲城池之固而已也。夫此地爲營。餘二百年矣。更帥不知其幾。而此閣於今乃成。人之智慮相遠若此。而地之顯晦。亦有時歟。斯皆可志以示後也。抑翼又有懼焉。城及閣。誠美矣固矣。抑聞之。地不若人。險不若德。使後之繼者咸能得其人。恩足以懷一方。威足以鎭戎心。咸如公焉。則是自隱然有長城之勢。雖無此城。可也。不幸任非其人。徒知登望之勝。宴游之樂。而不恤士卒。招祈父之怨。則安知城中無戎狄。而亦安能獨樂此乎。又或禦戎無術。雷動風起。憒眊而失措。至委而去之。城其獨能禦虜乎。且夫天下之事。久則必壞。壞而不修則廢矣。故天下之患。不在於作者之不完。而常在於繼者之怠廢。此城此閣。雖堅且完。使久而不修。則棟宇安保其不傾。雉堞安保其不頹。則又可期其永爲金湯之固乎。若此者皆公之罪人。而翼之所懼也。茲竝書而記之。因以爲後來之戒云。萬曆四十年壬子臘月日。記。" 趙翼,『浦渚集』券27, 記, 九天閣記.

[52]•한국고전종합DB의 번역문에는 이후백(李後白)으로 풀어 쓰여 있으나, 이후백의 연보를 찾아보면 함경도 관찰사로 일했던 시기가 보이지 않는다. 앞에서 인용한『함산지통기』성곽조에 등장하는 성 수축 공사를 지휘한 이시발이 이씨 관찰사, 즉 '이순찰(李巡察)'일 것으로 생각된다.

[53]•『의유당관북유람일기』의 기본 사항과 인용문의 현대어 번역문은 다음 문헌을 참고하였다. 류준경 역주,『의유당관북유람일기』, 100대 한글 문화유산 86, 신구문화사, 2008.

[54]•"余按節明年。改築州城。仍治曲城。拓而濶之。長百二十步。廣十五步。高三十尺。建臺其上。號曰控海。城旣完。余與賓徒。登臺周覽。客曰。美哉。城之堅且高也。海之西有警。則可以屹然有賴。然有城而不守。與無城同。公能築之。又能保其必守乎。" 李天輔,『晉菴集』券6, 記, 控海臺記.

[55]•유만주의 해주 기행에 관한 내용은 다음 논문에 자세하다. 김하라,「유만주(兪晩柱)의 해주(海州):『흠영(欽英)』에 나타난 18세기 해주의 역사지리학」,『韓國漢文學研究』77, 한국한문학회, 2020, 183~221쪽.

[56]•전영옥,「조선시대 官營園林에 관한 연구」, 서울대학교 석사학위논문, 1991; 황상돈,「朝鮮時代官衙庭園에 關한 硏究」, 영남대학교 석사학위논문, 1998. 황상돈의 연구에 따르면『신증동국여지승람』에서 문루형으로 분류할 수 있는 사례는 35개이다.

[57]•"且謀於衆曰:'西門旣災, 塞而不用, 盍亦寔構?' 衆樂聞命, 不日而營, 上樓下關, 旣堅旣固。城有三門:東, 地卑而陋;南, 山近而隘;唯西門控臨廣野, 洞達軒豁, 山遠以簇, 海闊以平, 紆舒渺漫, 一目千里, 實擅一邑之形勝也。至若三時務農, 百室齊作, 登斯樓也, 則夫耕婦饁, 朝鋤夕還, 或耦或群, 或種或穫, 有事于西疇、盡力乎南畝者, 霑塗泥、暴風日, 勤勞困悴千態萬狀, 皆在乎軒窓几席之下, 而擧不逃乎目前, 則職勸農者所宜日登而時觀者也。然則非唯知勤怠而勸徵之, 使力本者益勉, 亦且知稼穡之艱難、盤餐之辛苦, 輕徭薄斂、節用愛人之心油然而長, 必不至食其力而怠其事矣, 況敢忍於剝膚椎髓浚其膏血、侈用傷財以病民乎?若是則斯樓之作, 其益於吾農也, 大矣。若夫山容海色景槪之勝, 不足爲斯樓之重, 何也?驗於古, 可以知於今;鑑於前, 可以戒於後。古而樂歌舞, 固一山海也;中而爲丘墟, 亦一山海也;今而復是城樓, 固亦一山海也。山海無變遷, 而人世有廢興, 樂不在乎山海, 而寓於人心之所感。由前而思, 宜可樂也, 由後而思, 亦可傷矣。古旣以淫侈逸樂而至於亡, 今當還定復振之初, 而遽欲蹈其前轍, 以不慮於後患乎? 是亦後之登斯樓者, 所當知而爲戒者也."『신증동국여지승람』 권24, 경상도, 영해도호부, 누정.

[58]•윤두수, 『평양지』 권9, 대동문기(이은주 역, 『평양을 담다: 역주 『평양지』·『평양속지』』, 소명출판, 2016, 430쪽).

[59]•李濟, 『海西日記』, 4월 8일.

[60]•"雍正丙午作南虹門。丙辰設小東門。南門樓曰靜海樓。東曰向日樓。西北無樓。英宗丁卯改築四門。并作虹蜺。而西門仍舊。南門爲二層樓。東西北三門只設層樓。東曰迎陽。南曰順明。西曰宣威。北曰拱極." 洪敬謨, 『冠巖全書』 18冊, 記, 碧城記.

[61]•김하라, 「유만주(俞晚柱)의 해주(海州): 『흠영(欽英)』에 나타난 18세기 해주의 역사지리학」, 『韓國漢文學研究』 77, 한국한문학회, 2020, 194쪽 참고.

[62]•『신증동국여지승람』 공주목 누정조에 북문루인 망북루(望北樓)가 기록되어 있는데, 이는 1602년 지어지는 공북루의 전신이었을 것으로 추정된다.

[63]•"完府十里之城卽豐鄕萬歲之地靈源濬發龍飛之山川宛然眞殿儼臨月遊之衣冠密邇爲國家根本州閭櫛比而鱗連當湖岑要衝商販繈至而輻輳逮夫甲年之改築厥有午門之最崇 (중략) 角峙向午之隅洗盡回祿之跡軍飛翼夷庚之上像得大壯之規商藏於市旅出於道擧莫非斯門而由也吏忭于庭民慶于野奚但爲是州之倖焉追算構之載成有嘉號之是錫遙瞻東注之水尙想王跡之肇基旁採南紀之風可見民心之條係金壁照爛一方之山河增輝欄檻登臨萬家之閭井盈矚" 『완산지』, 누정, 풍남문루(원문은 규장각 웹사이트에서 발췌하고 번역문은 다음 책에서 발췌한 후 수정 보완함. 이희권·황안웅·안진회 역, 『(完譯)完山誌』, 전주시·전주문화원, 2009, 128~131쪽).

[64]•『대구부읍지』, 성지(정병호 역, 『국역 대구부읍지』, 대구시·경북대 영남문화연구원, 2016, 25~26쪽).

[65]•李承熙, 『大溪集』 券2, 詩, 夜上洛瑞樓口吟.

[66]•廳屋 1칸, 前楹 3칸, 右楹 2칸, 房屋 3칸, 廚屋 1칸, 墻門 1(개소), 府官廳 5칸. 부엌을 관찰사 처소와 별채로 본다면 총 3채, 포함 관계로 본다면 2채 정도의 건축 구성이었던 것으로 보인다. 2-2장의 내용을 참고.

[67]•윤두수, 『평양지』 권9, 추향당발(이은주 역, 『평양을 담다: 역주 『평양지』·『평양속지』』, 소명출판, 2016, 454~455쪽).

[68]•윤두수, 『평양지』 권1, 군자루기(이은주 역, 『평양을 담다: 역주 『평양지』·『평양속지』』, 소명출판, 2016, 462~464쪽).

[69]•李廷龜, 『月沙集』 券37, 記上, 秋香堂記.

[70]•원문에는 "金公守伯"이라고만 쓰여 있고 한국고전종합DB 번역문에는 김이원(金履元)으로 부기

되어 있는데, 평안도관찰사 선생안을 보면 1604년에 재임했던 김신원이었을 것으로 생각된다.

[71] •"是堂也地奧而勢曠。處卑而境靜。" 李廷龜, 『月沙集』 券37, 記上, 秋香堂記.

[72] •趙泰采, 『二憂堂集』 券1, 詩, 箕營作假山板池 因構小亭漫詠.(번역은 다음 문헌에서 인용하였다. 박경자, 『조선시대 석가산 연구』, 학연문화사, 2008, 36쪽)

[73] •『승정원일기』 책1878, 순조 4년 3월 22일 신해 32/40 기사.

[74] •權馥, 『谷耘公紀行錄』, 西征日錄, 1828년 11월 5일(우응순 역, 『국역 곡운공기행록』, 국립중앙도서관, 2007, 102~103쪽).

[75] •일기에는 다경루만이 기록되어 있지만, 다경루를 언급하며 평원당을 지은 관찰사 박종훈을 '평원당 박두계(朴荳溪)'라 언급한 것으로 볼 때 평원당을 포함하여 다경루라 이른 것으로 보인다. 평원당은 박종훈의 호이다.

[76] •"璧月池: 在五詢亭下立碑刻三大字池種蓮" 『평양속지』(1892), 산천, 부지당(附池塘).

[77] •"奧如也有臺池林樊之趣。曠如也有山川郊原之望。" 洪敬謨, 『冠巖全書』 册16, 記, 多景樓記.

[78] •"庭無奇卉異花。只松檜十數株森立如環衛。" 洪敬謨, 『冠巖全書』 册16, 記, 多景樓記.

[79] •"一城之雲霞。萬井之烟火。皆輸於几案。" 洪敬謨, 『冠巖全書』 册16, 記, 多景樓記.

[80] •『순종실록』 권3, 순종 2년 2월 1일.

[81] •"翌朝巡使鄭公邀余于紅葉樓。樓在澄淸閣之後麓。處地忒高。眼界忒開豁。城市烟火咸湊几案。山川雲樹交映簾箔。是屐翁李尙書按節時所建。而樓成之日。箕伯徐尙書紅葉之詩適到。故仍以名之。又稱玉簫亭。盖取朱夫子鐵笛亭之義也。少焉與巡使步出樓之東角門。乃知樂亭前庭。盤龍之山。西迤東旋。而中岡蜿蜒而下。爲觀察使正衙。衙後數十步。平阜寬敞。正當一城之中央。藥泉相公起亭於上。爲游燕之所。東南西三面大野平圓。長川環抱。江外數千里無障閡。山容海色明滅於雲天之際。粉雉樓櫓豊籬烟樹。比櫛羅列。若擧案而來獻。近而一城之內。遠而百里之外。以形勝稱者靡不坐而領略。亭觀之勝。計無及此者。" 洪敬謨,, 『冠巖全書』 册21, 記○海嶽記[五], 咸山記.

[82] •『순조실록』 권22, 순조 19년 3월 7일.

[83] •『순조실록』 권9, 순조 6년 6월 24일.

[84] •『여지도서』 함경도, 관찰영, 공해(김우철 역주, 『여지도서 27: 함경도 I』, 디자인흐름, 2009, 34~37쪽).

[85] •"使邦人士女詠歌鼓舞, 自樂其得被聖化, 而不愧於王民也。" 『여지도서』 함경도, 관찰영, 공해(김우철 역주, 『여지도서 27: 함경도 I』, 디자인흐름, 2009, 34쪽).

[86] •감영 후원에 대한 연혁과 발굴 조사 결과를 검토한 논문으로 다음을 참고하였다. 이상균, 「조선후기 강원감영의 후원조영(造營)과 신선세계」, 『문화재』 49(3), 국립문화재연구소, 2016, 12~31쪽.

[87] •김해경·소현수, 「전통조경요소로써 도입된 학(鶴)과 원림문화」, 『한국전통조경학회지』 30(3), 한국전통조경학회, 2012, 57~67쪽.

[88] •『해주지』 책1, 누대.

[89] •"海西山水。窮於海州。故其勝絕瑰詭。甲於一路。而觀察使治焉。財富力巨。足以飾館宇辦臺榭。故游觀之勝。甲於一州。栢林亭獨據其高處。四望無礙。北則首陽之山偃蹇雲際。若高人節士壁立千仞。其南巨浸驚濤。怒浪喧呟砰勃。萬馬赴敵。" 金楺, 『儉齋集』 券20, 記, 重修栢林亭記.

[90] •"宣堂之後北阜。老柏六七株森立成行。中有小亭曰柏林。地勢宏敞。眼界平遠。" 洪敬謨, 『冠巖全書』 册18, 記, 碧城記.

[91] •洪敬謨, 『冠巖全書』 册18, 記, 芙蓉堂記.

[92] • 실제로는 바로 건너편이 아니라 의주로를 따라 북서쪽으로 약 200미터 떨어져 있다.

[93] • 李明漢, 『白洲集』 券16, 記, 京營重修記.

[94] • 『경기감영각방중기』는 국내에 3건, 해외에 1건 소장되어 있다. 1843년 본은 장서각, 1886년 본과 1889년 본은 규장각에 소장되어 있으며 1892년 본은 버클리대학교 동아시아도서관 아사미문고에 소장되어 있다. 국내외 4건의 『경기감영각방중기』에 대한 기초적 분석은 다음 문헌을 참고하였다. (재)역사건축기술연구소, 『경기도청 청사 역사문화자원 조사 연구용역 최종보고서』, 경기문화재단, 2016, 12~20쪽.

[95] • 흥선대원군의 명을 따른 박영보의 경기감영 중수에 대해서는 다음 문헌의 정리를 요약. (재)역사건축기술연구소, 『경기도청 청사 역사문화자원 조사 연구용역 최종보고서』, 경기문화재단, 2016.

[96] • 동북아문화재연구원, 『서울 평동 222번지 유적』, 유적조사보고 제13책, 236~237쪽.

[97] • "畿輔新營。有亭曰天然。亭以池勝。池於近都最大。且饒芙蓉。遂取天然去雕飾之義。名亭云。然華峴特秀。與紫閣控遠勢。左右鬬起。而西城繚白於前。白嶽半抹。微露城上如佛髻。皆於亭灌注拱合。爽朗秀媚如圖畫。天然亭之勝。又未必專以池勝也。畿輔布政營治。在敦義門外。分路東西。新營居其西。稍迤而北。距布政治。不一里而近。巡按使携賓僚。燕閒遨戲。必於亭。冠盖之從華峴往來。卿士大夫治祖帳迎餞。必於亭。至若酒人韻侶。鬬奇選勝。分曹張隊。攬紅衣而託咏。彎碧篇而爲飮。拍浮其間。流連爲樂。夸飾太平之歲。亦必於亭。是以亭之勝尤顯焉。亭刱於正宗癸丑。四十餘年之間。時加葺治。至于今不廢。然歲月浸久。楝傾礎圮。池亦湮蕪。至或侵占爲區塵。滿目蕭然。過者傷歎。余莅治畿輔之翌年丙申。鳩材募工。載營載經。亭室位置。無一增益。疏池爲一千頃。盡返其界。環堤而樹之檉柳。" 金正喜, 『阮堂全集』 券6, 記, 天然亭重修記.

[98] • 『장원서등록』에 따르면 서지에서 생산되는 연의 부산물들은 왕실의 진상품으로 제공되었고 공조의 부속 기관인 장원서의 관리 대상이었다. 전영옥, 「조선시대 한양에 조성된 관영의 연지에 관한 연구: 동지, 서지, 남지를 중심으로」, 『한국조경학회지』 22(2), 한국조경학회, 1994, 53~63쪽.

[99] • "此吾視事之餘燕坐怡神處靜觀動之所也" 『완산지』, 공해, 연신당(다음 번역문을 참고하되 규장각에서 원문 확인 후 수정. 이희권·황안웅·안진회 역, 『(完譯)完山誌』, 전주시·전주문화원, 2009, 103쪽).

[100] • "夫終日治事心擧耗矣退處虛閑之地孝心養擧獨觀昭曠之原則以至應事接物皆得其宜矣" 『완산지』, 공해, 연신당(다음 번역문을 참고하되 규장각에서 원문 확인 후 수정. 이희권·황안웅·안진회 역, 『(完譯)完山誌』, 전주시·전주문화원, 2009, 104쪽)

[101] • 이상 『대구부읍지』에서 여수각, 경우각과 관련된 내용은 다음 번역본을 참고하였다. 정병호 역, 『국역 대구부읍지』, 대구시 · 경북대 영남문화연구원, 2016, 149~151쪽.

[102] • 조영화, 「19세기말 경상감영건축의 배치구성에 관한 연구」, 『건축역사연구』 9(2), 2000, 33~48쪽.

[103] • 정병호 역, 『국역 대구부읍지』, 대구시 · 경북대 영남문화연구원, 2016, 132쪽.

[104] • 정병호 역, 『국역 대구부읍지』, 대구시 · 경북대 영남문화연구원, 2016, 140쪽.

04 감영 원림의 역사와 미학

[1] • "盖關東山水之富甲於八路而原之爲營宅乎野中四顧莽然無一邱一壑之可以寓目而娛意每春秋歷

巡靈區勝景令人應接不暇而及還營則朝夕於几案者村閭與田疇而已巡邑日短留營日長山水雖富終非我有此閣之所以作池不深而蕩然有江海之意臺不高而超然有岡巒之勢林木花石之環列掩映又恍然如松桂之洞海棠之洲觸類引伸大小一致足不下於階庭神則遍於湖山" 『關東誌』 券1, 江原監營 營誌, 題詠, 浮萍閣重修記. 번역문은 『(국역) 관동지』 상권 148쪽에서 발췌 후 윤문하였다.다.

[2]• 조선시대 각 도의 조세 징수와 조정 상납의 규모에 관한 내용은 다음 논문에 정리되어 있다. 오기수, 「조선시대 각 도별 인구 및 전답과 조세부담액 분석」, 『세무학연구』 27(3), 한국세무학회, 2010, 266쪽; 평안도에서 중앙에 조세를 상납하지 않는 것이 공식화되어 있었지만, 호조에서 요구할 경우 상황에 따라 어느 정도를 상납하는 등 평안감영의 재원이 중앙으로부터 완전히 독립되어 있던 것은 아니었다. 그러나 평안감영에서는 그러한 요구에 대응하여 재산 내역에 기록되지 않는 별비(別備)를 마련하는 등, 자체 운용 재원을 상당량 보유했던 상황이 지속되었다. 평안감영의 재원에 관한 구체적 내용은 다음 논문에 자세하다. 박범, 「조선후기 평안감영 재원의 성격과 물류의 추이」, 『한국문화』 94, 서울대학교 규장각한국학연구원, 2021, 35~68쪽.

[3]• "평안감사의 연봉이 24만 냥인데 그 절반은 공용이다. 9만 6천 냥을 경전사(經田司)에 납부하더라도 오히려 2만 4천 냥이 남는데, 얼고 주림을 걱정하겠는가?[平安監司, 歲食二十四萬兩, 其半公用也。九萬六千兩, 納于經田司, 猶其所餘二萬四千, 凍餒其足憂乎?]" 丁若鏞, 『經世遺表』 券7, 地官修制, 田制 9. 인용문에서 경전사(經田司)는 정약용이 개혁안에서 주장한 토지 전담 관청이다. 즉 인용문을 통해 평안감사가 공적으로든 사적으로든 매년 본인의 뜻대로 융통할 수 있는 돈이 24만 냥이었음을 확인할 수 있다.

[4]• 강구열 기자, 「"제일강산에 부귀까지"… 조선 최고의 '꿀보직' 평안감사」, 『세계일보』 2020년 12월 5일자.

[5]• "文所以載道也。輪轅飾而人弗庸, 徒飾也, 況虛車乎?" 周敦頤, 『通書』, 文辭第二十八.

[6]• "文辭載道之器" 『續東文選』 卷11, 進東文選箋.

[7]• "道妙無形。文以形道。四書六經。旣明且備。因文求道。理無不現。" 李珥, 『栗谷全書』 卷19, 聖學輯要一.

[8]• "夫四時之氣, 流行天壤間, 寒暑溫涼之異宜, 人之所以應之者, 亦各有其道也。然松石、水泉之興, 絲竹、杯觴之樂, 有主乎中, 則所以寒暑之流行於目前者, 有不足以動吾之心。何也? 喪心者, 外物也, 捨之二者, 順天時放吾志者, 其惟風詠乎! 風乎舞雩, 詠而歸, 胸次悠然, 無一點綴。況暑雨祈寒之怨咨, 有可以浼此哉? 使仗節剖符行過是州者, 得如春服旣成之際, 和氣洋溢, 尙民其幸哉! 敢請名以風詠。若夫繚垣爲囿, 引水爲池, 以種以樹, 顧瞻敞豁, 衆峯拱衛, 斯亭之羽翼也, 略之可也。" 『신증동국여지승람』 권28, 경상도, 상주목, 누정.

[9]• 한국학중앙연구원, 「삼원법(三遠法)」, 『한국민족문화대백과사전』.

[10]• "庭無奇卉異花。只松檜十數株森立如環衛。一城之雲霞。萬井之烟火。皆輸於几案。" 洪敬謨, 『冠巖全書』 册16, 記, 多景樓記.

[11]• "宣堂之後北阜。老柏六七株森立成行。中有小亭曰柏林。地勢宏敞。眼界平遠。" 洪敬謨, 『冠巖全書』 册18, 記, 碧城記.

[12]• "予曰: '樓之勝非一二, 而莫勝於聚遠, 蓋遠取諸勝而聚之一樓也. 登樓以望, 則左右前後, 映帶湖山. 凡上下數百里之間, 田野之綿曠也, 閭閻之比錯也, 津梁跋涉之險難也, 院宇行旅之間關也, 耕者、蠶者, 樵者、牧者, 畋漁者、販鬻者, 人之生育往復者無窮. 至如朝陽夕陰, 四時相禪, 雨露霜雪之變遷也, 草木花卉之榮憔也, 自飛自鳴, 自形自色. 囿於形氣之中者, 氣象不同, 一擧目而盡得之矣. 嗚呼! 何其遠之聚于樓如是也哉! 登覽之勝, 又可旣乎? 然樓觀之設, 非直爲遊玩

而已. 使登斯樓者望田野, 則思稼穡之艱難; 望閭閻, 則知民生之疾苦; 望梁津, 曰何以利涉乎川也? 望行旅, 曰何以願出於野也? 見窮民生業之不一者, 則思所以肉骨而燠寒, 以至山川草木鳥獸魚鼈, 莫不思所以祗若焉. 於是遠取於物而聚之樓, 聚之樓而聚之心. 此心常爲之主, 而觸於耳目者, 不足以攪吾之心, 則於名樓之義, 庶或近之矣, 而於牧民者之責, 亦不遠矣." 『신증동국여지승람』 권17, 충청도, 공주목, 누정.

[13]•도시가 나지막한 산 능선 위에 걸쳐 있거나 가까이에 산을 두고 있는 자연 지형은 우리에게 익숙한 환경이지만 중국이나 일본의 상황은 다르다는 지리학적 견해가 있다. 이는 산록완사면(山麓緩斜面)이라는 지형과 관계가 깊다. 도시의 입지에 착목한 내용은 아니지만, 『대한민국 국가지도집』에 실린 다음 부분을 참고할 수 있다. "한반도는 평균 고도와 평균 경사도 모두 일본과 중국 남부보다 높지만, 경사도의 국가 내 변화가 가장 적다. 즉 높은 경사도가 상대적으로 균등하게 나타난다는 것을 의미한다. … 즉, 일본과 중국 남부는 산지와 평지의 구분이 비교적 명확해서 국가 내 경사도의 변이가 크지만, 한반도는 그러한 경사의 급격한 변화가 상대적으로 적기 때문이다." 국토교통부 국토지리정보원, 『대한민국 국가지도집 Ⅱ』, 2016, 18쪽.

[14]•경기감영 후원 못처럼 한쪽 모서리가 접혀 있거나 강원감영 후원 못처럼 직선 중에 돌출된 부분이 있기도 하나 대체로 사각형의 평면 형태가 약간 변형된 정도로 이해할 수 있다. 함흥객사 칠보정과 원주객사 부평각처럼 비정형의 경계를 지닌 경우도 있지만, 이는 인위적으로 조성된 비정형이라기보다 습기가 많았던 장소에 치수의 관점으로 못을 관리하던 상황이 반영된 형태로 보인다.

[15]•朱熹, 『朱子大全』 券2.

[16]•이구의, 「朱子〈觀書有感〉詩의 韓國的 受容」, 『동아인문학』 27, 동아인문학회, 2014, 95~135쪽; 정우락, 「주자시의 문학적 수용과 문화적 응용 – 〈觀書有感(관서유감)〉을 중심으로」, 『영남학』 57, 경북대학교 퇴계연구소, 2015, 361~394쪽.

[17]•"人之一心, 湛然虛明, 如鑑之空, 如衡之平, 以爲一身之主者, 固其眞體之本然, 而喜怒憂懼, 隨感而應, 妍蚩俯仰, 因物賦形者, 亦其用之所不能無者也. 故其未感之時, 至虛至靜, 所謂鑑空衡平之體, 雖鬼神有不得窺其際者, 固無得失之可議; 及其感物之際, 而所應者, 又皆中節, 則其鑑空衡平之用, 流行不滯, 正大光明, 是乃所以爲天下之達道, 亦何不得其正之法哉?" 朱熹, 『大學或問』(홍성민, 『감정과 도덕: 성리학의 도덕 감정론』, 한국연구총서 90, 소명출판, 2016, 165쪽에서 발췌 후 일부 수정).

[18]•관련 내용은 다음 연구를 참고하였다. 홍성민, 『감정과 도덕: 성리학의 도덕 감정론』, 한국연구총서 90, 소명출판, 2016, 163~173쪽.

[19]•"虛白亭者。吾友洪兼善所構之亭也。曷爲扁以虛白。取南華氏之言也。不取吾儒。而其取乎齊諧何居。言雖不同而意無不同也。其所謂同者何。虛靈不昧。而能具衆理。室虛生明而吉祥來止。言雖殊而意則同也。然則何不曰明而曰白。虛則光。光而生明。明與白一般。而白是明之極也。以室之虛白。而施之外亭。可乎。亭在南山之麓。跨雲松之抄。北瞰城郭。闤闠擧集眼底。東望郊門。數十里莽然蒼然。其勢高闊。光景無窮。其受虛白之名。無乃名實不孚乎。瞬彼空闋。光輝入來。湛然明朗。塵垢不止。而外物不得與之相攖者。室之虛明也。天光下屬。地氣上騰。半夜沆瀣。平朝淸明之氣如雲非雲。浮動於空濛中者。亭之虛白也。蓋吾之心旣虛而能白。則在室在亭奚擇。人有問之者曰。亭之虛白。誠美矣。子之贊揚亦是矣。然空濛旣闢。日出雲開。野馬也。塵垢也。生物之以息相吹者。騈闐羅列而進。將應接之無暇。而無乃心馳於外。而牿亡浩然之氣乎。曰否。吾心之本虛。萬象亦與之涵虛。而無損益乎其眞。有道集虛。虛而盈。盈而能實。吾之心卽與天地造化相爲表裏。然則其虛也非徒虛。其白也非徒白。由是而參贊化育。其功不難矣。昔。裨諶謀於野則獲。在邑

則否。今君之在亭。不爲六鑑所攘。不爲機事所惱。能定靜安慮。能知所止。正其心修其身。施之於齊治平之極。其爲明德吉祥。豈不大歟。然則是亭也豈徒樽酒笑談云乎哉。佔畢諷詠云乎哉。能守虛白。而終至於大全之域不遠矣。磬叔。記.” 成俔, 『虛白堂集』 券4, 記, 虛白亭記.

[20]•마르틴 바른케 저, 노성두 역, 『정치적 풍경』, 일빛, 1997, 59쪽.

[21]•은일과 관련된 이상의 내용은 다음 논문을 참고하였다. 임상섭, 조정송, 「중국 은일문화의 사대부원림의 관계: 선진시대에서 당조까지」, 『한국조경학회지』 26(4), 한국조경학회, 1999, 113~124쪽.

[22]•“則跬步市朝之上, 閉門而歸隱, 則俯仰山林之下.” 蘇軾, 『唐宋八大家文鈔校注集評』 券120, 靈壁張氏園亭記(번역문은 노현리, 「雜記를 통해 본 북송 문인들의 원림 향유 양상」, 서울대학교 석사학위논문, 2016, 87쪽).

[23]•장지아지 저, 심우경·이창호·심현남 역, 『중국의 전통조경문화: 중국전통원림문화의 사상적 배경과 이론』, 문운당, 2008, 104쪽.

[24]•“海西觀察使李公[名義駿]。於芙蓉堂設宴。守令至者十餘人。余以査官赴海州。李公以書要之曰今荷花盛開。可因此會。共圖一飮。余至筵。李公勸之酒曰。此與宣化堂不同。今日之事。宜從眞率。余曰善哉。之言也。雖然監司察守令臧否。此堂勝於宣化。公知之乎。李公曰何哉。余曰守令至宣化之堂。皆端步莊色。愼言語恭禮數。無一而非良吏也。至若荷香柳色。照眼觸鼻。竹肉交陳。粉黛叢集。醇酒澆其腸。膾炙塡其腹。上官方且假之顏色。歡諧無滯。於斯之時。有叫呶嘻笑以自放者。察之而知其雜。必有能而輕犯法矣。有卑諂頌慕以自附者。察之而知其鄙。必面諛而多欺誑小民也。有流眙送意。不能忘情於婦女者。察之而知其軟。必怠於宦而干囑盛也。有痛飮如長鯨。旣醉而不辭飮者。察之而知其昏。必使酒妨務而刑罰濫也。如是則其察之不有愈於宣化之堂乎。李公曰善。雖然監司之事。守令亦察之。吾聞令公之言。將以自察之也。奚暇察人哉。遂記問答之語。以爲芙蓉堂記.” 丁若鏞, 『茶山詩文集』 券14, 記, 芙蓉堂記

[25]•이색이 수원 운금루(雲錦樓)에 대해 쓴 기문에 관련 내용이 등장한다. 구체적인 내용은 2-1장에 제시하였다.

[26]•신흠이 함흥 낙민루(樂民樓)에 대해 쓴 기문에 관련 내용이 등장한다. 구체적인 내용은 3-2장에 제시하였다.

맺음말

[1]•조선의 정원이 건축적이라는 의견은 대표적으로 식민지시기와 해방기에 활동한 건축가 오영섭(五英燮)이 1947년 『조선건축』 2권 1호에 실은 「조선의 정원사(朝鮮의 庭園史)」에서 엿볼 수 있다. 이 글에서 오영섭은 출수구와 수변 경계에 쓰인 절단석과 분재를 예로 들고 있으며, 창덕궁 후원이 울창한 수림을 배경으로 절단석과 원형 섬, 정자로 이루어져 있어 “건축미와 자연미를 대립하여 대자연을 보이고 있다”라고 썼다.

부록

지리지에 기록된 감영 원림 목록

평안감영: 평양

유형	누정명	신증 (1530)	평양지 (1590)	평양속지 (1730)	여지도서 (1760)	평양속지 (1892)	비고
객사	풍월루(風月樓)	O	O[누공]	X	X	–	읍호루 문 안 연선점의 옛 터. 연지 있음
	애련당(愛蓮堂)	–	O	O	O	O	풍월루 북쪽 연지 안. 대동문 안
	망월루(望月樓)	O	O	X	–	–	대동관 서헌 옆. 이칭 선월정(先月亭)
	쾌재정(快哉亭)	O	O	–	O	O	대동관 동헌 옆
감영	추향당(秋香堂)	–	O[공]	–	–	–	
	군자루(君子樓)	–	O	X	–	–	추향당 서북쪽 깊숙한 곳
	좌소정(坐嘯亭)	–	–	O[공]	–	–	석가산과 작은 연못 있음
	소요각(逍遙閣)	–	–	O[공]	O[감]	–	
	반구정(反求亭)	–	–	O[공]	O[감]	–	서쪽 담 안
	오순정(五詢亭)	–	–	–	–	O	옛 반구정을 서명응이 개건하고 개칭
	징청각(澄淸閣)	–	–	–	–	O[공]	일명 관풍각
	다경루(多景樓)	–	–	–	–	O	이칭 영대정(映帶亭)
	천일루(天一樓)	–	–	–	–	O	선화당 동각(東角)의 별호. 수월루(水月樓)
	지희정(至喜亭)	–	–	–	–	O	감영 뒤 담장 밖
	평원당(平遠堂)	–	–	–	–	O	감영 후원 만수문 안
관아	삼애당(三愛堂)	–	–	O[공]	O[공]	O	이아
	군자정(君子亭)	–	–	O[공]	–	–	이아 서쪽 담 안의 삼애당 옆
	망일헌(望日軒)	–	–	O	O[공]	–	옛 감영 북쪽
	주변루(籌邊樓)	–	–	O	–	–	옛 감영 북쪽. 망일헌과 같이 창건, 중수
	열운정(閱雲亭)	–	O	–	O[공]	O	대동찰방이 거주하는 곳(여지도서)
	장향각(藏香閣)	–	–	O	O[공]	–	교방
	장춘원(長春院)	–	–	O	O[공]	–	교방
성곽	을밀대(乙密臺)	O	O	–	O	O	모란봉 아래 영명사 서쪽
	공금정(控襟亭)	–	–	O	O	O	을밀대 아래
	부벽루(浮碧樓)	O	O	O	O	O	모란봉 아래 영명사 동쪽 북성 안
	득월루(得月樓)	–	–	–	–	O	부벽루 서, 영명사 앞
	함벽정(涵碧亭)	O	O	X	O	–	부벽루 북쪽
	읍호루(挹灝樓)	O	O	O	O	–	부성 동문. 대동문루의 누각
	보통문루(普通門樓)	–	–	O	O[성]	–	부성 서문.
	연광정(練光亭)	O	O	O	O	O	대동문 북동쪽 성곽 위
	영귀루(詠歸樓)	O	O	X	X	–	남포 가
	초연대(超然臺)	–	–	O	O	–	관아 동남쪽 성 위 대동문 남쪽. 동포루
	선승대(選勝臺)	–	–	O	O[성]	O	성 서남쪽 모퉁이. 전영(前營)
	공승대(供勝臺)	–	–	O	O[성]	–	성 서북쪽 모퉁이. 우영(右營)
	취승대(聚勝臺)	–	–	O	O[성]	–	을밀대 위, 사허정(四虛亭) 옛터.
	납승대(納勝臺)	–	–	O	O[성]	–	동성 장주암 위. 좌영(左營)
	경파루(鏡波樓)	–	–	–	–	O	옛 납승대 자리에 창건
	최승대(最勝臺)	–	–	O	O[성]	O	모란봉 아래. 후영(後營)
	일승대(一勝臺)	–	–	–	–	X	을밀대 아래. 후영 정청

유형	누정명	신증 (1530)	평양지 (1590)	평양속지 (1730)	여지도서 (1760)	평양속지 (1892)	비고
성내	열무정(閱武亭)	–	–	O	O	–	칠성문 안
	연무정(演武亭)	–	O	X	–	–	함구문 성 밖(외성 안)
	집승대(集勝臺)	–	–	O	O	–	장대. 1714년. 중영(中營)
	기자정각(箕子井閣)	–	–	O	–	–	
	종각(鐘閣)	–	–	O	O[공]	–	대동관 앞
	활래정(活來亭)	–	–	–	–	O	장경문 내 동양지 북쪽
성외	망원루(望遠樓)	O	O	X	–	–	대동강 동쪽 기슭
	석호정(石湖亭)	–	–	O	O	–	
	양벽정(漾碧亭)	–	–	O	–	O	성 동쪽 암문 밖. 1892 응벽정(凝碧亭)
	도호정(陶湖亭)[私]	–	–	O	–	–	연자포 가
	관란정(觀瀾亭)	–	–	–	–	O	조양리
	구주각(九疇閣)	–	–	–	–	O	구삼원(九三院)
	청풍각(淸風閣)	–	–	–	–	O	대동강 동변
(미상)	취원정(聚遠亭)	–	O	X	–	–	
	한사정(閒似亭)	–	–	–	–	O	서윤 서명민(徐命敏) 기문 있음
	○벽정(○碧亭)	–	–	–	–	O	관반루(官般樓) 이름
	만경대(萬景臺)	–	–	–	–	O	서산에 있음. 터만 있고 대는 없음

* 『평양지』에서 (표시없음): 누정조 / 공: 공서조 / 누공: 누정조 & 공서조
* 『여지도서』에서 (표시없음): 평양–누정조 / 감: 감영–공해조 / 공: 평양–공해조 / 성: 감영·평양–성지조
* 『평양속지』에서 (표시없음): 누정조 / 공: 공서조
* '신증': 『신증동국여지승람』. 이하동

함경감영: 함흥

분류	누정명	신증 (1530)	여지도서 (1760)	함산지통기 (1859)	비고
객사	문소루(聞韶樓)	O	O[감]	O[관누]	『여지도서』부터 공해조에 문소관으로 등장
	관풍정(觀風亭)	O	–	X	
	선경루(仙景樓)	O	–	X	
	칠보정(七寶亭)	O	O	O	풍패관 동쪽 연못 가운데
감영	지락정(知樂亭)	–	O[감]	O[제]	선화당 뒤 50보
	이화정(梨花亭)	–	–	X[제]	
	옥적정(玉籍亭)	–	–	O[제]	선화당 북쪽
성곽	남화문루(南華門樓)	O	O[성]	O	함산지에 경흥문
	낙민루(樂民樓)	O	O	O	『신증동국여지승람』에는 낙민정. 낙민루로 중건.
	북산루(北山樓)	–	–	O	
성외	학선정(鶴仙亭)	O	–	X	
	무황정(無荒亭)	–	O	O	부성 서쪽 성천강가 만세교 어귀. 의월정을 개칭.
	풍패루(豐沛樓)	–	O	O	본궁 안
	제월루(霽月樓)	–	O	O	향교
	광풍루(光風樓)	–	O	X	문회서원. 『함산지통기』에는 광풍정
	격구정(擊毬亭)	–	O	O	
	영귀정(詠歸亭)	–	O	–	운전서원(雲田書院)
	전승정(戰勝亭)	–	–	X	
	해월헌(海月軒)	–	–	X	광포 서쪽. 『함산지통기』에는 해월정

* 『여지도서』에서 (표시없음): 함흥–누정조 / 감: 감영–공해조 / 성: 감영–성지조
* 『함산지통기』에서 (표시없음): 누정조 / 제: 제서(諸署)조 / 관누: 관우(館宇)조와 누정조

황해감영: 해주

유형	누정명	신증 (1530)	여지도서 (1760)	해서읍지 (1871)	비고
객사	봉지루(鳳池樓)	O	–	–	객사 동쪽. 연못 있음. 영해(瀛海)로 개칭
	대유당(大有堂)	–	–	O	옛날의 영해루(瀛海樓)
	사황재(思皇齋)	–	–	O	
	은행정(銀杏亭)	O	–	–	동헌 북쪽
	모란정(牧丹亭)	O	–	–	별관 북쪽
	부용당(芙蓉堂)	O	O[감]	O	객관 서쪽(신증), 수양관 남쪽 연못 가운데(여지도서)
감영	백림정(栢林亭)	–	O[감누]	O	수양관 북쪽
	관풍각(觀風閣)	–	O[감]	–	
	징청각(澄淸閣)	–	O[감]	–	
	포정문(布政門)	–	–	O	
관아	소하당(小河堂)	–	O	O	이아 서쪽. 연못과 섬
	이아풍월루(貳衙風月樓)	–	–	O	
성곽	공해대(控海臺)	–	O	O	읍성 북쪽 곡성(曲城) 위. 장대라고도 불림.
	정해루(靜海樓)	–	–	O	남대문. 2층루
성외	탁열정(濯熱亭)	–	O	O	관아 북쪽 3리 광석천 가
	해운정(海雲亭)	O	O	O	주의 동쪽 5리. 별칭 동정자(東亭子)
	서정(西亭)	O	–	–	주의 서쪽 10리
	읍청정(挹淸亭)[私]	–	O	O	관아 서쪽 10리. 허씨정
	취야정(翠野亭)[私]	–	O	O	가좌동
	청계당(聽溪堂)[私]	–	O	–	소현서원 남쪽 냇가
	요금당(瑤琴亭)[私]	–	O	–	소현서원 문 앞 연못가

* 『여지도서』에서 (표시없음): 해주–누정조 / 감: 감영–공해조 / 감누: 감영–공해조 & 해주–누정조

강원감영: 원주

분류	누정명	신증 (1530)	여지도서 (1760)	관동지 (1830)	비고
객사	봉명루(奉命樓)	O	X	X	객관 동쪽
	부평각(浮萍閣)	–	O[감누]	O[감]	객관 동쪽
	쌍수대(雙樹臺)	O	X	X	객관 서쪽
	청음정(淸陰亭)	O	O	O	객관 남쪽. 〈강원감영도〉에 청음당
감영	환선정(喚仙亭)	–	O[감]	–	
	봉래각(蓬萊閣)	–	O[감누]	O[감누]	선화당 북쪽 연못 가운데 작은 섬 위
	관풍헌(觀風軒)	–	–	O[감]	봉래각 북쪽의 작은 연못 안
관내	추월대(秋月臺)	–	O	O	고을의 뒷산 기슭
관외	숭화정(崇化亭)	O	X	X	주(州)의 서쪽 2리쯤
	빙허루(憑虛樓)	O	X	X	주천현 객관 동쪽
	청허루(淸虛樓)	O	O	O	주천현 객관 서쪽
	청연당(淸讌堂)	–	O	O	청허루 곁
	취병정(翠屛亭)	–	O	X	관아 서쪽 40리
	옥소대(玉梳臺)	–	O	X	주천현 동쪽 20리
	집승당(集勝堂)	–	O	O	관아 북쪽 8리
	미륵당(彌勒堂)	–	O	O	주천현 북쪽 10리
	원암정(圓岩亭)	–	X	X	관아 북쪽 30리
	월은정(月隱亭)	–	X	X	관아 동쪽 7리
	귀석정(龜石亭)	–	O	O	관아 동쪽 2리
	관어대(觀魚臺)	–	O	O	관아 북쪽 20리
	입석대(立石臺)	–	O	O	관아 동쪽 15리
	수석정(漱石亭)	–	O	O	관아 서쪽 25리

* 『여지도서』에서 (표기없음): 원주–누정조 / 감: 감영–공해조 / 감누: 감영–공해조 & 원주–누정조
* 『관동지』에서 (표기없음): 원주–누정조 / 감: 영지–정각(亭閣)조 / 감누: 영지–정각조 & 원주–누정조

경기감영: 한성부

경기감영의 감영처는 한성부였기 때문에 객사나 부속 누정에 대한 조선 전기 기록을 찾기 어렵다. 예컨대 『신증동국여지승람』에서 경도(京都)나 한성부(漢城府)에서 경기감영이 위치했던 반송방(盤松坊)이나 돈의문 밖, 모화관에 대한 내용은 찾아볼 수 있으나 경기감영에 대한 언급은 전혀 없다.

충청감영: 공주

분류	누정명	신증 (1530)	여지도서 (1760)	공산지 (1859)	비고
객사	취원루(聚遠樓)	O	–	O	객사 동쪽. 옛 관정정(觀政亭).
	응벽당(凝碧堂)	O	–	O	취원루 곁
감영	관풍루(觀風樓)	–	O[감]	–	
관아	장대(將臺)	–	O[감]	–	6칸이다
	제금루(製錦樓)	–	O	–	공주 관아 문의 누각
산성곽	망북루(望北樓)	O	–	O	성 북문루
	공북루(拱北樓)	–	O	O	쌍수산성의 북문루. 누정 동쪽에 월파당(月波堂)
	진남루(鎭南樓)	–	O	–	산성 남문의 누각.
	쌍수정(雙樹亭)	–	O[감]	–	6칸. 감영–공해–산성
	만하루(挽河樓)	–	O[감누]	–	6칸. 감영–공해–산성 / 성 동쪽 성곽의 누각
산성내	후락정(後樂亭)	–	O[감]	–	4칸. 감영–공해–산성
교외	원수대(元帥臺)	O	–	O	주 서쪽 7리
	금강루(錦江樓)	O	–	O	금강 남쪽 언덕
	유구역정(維鳩驛亭)	–	–	O	부 서쪽 50리
	독락정(獨樂亭)[私]	–	–	O	부 북쪽 30리 삼기면
	한림정(翰林亭)[私]	–	–	X	(위치 불명)
	금벽정(錦壁亭)[私]	–	–	X	(위치 불명)
	사송정(四松亭)[私]	–	–	X	(위치 불명)

* 『여지도서』에서 (표시없음): 공주–누정조 / 감: 감영–공해조 / 감누: 감영–공해조 & 공주–누정조

전라감영: 전주

분류	누정명	신증 (1530)	전주부읍지 (1760)	완산지 (1905)	비고
객사	진남루(鎭南樓)	O	–	X	객사 북쪽, 조산 뒤.
	매월정(梅月亭)	O	–	X	『완산지』에는 매월루
	청연당(淸讌堂)	O	–	–	
감영	연신당(燕申堂)	–	–	O[공]	관찰사 내아 북쪽
	의의정(猗猗亭)	–	–	O[공]	판관 내아 북쪽
	녹균정(綠筠亭)	–	–	X	『신증』에 없었던 고려시대 관아 누정 기록
성내	내사정(內射亭)	O	–	–	
	진북정(鎭北亭)	–	–	O	관아의 동북쪽, 성 안
성곽	풍남문루(豐南門樓)	–	O	O	성 남문. 이칭 명견루(明見樓)
	패서문루(沛西門樓)	–	–	O	성 서문
	완동문루(完東門樓)	–	–	O	성 동문
	공북문루(拱北門樓)	–	–	O	성 북문
성외	제남정(濟南亭)	O	–	O[공]	병영으로 개축하고 부속건물 다수
	호경루(護慶樓)	–	O	O[공]	개축된 제남정 영역의 문루
	쾌심정(快心亭)	O	–	X	
	공북정(拱北亭)	O	O	O	부 서북쪽 5리
	만화루(萬化樓)	O	O	O	부 남쪽 3리 향교 앞
	한벽당(寒碧堂)	–	O	O	부 남쪽 4리
	장대(將臺)	–	O	O[공]	부 북쪽 5리
	비비정(飛飛亭)	–	–	X	사정이었다가 1752년 관정으로 중건
	죽수정(竹藪亭)[私]	–	–	X	개인 누정
	다가정(多佳亭)[私]	–	–	O	개인 누정(추정)
	군자정(君子亭)[私]	–	–	O	개인 누정(추정)
	읍양정(揖讓亭)[私]	–	–	O	개인 누정(추정)
	청수정(淸水亭)[私]	–	–	O	개인 누정(추정)

* 전주는 한국교회사연구소에 소장된 『여지도서』 유일본에 누락되어 있음. 1760년 경 편찬된 것으로 알려져 있는 규장각 소장 『전주부읍지』로 대신함.
* 『완산지』에서 (표시없음): 누정조 / 공: 공해조

경상감영: 대구

분류	누정명	신증 (1530)	여지도서 (1760)	대구읍지 (1768)	대구부읍지 (1899)	비고
객사	금학루(琴鶴樓)	O	X	X[궁]	X[공]	객사의 동북 모퉁이
감영	여수각(如水閣)	–	–	O[궁]	O[공]	징청각과 선화당 사이. 일명 경우각(慶雨閣)
	관풍루(觀風樓)	–	–	O[궁]	O[공]	
	옥령루(玉靈樓)	–	–	–	O[공]	징청각 동루의 편액 명칭.
관아	척금루(滌襟樓)	–	–	O[궁]	O[공]	선칠당(부윤)과 지붕이 잇달아 있었음
	연월루(戀月樓)	–	–	X[궁]	X[공]	
	점풍루(占豊樓)	–	–	O[궁]	O[공]	매죽헌(판관) 동쪽 지붕이 잇닿은 작은 누
	낙육재(樂育齋)	–	O[감누]	–	O[제]	『대구부읍지』에서는 제영에 단편적 등장
성외	읍북루(挹北樓)	–	–	O[궁]	O[공]	부 서쪽 3리. 일명 북후정(北堠亭)
	하목당(霞鶩堂)[私]	–	O	O	O	부 서쪽 낙동강가
	전귀당(全歸堂)[私]	–	O	O	O	부 북쪽 20리
	세심정(洗心亭)[私]	–	–	O	X	금호강가
	압로정(狎鷺亭)[私]	–	–	X	X	부 북쪽 금호강가
	환성정(喚醒亭)[私]	–	–	X	X	부 북쪽 금호강가
	아금정(牙琴亭)[私]	–	–	X	X	부 서쪽 30리 하남면 죽곡리
	이락정(伊洛亭)[私]	–	–	–	O	부 서쪽 30리 성서면 파산 아래
	농연정(聾淵亭)[私]	–	–	–	O	부 북쪽 부인동
	태고정(太古亭)[私]	–	–	–	O	부 서쪽 40리 하서면 묘골
	도례정(道禮亭)[私]	–	–	–	O	부 북쪽 50리 동하면
	추원정(追遠亭)[私]	–	–	–	O	부 남쪽 20리 파잠의 무릉동
	사우정(四友亭)[私]	–	–	–	O	부 남쪽 60리 각북의 남산 아래
성외	성재정(盛才亭)[私]	–	–	–	O	부 북쪽 30리 해북촌
	영벽정(暎碧亭)[私]	–	–	–	O	부 서쪽 40리 낙동강가
	금호정(琴湖亭)[私]	–	–	–	O	부 동쪽 금호강가
	와룡정(臥龍亭)[私]	–	–	–	O	부 북쪽 20리 용암 위
	속계재(涑溪齋)[私]	–	–	–	O	부 북쪽 동하면 지평
	적지정(赤池亭)[私]	–	–	–	O	부 동쪽 20리 동촌
	용담정(龍潭亭)[私]	–	–	–	O	부 북쪽 7리 동중면 연암 아래
	우모재(寓慕齋)[私]	–	–	–	O	부 동쪽 20리 동촌의 행동
	달성재(達城齋)[私]	–	–	–	O	부 북쪽 5리 달성 아래
	화암정(花巖亭)[私]	–	–	–	O	부 서쪽 20리 건법동
	화산정(華山亭)[私]	–	–	–	O	부 남쪽 80리 각초동
	오암재(梧巖齋)[私]	–	–	–	O	부 북쪽 20리 해북촌

* 『여지도서』에서 (표시없음): 대구–누정조 / 감누: 감영–공해조 & 대구–누정조.
* 『대구읍지』에서 (표시없음): 누정조 / 궁: 궁실조
* 『대구부읍지』에서 (표시없음): 누정조 / 공: 공해조 / 제: 제영조

책에 등장하는 감영 원림 연표

■ 일러두기

– 이 연표는 본문에서 다루어진 감영 원림의 내력 중에서 연도를 확인할 수 있는 사안을 모아 간략히 정리한 것이다.

– '지역' 항목에는 도시의 이름을 기입했다. '유형' 항목에는 누각/객사/성곽/감영/(기타)를 기입해 이 책에서 다룬 감영 원림의 유형 분류를 제시했다. 여기서 '누각'은 경회루를 비롯한 '도성의 누각'을 뜻하고, '감영'은 감영 본청을 뜻한다.

– 감영 원림에 해당하는 개별 사례의 창건, 중건, 조성 등 건축물이 새로 또는 다시 지어졌거나 현상변경을 동반하는 중요 공사라고 판단되는 경우에 굵은 글씨로 강조하였다.

왕조	연도	지역	유형	내용
고려 예종	1105–1122	평양	성곽	고려 예종이 순시하며 부벽루로 개명
충숙왕 14	1327	상주	객사	상주객사 중건(김영후)
공민왕 10	1361	평양	성곽	홍건적의 침입으로 대동문 파괴
19	**1370**	**상주**	**객사**	**풍영루, 객사 동쪽을 개척해 창건(목사 김남득)**
20	**1371**	**평양**	**객사**	**풍월루, 영선점 터에 창건(부윤 임공)**
우왕 6	1380	상주	객사	왜구 침입으로 객사와 풍영루 파괴
공양왕 1	1389	중국	(기타)	이방원, 고려 말 사신으로 명나라 남경 다녀옴
2	**1390**	**상주**	**객사**	**상주객사 복구, 누정 터를 넓혀서 풍영루 중건(목사 송인)**
조선 태조 3	1394	중국	(기타)	이방원, 개국 초 사신으로 명나라 남경 다녀옴
〃	**〃**	**평양**	**성곽**	**대동문, 중층 문루로 중건(부윤 조온)**
4	1395	원주	(기타)	강원도의 본영을 원주로 설정
〃	〃	전주	(기타)	전라도의 본영을 전주로 설정
〃	〃	청주	(기타)	충청도의 본영을 청주로 설정
〃	〃	해주	(기타)	황해도의 본영을 해주로 설정
정종 1	1399	개성	(기타)	정종, 수도를 한양에서 개성으로 재천도
태종 1	1401	개성	(기타)	태종, 즉위 후 첫 중국 사신과 황명을 궁궐이 아닌 의정부 청사에서 받음
5	1405	한양	(기타)	창덕궁 완공
〃	〃	한양	(기타)	태종, 수도를 개성에서 한양으로 재천도
6	1406	한양	(기타)	태상왕인 태조를 위해 덕수궁 완공
〃	**〃**	**한양**	**누각**	**창덕궁 광연루 창건**
〃	〃	한양	(기타)	개천(청계천) 1차 공사
7	1407	한양	(기타)	성균관 문묘 완공
〃	**〃**	**한양**	**누각**	**돈의문 밖 모화루 창건**
8	**1408**	**한양**	**누각**	**돈의문 밖 모화루 못 조성**
〃	〃	상주	(기타)	경상도의 본영을 상주로 설정
9	**1409**	**한양**	**누각**	**창덕궁 광연루 못 조성**
〃	**〃**	**전주**	**객사**	**진남루 창건(관찰사 윤향)**
11	1411	한양	(기타)	개천(청계천) 2차 공사. 백성 5만 2천여 명 동원
12	**1412**	**한양**	**누각**	**경복궁 경회루 창건, 못 조성**
13	1413	한양	(기타)	도성의 행랑조성도감, 1360칸 규모의 장랑 완공
〃	〃	수원	(기타)	경기도의 본영을 수원으로 설정
〃	〃	평양	(기타)	평안도의 본영을 평양으로 설정
15	**1415**	**공주**	**객사**	**객사 부근, 초정이 있는 원림을 고쳐 관정정 창건(목사 이정간, 통판 유지례)**
16	1416	함흥	(기타)	함경도의 본영을 함흥으로 설정

왕조	연도	지역	유형	내용
세종 11	1429	한양	누각	경복궁 경회루 수리
12	1430	한양	누각	돈의문 밖 모화루를 대대적으로 수리
15	1433	한양	누각	경복궁 경회루, 처마 관련 부재인 보첨(補簷)을 수리
23	1441	전주	객사	진남루 중수(부윤 한승순)
24	**1442**	**충주**	**객사**	**객사 동루, 태조 영정의 보관을 계기로 중건하고 경영루로 개명(관찰사 이익박)**
29	1447	(기타)	(기타)	용비어천가 반포
30	**1448**	**함흥**	**객사**	**객사 북쪽 문소루 중건(관찰사 권맹손)**
31	1449	충주	(기타)	충청도의 본영을 충주로 변경
단종 2	1454	전국	(기타)	『세종실록』 지리지, 57개 누정 기록
세조 3	1457	한양	(기타)	경기도의 본영을 한성부로 변경
6	1460	평양	(기타)	세조, 서쪽 지역 순방시 평양 부벽루에 올라 활쏘기를 관람하고 과거 시험 봄
9	1463	(기타)	(기타)	세조, 지방 수령이 누각을 짓는 폐단을 지적하고 공조에 누각 신축 금지령 내림
9	**1463**	**평양**	**객사**	**풍월루 중수(관찰사 오백창)**
12	1466	(기타)	(기타)	안찰사(按廉使), 도관찰출척사(都觀察黜陟使) 등 혼용되던 명칭이 관찰사로 확립
13	1467	함흥	(기타)	함흥에서 백성이 관찰사를 시해하는 사태
성종 1	1470	함흥/영흥	(기타)	시해 사태로 함흥부가 군(郡)으로 강등, 함경도의 본영을 영흥으로 변경
4	**1473**	**공주**	**객사**	**취원루, 공주객사 동쪽에 새로 터를 마련하고 규모를 확장해 창건(목사 홍석)**
〃	〃	한양	누각	경회루 수리
6	1475	해주	객사	객사 동헌 중건(목사 이염의)
12	1481	(기타)	(기타)	『동국여지승람』 327개 누정 기록
14	**1483**	**전주**	**객사**	**매월정 창건(부윤 이봉)**
연산군 10	1504	함흥	(기타)	함경도의 본영을 함흥으로 다시 변경
12	1506	한양	누각	경회루 못 서쪽에 만세산을 조성
〃	1506	평양	객사	쾌재정 창건(관찰사 안침)
중종 4/5	**1509/10**	**해주**	**객사**	**해주객사 동쪽의 봉지루를 영해루로 개명(관찰사 남곤)**
5	**1510경**	**전주**	**객사**	**청연당, 객사 서쪽에 창건(부윤 강징)**
8	**1513**	**평양**	**감영**	**추향당 창건(관찰사 이계맹)**
10	**1515**	**평양**	**성곽**	**대동문 2층 누각을 읍호루라 호칭(관찰사 안윤덕)**
21	1526	상주	객사	소실된 상주객사를 재건(목사 윤탕)
〃	**1526**	**해주**	**객사**	**부용당 창건(관찰사 김근사)**
23	**1528**	**평양**	**성곽**	**연광정 창건(관찰사 허굉)**
25	1530	(기타)	(기타)	『신증동국여지승람』 553개 누정 기록
26	**1531**	**평양**	**객사**	**쾌재정 중건(관찰사 이파)**
32	1537	한양	누각	명나라 사신이 경회루에서 경치를 구경하며 "두 섬[雙洲]"을 언급
34	1539	평양	성곽	중국 사신 당고, 연광정 기문 작성
37	**1542**	**평양**	**객사**	**애련당, 풍월루 북쪽 연못에 창건(관찰사 민제인)**
〃	1542	평양	성곽	연광정 중수(서윤 홍신)
선조 1	1568	한양	관아	유희춘, 의정부 연정에서 업무를 봄(『미암일기』)
3	1570	한양	관아	유희춘, 아들을 의정부 연정으로 보내 구경하도록 함(『미암일기』)
4	**1571**	**평양**	**감영**	**군자루 창건(관찰사 윤의중)**
10	**1577**	**평양**	**성곽**	**대동문 중건(관찰사 김계휘)**
〃	**〃**	**평양**	**성곽**	**연광정 중건(서윤 유사규, 장의국), 부속 시설을 옮기고 뜰 확장**
14	1581	해주	(기타)	1571년 윤두수의 황해도 관찰사 부임을 기념해 〈유영수양관연명지도〉 제작
23	1590	평양	(기타)	윤두수, 『평양지』 편찬
25	1592	(기타)	(기타)	임진왜란 발발(1592–1597)
〃	〃	해주	객사	해주객사 동쪽의 영해루 소실

왕조	연도	지역	유형	내용
〃	〃	해주	객사	선조가 피난하며 부용당에 거처
26	1593	팔거현	(기타)	경상도의 본영을 팔거현으로 변경
27	1594	(기타)	(기타)	임진왜란 중 류성룡에 의해 일시적으로 대동법 시행
29	1596	달성	(기타)	경상도의 본영을 달성으로 변경
32	1599	안동	(기타)	경상도의 본영을 안동으로 변경
34	1601	대구	(기타)	경상도의 본영을 대구로 변경
35	1602	공주	(기타)	충청도의 본영을 공주로 변경
〃	**1602**	**공주**	**성곽**	**공북루 창건(관찰사 유근)**
37	**1604**	**평양**	**감영**	**추향당, 전쟁으로 소실된 것을 중건(관찰사 김신원)**
40	**1607**	**함흥**	**성곽**	**함흥 성곽을 개축, 낙민정을 중건하며 낙민루로 개명(관찰사 장만)**
〃	〃	평양	성곽	연광정 중수(서윤 이홍주)
41	**1608**	**함흥**	**성곽**	**함흥성에 토성 축조, 구천각 창건(관찰사 이시발)**
광해군 5	**1613**	**함흥**	**성곽**	**구천각 중건, 북산루 창건(관찰사 한준겸)**
광해군 6	1614	한양	감영	경기감영 재건 추진(관찰사 박노)
〃	**〃**	**평양**	**성곽**	**부벽루 중건(관찰사 김신국)**
10	1618	한양/영평	(기타)	경기도의 본영을 한성부/영평으로 변경
인조 1	1623	한양	(기타)	경기도의 본영을 한성부로 변경
2	1624	공주	(기타)	이괄의 난으로 인조가 공주로 피신
5	1627	(기타)	(기타)	정묘호란 발발
14	1636	(기타)	(기타)	병자호란 발발(1636~1637)
17	**1639**	**원주**	**객사**	**부평각, 객사 동쪽 봉명루 자리에 창건(관찰사 이명한)**
현종 1	**1660**	**해주**	**객사**	**부용당 중건(관찰사 정만화, 목사 나성두)**
3	1662	공주	성곽	공북루 중수(관찰사 오정위)
6	1665	함흥	감영	선화당을 임란 이전 위치에 재건(관찰사 민정중)
〃	〃	원주	감영	원주 내 감영 자리 확정
〃	〃	함흥	감영	함흥 내 감영 자리 확정
10	1669	(기타)	(기타)	감사구임제, 송시열의 적극 추진으로 시행 선포
11	1670	평양	성곽	연광정 중수(서윤 윤이제)
13	1672	평양	성곽	부벽루 중수(서윤 윤이제)
14	**1673**	**함흥**	**감영**	**지락정 창건(관찰사 남구만)**
〃	〃	함흥	객사	칠보정 중수(관찰사 남구만)
15	1674	함흥	(기타)	관찰사 남구만, 함흥십경도 주문
숙종 1	**1675**	**해주**	**감영**	**백림정 창건(관찰사 윤계)**
8	1682	평양	성곽	대동문 중수(서윤 홍유구)
10	**1684**	**원주**	**감영**	**봉래각 창건, 감영 후원의 시초가 됨(관찰사 신완)**
12	1686	(기타)	(기타)	『승정원일기』에 '선화당(宣化堂)'이라는 단어가 처음 등장
14	**1688**	**전주**	**감영**	**연신당, 관풍각 북쪽에 창건(관찰사 이유)**
20	1694	평양	감영	평양 내 감영 자리 확정
21	1695	원주	객사	부평각 중수(관찰사 오도일)
22	1696	평양	성곽	부벽루 중수(서윤 윤성우)
24	1698	해주	감영	백림정 중수(관찰사 윤세기)
26	**1700**	**평양**	**감영**	**좌소정, 감영 후원에 창건(관찰사 조태채)**
30	1704	원주	감영	봉래각 중수(관찰사 홍만조)
33	1707	공주	감영	공주 내 감영 자리 확정
〃	**〃**	**평양**	**감영**	**반구정 창건**
34	1708	(기타)	(기타)	대동법 전국 시행

왕조	연도	지역	유형	내용
36	1710	해주	감영	황해감영 요월당을 선화당으로 중건(관찰사 이제)
38	**1712**	**평양**	**성곽**	**초연대 창건(관찰사 이제)**
40	**1714**	**평양**	**객사**	**애련당, 능허교, 팔각문 중건**
〃	**〃**	**평양**	**성곽**	**집승대 창건(관찰사 민진원)**
16	**1716**	**평양**	**성곽**	**최승대 등 장대 네 곳 창건(관찰사 조태로)**
영조 2	**1726**	**해주**	**성곽**	**남문 정해루와 동문 향일루 중건**
6	**1730**	**대구**	**관아**	**척금루, 판관 청사에 창건(판관 이세윤)**
〃	〃	평양	(기타)	『평양속지』 발행
7	1731	함흥	(기타)	〈북관별과도〉 제작
10	**1734**	**공주**	**성곽**	**쌍수정 창건(관찰사 이수항)**
〃	**〃**	**전주**	**성곽**	**전주읍성을 확장, 수축하며 네 성문을 중층으로 중건, 남문을 '명견루'로 호칭**
〃	〃	원주	객사	부평각 중수(목사 이우신)
12	1736	대구	성곽	대구읍성, 남아있던 토성을 높이를 갖춘 석성으로 새롭게 축조
14	1738	함흥	객사	문소루 자리에 문소관 중수(창건연대는 미상)
15	**1739**	**대구**	**감영**	**여수각 창건(관찰사 이기진)**
17	1741	(기타)	(기타)	감사구임제, 강원도에 적용되며 경기도를 제외한 각도에 시행
18	1742	해주	객사	영조, 부용당에 어필현판 내림
19–20	1743–4	한양	감영	경기감영 대지를 매입해 확장(관찰사 유엄, 이기진)
20	**1744**	**한양**	**관아**	**불염정, 호조의 후원 연못에 창건**
21	1745	(기타)	(기타)	『속대전』에 관찰 임기 2년제를 명시
〃	〃	원주	감영	봉래각 중수(관찰사 김상성)
22	**1746**	**원주**	**감영**	**환선정 창건(관찰사 김상성)**
23	**1747**	**해주**	**성곽**	**해주성 수축, 남문인 정해루를 순명문으로 개칭, 공해대 창건(관찰사 이천보)**
34	1758	평양	객사	애련당 중수(관찰사 민백상)
36	1760	원주	감영	강원감영에 내아 건립
〃	1760경	(기타)	(기타)	『여지도서』 편찬
39	**1763**	**함흥**	**감영**	**겸락정 창건(관찰사 이창의)**
41	**1765**	**대구**	**관아**	**점풍루 중건(판관 이성진)**
43	1767	대구	감영	기우제로 비 내린 일을 기념, 여수각에 경우각이라는 편액 게시(관찰사 이은)
〃	**1767**	**전주**	**성곽**	**화재로 소실된 남문(명견루)·서문을 중건. 풍남문·패서문으로 개명(관찰사 홍낙)**
44	**1768**	**대구**	**관아**	**판관 청사에 척금루 중건(판관 김로)**
45	1769	함흥	(기타)	『의유당관북유람일기』의 저자 의유당 의령 남씨, 관찰사 남편을 따라 함흥에 옴
47	**1771**	**원주**	**감영**	**채약오, 못에 세 번째 섬을 조성하고 그 위에 창건(관찰사 서명선)**
〃	〃	원주	객사	부평각 중수(관찰사 서명선)
정조 즉위	**1776**	**평양**	**감영**	**오순정, 반구정 자리에 중건(관찰사 서명응)**
2	1778	한양	누각	유만주, 의정부 사인정(舍人亭)에 머묾(『흠영』)
6	1782	해주	성곽	유만주, 해주목 판관으로 부임한 부친을 배려 와 감영원림 관람(『흠영』)
9	1785	한양	감영	경기감영 청사 중수
10	**1786**	**평양**	**객사**	**애련당 중건(서윤 김리중)**
11	**1787**	**공주**	**성곽**	**쌍수정 중건(관찰사 홍억)**
14	1790	한양	감영	경기감영 청사 중수, 중영 수리
17	**1793**	**한양**	**감영**	**천연정 창건(관찰사 서정수)**
20	**1796**	**원주**	**감영**	**관풍헌, 영주사 자리에 중건(관풍각과 동일 건물)**
순조 즉위	**1800**	**평양**	**감영**	**다경루 감영 후원에 창건(관찰사 정민시)**
4	1804	평양	(기타)	평양 대화재, 애련당 소실, 집승대 소실
6	**1806**	**대구**	**감영**	**여수각 중건(관찰사 윤광안)**

왕조	연도	지역	유형	내용
〃	**〃**	**함흥**	**감영**	**옥소정(홍엽루) 창건(관찰사 이만수)**
〃	〃	대구	(기타)	경상감영 화재로 전소
8	1808	평양	성곽	부벽루 중수(관찰사 서영보)
10	1810	평양	성곽	대동문 중수(관찰사 서영보)
〃	〃	평양	감영	오순정, 화재로 소실
11	1811	원주	객사	부평각 중수(관찰사 홍의모)
〃	**〃**	**평양**	**감영**	**오순정 중건(관찰사 이만수)**
〃	**〃**	**평양**	**감영**	**지희정 창건(관찰사 이만수)**
19	1819	함흥	감영	홍경모, 함경감영 후원 탐방하고 「함산기」 작성
26	**1826**	**평양**	**감영**	**평원당 창건(관찰사 박종훈)**
헌종 즉위	1834	평양	감영	오순정, 화재로 소실
1–3	1835–7	한양	감영	천연정, 읍승정, 반송연지 중수(관찰사 김도희)
2	**1836**	**평양**	**감영**	**오순정 중건(관찰사 이기연)**
11–12	1845–6	한양	감영	천연정, 읍승당, 반송연지 중수(관찰사 김보근)
14–16	1848–50	한양	감영	반송연지 보수(관찰사 김기만)
철종 1	1850	평양	성곽	연광정 중수(관찰사 홍종응)
9–11	1858–60	한양	감영	천연정, 읍승정, 반송연지 보수(관찰사 김병운)
고종 4	**1867**	**한양**	**누각**	**경회루 중건**
6–9	**1869–72**	**한양**	**감영**	**천연정, 읍승정 중건(관찰사 박영도)**
7	**1870**	**대구**	**성곽**	**대구읍성 수축, 주승루 등 장대형 누정 창건(관찰사 김세호)**
12	1875	원주	감영	환선정 중수
〃	〃	원주	감영	봉래각 중수
25	1888	평야	감영	다경루, 지희정 중수(관찰사 민영준)
〃	〃	대구	(기타)	오횡묵, 대구감영 배치를 기록한 『자인총쇄록』 작성
27	**1890**	**평양**	**객사**	**애련당 중건(관찰사 민병석)**
순종 2	1909	평양	감영	순종, 서북 순행 중 평안감영 후원의 평원당과 다경루에 오름

참고문헌

| 기본 자료 |

1) 편년체 왕실 사료

『高麗史』

『太宗實錄』

『世宗實錄』

『文宗實錄』

『端宗實錄』

『世祖實錄』

『成宗實錄』

『燕山君日記』

『中宗實錄』

『宣祖實錄』

『純祖實錄』

『高宗實錄』

『純宗實錄』

『承政院日記』

2) 편년체 외 관찬 사료

『經國大典』

『京畿監營各房重記』, 1843, 장서각 소장

『京畿監營各房重記』, 1886, 서울대학교 규장각한국학연구원 소장

『京畿監營各房重記』, 1889, 서울대학교 규장각한국학연구원 소장

『京畿監營各房重記』, 1892, 버클리대학교 동아시아도서관 아사미문고 소장

『景福宮營建日記』, 와세다대학교 중앙도서관 소장(배우성·최진욱·유승희·김윤주·나영훈·김창수 역, 『(국역)경복궁영건일기』 1·2, 서울사료총서 16, 서울역사편찬원, 2019)

『東文選』

『續大典』

『續東文選』

『御製中書堂述盛事』, 1773, 장서각 소장

『度支志』

3) 전국 지리지

『新增東國輿地勝覽』(민족문화추진위원회 편역, 『(국역)신증동국여지승람』 1~6권, 1969~1971, 한국고전종합DB 제공)

『輿地圖書』(김우철 역주, 『여지도서 08: 충청도 Ⅰ』, 디자인흐름, 2009; 김우철 역주, 『여지도서 15: 강원도 Ⅰ』, 디자인흐름, 2009; 이철성 역주, 『여지도서 18: 평안도 Ⅰ』, 디자인흐름, 2009; 서종태 역주, 『여지도서 23: 황해도 Ⅰ』, 디자인흐름, 2009; 김우철 역주, 『여지도서 27: 함경도 Ⅰ』, 디자인흐름, 2009; 변주승 역주, 『여지도서 31: 경상도 Ⅰ』, 디자인흐름, 2009; 변주승 역주, 『여지도서 48: 전라도 보유 Ⅰ』, 디자인흐름, 2009)

4) 지방 지리지

『平壤志』, 1590, 서울대학교 규장각한국학연구원 소장(이은주 역, 『평양을 담다: 역주 『평양지』·『평양속지』』, 소명출판, 2016)

『平壤續志』, 1730, 서울대학교 규장각한국학연구원 소장(이은주 역, 『평양을 담다: 역주 『평양지』·『평양속지』』, 소명출판, 2016)

『平壤續志』, 1837, 서울대학교 규장각한국학연구원 소장

『平壤續志』, 1855, 서울대학교 규장각한국학연구원 소장

『平壤續志』, 1892, 숭실대학교 도서관 소장

『咸鏡監營誌』, 1787, 서울대학교 규장각한국학연구원 소장

『咸山誌通紀』, 1859, 장서각 소장(增補咸山誌編纂委員會, 『(增補)咸山誌』, 1974)

『海西邑誌』, 1871, 서울대학교 규장각한국학연구원 소장

『海州誌』, 1899, 서울대학교 규장각한국학연구원 소장

『關東誌』, 국립중앙도서관 소장(최웅·윤수영·손승철·유재춘·허준구·엄찬호·신동규 역, 『(國譯) 關東誌 上』, 강원대학교 인문과학연구소 고문서센터, 2007)

『公州監營邑誌』, 1790, 장서각 소장

『公山誌』, 1859, 서울대학교 규장각한국학연구원 소장(공주시·공주대 백제문화연구소, 『국역 공산지』, 공주문화총서 1, 2008)

『全州府邑誌』, 서울대학교 규장각한국학연구원 소장

『完山誌』, 서울대학교 규장각한국학연구원 소장(이희권·황안웅·안진회 역, 『(完譯)完山誌』, 전주시·전주문화원, 2009)

『大邱邑誌』, 1768, 계명대학교 도서관 소장(김택규·박대현 편역, 『大邱邑誌』, 대구광역시, 1997)

『大丘府邑誌』, 1899, 서울대학교 규장각한국학연구원 소장(정병호 역, 『국역 대구부읍지』, 대구시 · 경북대 영남문화연구원, 2016)

5) 일기류 문헌

沈履之, 『錦營日記』, 장서각 소장

柳希春, 『眉巖日記草』, 개인 소장(潭陽鄕土文化硏究會, 『眉巖日記草』 제3집, 1994)

李相璜, 『湖南日記』, 국립중앙도서관 소장

李　濟, 『關西日記』, 국립중앙도서관 소장

李　濟, 『湖西監營日記』, 국립중앙도서관 소장

李　濟, 『海西日記』, 국립중앙도서관 소장

趙載浩, 『嶺營日記』, 일본 교토대학교 소장(황위주 역, 『譯註 嶺營日記·嶺營狀啓謄錄』, 嶺南文化硏究院, 2004)

黃士祐, 『在嶺南日記』(황위주 역, 『(脫草譯註)在嶺南日記』, 嶺南文化硏究院, 2006)

6) 문집, 잡록류 문헌

姜希顔, 『養花小錄』(이종묵 역, 『양화소록: 선비, 꽃과 나무를 벗하다』, 아카넷, 2012)

權　馥, 『谷耘公紀行錄』

權　遇, 『梅軒集』

金　楺, 『儉齋集』

金正喜, 『阮堂全集』
南九萬, 『藥泉集』
卞季良, 『春亭集』
徐居正, 『四佳集』
徐　兢, 『宣和奉使高麗圖經』
徐命膺, 『保晩齋集』
成　俔, 『慵齋叢話』
成　俔, 『虛白堂集』
沈守慶, 『遣閑雜錄』
柳夢寅, 『於于野談』
柳希春, 『眉巖集』
尹斗壽, 『梧陰遺稿』
意幽堂 南氏, 『意幽堂關北遊覽日記』(류준경 역주, 『의유당관북유람일기』, 100대 한글 문화유산 86, 신구문화사, 2008)
李明漢, 『白洲集』
李睟光, 『芝峯集』
李裕元, 『林下筆記』
李宜顯, 『陶谷集』
李　珥, 『栗谷全書』
李廷龜, 『月沙集』
李天輔, 『晉菴集』
李　滉, 『退溪集』
丁若鏞, 『茶山詩文集』
丁若鏞, 『牧民心書』
趙　翼, 『浦渚集』
趙泰采, 『二憂堂集』
周敦頤, 『通書』
朱　熹, 『大學或問』
朱　熹, 『朱子大全』
朱　熹, 『朱子語類』
陳　櫟, 『古文眞寶後集』(성백효·이영준·박민희 역, 『고문진보 후집 2: 附 문장궤범』, 한국인문고전연구소, 2021)
蔡濟恭, 『樊巖集』
崔忠成, 『山堂集』(김남중·김우재·성창훈 역, 『산당집』, 한국고전번역원 한국문집번역총서, 한국고전번역원, 2020)
韓章錫, 『眉山集』
洪敬謨, 『冠巖全書』
洪貴達, 『虛白先生續集』

7) 기타 문헌 사료

俞萬柱 저, 김하라 편역, 『일기를 쓰다 2: 흠영 선집』, 돌베개, 2015

陳淳·崔忠成·申用漑 저, 이종묵·장유승 편역, 『안대회·이종묵·정민의 매일 읽는 우리 옛글 28』, 민음사, 2014

朱熹 집전, 『詩經集傳』(박소동 역주, 『(懸吐完譯)詩經集傳 中』, 전통문화연구회, 2019)

朱熹 집주, 『孟子集註』(전병수 역주, 『(懸吐完譯)孟子集註 上』, 전통문화연구회, 2021)

陳淳 저, 박완식 역, 『(原文 對譯)性理字義: 성리학의 이해』, 여강출판사, 2005

8) 발굴조사보고서

강원문화재연구소·원주시, 『江原監營: 원주 강원감영 원주우체국청사 부지 발굴조사 보고서』, 강원문화재연구소 학술총서 132책, 2014

동북아문화재연구원, 『서울 평동 222번지 유적: 서울 돈의문3구역 도시환경정비사업부지 내 유적 발굴조사』, 유적조사보고 제13책, 2019

삼한문화재연구원, 『대구 경상감영공원부지 내 大邱 慶尙監營 試掘調査』, 학술조사연구총서 제78책, 2018

서울역사박물관, 『서울 의정부지 발굴조사 보고서』, 서울역사박물관 학술조사보고서 제18책, 2020

조선문화유산연구원, 『全羅監營址 추정 내아·내삼문터 일대: 전주 전라감영지 정비사업부지 내 문화유적 발굴조사』, 유적조사보고 제06책, 2020

전주문화유산연구원, 『전라북도 기념물 제 107호 전라감영지 발굴조사 보고서』, 전주문화유산연구원 학술총서 제37책, 2018

전주문화유산연구원, 『전라감영지 발굴조사 보고서: 추정 중삼문터·외행랑터』, 전주문화유산연구원 학술총서 제70책, 2021

9) 도록

국립고궁박물관, 『하정웅 기증展: 순종황제의 서북순행과 영친왕·왕비의 일생』, 2011

독립기념관, 『캐나다 선교사가 본 한국·한국인』, 2013

손경석, 이상규 해제, 『(사진으로 보는)近代韓國. 下, 산하와 풍물』, 서문당, 1987

양상현·유영미 편, 『그리피스 컬렉션의 한국사진: 윌리엄 그리피스 | 럿거스대학교 도서관 특별컬렉션: 19세기 말에서 20세기 초까지 근대 한국사진』, 눈빛, 2019

조선유적유물도감 편찬위원회, 『북한의 문화재와 문화유적: IV 회화편』, 서울대학교출판부, 2002

林亀子, 『朝鮮国真景』, 1892

『日本地理大系 第12巻: 朝鮮篇』, 1930, 改造社

『日本地理風俗大系 第16巻: 朝鮮篇 上』, 新光社

| 연구 논저 |

1) 단행본

고유섭, 『朝鮮建築美術史 草稿』, 又玄 高裕燮 全集 6, 열화당, 2010

국립국어원, 『표준국어대사전』

국립문화재연구소, 『북한 국보유적 연혁 자료집』, 2012

국립문화재연구소, 『한·중·일 정원원형에 관한 기초연구』, 2013

국토교통부 국토지리정보원, 『대한민국 국가지도집 Ⅱ』, 2016

김동욱, 『조선시대 건축의 이해』, 한국의 탐구 8, 서울대학교출판문화원, 1999

김세정, 『돌봄과 공생의 유가생태철학』, 소나무, 2017

김순남, 『조선초기 體察使制 연구』, 경인문화사, 2007

김영식, 『주희의 자연철학』, 예문서원, 2005

김운태, 『조선왕조 정치·행정사』, 박영사, 2002

김창현, 『누정 산책』, 민속원, 2019

문화재청, 『밀양 영남루 실측조사보고서』, 1999

박경자, 『조선시대 석가산 연구』, 학연문화사, 2008

박종기, 『새로 쓴 5백 년 고려사』, 푸른역사, 2008

사회과학원 고고학연구소, 『고구려문화』, 사회과학출판사, 1975

세종대왕기념사업회, 『한국고전용어사전』, 2001

손영식, 『한국의 성곽』, 주류성, 2011

신상섭, 『선조들이 향유한 한국의 아름다운 옛 정원 10선』, 문화와 역사를 담다 014, 민속원, 2019

안세현, 『누정기를 통해 본 한국한문산문사』, 고려대학교 민족문화연구원, 2015

안은수, 『주희의 자연관 형성의 두 원천』, 문사철, 2010

역사건축기술연구소, 『경기도청 청사 역사문화자원 조사 연구용역 최종보고서』, 경기문화재단, 2016

역사건축기술연구소, 『의정부(議政府) 터 정비 및 활용 방안 마련 종합학술연구』, 서울특별시, 2016

역사건축기술연구소, 『광화문 일대 역사콘텐츠 구상 및 문화재발굴(시굴) 조사: 역사콘텐츠 구상 분야』, 서울특별시, 2019

유병림·황기원·박종화, 『朝鮮朝 庭園의 原型에 관한 研究』, 서울大學校 環境大學院 附設 環境計劃研究所, 1989

이수건, 『조선시대 지방행정사』, 민음사, 1989

이존희, 『조선시대 지방행정제도연구』, 일지사, 1990

이희권, 『조선후기 지방통치행정 연구』, 집문당, 1999

임용한, 『조선전기 수령제와 지방통치』, 혜안, 2002

전영옥, 『조선시대 도시조경론』, 일지사, 2003

정동오, 『동양조경문화사』, 전남대학교 출판부, 1996

정동오, 『한국의 정원: 韓國園林研究』, 대우학술총서 인문사회과학 20, 민음사, 1986

정재훈, 『한국 전통의 원·苑』, 조경사, 1996

주남철, 『韓國의 庭苑』, 고려대학교출판부, 2009

평화문제연구소, 『조선향토대백과』, 2008
한국전통조경학회 편, 『최신 동양조경문화사』, 대가, 2016
한충희, 『조선초기 관아연구』, 국학자료원, 2007
홍광표·이상윤, 『한국의 전통조경』, 동국대학교 출판부, 2001
홍성민, 『감정과 도덕: 성리학의 도덕 감정론』, 한국연구총서 90, 소명출판, 2016
'92IFLA 한국조직위원회 편, 『한국전통조경』, 조경, 1992
John B. Duncan, *Origins of the Chosŏn dynasty*, Seattle: University of Washington Press, 2000(김범 역, 『조선 왕조의 기원: 고려-조선 교체의 역사적 의미를 실증적으로 탐구한 역작』, 너머북스, 2013)
Feng Youlan, *Short history of chinese philosophy*, MacMillian Publishers, 1948(정인재 역, 『간명한 중국철학사』, 마루비, 2018)
The Korean Institute of Traditional Landscape Architecture, *Korean Traditional Landscape Architecture*, Hollym, 2007.
Martin Warnke, *Politische landschaft: Zur Kunstgeschichte der Natur*, Carl Hanser Verlag, 1992(노성두 역, 『정치적 풍경』, 일빛, 1997)
Martina Deuchler, *Confucian transformation of Korea: A Study of Society and Ideology*, Cambridge, Mass.: Harvard University Press, 1992(이훈상 역, 『한국의 유교화 과정: 신유학은 한국 사회를 어떻게 바꾸었나』, 너머북스, 2013)
Peter K. Bol, *Neo-confucianism in history*, Cambridge: Harvard University Asia Center, 2008(김영민 역, 『역사 속의 성리학』, 예문서원, 2010)
Wing-tsit *Chan, Chu Hsi: life and thought*, Hongkong: The Chinese University Press, 1987(표정훈 역, 『진영첩의 주자 강의』, 푸른역사, 2001)
Yi-fu Tuan, *Topophilia: a study of environmental perception, attitudes, and values*, Columbia University Press, 1974(이옥진 역, 『토포필리아: 환경 지각, 태도, 가치의 연구』, 에코리브르, 2011)
岡大路, 『支那庭園論』, 彰国社, 1943(김영빈 역, 『中国庭園論』, 효성여자대학교출판부, 1987)
蒙培元, 『理學範疇系統』, 北京: 人民出版社, 1989(홍원식·황지원·이기훈·이상호 역, 『성리학의 개념들』, 예문서원, 2008)
山田慶兒, 『朱子の自然学』, 岩波書店, 1978(김석근 역, 『朱子의 自然學』, 통나무, 1991)
李允鉌, 『華夏意匠: 中國古典建築設計原理分析』, 廣角鏡出版社, 1984(이상해·한동수·이주행·조인숙 역, 『중국 고전건축의 원리』, 시공사, 2000)
張家驥, 『中國造園論』, 北岳文藝出版社, 1991(심우경·이창호·심현남 역, 『중국의 전통조경문화: 중국전통원림문화의 사상적 배경과 이론』, 문운당, 2008)
張法, 『中國美學史』, 上海人民出版社, 2000(백승도 역, 『장파 교수의 중국미학사: 살펴보다 맛보다 깨닫다』, 푸른숲, 2012)

2) 논문

길지혜, 「한성부 내 연지(蓮池) 연구: 동시, 서지, 남지, 어의동지, 경모궁지를 중심으로」, 서울대학교 박사학위논문, 2017
김경록, 「조선시대 서울의 외교활동 공간」, 『서울학연구』 31, 서울시립대학교 부설 서울학연구소, 2008, 1~46쪽

김경숙, 「15세기 정소(呈訴) 절차와 관찰사의 역할」, 『역사와 현실』 59, 한국역사연구회, 2006, 69~99쪽
김경숙, 「16세기 전라도 관찰사의 순행길」, 『지방사와 지방문화』 13(2), 역사문화학회, 2010, 43~86쪽
김기현·장헌덕, 「조선시대 성곽 장대의 건축특성에 관한 연구」, 『문화재』 48(2), 국립문화재연구소, 120~141쪽
김동욱, 「朝鮮初期 地方都市內 樓亭의 形成過程과 建築特性」, 『論文集』 37, 경기대학교, 1995, 541~571쪽
김동욱, 「조선초기 창건 경복궁의 공간구성: 고려 궁궐과의 관계에 대해서」, 『건축역사연구』 7(2), 한국건축역사학회, 1998, 9~27쪽
김미정·소현수, 「조선후기 회화식 고지도를 통해 본 평양성의 인문경관 특성」, 『한국전통조경학회지』 38(2), 한국전통조경학회, 2020, 14~30쪽
김버들·조정식, 「朴子靑의 궁궐건축 감역 연구」, 『건축역사연구』 26(1), 한국건축역사학회, 2017, 93~104쪽
김버들·조정식, 「실록에 나타나는 15세기 태평관·모화관 건축과 관련 인물연구」, 『건축역사연구』 25(4), 한국건축역사학회, 2016, 19~29쪽
김세민, 「迎恩門, 慕華館의 건립과 獨立門, 獨立館으로의 변천」, 『향토서울』 82, 서울역사편찬원, 2012, 141~178쪽
김시내, 「한국에서 「古文眞寶」의 유입과 간행: 고려 말·조선 초 「諸儒箋解古文眞寶」를 중심으로」, 『서지학연구』 80, 한국서지학회, 2019, 79~111쪽
김영모, 「한국의 전통조경 미의식에 관하여」, 『東洋古典研究』 51, 동양고전학회, 2013, 247~278쪽
김은미, 「조선초기 누정기의 연구」, 이화여자대학교 박사학위논문, 1990
김진균·윤정현·황정현, 「경회루 공간의 시각적 특성에 관한 연구」, 『대한건축학회지』 14(1), 대한건축학회, 1998, 159~168쪽
김태웅, 「朝鮮後期 監營 財政體系의 成立과 變化: 全羅監營 財政을 중심으로」, 『역사교육』 89, 역사교육연구회, 2004, 163~193쪽
김하라, 「유만주(俞晩柱)의 해주(海州): 『흠영(欽英)』에 나타난 18세기 해주의 역사지리학」, 『韓國漢文學研究』 77, 한국한문학회, 2020, 183~221쪽
노현리, 「雜記를 통해 본 북송 문인들의 원림 향유 양상」, 서울대학교 석사학위논문, 2016
박범, 「조선후기 평안감영 재원의 성격과 물류의 추이」, 『한국문화』 94, 서울대학교 규장각한국학연구원, 2021, 35~68쪽
박원재, 「예술사상: 도덕주의적 심미의식의 발현」, 한국국학진흥원 국학연구실 편, 『한국유학사상대계Ⅰ: 총론편』, 한국국학진흥원, 2010, 591~641쪽
박정애, 「18-19세기 지방 이해와 도시경관의 시각적 이미지」, 『美術史學報』 49, 미술사학연구회, 2017, 223~247쪽
박정애, 「朝鮮 後半期 關北名勝圖 연구: 南九萬題 계열을 중심으로」, 『미술사학연구』 278, 한국미술사학회, 2013, 61~95쪽
박정애, 「조선시대 朱子 崇慕熱과 그 이미지의 시각화 양상」, 『대동문화연구』 93, 성균관대학교 대동문화연구원, 2016, 199~241쪽
박정애, 「관촌 조진우의 평양 유람과 횡권 형식 평양도」, 『서울학연구』 84, 서울시립대학교 서울학연구소, 2021, 1~37쪽

박준규, 「韓國의 樓亭巧」, 『호남문화연구』 17, 전남대학교 호남문화연구소, 1987, 1~27쪽
박진철, 「조선시대 '重記' 연구」, 한국연구재단 지원 연구과제 결과보고서, 2016
박희용, 「창덕궁 정전 영역의 구성과 운영」, 서울시립대학교 박사학위논문, 2008
배우성, 「18세기 全國地理志 편찬과 지리지 인식의 변화」, 『한국학보』 22(4), 일지사, 1996, 142~174쪽
서치상·조형래, 「英祖初年의 全州邑城 改築工事에 관한 再考察」, 『건축역사연구』 16(6), 한국건축역사학회, 2007, 27~46쪽
설현지, 「조선후기 감사 구임제(監司久任制) 논의와 시행」, 경북대학교 석사학위논문, 2019
설현지, 「조선 후기 監司 久任制 논의와 시행」, 『조선시대사학보』 92, 조선시대사학회, 2020, 223~251쪽
성재만, 「조선시대 객사의 입지 및 공간구성에 관한 연구: 조경구성요소를 중심으로」, 성균관대학교 석사학위논문, 2009
신상섭·김현욱·박영관, 「'숙천제아도'를 통해 본 조선시대 중앙관아의 공간구조와 조경기법」, 『문화재』 47(3), 국립문화재연구소, 2014, 42~59쪽
신상섭·이승연, 「『숙천제아도(宿踐諸衙圖)』를 통해 본 조선시대 읍치(邑治)의 공간구조와 관아(官衙) 조경: 평안도 영유현과 황해도 신천군을 중심으로」, 『문화재』 49(2), 국립문화재연구소, 2016, 86~103쪽
여상진, 「朝鮮時代 客舍의 營建과 性格 變化」, 서울대학교 박사학위논문, 2005
여상진, 「18世紀 忠淸監司의 監營處 및 道內 邑治施設 利用: 교구(交龜), 순역(巡歷) 및 행례(行禮)를 중심(中心)으로」, 『한국산학기술학회논문지』 9(1), 한국산학기술학회, 2008, 143~153쪽
여상진, 「『完營日錄』에 나타난 19C初 전라감사의 집무와 전주부 관영시설 이용」, 『한국산학기술학회논문지』 11(2), 한국산학기술학회, 2010, 658~665쪽
여상진, 「지방 邑治施設 복원 및 활용을 위한 조선시대 지방관의 日記類분석 기초 연구」, 『한국산학기술학회논문지』 11(7), 한국산학기술학회, 2010, 2676~2686쪽
여상진, 「18C末 황해감사 徐邁修의 집무와 해주목 관영시설의 이용: "海營日記"(徐邁修)를 중심으로」, 『한국산학기술학회논문지』 13(9), 한국산학기술학회, 2012, 4244~4252쪽
여상진, 「18~19C초 황해도 관찰사의 순력(巡歷)과 도내 읍치시설 이용」, 『한국산학기술학회논문지』 15(9), 한국산학기술학회, 2014, 5835~5843쪽
여상진, 「18세기 함경도 관찰사의 순력(巡歷) 노정과 주요 업무」, 『한국산학기술학회논문지』 18(9), 한국산학기술학회, 2017, 84~91쪽
오기수, 「조선시대 각 도별 인구 및 전답과 조세부담액 분석」, 『세무학연구』 27(3), 한국세무학회, 2010, 241~277쪽
오창희, 「조선시대 관아의 지당 조성기법 연구 : 의정부터 지당을 중심으로」, 세종대학교 석사학위논문, 2020
우종훈, 「경회루전도(慶會樓全圖) 해제(解題) 및 역주(譯註)」, 『건축역사연구』 26(3) 자료편, 한국건축역사학회, 2017, 69~78쪽
윤경진, 「지방 제도의 다원적 편성」, 『고려시대사 1: 정치와 국제 관계』, 한국역사연구회시대사총서 03, 푸른역사, 2017, 162~213쪽
윤호진, 「정원을 통해 본 영남선비의 思惟樣式과 價值志向: 연못을 중심으로」 『영남학』 18, 경북대학교 영남문화연구원, 2010, 159~211쪽

이구의, 「朱子〈觀書有感〉詩의 韓國的 受容」, 『동아인문학』 27, 동아인문학회, 2014, 95~135쪽
이상균, 「조선후기 강원감영의 후원조영(造營)과 신선세계」, 『문화재』 49(3), 국립문화재연구소, 2016, 12~31쪽
이상협, 「조선시대 육조거리에 대한 고찰」, 『향토서울』 81, 2012, 79~118쪽
이선희, 「18세기 경기도관찰사의 업무 실태와 특징: 『畿營狀啓謄錄』을 중심으로」, 『장서각』 23, 한국학중앙연구원, 2010, 89~115쪽
이선희, 「18세기 수령과 관찰사의 행정마찰과 처리방식: 『가림보초(嘉林報草)』를 중심으로」, 『고문서연구』 27, 한국고문서학회, 2005, 85~111쪽
이선희, 「조선시대 8도 관찰사의 재임실태」, 『한국학논총』 31, 국민대학교 한국학연구소, 209~242쪽
이선희, 「조선후기 한성부 내 京畿監營의 입지 연구」, 『서울학연구』45, 서울시립대학교 서울학연구소, 2011, 143~178쪽
이수환, 「조선전기 慶尙監司와 都事의 巡歷과 통치기능: 在嶺南日記를 중심으로」, 『민족문화논총』 34, 영남대학교 민족문화연구소, 2006, 513~541쪽
이연노, 「2000년 이후 관아와 객사건축에 관한 연구성과 및 과제」, 『한국건축역사학회 춘계학술발표대회 논문집』, 2018, 287~288쪽
이왕무, 「「漢城遠望圖」에 묘사된 19세기 후반 한양 도성 西郊의 풍경」, 『장서각』 36, 한국학중앙연구원, 2016, 104~123쪽
이용석, 「전통적인 취락의 입지 원리와 풍수」, 국사편찬위원회 편, 『삶과 생명의 공간, 집의 문화』, 한국문화사 33권, 경인문화사, 2010, 33~98쪽
이욱, 「18,19세기 조선유학자의 정원 조영과 성격」, 『南道文化研究』 26, 순천대학교 남도문화연구소, 2014, 243~267쪽.
이은주, 「평양 읍지를 어떻게 읽을 것인가」, 『한국한문학연구』 77, 한국한문학회, 2020, 115~146쪽
이은창, 「朝鮮時代의 官衙園林研究 : 領湖南地方의 官衙園林遺跡을 中心으로」, 대구효성가톨릭대학교, 『연구논문집』 29(1), 1984, 185~256쪽
이종묵, 「조선 선비의 꽃구경과 운치 있는 시회」, 『韓國漢詩研究』 20, 한국한시학회, 2012, 299~335쪽
이창업, 「高麗時代 別墅建築의 造營 手法에 關한 研究: 垈地 選定과 建築 計劃을 中心으로」, 『대한건축학회논문집』 20(11), 대한건축학회, 2004, 201~210쪽
이해준, 「조선시대 감영 문화사와 자원의 성격」, 『지방사와 지방문화』 11(2), 역사문화학회, 2008, 7~28쪽
이호열, 「밀양 영남루 연혁 및 건축형식 변천에 관한 연구」, 『건축역사연구』 9(1), 한국건축역사학회, 2000, 7~25쪽
이희권, 「朝鮮後期의 觀察使와 그 統治機能」, 『전북사학』 9, 전북대사학회, 1985, 87~147쪽
임상섭·조정송, 「중국 은일문화의 사대부원림의 관계: 선진시대에서 당조까지」, 『한국조경학회지』 26(4), 한국조경학회, 1999, 113~124쪽
전영옥, 「조선 후기 苑囿의 營繕에 관한 연구」, 서울대학교 박사학위논문, 1998
전영옥, 「조선시대 官營園林에 관한 연구」, 서울대학교 석사학위논문, 1991
전영옥, 「조선시대 한양에 조성된 관영의 연지에 관한 연구: 동지, 서지, 남지를 중심으로」, 『한국조경학회지』 22(2), 한국조경학회, 1994, 53~63쪽

전영옥·양병이, 「조선시대 조경행정기구로서 장원서의 기능에 관한 연구」, 『한국조경학회지』 24(4), 한국조경학회, 1997, 85~95쪽
정봉구, 「조선 후기 한양의 원림에 관한 연구: 경화사족의 원림기와 원림도를 중심으로」, 한양대학교 석사학위논문, 2009
정연식, 「조선조의 탈것에 대한 규제」, 『역사와현실』 27, 한국역사연구회, 1998, 177~208쪽
정우락, 「주자시의 문학적 수용과 문화적 응용 – 〈觀書有感(관서유감)〉을 중심으로」, 『영남학』 57, 경북대학교 퇴계연구소, 2015, 361~394쪽
정우진·권오만·심우경, 「고종 연간에 조성된 궁궐 후원 다용도 공지(空地)의 활용양상」, 『한국조경학회지』 41(3), 한국조경학회, 2013, 56~71쪽
조상순, 「조선 중기 이전 향교건축의 형성과 전개 : 관련 문헌 자료를 중심으로」, 성균관대학교 박사학위논문, 2013
조영화, 「19세기말 경상감영건축의 배치구성에 관한 연구」, 『건축역사연구』 9(2), 2000, 33~48쪽
조형래·서치상, 「英祖初年 全州와 大邱邑城 築造工事 硏究: 새로운 城制 및 공사방식을 중심으로」, 『대한건축학회 논문집: 계획계』 21(3), 2005, 81~90쪽
진상철, 「思想體系로 본 朝鮮時代 宮闕의 造景樣式」, 『서울학연구』 5, 서울시립대학교 서울학연구소, 1995, 239~278쪽
진상철, 「조선조 궁궐조경양식에 나타난 유가·도가적 사상」, 『한국조경학회지』 22(4), 한국조경학회, 1995, 81~93쪽
최영철, 「朝鮮時代 監營의 職制와 建築的 構成의 相關性에 관한 硏究」, 홍익대학교 박사학위논문, 1994
최장순, 「강원감영의 공간구성과 구성요소의 건축적 특징에 관한 연구」, 『농촌건축』 7(2), 한국농촌건축학회, 2005, 31~47쪽
최종희, 성재만, 「조선시대 객사의 입지 및 배치, 조경적 특성: 벽제관, 전주객사, 금성관, 진남관을 중심으로」, 『한국전통조경학회지』 27(1), 한국전통조경학회, 2009, 74~83쪽
한충희, 「朝鮮 中 · 後期 議政府制의 變遷硏究」, 『한국학논집』 43, 계명대학교 한국학연구원, 2011, 283~317쪽
한충희, 「조선초기 의정부사인, 검상의 관인적 지위: 사인, 검상의 역관과 그 기능의 분석을 중심으로」, 『역사교육논집』 13·14, 역사교육학회, 1990, 523~557쪽
홍선표, 「朝鮮初期의 繪畵觀」, 『정신문화연구』 23, 한국정신문화연구원, 1984, 199~209쪽
홍성호, 「江原監營의 建築的 特性에 관한 硏究」, 삼척대학교 석사학위논문, 2005
황상돈, 「朝鮮時代 官衙庭園에 關한 硏究」, 영남대학교 석사학위논문, 1998
황상돈·박찬용, 「조선시대 읍성의 관아정원에 관한 기초 연구」, 『한국정원학회지』 17(3), 한국정원학회, 1999, 53~66쪽
Hansol Lim, King Taejong's Construction of Large-Scale Pavilion and Pond as Reception Space for Ming's Envoy in Early Joseon Dynasty: Focused on Gyeonghoeru Pavilion. *Proceedings of International Conference on East Asian Architectural Culture 2017*, Tianjin: School of Architecture, Tianjin University, 2017

| 웹사이트 |

공주학아카이브(https://kjha.kongju.ac.kr/)

국가기록원 일제시기 건축도면 아카이브
(https://theme.archives.go.kr/next/plan/viewMain.do)

국가유산 지식이음(https://portal.nrich.go.kr/)

국립중앙도서관(https://www.nl.go.kr/)

국립중앙박물관 소장 조선총독부박물관 문서
(https://www.museum.go.kr/modern-history/)

국립중앙박물관 소장 조선총독부박물관 유리건판
(https://www.museum.go.kr/dryplate/)

국사편찬위원회 고려시대 史料 DATABASE(http://db.history.go.kr/KOREA/)

국사편찬위원회 조선왕조실록(http://sillok.history.go.kr/)

서울대학교 규장각한국학연구원(https://kyu.snu.ac.kr/)

남명학고문헌시스템(http://nmh.gsnu.ac.kr/)

동양고전종합DB(http://db.cyberseodang.or.kr/)

두산백과(http://www.doopedia.co.kr)

디지털 장서각(http://jsg.aks.ac.kr/)

국가유산청 국가유산포털(www.heritage.go.kr)

서울역사아카이브(https://museum.seoul.go.kr/archive/NR_index.do)

한국국학진흥원(https://www.koreastudy.or.kr/)

한국고전종합DB(https://db.itkc.or.kr/)

한국민족문화대백과사전(http://encykorea.aks.ac.kr/)

한국사데이터베이스(http://db.history.go.kr/)

한국역대인물 종합정보시스템(http://people.aks.ac.kr/)

한국역사정보통합시스템(http://www.koreanhistory.or.kr/)

한국학자료센터(https://kostma.aks.ac.kr/)

한국학진흥사업 성과포털 – 조선시대 수륙교통로
(http://waks.aks.ac.kr/rsh/?rshID=AKS-2014-KFR-1230005)

e뮤지엄 – 전국박물관소장품검색(https://www.emuseum.go.kr/)

| 그림 목차 |

머리말

01 감영 원림의 성립 배경

02 감영 제도와 원림 형성

03 감영 원림의 유형과 실제

04 감영 원림의 역사와 미학

| 표 목차 |

머리말

01 감영 원림의 성립 배경

02 감영 제도와 원림 형성

03 감영 원림의 유형과 실제

04 감영 원림의 역사와 미학

| 찾아보기 |

ㅇ

ㅈ

ㅋ

ㅌ

ㅍ

ㅎ

숫자

풍경과 다스림

조선시대 감영 원림의 역사와 미학

제15회 심원건축학술상 수상작

심원문화사업회
이 사 장 이태규
사 무 장 신정환

ISBN 978-89-5592-484-8

초판 1쇄 인쇄 2024년 12월 12일
초판 1쇄 발행 2024년 12월 20일

지 은 이 임한솔
발 행 인 김기현
북디자인 심현일
편집감수 전진삼

발 행 처 시공문화사
등 록 1993년 3월 12일
주 소 서울특별시 서대문구 독립문공원길 13 (극동프라자 5층)
전 화 02) 3147~1212, 2323
전 송 02) 3147~2626
홈페이지 http://www.spacetime.co.kr
이 메 일 spacetime@korea.com

편 집 디자인·현
인 쇄 에코프린트
제 본 보경문화사
용 지 (주)대림지업사

정가 25,000원
＊파본은 구입한 곳에서 교환해 드립니다.